机械设计与智造宝典丛书

SolidWorks 2018 实例宝典

北京兆迪科技有限公司　编著

机 械 工 业 出 版 社

本书是学习 SolidWorks 2018 软件的实例宝典类图书,该书以 SolidWorks 2018 中文版为蓝本进行编写,内容包括二维草图案例、零件设计案例、曲面设计案例、装配设计案例、钣金设计案例、模型的外观设置与渲染案例、运动仿真及动画案例、模具设计案例、管道与电缆设计、有限元结构分析及振动分析案例、自顶向下设计案例等。

　　本书案例的安排次序遵循由浅入深、循序渐进的原则。在内容上,针对每一个案例先进行概述,说明该案例的特点、操作技巧及重点掌握内容和要用到的操作命令,使读者对其有一个整体概念,学习也更有针对性;然后是案例的详细操作步骤。在写作方式上,本书紧贴软件的实际界面,采用软件中真实的对话框、操控板、按钮等进行讲解,使初学者能够直观地操作软件进行学习,从而大大提高学习效率。本书讲解中所选用的案例覆盖了不同行业,具有很强的实用性和广泛的适用性。本书附赠学习资源,包含软件的应用技巧和具有针对性案例的教学视频并进行了详细的语音讲解;资源中还包含本书所有的教案文件、范例文件及练习素材文件。

　　本书可作为机械工程设计人员的 SolidWorks 2018 自学教程和参考书,也可供大专院校机械专业师生教学参考。

图书在版编目(CIP)数据

SolidWorks2018 实例宝典/北京兆迪科技有限公司
编著. —3 版. —北京:机械工业出版社,2018.12
(机械设计与智造宝典丛书)
ISBN 978-7-111-61088-5

Ⅰ. ①S... Ⅱ. ①北... Ⅲ. ①机械设计—计算机辅助
设计—应用软件 Ⅳ. ①TH122

中国版本图书馆 CIP 数据核字(2018)第 228761 号

机械工业出版社(北京市百万庄大街 22 号 邮政编码:100037)
策划编辑:丁 锋　　　　　责任编辑:丁 锋
责任校对:王 延 陈 越 封面设计:张 静
责任印制:常天培
北京铭成印刷有限公司印刷
2019 年 1 月第 3 版第 1 次印刷
184mm×260 mm · 32.75 印张 · 607 千字
0001—3000 册
标准书号:ISBN 978-7-111-61088-5
定价:99.90 元

前　言

　　SolidWorks 是由美国 SolidWorks 公司推出的一款功能强大的的三维机械设计软件系统，自 1995 年问世以来，以其优异的性能以及易用性和创新性，极大地提高了机械工程师的设计工作效率，在与同类软件的激烈竞争中确立了其市场地位，成为三维机械设计软件的标准。SolidWorks 应用范围涉及航空航天、汽车、机械、造船、通用机械、医疗器械和电子等诸多领域。

　　本书是系统、全面学习 SolidWorks 2018 软件的实例宝典，其特色如下。

◆　内容丰富，本书的案例涵盖 SolidWorks 2018 几乎所有模块，包括市场上同类书少有的模型的外观设置与渲染、运动仿真及动画、管道与电缆设计、模具设计和自顶向下（TOP_DOWN）设计等高级模块。

◆　讲解详细，条理清晰，图文并茂，保证自学的读者能够独立学习书中的内容。

◆　写法独特，采用 SolidWorks 2018 软件中真实的对话框、按钮和图标等进行讲解，使初学者能够直观、准确地操作软件，从而大大提高学习效率。

◆　附加值高，本书附赠学习资源，包含大量 SolidWorks 应用技巧和具有针对性案例的教学视频并进行了详细的语音讲解，资源中还包含本书所有的教案文件、范例文件及练习素材文件，可以帮助读者轻松、高效地学习。

　　本书由北京兆迪科技有限公司编著，参加编写的人员有詹友刚、王焕田、刘静、雷保珍、刘海起、魏俊岭、任慧华、詹路、冯元超、刘江波、周涛、赵枫、侯俊飞、龙宇、施志杰、詹棋、高政、孙润、李倩倩、黄红霞、尹泉、李行、詹超、尹佩文、赵磊、王晓萍、陈淑童、周攀、吴伟、王海波、高策、冯华超、周思思、黄光辉、党辉、冯峰、詹聪、平迪、管璇、王平、李友荣。本书已经过多次审核，难免有疏漏之处，恳请广大读者予以指正。

　　本书"学习资源"中含有"读者意见反馈卡"的电子文档，请读者认真填写本反馈卡，并 E-mail 给我们。E-mail：兆迪科技 zhanygjames@163.com，丁锋 fengfener@qq.com。咨询电话：010-82176248，010-82176249。

编　者

读者购书回馈活动

　　为了感谢广大读者对兆迪科技图书的信任与支持，兆迪科技面向读者推出"免费送课"活动，即日起，读者凭有效购书证明，可领取价值 100 元的在线课程代金券 1 张，此券可在兆迪科技网校（http://www.zalldy.com/）免费换购在线课程 1 门。活动详情可以登录兆迪网校或者关注兆迪公众号查看。

兆迪网校

兆迪公众号

本 书 导 读

为了能更好地学习本书的知识，请您仔细阅读下面的内容。

写作环境

本书使用的操作系统为 64 位的 Windows 7，系统主题采用 Windows 经典主题。本书采用的写作蓝本是 SolidWorks 2018 版。

附赠学习资源的使用

为方便读者练习，特将本书所有素材文件、已完成的实例文件、配置文件和视频语音讲解文件等放入随书附赠资源中，读者在学习过程中可以打开相应素材文件进行操作和练习。

建议读者在学习本书前，先将随书附赠资源中的所有文件复制到计算机硬盘的 D 盘中。在 D 盘上 swal18 目录下共有 3 个子目录。

（1）sw18_system_file 子目录：包含一些系统文件。

（2）work 子目录：包含本书的全部素材文件和已完成的实例文件。

（3）video 子目录：包含本书讲解中的视频文件（含语音讲解）。读者学习时，可在该子目录中按顺序查找所需要的视频文件。

学习资源中带有"ok"后缀的文件或文件夹表示已完成的范例。

相比于老版本的软件，SolidWorks 2018 中文版在功能、界面和操作上变化极小，经过简单的设置后，几乎与老版本完全一样（书中已介绍设置方法）。因此，对于软件新老版本操作完全相同的内容部分，学习资源中仍然使用老版本的视频讲解，对于绝大部分读者而言，并不影响软件的学习。

本书的随书学习资源领取方法：

- 直接登录网站 http://www.zalldy.com/page/book 下载。
- 扫描右侧二维码获得下载地址。
- 通过电话索取，电话：010-82176248，010-82176249。

本书约定

- 本书中有关鼠标操作的简略表述说明如下。
  - ☑ 单击：将鼠标指针移至某位置处，然后按一下鼠标的左键。
  - ☑ 双击：将鼠标指针移至某位置处，然后连续快速地按两次鼠标的左键。
  - ☑ 右击：将鼠标指针移至某位置处，然后按一下鼠标的右键。
  - ☑ 单击中键：将鼠标指针移至某位置处，然后按一下鼠标的中键。
  - ☑ 滚动中键：只是滚动鼠标的中键，而不能按中键。

- ☑ 选择（选取）某对象：将鼠标指针移至某对象上，单击以选取该对象。
- ☑ 拖移某对象：将鼠标指针移至某对象上，然后按下鼠标的左键不放，同时移动鼠标，将该对象移动到指定的位置后再松开鼠标的左键。

● 本书中的操作步骤分为 Task、Stage 和 Step3 个级别，说明如下。

- ☑ 对于一般的软件操作，每个操作步骤以 Step 字符开始。
- ☑ 每个 Step 操作视其复杂程度，其下面可含有多级子操作，例如 Step1 下可能包含（1）、（2）、（3）等子操作，（1）子操作下可能包含①、②、③等子操作，①子操作下可能包含 a）、b）、c）等子操作。
- ☑ 如果操作比较复杂，需要几个大的操作步骤才能完成，则每个大的操作冠以 Stage1、Stage2、Stage3 等，Stage 级别的操作下再分 Step1、Step2、Step3 等操作。
- ☑ 对于多个任务的操作，则每个任务冠以 Task1、Task2、Task3 等，每个 Task 操作下则可包含 Stage 和 Step 级别的操作。

● 由于已建议读者将学习资源中的所有文件复制到计算机硬盘的 D 盘中，书中在要求设置工作目录或打开学习文件时，所述的路径均以"D:"开始。

技术支持

本书是根据北京兆迪科技有限公司给国内外一些著名公司（含国外独资和合资公司）编写的培训教案整理而成的，具有很强的实用性，其主编和参编人员均来自北京兆迪科技有限公司。该公司专门从事 CAD/CAM/CAE 技术的研究、开发、咨询及产品设计与制造服务，并提供 SolidWorks、Ansys、Adams 等软件的专业培训及技术咨询，读者在学习本书的过程中如果遇到问题，可通过访问该公司的网校 http://www.zalldy.com/来获得技术支持。

咨询电话：010-82176248，010-82176249。

目　录

第1章 二维草图案例

1.1 二维草图设计 01

案例概述:

　　本案例从新建一个草图开始,详细介绍了草图的绘制、编辑和标注的过程,这个简单的草图绘制案例可以使读者掌握在 SolidWorks 2018 中创建二维草图的一般过程和技巧。本案例所绘制的草图如图 1.1.1 所示,其绘制过程如下。

　　Step1. 新建一个零件模型文件。选择下拉菜单 文件(F) ➡️ 新建(N)... 命令,系统弹出"新建 SolidWorks 文件"对话框,选择其中的"零件"模板,单击 确定 按钮,进入零件设计环境。

　　Step2. 绘制草图前的准备工作。选择下拉菜单 插入(I) ➡️ 草图绘制 命令,选取前视基准面作为草图基准面,系统进入二维草图绘制环境;确认 视图(V) ➡️ 隐藏/显示(H) ➡️ 草图几何关系(E) 命令前的 按钮被弹起(即不显示草图几何约束)。

　　Step3. 绘制草图的大致轮廓。由于 SolidWorks 具有尺寸驱动功能,开始绘图时只需绘制大致的形状即可。选择下拉菜单 工具(T) ➡️ 草图绘制实体(K) ➡️ 中心线(N) 命令,绘制经过原点的水平和竖直中心线(两条中心线都是无限长的),结果如图 1.1.2 所示;选择下拉菜单 工具(T) ➡️ 草图绘制实体(K) ➡️ 直线(L) 命令,在图形区中绘制图 1.1.3 所示的直线;选择下拉菜单 工具(T) ➡️ 草图绘制实体(K) ➡️ 三点圆弧(3) 命令,在图形区中绘制图 1.1.4 所示的圆弧。

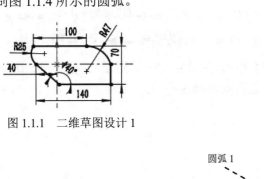

图 1.1.1 二维草图设计 1

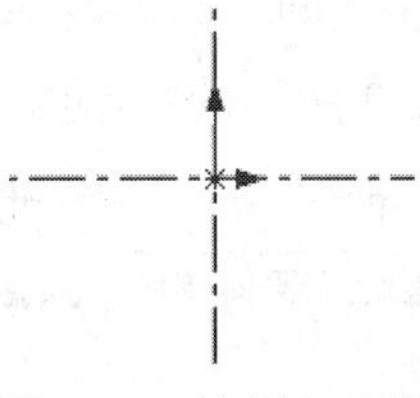

图 1.1.2 绘制中心线

图 1.1.3 绘制的直线

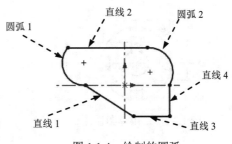

图 1.1.4 绘制的圆弧

Step4. 添加几何约束。添加圆弧 1 与直线 1 的相切约束，添加圆弧 2 和直线 2 的相切约束，直线 3 添加水平约束，直线 4 添加竖直约束，约束后的图形如图 1.1.5 所示。

Step5. 添加尺寸。选择下拉菜单 工具(T) ➡ 尺寸(S) ➡ 智能尺寸(S) 命令，添加图 1.1.6 所示的尺寸。

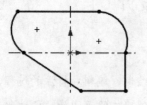

图 1.1.5　添加几何约束

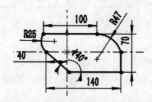

图 1.1.6　添加尺寸

Step6. 保存文件。选择下拉菜单 文件(F) ➡ 保存(S) 命令，系统弹出"另存为"对话框，在 文件名(N): 文本框中输入 spsk1，单击 保存(S) 按钮，完成文件的保存操作。

1.2　二维草图设计 02

案例概述：

本案例从新建一个草图开始，详细介绍了草图的绘制、编辑和标注的一般过程。通过本案例的学习，要重点掌握草图修剪、镜像命令的使用和技巧。本案例所绘制的草图如图 1.2.1 所示，其绘制过程如下。

Step1. 新建一个零件模型文件。

Step2. 绘制草图前的准备工作。选择下拉菜单 插入(I) ➡ 草图绘制 命令，选取前视基准面作为草图基准面；确认 按钮被弹起（即不显示草图几何约束）。

Step3. 绘制草图的大致轮廓。选择下拉菜单 工具(T) ➡ 草图绘制实体(K) ➡ 中心线(N) 命令，绘制图 1.2.2 所示的中心线；选择下拉菜单 工具(T) ➡ 草图绘制实体(K) ➡ 圆(C) 命令，在图形区中绘制图 1.2.3 所示的圆；选择下拉菜单 工具(T) ➡ 草图绘制实体(K) ➡ 边角矩形(R) 命令，在图形区中绘制图 1.2.4 所示的矩形。

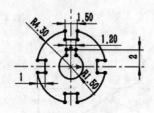

图 1.2.1　二维草图设计 2

图 1.2.2　绘制中心线

图 1.2.3　绘制圆

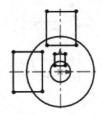

图 1.2.4　绘制矩形

Step4. 修剪草图 1。选择下拉菜单 **工具(T)** ➜ **草图工具(T)** ➜ **剪裁(T)** 命令；在"剪裁"窗口中选择 **剪裁到最近端(I)** 选项；在图形区单击图 1.2.5a 所示的位置 1、位置 2、位置 3、位置 4、位置 5 和位置 6；单击"剪裁"窗口中的 ✔ 按钮，完成修剪后的图形如图 1.2.5b 所示。

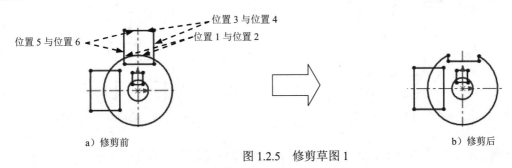

位置 3 与位置 4
位置 1 与位置 2
位置 5 与位置 6

a）修剪前　　　　　　　　　　　　　　　b）修剪后

图 1.2.5　修剪草图 1

Step5. 修剪草图 2。参照 Step4 的方法修剪草图，如图 1.2.6 所示。

Step6. 添加对称约束。添加点 1、点 2 与中心线 1 的对称约束；采用同样的方法添加其他对称约束，如图 1.2.7 所示。

Step7. 添加相等约束。添加直线 1 与直线 2 的相等约束；采用同样的方法添加其余相等约束，如图 1.2.8 所示。

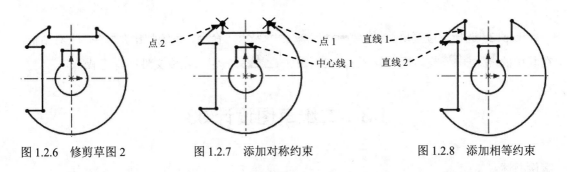

点 2　　　　点 1　　　直线 1
中心线 1　　　直线 2

图 1.2.6　修剪草图 2　　　　图 1.2.7　添加对称约束　　　　图 1.2.8　添加相等约束

Step8. 镜像草图 1。选择下拉菜单 **工具(T)** ➜ **草图工具(T)** ➜ **镜向(M)** 命令；在图形区中选取图 1.2.9 所示的直线 1、直线 2 和直线 3 作为镜像对象；选取水平中心线作为镜像中心线，结果如图 1.2.9 所示。

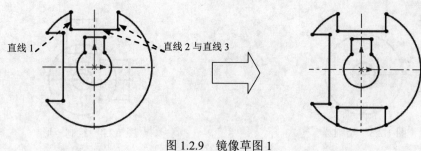

图 1.2.9　镜像草图 1

Step9. 镜像草图 2。参照 Step8 的方法镜像草图，如图 1.2.10 所示。

Step10. 修剪草图 3。参照 Step4 的方法修剪草图，如图 1.2.11 所示。

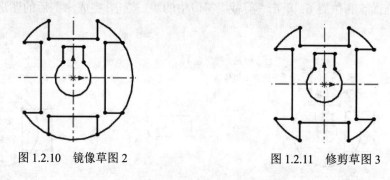

图 1.2.10　镜像草图 2　　　　　　　　图 1.2.11　修剪草图 3

Step11. 最后添加图 1.2.12 所示的尺寸，并修改至设计要求的目标尺寸。

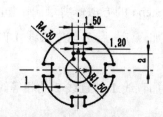

图 1.2.12　添加尺寸约束

Step12. 选择下拉菜单 文件(F) ➡ 另存为(A)… 命令，系统弹出"另存为"对话框，在其中的 文件名(N): 文本框中输入 spsk2，单击 保存(S) 按钮，完成文件的保存操作。

1.3　二维草图设计 03

案例概述：

本案例详细介绍了草图的绘制、编辑和标注的一般过程，通过本案例的学习，要重点掌握相切约束、相等约束和对称约束的使用方法及技巧。本案例所绘制的草图如图 1.3.1 所示，其绘制过程如下。

Step1. 新建一个零件模型文件。选择下拉菜单 文件(F) ➡ 新建(N)...命令，系统弹出"新建 SolidWorks 文件"对话框，选择其中的"零件"模板，单击 确定 按钮，进入零件设计环境。

Step2. 绘制草图前的准备工作。

（1）选择下拉菜单 插入(I) ➡ 草图绘制 命令，选取前视基准面作为草图基准面，系统进入二维草图绘制环境。

（2）确认 视图(V) ➡ 隐藏/显示(H) ➡ 草图几何关系(E)命令前的 按钮被弹起（即不显示草图几何约束）。

Step3. 绘制草图的大致轮廓。由于 SolidWorks 具有尺寸驱动功能，开始绘图时只需绘制大致的形状即可。

（1）绘制中心线。

① 选择命令。选择下拉菜单 工具(T) ➡ 草图绘制实体(K) ➡ 中心线(N)命令。

② 绘制中心线。绘制经过原点的水平和竖直中心线（两条中心线都是无限长的），结果如图 1.3.2 所示。

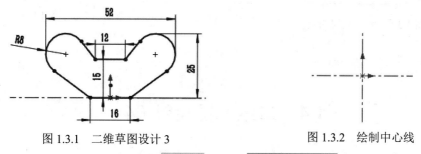

图 1.3.1 二维草图设计 3   图 1.3.2 绘制中心线

（2）绘制直线。选择下拉菜单 工具(T) ➡ 草图绘制实体(K) ➡ 直线(L)命令，在图形区中绘制图 1.3.3 所示的直线。

（3）绘制圆弧。选择下拉菜单 工具(T) ➡ 草图绘制实体(K) ➡ 三点圆弧(3)命令，在图形区中绘制图 1.3.4 所示的圆弧。

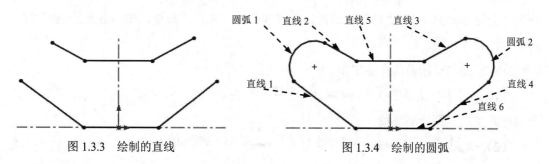

图 1.3.3 绘制的直线   图 1.3.4 绘制的圆弧

Step4. 添加几何约束。按住 Ctrl 键，选择图 1.3.4 所示的直线 6 与水平中心线，在添加几何关系区域中单击 共线(L) 按钮。按住 Ctrl 键，选择图 1.3.4 所示的圆弧 1 和圆弧

2，系统弹出"属性"对话框，在 添加几何关系 区域中单击 = 相等(Q) 按钮。按住 Ctrl 键，选择图 1.3.4 所示的圆弧 1 与直线 1，在 添加几何关系 区域中单击 ⌒ 相切(A) 按钮。同理创建圆弧 1 和直线 2 的相切约束、圆弧 2 和直线 3 的相切约束、圆弧 2 和直线 4 的相切约束。按住 Ctrl 键，选择图 1.3.4 所示的圆弧 1、竖直中心线与圆弧 2，在 添加几何关系 区域中单击 ☑ 对称(S) 按钮。同理添加直线 2 与直线 3 关于竖直中心线对称、直线 1 与直线 4 关于竖直中心线对称。按住 Ctrl 键，选择图 1.3.4 所示的直线 5，在 添加几何关系 区域中单击 ─ 水平(H) 按钮。同理添加直线 6 的水平约束。约束后的图形如图 1.3.5 所示。

Step5. 添加尺寸。选择下拉菜单 工具(T) → 尺寸(S) → ✐ 智能尺寸(S) 命令，添加图 1.3.6 所示的尺寸（注：添加图 1.3.6 所示的尺寸 52、25 时需按住 Shift 键选择圆弧）。

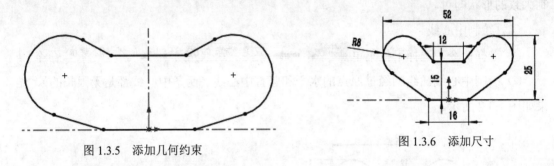

图 1.3.5　添加几何约束　　　　　　　　图 1.3.6　添加尺寸

Step6. 保存文件。

1.4　二维草图设计 04

案例概述：

通过本案例的学习，要重点掌握捕捉圆心的使用方法和技巧，本案例所绘制的草图如图 1.4.1 所示，其绘制过程如下。

Step1. 新建一个零件模型文件。选择下拉菜单 文件(F) → 🗋 新建 (N)...命令，系统弹出"新建 SolidWorks 文件"对话框，选择其中的"零件"模板，单击 确定 按钮，进入零件设计环境。

Step2. 绘制草图前的准备工作。

（1）选择下拉菜单 插入(I) → 🗋 草图绘制 命令，选取前视基准面作为草图基准面，系统进入二维草图绘制环境。

（2）确认 视图(V) → 隐藏/显示 (H) → ⊥ 草图几何关系 (R) 命令前的 ⊥ 按钮被弹起（即不显示草图几何约束）。

Step3. 绘制草图的大致轮廓。由于 SolidWorks 具有尺寸驱动功能，开始绘图时只需绘制大致的形状即可。

（1）绘制中心线。

① 选择命令。选择下拉菜单 工具(T) ➡ 草图绘制实体(K) ➡ ✏ 中心线(N) 命令。

② 绘制中心线。绘制经过原点的水平和竖直中心线（两条中心线都是无限长的），结果如图 1.4.2 所示。

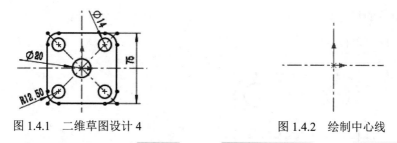

图 1.4.1　二维草图设计 4　　　　　　　　　图 1.4.2　绘制中心线

（2）绘制矩形。选择下拉菜单 工具(T) ➡ 草图绘制实体(K) ➡ ▣ 中心矩形 命令，在图形区中绘制图 1.4.3 所示的直线。

（3）绘制圆角。选择下拉菜单 工具(T) ➡ 草图工具(T) ➡ ╮ 圆角(F)... 命令，在"绘制圆角"对话框的 ⟋（半径）文本框中输入圆角半径值 12.5。分别选取图 1.4.3 所示的直线 1 与直线 2，系统便在这两个边之间创建圆角，同理添加其他圆角，完成后如图 1.4.4 所示。

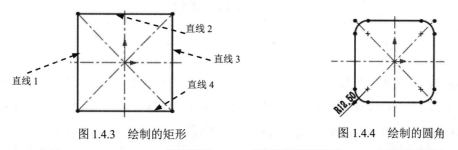

图 1.4.3　绘制的矩形　　　　　　　　　图 1.4.4　绘制的圆角

（4）绘制圆。选择下拉菜单 工具(T) ➡ 草图绘制实体(K) ➡ ⊙ 圆(C) 命令，在图形区中绘制图 1.4.5 所示的圆。

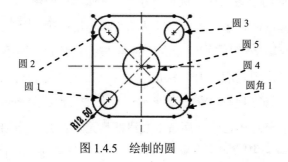

图 1.4.5　绘制的圆

Step4. 添加几何约束。按住 Ctrl 键，选择图 1.4.5 所示的圆 4 与圆角 1，系统弹出"属性"对话框，在 添加几何关系 区域单击 ◎ 同心(N) 按钮。同理添加其他几个圆与圆角的同心约束。按住 Ctrl 键，选择圆 1、圆 2、圆 3、圆 4，系统弹出"属性"对话框，在 添加几何关系 区域单击 ＝ 相等(Q) 按钮。按住 Ctrl 键，选择圆 5 与原点，系统弹出"属性"对话框，在 添加几何关系 区域单击 人 重合(D) 按钮。约束后的图形如图 1.4.6 所示。

Step5. 添加尺寸。选择下拉菜单 工具(T) ➡ 尺寸(S) ➡ ◆ 智能尺寸(S) 命令，添加图 1.4.7 所示的尺寸。

Step6. 保存文件。

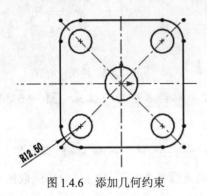

图 1.4.6 添加几何约束

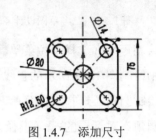

图 1.4.7 添加尺寸

1.5 二维草图设计 05

案例概述：

在本案例中，要重点掌握尺寸锁定功能的使用方法和技巧，对于较复杂的草图，在创建新尺寸前，需要对有用的尺寸进行锁定。本案例所绘制的草图如图 1.5.1 所示，其绘制过程如下。

Step1. 新建一个零件模型文件。选择下拉菜单 文件(F) ➡ ☐ 新建(N)... 命令，系统弹出"新建 SolidWorks 文件"对话框，选择其中的"零件"模板，单击 确定 按钮，进入零件设计环境。

Step2. 绘制草图前的准备工作。选择下拉菜单 插入(I) ➡ ☐ 草图绘制 命令，选取前视基准面作为草图基准面，系统进入二维草图绘制环境；确认 视图(V) ➡ 隐藏/显示(H) ➡ ⅃ 草图几何关系(E) 命令前的 ⅃ 按钮被弹起（即不显示草图几何约束）。

Step3. 绘制草图的大致轮廓。由于 SolidWorks 具有尺寸驱动功能，开始绘图时只需绘制大致的形状即可。选择下拉菜单 工具(T) ➡ 草图绘制实体(K) ➡ ╱ 中心线(N) 命令，绘制经过原点的水平和竖直中心线（两条中心线都是无限长的），结果如图 1.5.2 所示；选择下拉菜单 工具(T) ➡ 草图绘制实体(K) ➡ ╱ 直线(L) 命令，在图形区中绘制图 1.5.3 所示的直线；选择下拉菜单 工具(T) ➡ 草图绘制实体(K) ➡ ⌒ 三点圆弧(3) 命令，在图形区中绘制图 1.5.4 所示的圆弧。

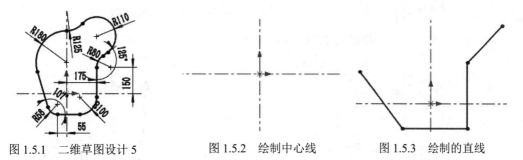

图 1.5.1　二维草图设计 5　　　　图 1.5.2　绘制中心线　　　　图 1.5.3　绘制的直线

Step4. 添加几何约束。按住 Ctrl 键，选择图 1.5.4 所示的直线 4，系统弹出"属性"对话框，在 添加几何关系 区域单击 ─ 水平(H) 按钮。按住 Ctrl 键，选择图 1.5.4 所示的直线 1 和圆弧 1，系统弹出"属性"对话框，在 添加几何关系 区域单击 ◯ 相切(A) 按钮。按住 Ctrl 键，选择图 1.5.4 所示的圆弧 1 和圆弧 2，系统弹出"属性"对话框，在 添加几何关系 区域单击 ◯ 相切(A) 按钮。按住 Ctrl 键，选择图 1.5.4 所示的圆弧 2 和圆弧 3，系统弹出"属性"对话框，在 添加几何关系 区域单击 ◯ 相切(A) 按钮。按住 Ctrl 键，选择图 1.5.4 所示的直线 2 和圆弧 3，系统弹出"属性"对话框，在 添加几何关系 区域单击 ◯ 相切(A) 按钮。按住 Ctrl 键，选择直线 3，系统弹出"属性"对话框，在 添加几何关系 区域单击 │ 竖直(V) 按钮。约束后的图形如图 1.5.5 所示。

Step5. 绘制圆角。选择下拉菜单 工具(T) ➡ 草图工具(T) ➡ 🔾 圆角 (F)... 命令，在"绘制圆角"对话框的 🔾（半径）文本框中输入圆角半径值 58。分别选取图 1.5.4 所示的直线 1 与直线 4，系统便在这两个边之间创建圆角。

Step6. 参考 Step5 的方法创建另外两个圆角，如图 1.5.6 所示。

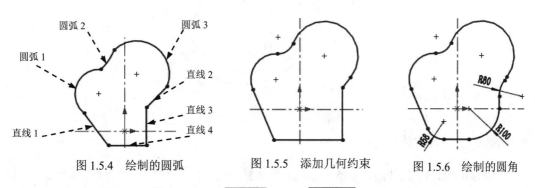

图 1.5.4　绘制的圆弧　　　　图 1.5.5　添加几何约束　　　　图 1.5.6　绘制的圆角

Step7. 添加尺寸。选择下拉菜单 工具(T) ➡ 尺寸(S) ➡ 🖉 智能尺寸(S) 命令，添加图 1.5.7 所示的尺寸。

Step8. 添加几何约束。按住 Ctrl 键，选择图 1.5.4 所示的圆弧 1 与竖直中心线，系统弹出"属性"对话框，在 添加几何关系 区域单击 入 重合(D) 按钮；按住 Ctrl 键，选择图 1.5.4 所示的圆弧 2 与竖直中心线，系统弹出"属性"对话框，在 添加几何关系 区域单击 入 重合(D) 按钮；按住 Ctrl 键，选择图 1.5.4 所示的圆弧 3 与直线 3，系统弹出"属性"对话框，在 添加几何关系 区域单击 重合(D) 按钮。

Step9. 修改尺寸。最终图形如图 1.5.8 所示。

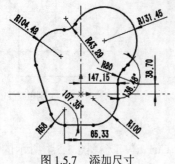

图 1.5.7 添加尺寸

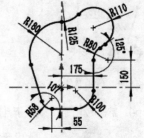

图 1.5.8 修改尺寸

Step10. 保存文件。

1.6 二维草图设计 06

案例概述：

本案例将创建一个较为复杂的草图，如图 1.6.1 所示，其中添加约束的先后顺序非常重要，由于勾勒的大致形状有所不同，添加约束的顺序也应不同，这一点需要读者认真领会。其绘制过程如下。

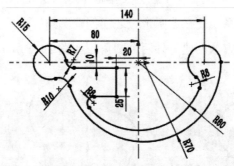

图 1.6.1 二维草图设计 6

Stage1. 新建文件

启动 SolidWorks 软件后，选择下拉菜单 文件(F) ➡ 新建(N)... 命令，系统弹出"新建 SolidWorks 文件"对话框，选择其中的"零件"模板，单击 确定 按钮，进入零件设计环境。

Stage2. 绘制草图前的准备工作

Step1. 选择下拉菜单 插入(I) ➡ 草图绘制 命令，然后选择前视基准面为草图基准面，系统进入草图设计环境。

Step2. 确认 视图(V) ➡ 隐藏/显示(H) ➡ 草图几何关系(E) 命令前的 按钮被按下（即显示草图几何约束）。

Stage3. 创建草图以勾勒出图形的大概形状

注意： 由于 SolidWorks 具有尺寸驱动功能，开始绘图时只需绘制大致的形状即可。

Step1. 选择下拉菜单 工具(T) ➡ 草图绘制实体(K) ➡ 中心线(N) 命令，在图形区绘制图 1.6.2 所示的中心线。

Step2. 在图形区绘制图 1.6.3 所示的草图实体大概轮廓。

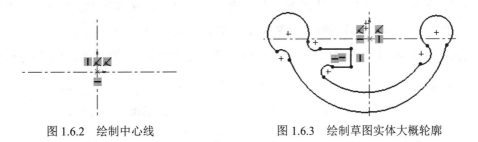

图 1.6.2 绘制中心线　　　　　图 1.6.3 绘制草图实体大概轮廓

Stage4. 添加几何约束

Step1. 添加图 1.6.4 所示的"相等"约束。按住 Ctrl 键，选择图 1.6.4 所示的圆弧 1 和圆弧 2，系统弹出"属性"对话框，在 添加几何关系 区域中单击 = 相等(Q) 按钮。

Step2. 添加图 1.6.5 所示的"重合"约束。按住 Ctrl 键，选择图 1.6.5 所示的圆弧 1 的圆心和水平中心线，系统弹出"属性"对话框，在 添加几何关系 区域中单击 重合(D) 按钮；按住 Ctrl 键，选择图 1.6.5 所示的圆弧 2 的圆心和水平中心线，系统弹出"属性"对话框，在 添加几何关系 区域中单击 重合(D) 按钮；按住 Ctrl 键，选择图 1.6.5 所示的圆弧 2 和圆弧 3 的交点，再选中水平中心线，系统弹出"属性"对话框，在 添加几何关系 区域中单击 重合(D) 按钮；按住 Ctrl 键，选择图 1.6.5 所示的圆弧 4 的圆心和原点，系统弹出"属性"对话框，在 添加几何关系 区域中单击 重合(D) 按钮。

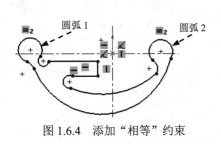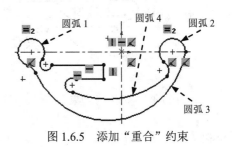

图 1.6.4 添加"相等"约束　　　　　图 1.6.5 添加"重合"约束

Step3. 添加图 1.6.6 所示的相切约束及其他必要的约束。

Step4. 选择 视图(V) ➡ 隐藏/显示(H) ➡ **╚** 草图几何关系(E) 命令，关闭草图几何约束显示。

Stage5. 添加尺寸约束

选择下拉菜单 工具(T) ➡ 尺寸(S) ➡ **✦** 智能尺寸(S) 命令，添加图 1.6.7 所示的尺寸约束。

Stage6. 修改尺寸约束

Step1. 双击图 1.6.7 所示的尺寸值，在系统弹出的"修改"文本框中输入值 80，单击 **✓** 按钮，然后单击"尺寸"对话框中的 **✓** 按钮，修改完成后如图 1.6.8 所示。

Step2. 按照 Step1 中的操作方法，依次修改其他尺寸约束，修改完成后如图 1.6.9 所示。

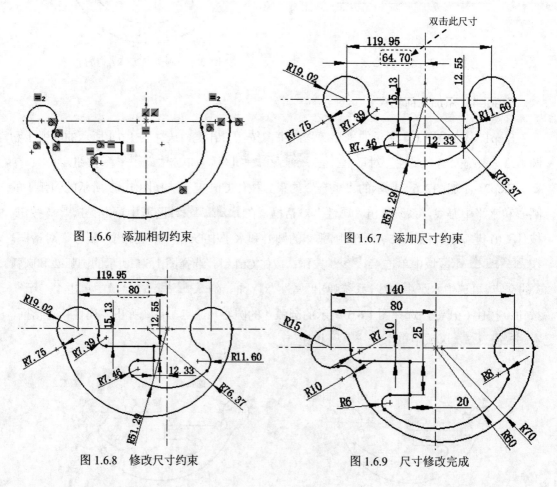

图 1.6.6　添加相切约束　　　　图 1.6.7　添加尺寸约束

图 1.6.8　修改尺寸约束　　　　图 1.6.9　尺寸修改完成

Stage7. 保存文件

1.7 二维草图设计 07

案例概述：

本案例先绘制出图形的大概轮廓，然后对草图进行约束和标注，通过本案例的学习，读者可以掌握草图的缩放方法及技巧。本案例所绘制的草图如图 1.7.1 所示，其绘制过程如下。

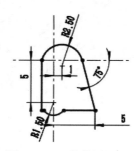

图 1.7.1　二维草图设计 7

Stage1．新建文件

启动 SolidWorks 软件后，选择下拉菜单 文件(F) ➡ 新建(N)... 命令，系统弹出"新建 SolidWorks 文件"对话框，选择其中的"零件"模板，单击 确定 按钮，进入零件设计环境。

Stage2．绘制草图前的准备工作

Step1. 选择下拉菜单 插入(I) ➡ 草图绘制 命令，然后选择前视基准面为草图基准面，系统进入草图设计环境。

Step2. 确认 视图(V) ➡ 隐藏/显示(H) ➡ 草图几何关系(E) 命令前的 按钮不被按下（即不显示草图几何约束）。

Stage3．创建草图以勾勒出图形的大概形状

注意： 由于 SolidWorks 具有尺寸驱动功能，开始绘图时只需绘制大致的形状即可。

Step1. 选择下拉菜单 工具(T) ➡ 草图绘制实体(K) ➡ 中心线(N) 命令，在图形区绘制图 1.7.2 所示的无限长的中心线。

Step2. 在图形区绘制图 1.7.3 所示的草图实体大概轮廓。

Stage4．添加几何约束

按住 Ctrl 键，选择图 1.7.3 所示的直线 1 与直线 4 以及水平中心线，系统弹出"属性"对话框，在 添加几何关系 区域单击 水平(H) 按钮。按住 Ctrl 键，选择图 1.7.3 所示的圆弧

2 与直线 3，系统弹出"属性"对话框，在 添加几何关系 区域单击 相切(A) 按钮。按住 Ctrl 键，选择图 1.7.3 所示的直线 2，系统弹出"属性"对话框，在 添加几何关系 区域单击 竖直(V) 按钮。按住 Ctrl 键，选择图 1.7.3 所示的直线 1 与直线 4，系统弹出"属性"对话框，在 添加几何关系 区域单击 共线(L) 按钮（因草图轮廓的不同，其他所需约束请读者自己根据需要添加）。约束后的图形如图 1.7.4 所示。

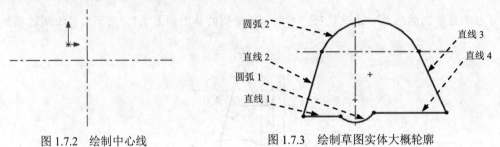

图 1.7.2　绘制中心线　　　　图 1.7.3　绘制草图实体大概轮廓

Stage5．添加尺寸约束

选择下拉菜单 工具(T) ➡ 尺寸(S) ➡ 智能尺寸(S) 命令，添加完成后如图 1.7.5 所示。

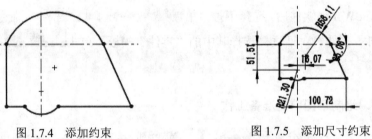

图 1.7.4　添加约束　　　　　图 1.7.5　添加尺寸约束

Stage6．修改草图比例

Step1．用框选的方式选择所有图形及所有标注尺寸。

Step2．选择下拉菜单 工具(T) ➡ 草图工具(T) ➡ 修改(Y)... 命令，系统弹出图 1.7.6 所示的"修改草图"对话框。

Step3．在"修改草图"对话框的 缩放因子(F): 文本框中输入数值 0.05，按 Enter 键确定。完成后如图 1.7.7 所示。

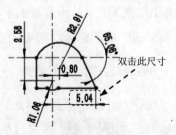

图 1.7.6　"修改草图"对话框　　　　图 1.7.7　修改比例后草图

Stage7．修改尺寸约束

Step1. 双击图 1.7.7 所示的尺寸值，在系统弹出的"修改"文本框中输入值 5，单击 ✔ 按钮，然后单击"尺寸"对话框中的 ✔ 按钮。

Step2. 按照 Step1 中的操作方法，依次修改其他尺寸约束，修改完成后如图 1.7.8 所示。

Stage8．添加几何约束

按住 Ctrl 键，选择图 1.7.9 所示的圆心 1，系统弹出"属性"对话框，在 添加几何关系 区域单击 固定(F) 按钮。添加几何约束后的图形如图 1.7.9 所示。

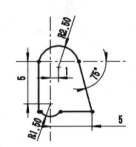

图 1.7.8 修改后的尺寸约束

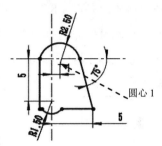

图 1.7.9 添加几何约束

Stage9．保存文件

1.8 二维草图设计 08

案例概述：

通过本案例的学习，要重点掌握镜像操作的方法及技巧；另外要注意在绘制左右或上下相同的草图时，可以先绘制整个草图的一半，再用镜像命令完成另一半。本案例所绘制的草图如图 1.8.1 所示，其绘制过程如下。

Stage1．新建文件

启动 SolidWorks 软件后，选择下拉菜单 文件(F) ➡ 新建(N)... 命令，系统弹出"新建 SolidWorks 文件"对话框，选择其中的"零件"模板，单击 确定 按钮，进入零件设计环境。

Stage2．绘制草图前的准备工作

Step1. 选择下拉菜单 插入(I) ➡ 草图绘制 命令，然后选择前视基准面为草图基准面，系统进入草图设计环境。

Step2. 确认 视图(V) ➡ 隐藏/显示(H) ➡ ⊥ 草图几何关系(E) 命令前的 ⊥ 按钮不被按下（即不显示草图几何约束）。

Stage3. 创建草图以勾勒出图形的大概形状

注意： 由于 SolidWorks 具有尺寸驱动功能，开始绘图时只需绘制大致的形状即可。

Step1. 选择下拉菜单 工具(T) ➡ 草图绘制实体(K) ➡ ✎ 中心线(N) 命令，在图形区绘制图 1.8.2 所示的无限长的中心线。

Step2. 绘制圆弧。选择下拉菜单 工具(T) ➡ 草图绘制实体(K) ➡ ⌒ 三点圆弧(3) 命令，在图形区中绘制图 1.8.3 所示的圆弧。

Step3. 绘制直线。选择下拉菜单 工具(T) ➡ 草图绘制实体(K) ➡ ╱ 直线(L) 命令，在图形区中绘制图 1.8.4 所示的直线。

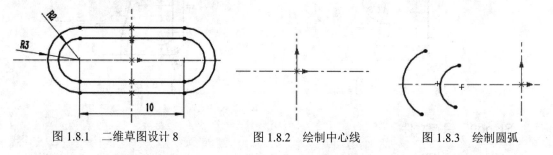

图 1.8.1　二维草图设计 8　　　图 1.8.2　绘制中心线　　　图 1.8.3　绘制圆弧

Stage4. 添加几何约束

Step1.按住 Ctrl 键，选择图 1.8.4 所示的圆心 1 与圆心 2，系统弹出"属性"对话框，在 添加几何关系 区域单击 ✓合并(G) 按钮。完成操作后的图形如图 1.8.5 所示。

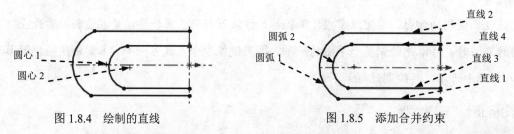

图 1.8.4　绘制的直线　　　　　图 1.8.5　添加合并约束

Step2. 按住 Ctrl 键,选择圆弧 1 与水平中心线，系统弹出"属性"对话框，在 添加几何关系 区域单击 ⋏ 重合(D) 按钮。按住 Ctrl 键，选择图 1.8.5 所示的圆弧 1 与直线 1，系统弹出"属性"对话框，在 添加几何关系 区域单击 ⌒ 相切(A) 按钮。按住 Ctrl 键，选择图 1.8.5 所示的圆弧 1 与直线 2，系统弹出"属性"对话框，在 添加几何关系 区域单击 ⌒ 相切(A) 按钮。按住 Ctrl 键，选择图 1.8.5 所示的圆弧 2 与直线 3，系统弹出"属性"对话框，在 添加几何关系 区域单击 ⌒ 相切(A) 按钮。按住 Ctrl 键，选择图 1.8.5 所示的圆弧 2 与直线 4，系统弹出"属性"对话框，在 添加几何关系 区域单击 ⌒ 相切(A) 按钮。完成操作后的图形如图 1.8.6 所示。

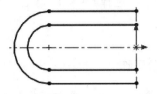

图 1.8.6 添加重合与相切约束

Stage5. 添加镜像

Step1. 选择下拉菜单 工具(T) ➡ 草图工具(T) ➡ 镜向(M) 命令，选取要镜像的草图实体。

Step2. 根据系统 选择要镜向的实体 的提示，在图形区框选所有的草图实体。

Step3. 定义镜像中心线。在"镜向"对话框中单击 镜向点: 下的文本框使其激活，然后在系统 选择镜向所绕的线条或线性模型边线 的提示下，选取竖直中心线为镜像中心线，单击 ✔ 按钮，完成草图实体的镜像操作。完成操作后的图形如图 1.8.7 所示。

Stage6. 添加并修改尺寸约束

选择下拉菜单 工具(T) ➡ 尺寸(S) ➡ 智能尺寸(S) 命令，添加图 1.8.8 所示的尺寸约束。

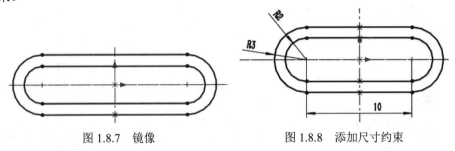

图 1.8.7 镜像　　　　　　图 1.8.8 添加尺寸约束

Stage7. 保存文件

1.9 二维草图设计 09

案例概述：

通过本案例的学习，要重点掌握中心线的操作方法及技巧，在绘制一些较复杂的草图时，可多绘制一条或多条中心线，以便更好、更快地调整草图。本案例所绘制的草图如图 1.9.1 所示，其绘制过程如下。

Stage1. 新建文件

启动 SolidWorks 软件后，选择下拉菜单 文件(F) ➡ 新建(N)... 命令，系统弹出

"新建 SolidWorks 文件"对话框，选择其中的"零件"模板，单击 确定 按钮，进入零件设计环境。

Stage2．绘制草图前的准备工作

Step1．选择下拉菜单 插入(T) ➡ ⌐ 草图绘制 命令，然后选择前视基准面为草图基准面，系统进入草图设计环境。

Step2．确认 视图(V) ➡ 隐藏/显示(H) ➡ ⊥ 草图几何关系(E) 命令前的 ⊥ 按钮不被按下（即不显示草图几何约束）。

Stage3．创建草图以勾勒出图形的大概形状

注意：由于 SolidWorks 具有尺寸驱动功能，开始绘图时只需绘制大致的形状即可。

Step1．选择下拉菜单 工具(T) ➡ 草图绘制实体(K) ➡ ⟋ 中心线(N) 命令，在图形区绘制图 1.9.2 所示的无限长的中心线。

Step2．绘制直线。选择下拉菜单 工具(T) ➡ 草图绘制实体(K) ➡ ⟋ 直线(L) 命令，在图形区中绘制图 1.9.3 所示的直线。

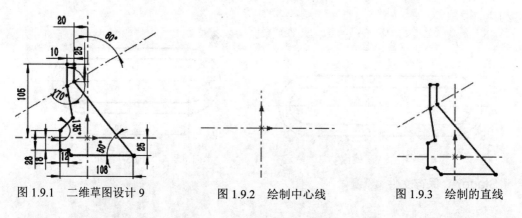

图 1.9.1　二维草图设计 9　　　　图 1.9.2　绘制中心线　　　　图 1.9.3　绘制的直线

Stage4．添加尺寸约束

选择下拉菜单 工具(T) ➡ 尺寸(S) ➡ ⟋ 智能尺寸(S) 命令，添加完成后如图 1.9.4 所示（注：此处尺寸大小不限，只需保证图形大体的形状即可）。

Stage5．修改尺寸约束

Step1．双击图 1.9.4 所示的尺寸值，在系统弹出的"修改"文本框中输入值 10，单击 ✔ 按钮，然后单击"尺寸"对话框中的 ✔ 按钮。

Step2．按照 Step1 中的操作方法，依次修改其他尺寸约束，修改完成后如图 1.9.5 所示。

Stage6. 添加几何约束

Step1. 添加"水平"约束。按住 Ctrl 键,选择图 1.9.5 所示的直线 1、直线 2 和直线 3,系统弹出"属性"对话框,在 添加几何关系 区域单击 ─ 水平(H) 按钮。

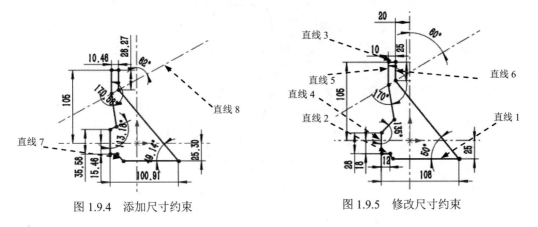

图 1.9.4   添加尺寸约束   图 1.9.5   修改尺寸约束

Step2. 添加 "竖直"约束。选择图 1.9.5 所示的直线 4、直线 5 和直线 6,系统弹出"属性"对话框,在 添加几何关系 区域单击 │ 竖直(V) 按钮。

Step3. 添加"垂直"约束。选择图 1.9.4 所示的直线 7、直线 8,系统弹出"属性"对话框,在 添加几何关系 区域单击 ⊥ 垂直(U) 按钮。添加完成后如图 1.9.6 所示。

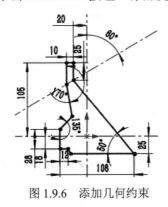

图 1.9.6   添加几何约束

Stage7. 保存文件

1.10   二维草图设计 10

案例概述:

本案例主要讲解了一个比较复杂的草图的创建过程。在创建草图时,首先需要注意绘制草图大概轮廓时的顺序,其次要尽量避免系统自动捕捉到不必要的约束。如果初次绘制的轮廓与目标草图轮廓相差很多,则要拖动最初轮廓到与目标轮廓较接近的形状。本案例所绘制的草图如图 1.10.1 所示，其绘制过程如下。

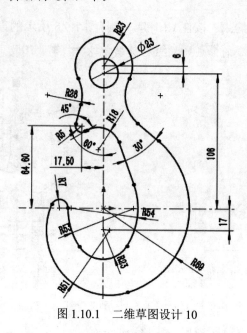

图 1.10.1　二维草图设计 10

Stage1．新建文件

启动 SolidWorks 软件后，选择下拉菜单 文件(F) ➡ 📄 新建(N)... 命令，系统弹出"新建 SolidWorks 文件"对话框，选择其中的"零件"模板，单击 确定 按钮，进入零件设计环境。

Stage2．绘制草图前的准备工作

Step1. 选择下拉菜单 插入(I) ➡ ⌴ 草图绘制 命令，然后选择前视基准面为草图基准面，系统进入草图设计环境。

Step2. 确认 视图(V) ➡ 隐藏/显示(H) ➡ ⌐ 草图几何关系(E) 命令前的 ⌐ 按钮不被按下（即不显示草图几何约束）。

Stage3．创建草图以勾勒出图形的大概形状

注意：由于 SolidWorks 具有尺寸驱动功能，开始绘图时只需绘制大致的形状即可。

Step1. 选择下拉菜单 工具(T) ➡ 草图绘制实体(K) ➡ ✎ 中心线(N) 命令，在图形区绘制图 1.10.2 所示的无限长的中心线。

Step2. 绘制圆弧。选择下拉菜单 工具(T) ➡ 草图绘制实体(K) ➡ ⌒ 三点圆弧 (3) 命令，在图形区绘制图 1.10.3 所示的圆弧。

Step3. 绘制直线。选择下拉菜单 工具(T) ➡ 草图绘制实体(K) ➡ ╱ 直线(L) 命令，在图形区绘制图 1.10.4 所示的直线。

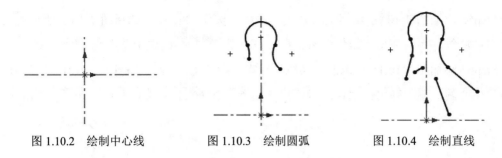

图 1.10.2　绘制中心线　　　图 1.10.3　绘制圆弧　　　图 1.10.4　绘制直线

Step4. 绘制圆弧。选择下拉菜单 工具(T) ➡ 草图绘制实体(K) ➡ 三点圆弧(3) 命令，在图形区绘制图 1.10.5 所示的圆弧。

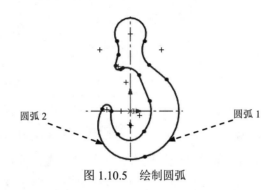

图 1.10.5　绘制圆弧

Stage4．添加几何约束

Step1. 添加图 1.10.6 所示的"相切"约束。按住 Ctrl 键，选择图 1.10.5 所示的圆弧 1 和圆弧 2，系统弹出"属性"对话框，在 添加几何关系 区域中单击 相切(A) 按钮。

Step2. 添加图 1.10.7 所示的"相切"约束。按住 Ctrl 键，选择图 1.10.6 所示的直线 1 和圆弧 3，系统弹出"属性"对话框，在 添加几何关系 区域中单击 相切(A) 按钮。

Step3. 参照上步的方法创建图 1.10.8 所示的其余相切约束。

Step4. 添加图 1.10.9 所示的"共线"约束。按住 Ctrl 键，选择图 1.10.8 所示的点 1 和竖直中心线，系统弹出"属性"对话框，在 添加几何关系 区域中单击 重合(D) 按钮。

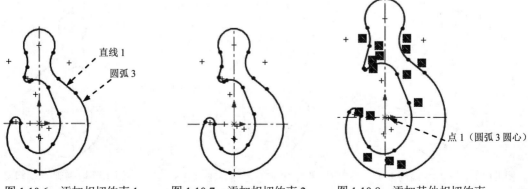

图 1.10.6　添加相切约束 1　　　图 1.10.7　添加相切约束 2　　　图 1.10.8　添加其他相切约束

Step5. 添加图 1.10.10 所示的"共线"约束。按住 Ctrl 键，选择图 1.10.9 所示的点 2 和竖直中心线，系统弹出"属性"对话框，在 添加几何关系 区域中单击 ⼈ 重合(D) 按钮。

Step6. 添加图 1.10.11 所示的"共线"约束。按住 Ctrl 键，选择图 1.10.10 所示的点 3 和水平中心线，系统弹出"属性"对话框，在 添加几何关系 区域中单击 ⼈ 重合(D) 按钮。

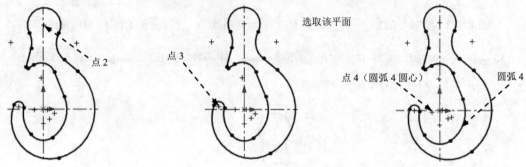

图 1.10.9 添加共线约束 1   图 1.10.10 添加共线约束 2   图 1.10.11 添加共线约束 3

Step7. 添加图 1.10.12 所示的"共线"约束。按住 Ctrl 键，选择图 1.10.11 所示的点 4 和水平中心线，系统弹出"属性"对话框，在 添加几何关系 区域中单击 ⼈ 重合(D) 按钮。

Step8. 添加图 1.10.13 所示的"共线"约束。按住 Ctrl 键，选择图 1.10.12 所示的点 5 和水平中心线，系统弹出"属性"对话框，在 添加几何关系 区域中单击 ⼈ 重合(D) 按钮。

Step9. 添加图 1.10.14 所示的"共线"约束。按住 Ctrl 键，选择图 1.10.13 所示的点 6 和竖直中心线，系统弹出"属性"对话框，在 添加几何关系 区域中单击 ⼈ 重合(D) 按钮。

Step10. 添加图 1.10.15 所示的"相等"约束。按住 Ctrl 键，选择图 1.10.15 所示的圆弧 7 和圆弧 8，系统弹出"属性"对话框，在 添加几何关系 区域中单击 ═ 相等(Q) 按钮。

Stage5. 绘制圆

选择下拉菜单 工具(T) ➞ 草图绘制实体(K) ➞ ⊙ 圆(C) 命令，系统弹出"圆"对话框。将圆心约束到与竖直中心线重合，绘制图 1.10.16 所示的圆。

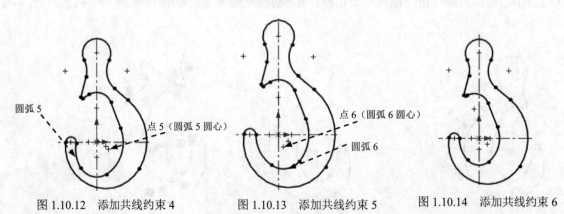

图 1.10.12 添加共线约束 4   图 1.10.13 添加共线约束 5   图 1.10.14 添加共线约束 6

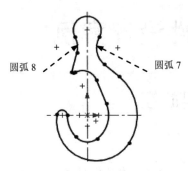
图 1.10.15 添加相等约束

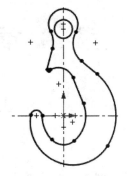
图 1.10.16 绘制圆

Stage6. 添加并修改尺寸约束

尺寸修改完成后如图 1.10.17 所示。

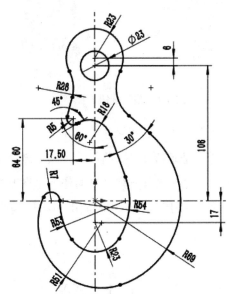
图 1.10.17 修改尺寸后的图形

Stage7. 保存文件

说明：为了回馈广大读者对本书的支持，除学习资源中的视频讲解之外，我们将免费为您提供更多的 SolidWorks 学习视频，读者可以扫描二维码直达视频讲解页面，登录兆迪科技网站免费学习。

学习拓展：扫码学习更多视频讲解。

讲解内容：主要包含二维草图的绘制思路、流程与技巧总结，另外还有二十多个来自实际产品设计中草图案例的讲解。

第 2 章 零件设计案例

2.1 塑料旋钮

案例概述：

本案例主要讲解了一款简单的塑料旋钮的设计过程，在该零件的设计过程中运用了拉伸、旋转、阵列等命令，需要读者注意的是创建拉伸特征草绘时的方法和技巧。塑料旋钮的零件模型如图 2.1.1 所示。

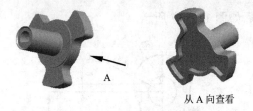

从 A 向查看

图 2.1.1 塑料旋钮零件模型

Step1. 新建一个零件模型文件，进入建模环境。

Step2. 创建图 2.1.2 所示的零件基础特征——凸台-旋转 1。选择下拉菜单 插入(I) ➡ 凸台/基体(B) ➡ 旋转(R)... 命令。选取前视基准面作为草图基准面，绘制图 2.1.3 所示的横断面草图（包括旋转中心线）。采用草图中绘制的中心线作为旋转轴线，在 方向1 区域的 文本框中输入值 360.00。

图 2.1.2 凸台-旋转 1

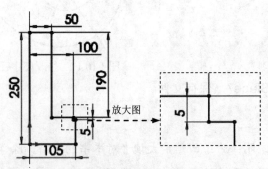

图 2.1.3 横断面草图

Step3. 创建图 2.1.4 所示的零件特征——切除-拉伸 1。选择下拉菜单 插入(I) ➡ 切除(C) ➡ 拉伸(E)... 命令。选取图 2.1.4 所示的模型表面作为草图基准面，绘制图 2.1.5 所示的横断面草图。在"切除-拉伸"窗口 方向1 区域的下拉列表中选择 给定深度 选项，输入深度值 190.0。

草图基准面

图 2.1.4 切除-拉伸 1

图 2.1.5 横断面草图

Step4. 创建图 2.1.6 所示的零件特征——切除-旋转 1。选择下拉菜单 插入(I) ➡ 切除(C) ➡ 旋转(R)... 命令。选取右视基准面作为草图基准面，绘制图 2.1.7 所示的横断面草图，在"切除-旋转"窗口中输入旋转角度值 360.0。

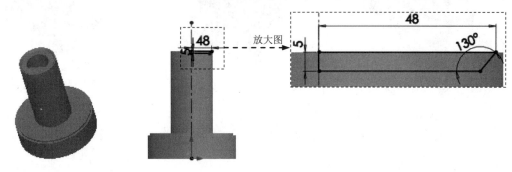

放大图

图 2.1.6 切除-旋转 1

图 2.1.7 横断面草图

Step5. 创建图 2.1.8 所示的零件特征——凸台-拉伸 1。选择下拉菜单 插入(I) ➡ 凸台/基体(B) ➡ 拉伸(E)... 命令。选取上视基准面作为草图基准面，绘制图 2.1.9 所示的横断面草图；在"凸台-拉伸"窗口 方向1 区域的下拉列表中选择 给定深度 选项，输入深度值 55.0。

Step6. 创建图 2.1.10 所示的基准轴 1。选择下拉菜单 插入(I) ➡ 参考几何体(G) ➡ 基准轴(A)... 命令；单击 选择(S) 区域中的 圆柱/圆锥面(C) 按钮，选取图 2.1.10 所示的圆柱面作为基准轴的参考实体。

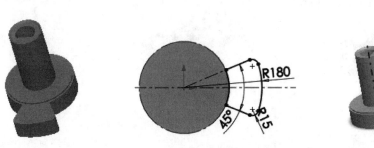

参考面

基准轴1

图 2.1.8 凸台-拉伸 1

图 2.1.9 横断面草图

图 2.1.10 基准轴 1

Step7. 创建图 2.1.11 所示的圆周阵列 1。选择下拉菜单 插入(I) ➡ 阵列/镜像(E)

➡ 🔧 圆周阵列(C)...命令。选取凸台-拉伸 1 为阵列的源特征，选取基准轴 1 为圆周阵列轴；在 参数(P) 区域的 🔺 后的文本框中输入角度值 120.0，在 🔆 后的文本框中输入值 3；单击 ✔ 按钮，完成圆周阵列的创建。

Step8. 创建图 2.1.12 所示的零件特征——切除-拉伸 2。选择下拉菜单 插入(I) ➡ 切除(C) ➡ 🔲 拉伸(E)...命令。选取上视基准面作为草图基准面，绘制图 2.1.13 所示的横断面草图，在"切除-拉伸"窗口 方向1 区域的下拉列表中选择 给定深度 选项，单击 ↗ 按钮，输入深度值 20.0。

  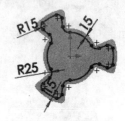

图 2.1.11 圆周阵列 1　　　　图 2.1.12 切除-拉伸 2　　　　图 2.1.13 横断面草图

Step9. 创建图 2.1.14b 所示的圆角 1。选择图 2.1.14a 所示的边线为圆角对象，圆角半径值为 25.0。

a）圆角前　　　　　　　　　　　　　　b）圆角后

图 2.1.14 圆角 1

Step10. 创建图 2.1.15b 所示的圆角 2。选择图 2.1.15a 所示的边线为圆角对象，圆角半径值为 2.0。

a）圆角前　　　　　　　b）圆角后

图 2.1.15 圆角 2

Step11. 创建图 2.1.16b 所示的圆角 3。选择图 2.1.16a 所示的边线为圆角对象，圆角半径值为 2.0。

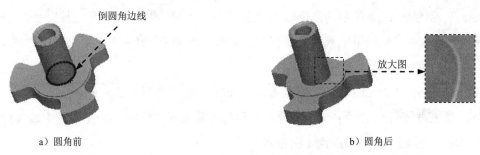

倒圆角边线

放大图

a）圆角前　　　　　　　　　　　　　　　　　b）圆角后

图 2.1.16　圆角 3

Step12. 保存零件模型。选择下拉菜单 文件(F) ➡ 保存(S) 命令，将零件模型命名为"塑料旋钮"，即可保存零件模型。

2.2　阀门固定件

案例概述：

本案例介绍了一个阀门固定件的创建过程，其中用到的命令比较简单，关键在于创建的思路技巧，需要读者用心体会。阀门固定件的零件模型如图 2.2.1 所示。

图 2.2.1　阀门固定件零件模型

Step1. 新建一个零件模型文件，进入建模环境。

Step2. 创建图 2.2.2 所示的零件特征——凸台-拉伸 1。选择下拉菜单 插入(I) ➡ 凸台/基体(B) ➡ 拉伸(E)...命令（或单击 按钮）；选取右视基准面为草图基准面；在草图绘制环境中绘制图 2.2.3 所示的横断面草图；在"凸台-拉伸"对话框 方向1 区域的下拉列表中选择 两侧对称 选项，输入深度值 40.0；单击 按钮，完成凸台-拉伸 1 的创建。

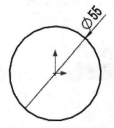

図 2.2.2　凸台-拉伸 1　　　　　図 2.2.3　横断面草图

Step3. 创建图 2.2.4 所示的基准轴 1。选择下拉菜单 插入(I) ➡ 参考几何体(G) ➡ 基准轴(A)...命令；选取上视基准面和前视基准面为参考实体；单击对话框中的 ✔ 按钮，完成基准轴 1 的创建。

Step4. 创建图 2.2.5 所示的基准面 1。选择下拉菜单 插入(I) ➡ 参考几何体(G) ➡ 基准面(P)...命令；选取基准轴 1 和前视基准面，在 ▱ 后的文本框中输入角度值 45.0；单击 ✔ 按钮，完成基准面 1 的创建。

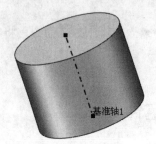

图 2.2.4 基准轴 1

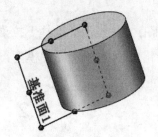

图 2.2.5 基准面 1

Step5. 绘制草图 2。选择下拉菜单 插入(I) ➡ ▱ 草图绘制 命令，选取右视基准面为草图基准面，绘制图 2.2.6 所示的草图 2。

说明：草图 2 绘制的是一个点，两条中心线为垂直关系，且左下的一条中心线在基准面 1 中。

Step6. 创建图 2.2.7 所示的基准面 2。选择下拉菜单 插入(I) ➡ 参考几何体(G) ➡ 基准面(P)...命令；选取基准面 1 和草图 2 为参考；单击 ✔ 按钮，完成基准面 2 的创建。

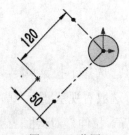

图 2.2.6 草图 2

图 2.2.7 基准面 2

Step7. 创建图 2.2.8 所示的零件特征——凸台-拉伸 2。选择下拉菜单 插入(I) ➡ 凸台/基体(B) ➡ ▱ 拉伸(E)...命令（或单击 ▱ 按钮）；选取基准面 2 为草图基准面；在草图绘制环境中绘制图 2.2.9 所示的横断面草图；在"凸台-拉伸"对话框 方向1 区域的下拉列表中选择 给定深度 选项，单击 ▱ 按钮，输入深度值 20.0；单击 ✔ 按钮，完成凸台-拉伸 2 的创建。

图 2.2.8　凸台-拉伸 2

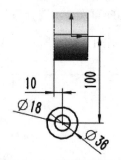

图 2.2.9　横断面草图

Step8. 创建图 2.2.10 所示的点 1。选择下拉菜单 插入(I) ➡ 参考几何体(G) ➡ * 点(O)... 命令；在"点"对话框的 选择(E) 区域单击 圆弧中心(T) 按钮，选取图 2.2.10 所示的边线为参考；单击 ✔ 按钮，完成点 1 的创建。

Step9. 创建图 2.2.11 所示的基准面 3。选择下拉菜单 插入(I) ➡ 参考几何体(G) ➡ ◇ 基准面(P)... 命令；选取右视基准面和点 1 为参考；单击 ✔ 按钮，完成基准面 3 的创建。

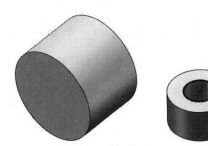

图 2.2.10　点 1

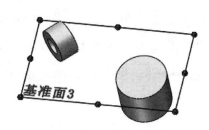

图 2.2.11　基准面 3

Step10. 创建图 2.2.12 所示的草图 4。选择下拉菜单 插入(I) ➡ 草图绘制 命令；选取基准面 3 为草图基准面；在草绘环境中绘制图 2.2.12 所示的草图；选择下拉菜单 插入(I) ➡ 退出草图 命令，完成草图 4 的创建。

Step11. 创建图 2.2.13 所示的草图 5。选择下拉菜单 插入(I) ➡ 草图绘制 命令；选取基准面 3 为草图基准面；在草绘环境中绘制图 2.2.13 所示的草图；选择下拉菜单 插入(I) ➡ 退出草图 命令，完成草图 5 的创建。

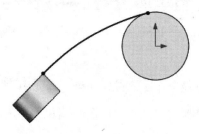

图 2.2.12　草图 4

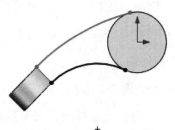

图 2.2.13　草图 5

Step12. 创建 3D 草图 1。选择下拉菜单 [插入(I)] ➡ [🖈 3D 草图] 命令；选取基准面 3 为草图基准面；绘制图 2.2.14 所示的 3D 草图 1。

图 2.2.14　3D 草图 1

Step13. 创建图 2.2.15 所示的基准面 4。选择下拉菜单 [插入(I)] ➡ [参考几何体(G)] ➡ [◈ 基准面(P)...] 命令；选取图 2.2.15 所示的点 1、点 2 和点 3 为参考；单击 ✔ 按钮，完成基准面 4 的创建。

Step14. 创建图 2.2.16 所示的草图 6。选择下拉菜单 [插入(I)] ➡ [▢ 草图绘制] 命令；选取基准面 4 为草图基准面；在草绘环境中绘制图 2.2.16 所示的草图；选择下拉菜单 [插入(I)] ➡ [▢ 退出草图] 命令，完成草图 6 的创建。

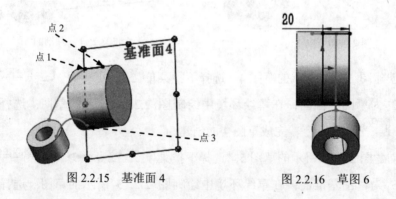

图 2.2.15　基准面 4　　　　图 2.2.16　草图 6

Step15. 创建图 2.2.17 所示的基准面 5。选择下拉菜单 [插入(I)] ➡ [参考几何体(G)] ➡ [◈ 基准面(P)...] 命令；选取图 2.2.17 所示的点 1 和边线 1 为参考；单击 ✔ 按钮，完成基准面 5 的创建。

Step16. 创建图 2.2.18 所示的草图 7。选择下拉菜单 [插入(I)] ➡ [▢ 草图绘制] 命令；选取基准面 5 为草图基准面；在草绘环境中绘制图 2.2.18 所示的草图；选择下拉菜单 [插入(I)] ➡ [▢ 退出草图] 命令，完成草图 7 的创建。

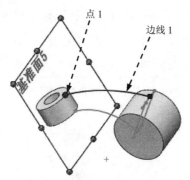

图 2.2.17　基准面 5

图 2.2.18　草图 7

Step17. 创建图 2.2.19 所示的零件特征——放样 1。选择下拉菜单 插入(I) ➡ 凸台/基体(B) ➡ 放样(L)... 命令（或单击"特征"工具栏中的 按钮），系统弹出"放样"对话框；依次选取草图 6 和草图 7 作为凸台放样特征的截面轮廓；选取草图 4 和草图 5 作为凸台放样特征的引导线；单击"放样"对话框中的 按钮，完成放样 1 的创建。

Step18. 创建图 2.2.20 所示的零件特征——凸台-拉伸 3。选择下拉菜单 插入(I) ➡ 凸台/基体(B) ➡ 拉伸(E)... 命令（或单击 按钮）；选中草图 7，在"凸台-拉伸"对话框 方向1 区域的下拉列表中选择 成形到下一面 选项，单击 按钮；单击 按钮，完成凸台-拉伸 3 的创建。

图 2.2.19　放样 1

图 2.2.20　凸台-拉伸 3

Step19. 创建图 2.2.21 所示的基准面 6。选择下拉菜单 插入(I) ➡ 参考几何体(G) ➡ 基准面(P)... 命令；选取前视基准面为参考，单击 按钮，输入偏移距离值 35.0；选中 反转 复选框；单击 按钮，完成基准面 6 的创建。

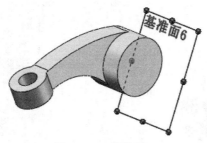

图 2.2.21　基准面 6

Step20. 创建图 2.2.22 所示的零件特征——凸台-拉伸 4。选择下拉菜单 插入(I) ➡
凸台/基体(B) ➡ 📦 拉伸(E)... 命令（或单击 📦 按钮）；选取基准面 6 为草图基准面；
在草图绘制环境中绘制图 2.2.23 所示的横断面草图；在"凸台-拉伸"对话框 方向1 区域的
下拉列表中选择 成形到下一面 选项；单击 ✔ 按钮，完成凸台-拉伸 4 的创建。

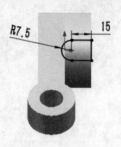

图 2.2.22 凸台-拉伸 4   图 2.2.23 横断面草图

Step21. 创建图 2.2.24 所示的零件特征——切除-拉伸 1。选择下拉菜单 插入(I) ➡
切除(C) ➡ 📦 拉伸(E)... 命令；选取图 2.2.24 所示的面为草图基准面，在草图绘制环境
中绘制图 2.2.25 所示的横断面草图，在 方向1 区域的下拉列表中选择 完全贯穿 选项；单击该
对话框中的 ✔ 按钮，完成切除-拉伸 1 的创建。

图 2.2.24 切除-拉伸 1   图 2.2.25 横断面草图

Step22. 创建图 2.2.26 所示的零件特征——切除-拉伸 2。选择下拉菜单 插入(I) ➡
切除(C) ➡ 📦 拉伸(E)... 命令；选取图 2.2.26 所示的面为草图基准面，在草图绘制环境
中绘制图 2.2.27 所示的横断面草图，在 方向1 区域的下拉列表中选择 成形到下一面 选项；单
击该对话框中的 ✔ 按钮，完成切除-拉伸 2 的创建。

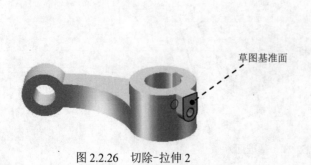

图 2.2.26 切除-拉伸 2   图 2.2.27 横断面草图

Step23. 至此，零件模型创建完毕。选择下拉菜单 文件(F) ➡ 💾 保存(S) 命令，命名为 tap_fix，即可保存零件模型。

2.3 托架

案例概述：

本案例主要讲述了托架的设计过程，运用了拉伸、筋、孔和镜像等命令，其中需要注意的是筋特征的创建过程及其技巧。托架的零件模型如图 2.3.1 所示。

图 2.3.1 托架零件模型

Step1. 新建一个零件模型文件，进入建模环境。

Step2. 创建图 2.3.2 所示的零件基础特征——凸台-拉伸 1。选择下拉菜单 插入(I) ➡ 凸台/基体(B) ➡ 🔲 拉伸(E)...命令。选取右视基准面作为草图基准面，绘制图 2.3.3 所示的横断面草图；在"凸台-拉伸"窗口 方向1 区域的下拉列表中选择 给定深度 选项，输入深度值 5.5。

Step3. 创建图 2.3.4 所示的零件特征——凸台-拉伸 2。选择下拉菜单 插入(I) ➡ 凸台/基体(B) ➡ 🔲 拉伸(E)...命令。选取图 2.3.4 所示的平面作为草图基准面，绘制图 2.3.5 所示的横断面草图；单击 ↗ 按钮，采用与系统默认相反的深度方向；在"凸台-拉伸"窗口 方向1 区域的下拉列表中选择 给定深度 选项，输入深度值 4。

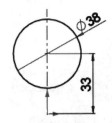
$\phi 38$

33

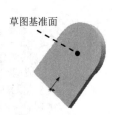
草图基准面

图 2.3.2 凸台-拉伸 1　　图 2.3.3 横断面草图（草图 1）　　图 2.3.4 凸台-拉伸 2

Step4. 创建图 2.3.6 所示的零件特征——凸台-拉伸 3。选择下拉菜单 插入(I) ➡ 凸台/基体(B) ➡ 🔲 拉伸(E)...命令。选取图 2.3.4 所示的平面作为草图基准面，绘制图 2.3.7 所示的横断面草图；采用系统默认的深度方向；在"凸台-拉伸"窗口 方向1 区域的

下拉列表中选择 给定深度 选项，输入深度值 20。

图 2.3.5　横断面草图（草图 2）

图 2.3.6　凸台-拉伸 3

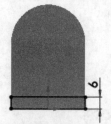

图 2.3.7　横断面草图（草图 3）

Step5. 创建图 2.3.8 所示的零件特征——切除-拉伸 1。选择下拉菜单 插入(I) ➡ 切除(C) ➡ 拉伸(E)…命令。选取图 2.3.4 所示的平面作为草图基准面，绘制图 2.3.9 所示的横断面草图。在"切除-拉伸"窗口 方向1 区域的下拉列表中选择 给定深度 选项，输入深度值 2.5。

Step6. 创建图 2.3.10 所示的零件特征——切除-拉伸 2。选择下拉菜单 插入(I) ➡ 切除(C) ➡ 拉伸(E)…命令。选取图 2.3.4 所示的平面作为草图基准面，绘制图 2.3.11 所示的横断面草图。在"切除-拉伸"窗口 方向1 区域的下拉列表中选择 完全贯穿 选项。

图 2.3.8　切除-拉伸 1

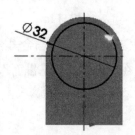

图 2.3.9　横断面草图（草图 4）

图 2.3.10　切除-拉伸 2

Step7. 创建图 2.3.12 所示的零件特征——切除-拉伸 3。选择下拉菜单 插入(I) ➡ 切除(C) ➡ 拉伸(E)…命令。选取图 2.3.4 所示的平面作为草图基准面，绘制图 2.3.13 所示的横断面草图。在"切除-拉伸"窗口 方向1 区域的下拉列表中选择 完全贯穿 选项。

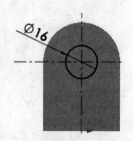

图 2.3.11　横断面草图（草图 5）

图 2.3.12　切除-拉伸 3

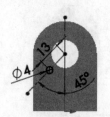

图 2.3.13　横断面草图（草图 6）

Step8. 创建图 2.3.14 所示的基准轴 1。选择下拉菜单 插入(I) ➡ 参考几何体(G) ➡ 基准轴(A)…命令；单击 选择(S) 区域中的 圆柱/圆锥面(C) 按钮，选取图 2.3.15 所示的圆柱面作为基准轴的参考实体。

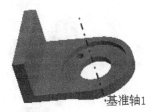

图 2.3.14 基准轴 1

参考圆柱面

图 2.3.15 参考圆柱面

Step9. 创建图 2.3.16 所示的圆周阵列 1。选择下拉菜单 `插入(I)` ➡ `阵列/镜像(E)` ➡ `圆周阵列(C)...` 命令。选取切除-拉伸 3 为阵列的源特征，选取基准轴 1 为圆周阵列轴；在 `参数(P)` 区域的 后的文本框中输入角度值 90，在 后的文本框中输入值 4；单击 按钮，完成圆周阵列的创建。

Step10. 创建图 2.3.17 所示的零件特征——筋 1。选择下拉菜单 `插入(I)` ➡ `特征(F)` ➡ `筋(R)...` 命令。选取前视基准面作为草图基准面，绘制图 2.3.18 所示的横断面草图，在"筋"窗口的 `参数(P)` 区域中单击 （两侧）按钮，输入筋厚度值 5.0；在 `拉伸方向:` 下单击"平行于草图"按钮 ，选中 `☑ 反转材料方向(F)` 复选框。单击 按钮，完成筋 1 的创建。

图 2.3.16 圆周阵列 1

图 2.3.17 筋 1

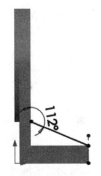

图 2.3.18 横断面草图（草图 7）

Step11. 创建图 2.3.19 所示的零件特征——M5 六角凹头螺钉的柱形沉头孔 1。

（1）选择下拉菜单 `插入(I)` ➡ `特征(F)` ➡ `孔向导(W)...` 命令。

（2）定义孔的位置。在"孔规格"窗口中单击 `位置` 选项卡，选取图 2.3.20 所示的模型表面为孔的放置面，在鼠标单击处将出现孔的预览，在"草图（K）"工具栏中单击 按钮，建立图 2.3.21 所示的尺寸，并修改为目标尺寸。

（3）定义孔的参数。在"孔位置"窗口单击 `类型` 选项卡，在 `孔类型(T)` 区域选择孔"类型"为 （柱孔），标准为 `Iso` ，然后在 `终止条件(C)` 下拉列表中选择 `完全贯穿` 选项。

（4）定义孔的大小。在 `孔规格` 区域定义孔的大小为 `M5` ，配合为 `正常` ，选中 `☑ 显示自定义大小(Z)` 复选框，在 后的文本框中输入值 5.0，在 后的文本框中输入值 11.2，在 后的文本框中输入值 2。单击 按钮，完成 M5 六角凹头螺钉的柱形沉头孔 1 的创建。

孔放置面

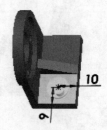

10

图 2.3.19　M5 六角凹头螺钉的柱形沉头孔 1　　图 2.3.20　孔放置面　　图 2.3.21　横截面草图（草图 8）

Step12. 创建图 2.3.22 所示的镜像 1。选择下拉菜单 插入(I) ➡ 阵列/镜像(E) ➡

镜向(M)... 命令。选取前视基准面作为镜像基准面，选取 M5 六角凹头螺钉的柱形沉头孔

1 作为镜像 1 的对象。

图 2.3.22　镜像 1

Step13. 保存模型。

2.4　削铅笔刀盒

案例概述：

　　本案例介绍了一个削铅笔刀盒的创建过程，主要运用了实体建模的基本技巧，包括
实体拉伸以及切除-拉伸等特征命令，其中读者需要注意圆角的顺序。零件模型如图 2.4.1
所示。

图 2.4.1　削铅笔刀盒零件模型

　　说明：本案例前面的详细操作过程请参见学习资源中 video\ch02.04\reference\文件夹下
的语音视频讲解文件——削铅笔刀盒-r01.exe。

　　Step1. 打开文件 D:\swal18\work\ch02.04\削铅笔刀盒_ex.SLDPRT。

　　Step2. 创建图 2.4.2b 所示的拔模 1。选择下拉菜单 插入(I) ➡ 特征(F) ›

➡ 🔲 拔模(D)...命令（或单击 🔲 按钮），系统弹出"拔模"对话框；在 拔模类型(T) 选项区域的下拉列表中选择 中性面(N) 选项；在 拔模角度(G) 区域中输入拔模角度值 10；单击 中性面(N) 选项区，选择图 2.4.2a 所示的面 1；单击 拔模面(F) 选项区，选择图 2.4.2a 所示的面 2；单击对话框中的 ✔ 按钮，完成拔模 1 的创建。

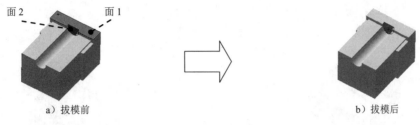

a）拔模前   b）拔模后

图 2.4.2 拔模 1

Step3. 创建图 2.4.3b 所示的圆角 1。选择下拉菜单 插入(I) ➡ 特征(F) ➡ 🔲 圆角(U)... 命令，系统弹出"圆角"对话框；在 圆角类型(Y) 选项组中单击 🔲 选项；选取图 2.4.3a 所示的边线为要圆角的对象；在对话框中输入圆角半径值 3.0；单击"圆角"对话框中的 ✔ 按钮，完成圆角 1 的创建。

Step4. 创建图 2.4.4b 所示的圆角 2。选择下拉菜单 插入(I) ➡ 特征(F) ➡ 🔲 圆角(U)... 命令，采用系统默认的圆角类型；选取图 2.4.4a 所示的边线为要圆角的对象；在对话框中输入半径值 1.0；单击"圆角"对话框中的 ✔ 按钮，完成圆角 2 的创建。

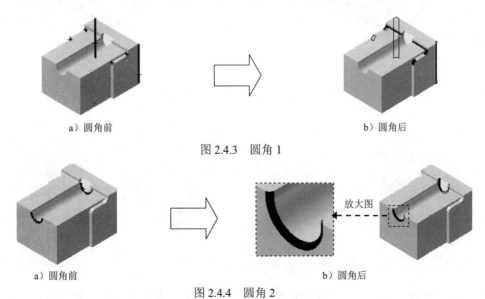

a）圆角前   b）圆角后

图 2.4.3 圆角 1

a）圆角前   放大图   b）圆角后

图 2.4.4 圆角 2

Step5. 创建图 2.4.5b 所示的圆角 3。要圆角的对象为图 2.4.5a 所示的边线，圆角半径值为 2.0。

Step6. 创建图 2.4.6b 所示的圆角 4。要圆角的对象为图 2.4.6a 所示的边线，圆角半径值为 1.0。

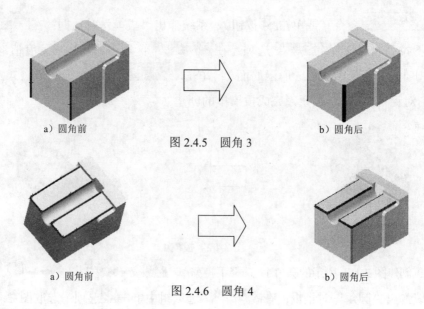

a）圆角前
b）圆角后

图 2.4.5　圆角 3

a）圆角前
b）圆角后

图 2.4.6　圆角 4

Step7. 创建图 2.4.7b 所示的圆角 5。要圆角的对象为图 2.4.7a 所示的边线，圆角半径值为 5.0。

a）圆角前
b）圆角后

图 2.4.7　圆角 5

Step8. 创建图 2.4.8b 所示的圆角 6。要圆角的对象为图 2.4.8a 所示的边线，圆角半径值为 0.5。

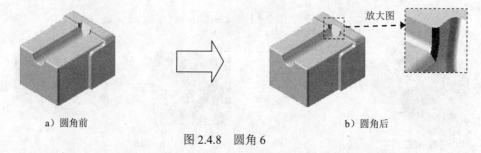

放大图

a）圆角前
b）圆角后

图 2.4.8　圆角 6

Step9. 创建图 2.4.9b 所示的圆角 7。要圆角的对象为图 2.4.9a 所示的边线，圆角半径值为 0.5。

Step10. 创建图 2.4.10b 所示的零件特征——抽壳。选择下拉菜单 插入(I) ➡ 特征(F) ➡ 🗔 抽壳(S)... 命令；选取图 2.4.10a 所示的模型的面为要移除的面；抽壳厚度值为 2.0；单击"抽壳 1"对话框中的 ✅ 按钮，完成抽壳的创建。

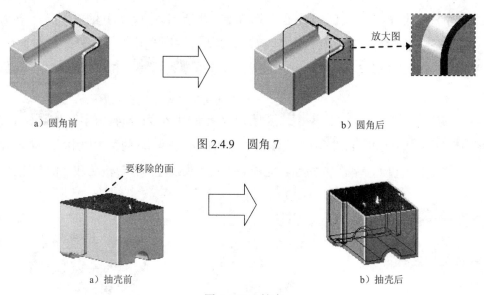

a）圆角前   b）圆角后

图 2.4.9　圆角 7

要移除的面

a）抽壳前   b）抽壳后

图 2.4.10　抽壳

Step11. 保存零件模型。

2.5　泵盖

案例概述：

本案例介绍了一个普通的泵盖的创建过程，主要运用了实体建模的一些常用命令，包括实体拉伸、倒角、倒圆角、阵列和镜像等。泵盖的零件模型如图 2.5.1 所示。

图 2.5.1　泵盖零件模型

说明：本案例前面的详细操作过程请参见学习资源中 video\ch02.05\reference\文件夹下的语音视频讲解文件——泵盖-r01.exe。

Step1. 打开文件 D:\swal18\work\ch02.05\泵盖_ex.SLDPRT。

Step2. 创建图 2.5.2 所示的草图 6。选择下拉菜单 插入(I) ➡ 草图绘制 命令。选取图 2.5.3 所示的模型表面为草图基准面，绘制图 2.5.2 所示的草图（显示原点）。

Step3. 创建图 2.5.4 所示的零件特征——M4 六角头螺栓的柱形沉头孔 2。

（1）选择下拉菜单 插入(I) ➡ 特征(F) ➡ 孔向导(W)...命令。

（2）定义孔的位置。在"孔规格"窗口中单击 位置 选项卡，选取图 2.5.4 所示的模型表面（草图基准面）作为孔的放置面，选取上一步所创建的点为孔的放置点。

（3）定义孔的参数。在"孔位置"窗口单击 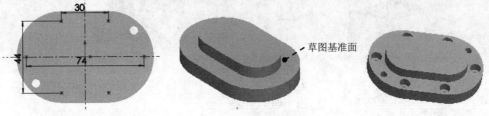 类型 选项卡，在 孔类型(T) 区域选择孔"类型"为 （柱形沉头孔），标准为 GB ，然后在 终止条件(C) 下拉列表中选择 完全贯穿 选项。

（4）定义孔的大小。在 孔规格 区域定义孔的大小为 M4，配合为 正常 ，选中 ☑ 显示自定义大小(Z) 复选框，在 后的文本框中输入值 4，在 后的文本框中输入值 8，在 后的文本框中输入值 6。单击 ✓ 按钮，完成 M4 六角头螺栓的柱形沉头孔 2 的创建。

| 图 2.5.2　草图 6 | 图 2.5.3　草图平面 | 图 2.5.4　M4 六角头螺栓的柱形沉头孔 2 |

Step4. 创建图 2.5.5 所示的零件特征——切除-拉伸 2。选择下拉菜单 插入(I) ➡ 切除(C) ➡ 📦 拉伸(E)... 命令。选取上视基准面作为草图基准面，绘制图 2.5.6 所示的横断面草图。在"切除-拉伸"窗口 方向1 区域的下拉列表中选择 给定深度 选项，单击 按钮，输入深度值 5.0。

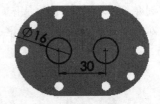

图 2.5.5　切除-拉伸 2　　　　　　图 2.5.6　横断面草图（草图 7）

Step5. 创建图 2.5.7 所示的零件特征——Ø6.0 直径孔 1。

（1）选择下拉菜单 插入(I) ➡ 特征(F) ➡ 🔩 孔向导(W)... 命令。

（2）定义孔的位置。在"孔规格"窗口中单击 位置 选项卡，选取图 2.5.7 所示的模型表面为孔的放置面，在鼠标单击处将出现孔的预览，建立图 2.5.8 所示的重合约束。

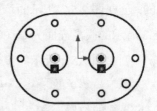

图 2.5.7　直径孔 1　　　　　　　图 2.5.8　重合约束

（3）定义孔的参数。在"孔位置"窗口单击 ⊞ 类型 选项卡，在 孔类型(T) 区域选择孔"类型"为 ▯ （孔），标准为 GB ，类型为 钻孔大小 ，然后在 终止条件(C) 下拉列表中选择 给定深度 选项，输入深度值 9.7。

（4）定义孔的大小。在 孔规格 区域定义孔的大小为 Φ6，单击 ✓ 按钮，完成直径孔 1 的创建。

Step6. 创建图 2.5.9b 所示的倒角 1。选取图 2.5.9a 所示的边线为要倒角的对象，在"倒角"对话框 倒角类型 区域中单击 ⬦ 选项，然后在 ◪ 文本框中输入值 0.5，在 ◪ 文本框中输入值 45.0。

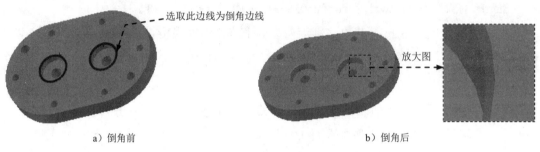

a）倒角前　　　　　　　　　　　　　b）倒角后

图 2.5.9　倒角 1

Step7. 创建图 2.5.10b 所示的圆角 1。选择图 2.5.10a 所示的边线为圆角对象，圆角半径值为 2.0。

a）圆角前　　　　　　　　　　　　　b）圆角后

图 2.5.10　圆角 1

Step8. 保存零件模型。

2.6　洗衣机排水旋钮

案例概述：

　　本案例讲解了日常生活中常见的洗衣机排水旋钮的设计过程。本实例中运用了简单的曲面建模命令，如边界混合、使用曲面切割等，对于曲面的建模方法需要读者仔细体会。洗衣机排水旋钮的零件模型如图 2.6.1 所示。

　　说明：本案例前面的详细操作过程请参见学习资源中 video\ch02.06\reference\文件夹下

的语音视频讲解文件——排水旋钮-r01.exe。

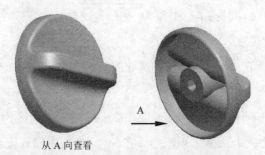

从A向查看

图 2.6.1　洗衣机排水旋钮零件模型

Step1. 打开文件 D:\swal18\work\ch02.06\排水旋钮_ex.SLDPRT。

Step2. 创建图 2.6.2 所示的基准面 1。选择下拉菜单 插入(I) ➡ 参考几何体(G) ▶ ➡ 基准面(P)...命令；选取前视基准面作为所要创建的基准面的参考实体，在 ⊟ 后的文本框中输入值 35。

Step3. 创建图 2.6.3 所示的基准面 2。选择下拉菜单 插入(I) ➡ 参考几何体(G) ▶ ➡ 基准面(P)...命令；选取基准面 1 作为所要创建的基准面的参考实体，在 ⊟ 后的文本框中输入值 70，并选中 ☑ 反转 复选框。

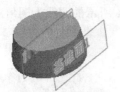

图 2.6.2　基准面 1

图 2.6.3　基准面 2

Step4. 创建图 2.6.4 所示的草图 2。选择下拉菜单 插入(I) ➡ ☐ 草图绘制 命令；选取前视基准面作为草图基准面，绘制图 2.6.4 所示的草图 2。

Step5. 创建图 2.6.5 所示的草图 3。选择下拉菜单 插入(I) ➡ ☐ 草图绘制 命令；选取基准面 1 作为草图基准面，绘制图 2.6.5 所示的草图 3。

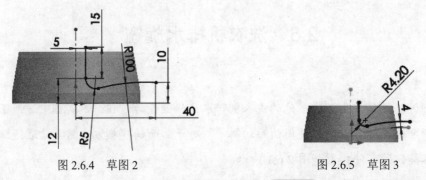

图 2.6.4　草图 2

图 2.6.5　草图 3

Step6. 创建图 2.6.6 所示的草图 4。选择下拉菜单 插入(I) ➡ ☐ 草图绘制 命令；选取基准面 2 作为草图基准面，绘制图 2.6.6 所示的草图 4。

Step7. 创建图 2.6.7 所示的边界-曲面 1。选择下拉菜单 插入(I) ➡ 曲面(S) ➡
◈ 边界曲面(B)... 命令，依次选取草图 3、草图 2、草图 4 作为 方向 1 的边界曲线，相切类型采用系统默认设置，单击 ✔ 按钮，完成边界-曲面 1 的创建。

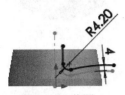

图 2.6.6　草图 4

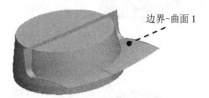

图 2.6.7　边界-曲面 1

Step8. 创建图 2.6.8b 所示的镜像 1。选择下拉菜单 插入(I) ➡ 阵列/镜像(E) ➡
▶◀ 镜向(M)... 命令。选取右视基准面作为镜像基准面，选取图 2.6.8a 所示曲面作为镜像 1 的对象。

a）镜像前

b）镜像后

图 2.6.8　镜像 1

Step9. 创建图 2.6.9 所示的使用曲面切除 1。选择下拉菜单 插入(I) ➡ 切除(C) ➡ 📦 使用曲面(U) 命令，选取图 2.6.10 所示的曲面作为切除曲面，切除方向为图 2.6.10 中箭头所指方向。单击 ✔ 按钮，完成使用曲面切除 1 的创建。

图 2.6.9　使用曲面切除 1

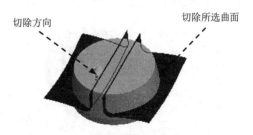

图 2.6.10　进行切除所选曲面

Step10. 创建图 2.6.11b 所示的圆角 1。选择下拉菜单 插入(I) ➡ 特征(F) ➡ 📦 圆角(U)... 命令，选择图 2.6.11a 所示的边线为圆角对象，圆角半径值为 12.0。

Step11. 创建图 2.6.12b 所示的圆角 2。选择下拉菜单 插入(I) ➡ 特征(F) ➡ 📦 圆角(U)... 命令，选择图 2.6.12a 所示的边线为圆角对象，圆角半径值为 2.0。

Step12. 创建图 2.6.13b 所示的圆角 3。选择下拉菜单 插入(I) ➡ 特征(F) ➡

⬛ 圆角(U)... 命令，选择图 2.6.13a 所示的边线为圆角对象，圆角半径值为 15.0。

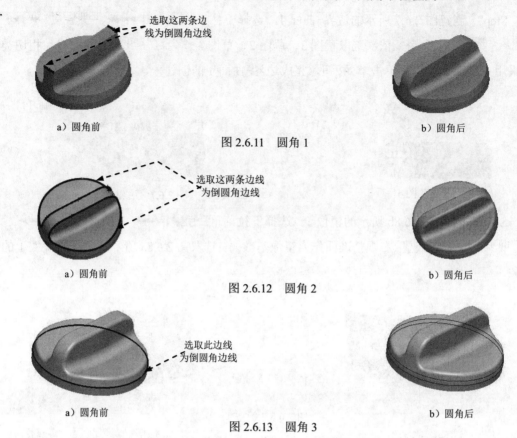

选取这两条边
线为倒圆角边线

a）圆角前　　　　　　　　　　　　　　b）圆角后

图 2.6.11　圆角 1

选取这两条边线
为倒圆角边线

a）圆角前　　　　　　　　　　　　　　b）圆角后

图 2.6.12　圆角 2

选取此边线
为倒圆角边线

a）圆角前　　　　　　　　　　　　　　b）圆角后

图 2.6.13　圆角 3

Step13. 创建图 2.6.14b 所示的零件特征——抽壳 1。选择下拉菜单 插入(I) ➡️
特征(F) ➡️ ⬛ 抽壳(S)... 命令。选取图 2.6.14a 所示的模型表面为要移除的面。在"抽壳 1"窗口的 参数(P) 区域输入壁厚值 2.0，并选中 ☑ 壳厚朝外(S) 复选框。

要移除的面

a）抽壳前　　　　　　　　　　　　　　b）抽壳后

图 2.6.14　抽壳 1

Step14. 创建图 2.6.15 所示的零件特征——凸台-拉伸 1。选择下拉菜单 插入(I) ➡️
凸台/基体(B) ➡️ ⬛ 拉伸(E)... 命令。选取上视基准面作为草图基准面，绘制图 2.6.16 所示的横断面草图；在"凸台-拉伸"窗口 方向1 区域的下拉列表中选择 成形到实体 选项，选择抽壳 1 作为要实现成形的实体。

Step15. 后面的详细操作过程请参见学习资源中 video\ch02.06\reference\文件夹下的语

音视频讲解文件——排水旋钮-r02.exe。

图 2.6.15 凸台-拉伸 1

图 2.6.16 横断面草图（草图 5）

2.7 线缆固定支座

案例概述：

本案例主要讲解了一款线缆固定支座的设计过程，在该零件的设计过程中运用了拉伸、旋转、阵列等命令，需要读者注意的是创建拉伸特征草绘时的方法和技巧。线缆固定支座的零件模型如图 2.7.1 所示。

图 2.7.1 线缆固定支座零件模型

说明：本案例前面的详细操作过程请参见学习资源中 video\ch02.07\reference\文件夹下的语音视频讲解文件——线缆固定支座-r01.exe。

Step1. 打开文件 D:\swal18\work\ch02.07\线缆固定支座_ex.SLDPRT。

Step2. 创建图 2.7.2 所示的零件特征——切除-拉伸 2。选择下拉菜单 插入(I) ➡ 切除(C) ➡ 🔲 拉伸(E)... 命令。选取上视基准面作为草图基准面，绘制图 2.7.3 所示的横断面草图。在"切除-拉伸"窗口 方向1 区域的下拉列表中选择 完全贯穿 选项，单击 ✔ 按钮。

图 2.7.2 切除-拉伸 2

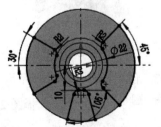

图 2.7.3 横断面草图（草图 4）

Step3. 创建图 2.7.4 所示的零件特征——凸台-拉伸 1。选择下拉菜单 插入(I) ➡ 凸台/基体(B) ➡ 📦 拉伸(E)...命令。选取基准面 1 作为草图基准面，绘制图 2.7.5 所示的横断面草图；在"凸台-拉伸"窗口 方向1 区域的下拉列表中选择 两侧对称 选项，输入深度值 5.0。

图 2.7.4 凸台-拉伸 1

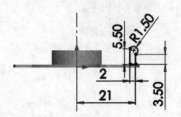

图 2.7.5 横断面草图（草图 5）

Step4. 创建图 2.7.6 所示的零件特征——筋 1。选择下拉菜单 插入(I) ➡ 特征(F) ➡ 🥄 筋(R)...命令。选取基准面 1 作为草图基准面，绘制图 2.7.7 所示的横断面草图，在"筋"窗口的 参数(P) 区域中单击 ≡（两侧）按钮，输入筋厚度值 0.5；在 拉伸方向: 下单击"平行于草图"按钮 🔩，选中 ☑ 反转材料方向(F) 复选框。单击 ✔ 按钮，完成筋 1 的创建。

图 2.7.6 筋 1

图 2.7.7 横断面草图（草图 6）

Step5. 创建图 2.7.8 所示的镜像 1。选择下拉菜单 插入(I) ➡ 阵列/镜向(E) ➡ ⬜⬜ 镜向(M)...命令。选取右视基准面作为镜像基准面，选取凸台-拉伸 1 与筋 1 作为镜像 1 的对象。

Step6. 创建图 2.7.9 所示的镜像 2。选择下拉菜单 插入(I) ➡ 阵列/镜像(E) ➡ ⬜⬜ 镜向(M)...命令。选取前视基准面作为镜像基准面，选取镜像 1 作为镜像 2 的对象。

图 2.7.8 镜像 1

图 2.7.9 镜像 2

Step7. 创建图 2.7.10b 所示的圆角 1。选择下拉菜单 插入(I) ➡ 特征(F) ➡ 📦 圆角(N)...命令，选择图 2.7.10a 所示的边线为圆角对象，圆角半径值为 0.5。

Step8. 后面的详细操作过程请参见学习资源中 video\ch02.07\reference\文件夹下的语音

视频讲解文件——线缆固定支座-r02.exe。

a）圆角前　　　　　　　　　　　　　　　　　　b）圆角后

图 2.7.10　圆角 1

2.8　塑料卡子

案例概述：

　　本案例讲解了一个普通的塑料卡子的设计过程，其中运用了简单建模的一些常用命令，如拉伸、镜像和筋等，其中筋特征运用得很巧妙。塑料卡子的零件模型如图 2.8.1 所示。

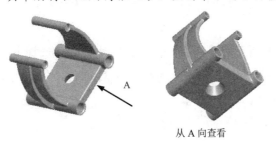

从 A 向查看

图 2.8.1　塑料卡子零件模型

Step1. 新建一个零件模型文件，进入建模环境。

Step2. 创建图 2.8.2 所示的零件基础特征——拉伸-薄壁 1。选择下拉菜单 插入(I) ➡ 凸台/基体(B) ➡ 🔲 拉伸(E)...命令。选取前视基准面作为草图平面，绘制图 2.8.3 所示的横断面草图。在"凸台-拉伸"对话框 方向1 区域的下拉列表中选择 两侧对称 选项，在 🗹D1 文本框中输入深度值 16.0。激活"凸台-拉伸"对话框中的 🗹 薄壁特征(T) 区域，然后在 🗹 后的下拉列表中选择 单向 选项，并单击 🗹 按钮，反转厚度方向。在 🗹 薄壁特征(T) 区域 🗹T1 后的文本框中输入厚度值 1.5。单击"凸台-拉伸"对话框中的 ✓ 按钮，完成拉伸-薄壁 1 的创建。

图 2.8.2　拉伸-薄壁 1

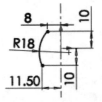

图 2.8.3　横断面草图（草图 1）

Step3. 创建图 2.8.4 所示的零件特征——切除-拉伸 1。选择下拉菜单 <kbd>插入(I)</kbd> ➡ <kbd>切除(C)</kbd> ➡ <kbd>拉伸(E)</kbd>...命令。选取右视基准面作为草图基准面,绘制图 2.8.5 所示的横断面草图。在"切除-拉伸"窗口 <kbd>方向1</kbd> 区域的下拉列表中选择 <kbd>完全贯穿</kbd> 选项。

图 2.8.4　切除-拉伸 1

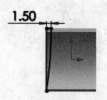

图 2.8.5　横断面草图(草图 2)

Step4. 创建图 2.8.6 所示的镜像 1。选择下拉菜单 <kbd>插入(I)</kbd> ➡ <kbd>阵列/镜像(E)</kbd> ➡ <kbd>镜向(M)</kbd>...命令。选取前视基准面作为镜像基准面,选取切除-拉伸 1 作为镜像 1 的对象。

Step5. 创建图 2.8.7 所示的零件特征——凸台-拉伸 1。选择下拉菜单 <kbd>插入(I)</kbd> ➡ <kbd>凸台/基体(B)</kbd> ➡ <kbd>拉伸(E)</kbd>...命令。选取前视基准面作为草图基准面,绘制图 2.8.8 所示的横断面草图;在"凸台-拉伸"窗口 <kbd>方向1</kbd> 区域的下拉列表中选择 <kbd>两侧对称</kbd> 选项,输入深度值 24.0。

Step6. 创建图 2.8.9 所示的零件特征——凸台-拉伸 2。选择下拉菜单 <kbd>插入(I)</kbd> ➡ <kbd>凸台/基体(B)</kbd> ➡ <kbd>拉伸(E)</kbd>...命令。选取前视基准面作为草图基准面,绘制图 2.8.10 所示的横断面草图;在"凸台-拉伸"窗口 <kbd>方向1</kbd> 区域的下拉列表中选择 <kbd>两侧对称</kbd> 选项,输入深度值 20.0。

图 2.8.6　镜像 1

图 2.8.7　凸台-拉伸 1

图 2.8.8　横断面草图(草图 3)

Step7. 创建图 2.8.11 所示的零件特征——凸台-拉伸 3。选择下拉菜单 <kbd>插入(I)</kbd> ➡ <kbd>凸台/基体(B)</kbd> ➡ <kbd>拉伸(E)</kbd>...命令。选取前视基准面作为草图基准面,绘制图 2.8.12 所示的横断面草图;在"凸台-拉伸"窗口 <kbd>方向1</kbd> 区域的下拉列表中选择 <kbd>两侧对称</kbd> 选项,输入深度值 16.0。

图 2.8.9　凸台-拉伸 2

图 2.8.10　横断面草图(草图 4)

图 2.8.11　凸台-拉伸 3

Step8. 创建图 2.8.13 所示的零件特征——筋 1。选择下拉菜单 插入(I) ➡ 特征(F) ➡ 🔲 筋(R)... 命令。选取前视基准面作为草图基准面，绘制图 2.8.14 所示的横断面草图，在"筋"窗口的 参数(P) 区域中单击 ▤（两侧）按钮，输入筋厚度值 2.0；在 拉伸方向: 下单击"平行于草图"按钮 🗔，单击 ✔ 按钮，完成筋 1 的创建。

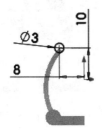

图 2.8.12　横断面草图（草图 5）　　　图 2.8.13　筋 1　　　图 2.8.14　横断面草图（草图 6）

Step9. 创建图 2.8.15 所示的零件特征——切除-拉伸 2。选择下拉菜单 插入(I) ➡ 切除(C) ➡ 🔲 拉伸(E)... 命令。选取图 2.8.16 所示平面作为草图基准面，绘制图 2.8.17 所示的横断面草图。在"切除-拉伸"窗口 方向1 区域的下拉列表中选择 给定深度 选项，输入深度值 1.0。

Step10. 创建图 2.8.18 所示的镜像 2。选择下拉菜单 插入(I) ➡ 阵列/镜像(E) ➡ ▷◁ 镜向(M)... 命令。选取前视基准面作为镜像基准面，选取切除-拉伸 2 作为镜像 2 的对象。

图 2.8.15　切除-拉伸 2　　　图 2.8.16　草图基准面　　　图 2.8.17　横断面草图（草图 7）

Step11. 创建图 2.8.19 所示的零件特征——切除-拉伸 3。选择下拉菜单 插入(I) ➡ 切除(C) ➡ 🔲 拉伸(E)... 命令。选取图 2.8.20 所示平面作为草图基准面，绘制图 2.8.21 所示的横断面草图。在"切除-拉伸"窗口 方向1 区域的下拉列表中选择 给定深度 选项，输入深度值 5.0。

图 2.8.18　镜像 2　　　图 2.8.19　切除-拉伸 3　　　图 2.8.20　草图基准面

Step12. 创建图 2.8.22 所示的镜像 3。选择下拉菜单 插入(I) ➡ 阵列/镜像(E) ➡

⊬⊣ 镜向(M)... 命令。选取前视基准面作为镜像基准面，选取切除-拉伸 3 作为镜像 3 的对象。

图 2.8.21　横截面草图（草图 8）

图 2.8.22　镜像 3

Step13. 创建图 2.8.23b 所示的圆角 1。选择下拉菜单 插入(I) ➡ 特征(F) ➡ 圆角(U)... 命令，选择图 2.8.23a 所示的边线为圆角对象，圆角半径值为 0.5。

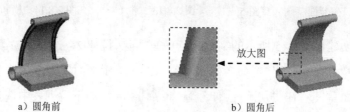

a）圆角前　　　　　b）圆角后

图 2.8.23　圆角 1

Step14. 创建图 2.8.24b 所示的圆角 2。选择下拉菜单 插入(I) ➡ 特征(F) ➡ 圆角(U)... 命令，选择图 2.8.24a 所示的边线为圆角对象，圆角半径值为 0.2。

a）圆角前　　　　　b）圆角后

图 2.8.24　圆角 2

Step15. 创建图 2.8.25b 所示的圆角 3。选择下拉菜单 插入(I) ➡ 特征(F) ➡ 圆角(U)... 命令，选择图 2.8.25a 所示的边线为圆角对象，圆角半径值为 0.5。

a）圆角前　　　　　b）圆角后

图 2.8.25　圆角 3

Step16. 创建图 2.8.26b 所示的圆角 4。选择下拉菜单 插入(I) ➡ 特征(F) ➡ 圆角(U)... 命令，选择图 2.8.26a 所示的边线为圆角对象，圆角半径值为 0.2。

a）圆角前   b）圆角后

图 2.8.26　圆角 4

Step17. 创建图 2.8.27b 所示的倒角 1。选取图 2.8.27a 所示的边线为要倒角的对象，在"倒角"窗口中选中 ⊙ 角度距离(A) 单选项，然后在 文本框中输入值 0.3，在 文本框中输入值 45.0。

a）倒角前   b）倒角后

图 2.8.27　倒角 1

Step18. 创建图 2.8.28b 所示的镜像 4。选择下拉菜单 插入(I) ➡ 阵列/镜像(E) ➡ ⊪ 镜向(M)... 命令。选取右视基准面作为镜像基准面，选取图 2.8.28a 中的所有特征作为镜像 4 的对象。

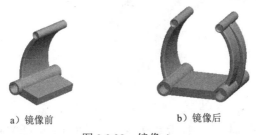

a）镜像前   b）镜像后

图 2.8.28　镜像 4

Step19. 创建图 2.8.29 所示的零件特征——切除-旋转 1。选择下拉菜单 插入(I) ➡ 切除(C) ➡ 旋转(R)... 命令。选取前视基准面作为草图基准面，绘制图 2.8.30 所示的横断面草图，采用草图中绘制的中心线作为旋转轴线。在"切除-旋转"窗口中输入旋转角度值 360.0。

图 2.8.29　切除-旋转 1

图 2.8.30　横断面草图（草图 9）

Step20. 创建图 2.8.31b 所示的圆角 5。选择下拉菜单 插入(I) ➡ 特征(F) ➡ 🧊 圆角 (U)... 命令，选择图 2.8.31a 所示的边线为圆角对象，圆角半径值为 0.5。

a）圆角前   放大图   b）圆角后

图 2.8.31　圆角 5

Step21. 保存模型。选择下拉菜单 文件(F) ➡ 💾 保存(S) 命令，将模型命名为"塑料挂钩"，保存模型。

2.9　传呼机套

案例概述：

本案例为传呼机套的设计，构思巧妙，通过简单的几个特征就创建出图 2.9.1 所示的较为复杂的模型。通过对本案例的学习，读者可以进一步掌握拉伸、抽壳、扫描和旋转等命令。传呼机套的零件模型如图 2.9.1 所示。

图 2.9.1　传呼机套零件模型

说明：本案例前面的详细操作过程请参见学习资源中 video\ch02.09\reference\文件夹下的语音视频讲解文件——传呼机套-r01.exe。

Step1. 打开文件 D:\swal18\work\ch02.09\传呼机套_ex.SLDPRT。

Step2. 创建图 2.9.2b 所示的圆角 1。选择下拉菜单 插入(I) ➡ 特征(F) ➡ 🧊 圆角 (U)... 命令，选择图 2.9.2a 所示的边线为圆角对象，圆角半径值为 8.0。

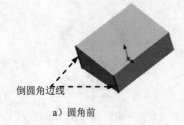

倒圆角边线

a）圆角前   b）圆角后

图 2.9.2　圆角 1

Step3. 创建图 2.9.3b 所示的圆角 2。选择下拉菜单 插入(I) ➝ 特征(F) ➝ 圆角(U)...命令，选择图 2.9.3a 所示的边线为圆角对象，圆角半径值为 6.0。

倒圆角边线

a）圆角前　　　　　　　　b）圆角后

图 2.9.3　圆角 2

Step4. 创建图 2.9.4b 所示的零件特征——抽壳 1。选择下拉菜单 插入(I) ➝ 特征(F) ➝ 抽壳(S)...命令。选取图 2.9.4a 所示的模型表面为要移除的面。在"抽壳 1"窗口的 参数(P) 区域输入壁厚值 1.0。

选取该平面

a）抽壳前　　　　　　　　b）抽壳后

图 2.9.4　抽壳 1

Step5. 创建图 2.9.5 所示的零件特征——切除-拉伸 1。选择下拉菜单 插入(I) ➝ 切除(C) ➝ 拉伸(E)...命令。选取右视基准面作为草图基准面，绘制图 2.9.6 所示的横断面草图。在"切除-拉伸"窗口 方向1 区域的下拉列表中选择 两侧对称 选项，输入值 45.0。

　　　　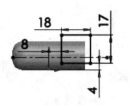

图 2.9.5　切除-拉伸 1　　　　图 2.9.6　横断面草图（草图 2）

Step6. 创建图 2.9.7 所示的零件特征——切除-拉伸 2。选择下拉菜单 插入(I) ➝ 切除(C) ➝ 拉伸(E)...命令。选取前视基准面作为草图基准面，绘制图 2.9.8 所示的横断面草图。在"切除-拉伸"窗口 方向1 区域的下拉列表中选择 两侧对称 选项，输入值 55.0。

　　　　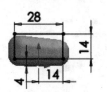

图 2.9.7　切除-拉伸 2　　　　图 2.9.8　横断面草图（草图 3）

Step7. 创建图 2.9.9 所示的零件特征——切除-拉伸 3。选择下拉菜单 插入(I) ➝

切除(C) ➡️ 📦 拉伸(E)...命令。选取右视基准面作为草图基准面,绘制图 2.9.10 所示的横断面草图。在"切除-拉伸"窗口 方向1 区域的下拉列表中选择 两侧对称 选项,输入值 55.0。

图 2.9.9　切除-拉伸 3

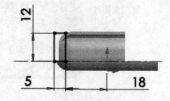

图 2.9.10　横断面草图(草图 4)

Step8. 创建图 2.9.11b 所示的圆角 3。选择下拉菜单 插入(I) ➡️ 特征(F) ➡️
📦 圆角(U)...命令,选择图 2.9.11a 所示的边线为圆角对象,圆角半径值为 2.0。

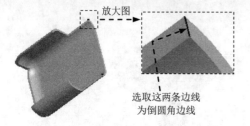

a)圆角前

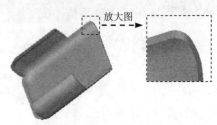

b)圆角后

图 2.9.11　圆角 3

Step9. 创建图 2.9.12b 所示的圆角 4。选择下拉菜单 插入(I) ➡️ 特征(F)
➡️ 📦 圆角(U)...命令,选择图 2.9.12a 所示的边线为圆角对象,圆角半径值为 4.0。

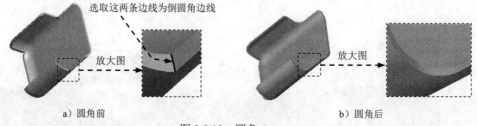

a)圆角前　　　　　　　　　　　　　b)圆角后

图 2.9.12　圆角 4

Step10. 创建图 2.9.13b 所示的圆角 5。选择下拉菜单 插入(I) ➡️ 特征(F)
➡️ 📦 圆角(U)...命令,选择图 2.9.13a 所示的边线为圆角对象,圆角半径值为 3.0。

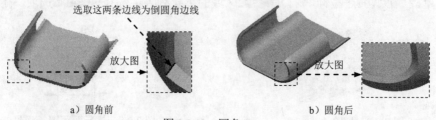

a)圆角前　　　　　　　　　　　　　b)圆角后

图 2.9.13　圆角 5

Step11. 创建图 2.9.14b 所示的圆角 6。选择下拉菜单 插入(I) ➡️ 特征(F)

➡️ 🔲 圆角(U)...命令，选择图 2.9.14a 所示的边线为圆角对象，圆角半径值为 1.0。

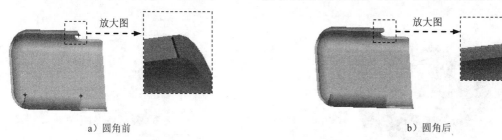

a）圆角前　　　　　　　　　　　　　　　　　　　b）圆角后

图 2.9.14　圆角 6

Step12. 创建图 2.9.15 所示的零件特征——切除-拉伸 4。选择下拉菜单 插入(I) ➡️ 切除(C) ➡️ 🔲 拉伸(E)...命令。选取图 2.9.15 所示平面作为草图基准面，绘制图 2.9.16 所示的横断面草图。在"切除-拉伸"窗口 方向1 区域的下拉列表中选择 给定深度 选项，输入深度值 0.5。

图 2.9.15　切除-拉伸 4　　　　　　　　图 2.9.16　横断面草图（草图 5）

Step13. 创建图 2.9.17 所示的草图 6。选择下拉菜单 插入(I) ➡️ 🔲 草图绘制 命令。选取右视基准面为草图基准面，绘制图 2.9.17 所示的草图 6。

Step14. 创建图 2.9.18 所示的草图 7。选择下拉菜单 插入(I) ➡️ 🔲 草图绘制 命令。选取上视基准面为草图基准面，绘制图 2.9.18 所示的草图 7。

说明：矩形中心与草图 6 有穿透的约束。

Step15. 创建图 2.9.19 所示的零件特征——扫描 1。选择下拉菜单 插入(I) ➡️ 凸台/基体(B) ➡️ 🔩 扫描(S)...命令，系统弹出"扫描"对话框。选取草图 7 作为扫描轮廓，选取草图 6 作为扫描路径。

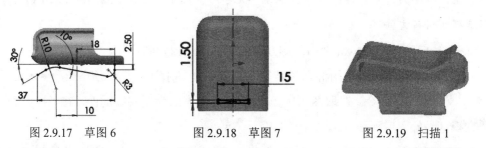

图 2.9.17　草图 6　　　　　　　图 2.9.18　草图 7　　　　　　　图 2.9.19　扫描 1

Step16. 创建图 2.9.20 所示的零件特征——切除-拉伸 5。选择下拉菜单 插入(I) ➡️ 切除(C) ➡️ 🔲 拉伸(E)...命令。选取上视基准面作为草图基准面，绘制图 2.9.21 所示的横断面草图。在"切除-拉伸"窗口 方向1 区域的下拉列表中选择 完全贯穿 选项。

图 2.9.20 切除-拉伸 5

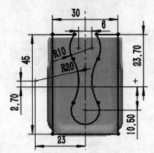

图 2.9.21 横断面草图（草图 8）

Step17. 后面的详细操作过程请参见学习资源中 video\ch02.09\reference\文件夹下的语音视频讲解文件——传呼机套-r02.exe。

2.10 热水器电气盒

案例概述：

本案例是一个热水器电气盒的设计，主要运用了拉伸、抽壳、阵列和孔等命令。在进行"阵列"特征时读者要注意选择恰当的阵列方式；此外，在绘制拉伸截面草图的过程中要使用转换引用实体命令，以便简化草图的绘制。热水器电气盒的零件模型如图 2.10.1 所示。

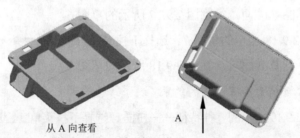

从 A 向查看

A

图 2.10.1 热水器电气盒零件模型

说明：本案例前面的详细操作过程请参见学习资源中 video\ch02.10\reference\文件夹下的语音视频讲解文件—— 盒子-r01.exe。

Step1. 打开文件 D:\swa118\work\ch02.10\盒子_ex.SLDPRT。

Step2. 创建图 2.10.2b 所示的零件特征——抽壳 2。选择下拉菜单 插入(I) ➡ 特征(F) ➡ 抽壳(S)... 命令。选取图 2.10.2a 所示的模型表面为要移除的面。在"抽壳 1"窗口的 参数(P) 区域输入壁厚值 3.0。

Step3. 创建图 2.10.3 所示的零件特征——切除-拉伸 2。选择下拉菜单 插入(I) ➡ 切除(C) ➡ 拉伸(E)... 命令。选取图 2.10.4 所示平面作为草图基准面，绘制图 2.10.5

所示的横断面草图。在"切除-拉伸"窗口 方向1 区域的下拉列表中选择 完全贯穿 选项。

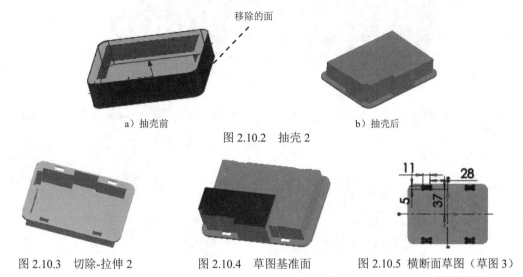

a）抽壳前　　　　　　　　b）抽壳后

图 2.10.2　抽壳 2

图 2.10.3　切除-拉伸 2　　　　　图 2.10.4　草图基准面　　　　　图 2.10.5　横断面草图（草图 3）

Step4. 创建图 2.10.6 所示的零件特征——切除-拉伸 3。选择下拉菜单 插入(I) ➡
切除(C) ➡ 拉伸(E)... 命令。选取图 2.10.4 所示的平面作为草图基准面，绘制图 2.10.7
所示的横断面草图。在"切除-拉伸"窗口 方向1 区域的下拉列表中选择 给定深度 选项，输
入深度值 29.0。

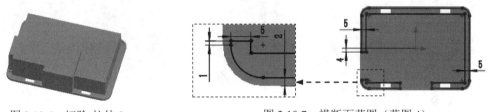

图 2.10.6　切除-拉伸 3　　　　　　　图 2.10.7　横断面草图（草图 4）

Step5. 创建图 2.10.8 所示的零件特征——凸台-拉伸 2。选择下拉菜单 插入(I) ➡
凸台/基体(B) ➡ 拉伸(E)... 命令。选取图 2.10.9 所示的平面作为草图基准面，绘制图
2.10.10 所示的横断面草图；在"凸台-拉伸"窗口 方向1 区域的下拉列表中选择 给定深度 选
项，单击 ↗ 按钮，输入深度值 3.0。

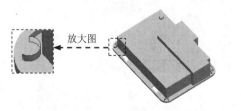
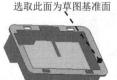
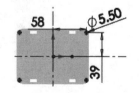

图 2.10.8　凸台-拉伸 2　　　　　图 2.10.9　草图基准面　　　　　2.10.10　横断面草图（草图 5）

Step6. 创建图 2.10.11b 所示的圆角 1。选择下拉菜单 插入(I) ➡ 特征(F) ➡
圆角(U)... 命令，选择图 2.10.11a 所示的 8 条边线为圆角对象，圆角半径值为 4.0。

a）圆角前   b）圆角后

图 2.10.11 圆角 1

Step7. 创建图 2.10.12b 所示的圆角 2。选择下拉菜单 插入(I) → 特征(F) → 圆角 (U)...命令，选择图 2.10.12a 所示的边线为圆角对象，圆角半径值为 4.0。

a）圆角前   b）圆角后

图 2.10.12 圆角 2

Step8. 创建图 2.10.13b 所示的圆角 3。选择下拉菜单 插入(I) → 特征(F) → 圆角 (U)...命令，选择图 2.10.13a 所示的 3 条边线为圆角对象，圆角半径值为 4.0。

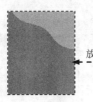

放大图

a）圆角前   b）圆角后

图 2.10.13 圆角 3

Step9. 创建图 2.10.14b 所示的圆角 4。选择下拉菜单 插入(I) → 特征(F) → 圆角 (U)...命令，选择图 2.10.14a 所示的面为圆角对象，圆角半径值为 4.0。

圆角平面

a）圆角前   b）圆角后

图 2.10.14 圆角 4

Step10. 创建图 2.10.15b 所示的圆角 5。选择下拉菜单 插入(I) → 特征(F) → 圆角 (U)...命令，选择图 2.10.15a 所示的 5 条边线为圆角对象，圆角半径值为 2.0。

Step11. 创建图 2.10.16 所示的零件特征——切除-拉伸 4。选择下拉菜单 插入(I) →

切除(C) ➡️ 📦 拉伸(E)...命令。选取图 2.10.17 所示的平面作为草图基准面，绘制图 2.10.18 所示的横断面草图。在"切除-拉伸"窗口 方向1 区域的下拉列表中选择 给定深度 选项，输入深度值 10.0。

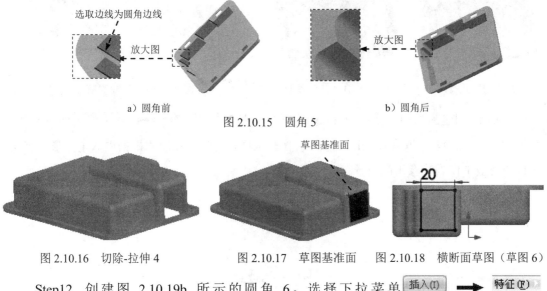

选取边线为圆角边线
放大图
a）圆角前

放大图
b）圆角后

图 2.10.15 圆角 5

草图基准面

图 2.10.16 切除-拉伸 4　图 2.10.17 草图基准面　图 2.10.18 横断面草图（草图 6）

Step12. 创建图 2.10.19b 所示的圆角 6。选择下拉菜单 插入(I) ➡️ 特征(F) ➡️ 📦 圆角(N)...命令，选择图 2.10.19a 所示的 3 条边线为圆角对象，圆角半径值为 3.0。

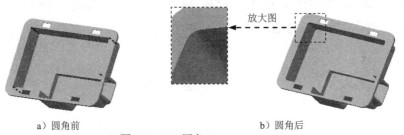

放大图

a）圆角前　　　　　　　　b）圆角后

图 2.10.19 圆角 6

Step13. 创建图 2.10.20 所示的零件特征——打孔尺寸根据内六角花形半沉头螺钉的类型 1。

（1）选择下拉菜单 插入(I) ➡️ 特征(F) ➡️ 🔩 孔向导(W)...命令。

（2）定义孔的位置。在"孔规格"窗口中单击 🔩 位置 选项卡，选取图 2.10.21 所示的模型表面为孔的放置面，在鼠标单击处将出现孔的预览，建立图 2.10.22 所示的同心约束。

（3）定义孔的参数。在"孔位置"窗口单击 🔩 类型 选项卡，在 孔类型(T) 区域选择孔类型为 🔩（锥形沉头孔），标准为 Gb，然后在 终止条件(C) 下拉列表中选择 给定深度 选项，输入深度值 10.0。

（4）定义孔的大小。在 孔规格 区域定义孔的大小为 M6，配合为 正常，选中 ☑ 显示自定义大小(Z) 复选框，在 🔩 后的文本框中输入值 3，在 🔩 后的文本框中输入值 5，在 🔩

后的文本框中输入值 90。单击 ✔ 按钮，完成打孔尺寸根据内六角花形半沉头螺钉的类型 1 的创建。

图 2.10.20　孔类型 1　　　　图 2.10.21　孔放置面　　　　图 2.10.22　尺寸约束

Step14. 创建图 2.10.23 所示的镜像 1。选择下拉菜单 插入(I) ➡️ 阵列/镜像(E) ➡️ |ᴴ| 镜向(M)... 命令。选取右视基准面作为镜像基准面，选取打孔尺寸根据内六角花形半沉头螺钉的类型 1 作为镜像 1 的对象。

图 2.10.23　镜像 1

Step15. 后面的详细操作过程请参见学习资源中 video\ch02.10\reference\文件夹下的语音视频讲解文件——盒子-r02.exe。

2.11　塑料凳

案例概述：

　　本案例详细讲解了一款塑料凳的设计过程，该设计过程运用了实体拉伸、拔模、抽壳、阵列和倒圆角等命令。其中拔模的操作技巧性较强，需要读者用心体会。塑料凳零件模型如图 2.11.1 所示。

图 2.11.1　塑料凳零件模型

　　说明：本案例前面的详细操作过程请参见学习资源中 video\ch02.11\reference\文件夹下的语音视频讲解文件——塑料凳-r01.exe。

Step1. 打开文件 D:\swal18\work\ch02.11\塑料凳_ex.SLDPRT。

Step2. 创建图 2.11.2b 所示的零件特征——抽壳 1。选择下拉菜单 插入(I) ➡ 特征(F) ➡ 抽壳(S)... 命令。选取图 2.11.2a 所示的模型表面为要移除的面，在"抽壳 1"窗口的 参数(P) 区域输入壁厚值 2.0。

要移除的面

a）抽壳前　　　　　　　　b）抽壳后

图 2.11.2　抽壳 1

Step3. 创建图 2.11.3 所示的零件特征——切除-拉伸 1。选择下拉菜单 插入(I) ➡ 切除(C) ➡ 拉伸(E)... 命令。选取前视基准面作为草图基准面，绘制图 2.11.4 所示的横断面草图。在"切除-拉伸"窗口 方向1 区域的下拉列表中选择 两侧对称 选项，输入深度值 300.0。

图 2.11.3　切除-拉伸 1

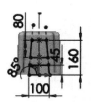

图 2.11.4　横断面草图（草图 3）

Step4. 创建图 2.11.5 所示的零件特征——切除-拉伸 2。选择下拉菜单 插入(I) ➡ 切除(C) ➡ 拉伸(E)... 命令。选取右视基准面作为草图基准面，绘制图 2.11.6 所示的横断面草图。在"切除-拉伸"窗口 方向1 区域的下拉列表中选择 两侧对称 选项，输入深度值 300.0。

图 2.11.5　切除-拉伸 2

图 2.11.6　横断面草图（草图 4）

Step5. 创建图 2.11.7b 所示的圆角 4。选择下拉菜单 插入(I) ➡ 特征(F) ➡ 圆角(U)... 命令，选择图 2.11.7a 所示的边线为圆角对象，圆角半径值为 3.0。

Step6. 创建图 2.11.8b 所示的圆角 5。选择下拉菜单 插入(I) ➡ 特征(F) ➡ 圆角(U)... 命令，选择图 2.11.8a 所示的 8 条边线为圆角对象，圆角半径值为 15.0。

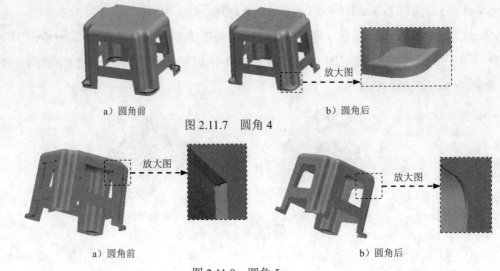

a）圆角前 b）圆角后

图 2.11.7 圆角 4

a）圆角前 b）圆角后

图 2.11.8 圆角 5

Step7. 创建图 2.11.9b 所示的圆角 6。选择下拉菜单 插入(I) ➡ 特征(F) ➡

圆角(U)... 命令，选择图 2.11.9a 所示的 16 条边线为圆角对象，圆角半径值为 10.0。

a）圆角前 b）圆角后

图 2.11.9 圆角 6

Step8. 创建图 2.11.10b 所示的圆角 7。选择下拉菜单 插入(I) ➡ 特征(F) ➡

圆角(U)... 命令，选择图 2.11.10a 所示的 8 条边线为圆角对象，圆角半径值为 5.0。

a）圆角前 b）圆角后

图 2.11.10 圆角 7

Step9. 创建图 2.11.11 所示的零件特征——切除-拉伸 3。选择下拉菜单 插入(I) ➡

切除(C) ➡ 拉伸(E)... 命令。选取图 2.11.12 所示平面作为草图基准面，绘制图 2.11.13

所示的横断面草图。在"切除-拉伸"窗口 方向1 区域的下拉列表中选择 完全贯穿 选项。

Step10. 创建图 2.11.14 所示的线性阵列 1。选择下拉菜单 插入(I) ➡ 阵列/镜像(E)

➡ 线性阵列(L)... 命令。选取切除-拉伸 3 作为要阵列的对象，选取图 2.11.15 所示的边线 1 作为方向 1 的阵列方向线，在  后输入值 34.0，阵列个数值为 5。选取图 2.11.15 所示的边线 2 作为方向 2 的阵列方向线，在 后输入值 32.0，阵列个数值为 4。

图 2.11.11　切除-拉伸 3　　图 2.11.12　草图基准面　　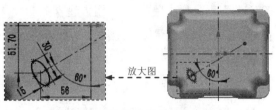　图 2.11.13　横断面草图（草图 5）

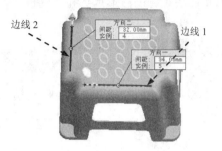

图 2.11.14　线性阵列 1　　　　　　图 2.11.15　阵列边线选择

Step11. 保存模型。选择下拉菜单 文件(F) ➡ 💾 保存(S) 命令，将模型命名为"塑料凳"，保存模型。

2.12　泵箱

案例概述：

　　本案例是泵箱的设计，设计过程中充分利用了孔、阵列和镜像等命令。在进行截面草图绘制的过程中，读者要注意草绘平面。泵箱的零件模型如图 2.12.1 所示。

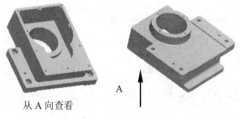

从 A 向查看　　　　　　　A

图 2.12.1　泵箱零件模型

　　说明： 本案例前面的详细操作过程请参见学习资源中 video\ch02.12\reference\文件夹下的语音视频讲解文件——泵箱-r01.exe。

　　Step1. 打开文件 D:\swal18\work\ch02.12\泵箱_ex.SLDPRT。

　　Step2. 创建图 2.12.2 所示的零件特征——M5 六角凹头螺钉的柱形沉头孔 1。选择下拉

SolidWorks 2018实例宝典

菜单 插入(I) ➡ 特征(F) ➡ ⑱ 孔向导(W)... 命令；在"孔规格"窗口中单击 ⊞ 位置 选项卡，选取图 2.12.3 所示的模型表面为孔的放置面，在鼠标单击处将出现孔的预览，在"草图（K）"工具栏中单击 ✏ 按钮，建立图 2.12.4 所示的尺寸，并修改为目标尺寸；在"孔位置"窗口单击 ⚏ 类型 选项卡，在 孔类型(T) 区域选择孔类型为 🔝 （柱孔），标准为 Iso ，类型为 六角凹头 ISO 4762 ，然后在 终止条件(C) 下拉列表中选择 完全贯穿 选项；在 孔规格 区域定义孔的大小为 M5 ，配合为 正常 ，选中 ☑ 显示自定义大小(Z) 复选框，在 ⫘ 后的文本框中输入值 16，在 ⫘ 后的文本框中输入值 26，在 ⫘ 后的文本框中输入值 16，单击 ✔ 按钮，完成 M5 六角凹头螺钉的柱形沉头孔 1 的创建。

  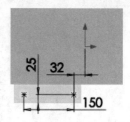

图 2.12.2　M5 六角凹头螺钉的柱 　　　图 2.12.3　孔的放置面　　　图 2.12.4　孔位置尺寸（草图 5）
　　　　　形沉头孔 1

Step3. 创建图 2.12.5 所示的零件特征——切除-拉伸 3。选择下拉菜单 插入(I) ➡ 切除(C) ➡ ▣ 拉伸(E)...命令。选取图 2.12.3 所示的平面作为草图基准面，绘制图 2.12.6 所示的横断面草图。在"切除-拉伸"窗口 方向1 区域的下拉列表中选择 完全贯穿 选项。

Step4. 创建图 2.12.7 所示的镜像 1。选择下拉菜单 插入(I) ➡ 阵列/镜像(E) ➡ ▥ 镜向(M)... 命令。选取前视基准面作为镜像基准面，选取切除-拉伸 3、M5 六角凹头螺钉的柱形沉头孔 1 和凸台-拉伸 2 作为镜像 1 的对象。

 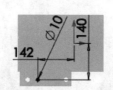 

图 2.12.5　切除-拉伸 3　　　图 2.12.6　横断面草图（草图 6）　　　图 2.12.7　镜像 1

Step5. 创建图 2.12.8 所示的零件特征——凸台-拉伸 3。选择下拉菜单 插入(I) ➡ 凸台/基体(B) ➡ ▦ 拉伸(E)...命令。选取图 2.12.9 所示的平面作为草图基准面，绘制图 2.12.10 所示的横断面草图；在"凸台-拉伸"窗口 方向1 区域的下拉列表中选择 给定深度 选项，输入深度值 18；在"凸台-拉伸"窗口 方向2 区域的下拉列表中选择 给定深度 选项，输入深度值 55.0。

Step6. 创建图 2.12.11 所示的零件特征——切除-拉伸 4。选择下拉菜单 插入(I) ➡ 切除(C) ➡ ▣ 拉伸(E)...命令。选取图 2.12.9 所示平面作为草图基准面，绘制图 2.12.12

所示的横断面草图。在"切除-拉伸"窗口 方向1 区域和 方向2 区域的下拉列表中选择 完全贯穿 选项。

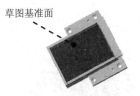

草图基准面

φ165

图 2.12.8　凸台-拉伸 3　　　图 2.12.9　草图基准面　　　图 2.12.10　横断面草图（草图 7）

Step7. 创建图 2.12.13 所示的零件特征——旋转 1。选择下拉菜单 插入(I) ➡️ 凸台/基体(B) ➡️ 🍥 旋转(R)... 命令。选取图 2.12.13 所示平面作为草图基准面，绘制图 2.12.14 所示的横断面草图（包括旋转中心线）。在 方向1 区域的 文本框中输入值 360.00。

φ125

草图基准面

图 2.12.11　切除-拉伸 4　　　图 2.12.12　横断面草图（草图 8）　　　图 2.12.13　旋转 1

Step8. 创建图 2.12.15 所示的镜像 2。选择下拉菜单 插入(I) ➡️ 阵列/镜像(E) ➡️ 📐 镜向(M)... 命令。选取前视基准面作为镜像基准面，选取旋转 1 作为镜像 2 的对象。

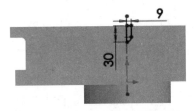

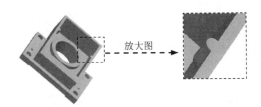

放大图

图 2.12.14　横断面草图（草图 9）　　　　图 2.12.15　镜像 2

Step9. 创建图 2.12.16 所示的阵列（线性）1。选择下拉菜单 插入(I) ➡️ 阵列/镜像(E) ➡️ 📐 线性阵列(L)... 命令。选取旋转 1 与镜像 2 作为要阵列的对象，在图形区选取图 2.12.17 所示的边线为 方向1 的阵列方向（方向与图 2.12.17 相同，如果不同则单击 方向1 下的 ↗ 按钮）。在窗口中输入间距值 105.0，输入实例数值 2。

阵列方向边线

图 2.12.16　阵列（线性）1　　　　图 2.12.17　阵列方向边线 1

Step10. 创建图 2.12.18 所示的零件特征——凸台-拉伸 4。选择下拉菜单 插入(I)

➡️ 凸台/基体(B) ➡️ 🔲 拉伸(E)...命令。选取图 2.12.19 所示平面作为草图基准面，绘制图 2.12.20 所示的横断面草图；在"凸台-拉伸"窗口 方向1 区域的下拉列表中选择 给定深度 选项，单击 🔧 按钮，输入深度值 15.0。

图 2.12.18 凸台-拉伸 4

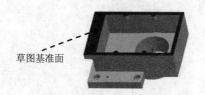

图 2.12.19 草图基准面

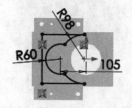

图 2.12.20 横断面草图（草图 10）

Step11. 创建图 2.12.21 所示的零件特征——旋转 2。选择下拉菜单 插入(I) ➡️ 凸台/基体(B) ➡️ 🔲 拉伸(E)...命令。选取图 2.12.22 所示平面作为草图基准面，绘制图 2.12.23 所示的横断面草图，在 方向1 区域的 📐A1 文本框中输入值 360.0。

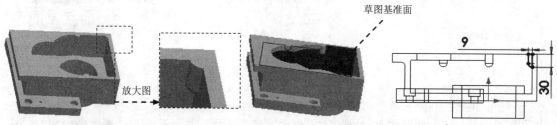

图 2.12.21 旋转 2   图 2.12.22 草图基准面   图 2.12.23 横断面草图（草图 11）

Step12. 创建图 2.12.24 所示的零件特征——Ø7.0（7）直径孔 1。选择下拉菜单 插入(I) ➡️ 特征(F) ➡️ 🔩 孔向导(W)...命令；在"孔规格"窗口中单击 🔩 位置 选项卡，选取图 2.12.25 所示的模型表面为孔的放置面，在鼠标单击处将出现孔的预览，建立图 2.12.26 所示的同心约束；在"孔位置"窗口单击 🔳 类型 选项卡，在 孔类型(T) 区域选择孔类型为 🔘（孔），标准为 Gb ，然后在 终止条件(C) 下拉列表中选择 给定深度 选项，输入深度值 18.0；在 孔规格 区域定义孔的大小为 Ø7.0 。单击 ✔️ 按钮，完成 Ø7.0（7）直径孔 1 的创建。

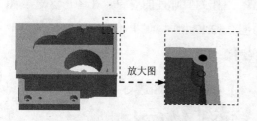

图 2.12.24 Ø7.0(7) 直径孔 1

图 2.12.25 孔的放置面

图 2.12.26 同心约束 1

Step13. 创建图 2.12.27 所示的阵列（线性）2。选择下拉菜单 插入(I) ➡️ 阵列/镜向(E) ➡️ 🔳 线性阵列(L)...命令。选取 Ø7.0（7）直径孔 1 作为要阵列的对象，在图形区选取图 2.12.28 所示的直线为 方向1 的阵列方向，在窗口中输入间距值 100.0，输入实例数值 4。

Step14. 创建图 2.12.29 所示的镜像 3。选择下拉菜单 插入(I) ➡ 阵列/镜像(E) ➡ ▯▯ 镜向(M)... 命令。选取前视基准面作为镜像基准面，选取阵列（线性）2、Ø7.0（7）直径孔 1、旋转 2 作为镜像 1 的对象。

图 2.12.27 阵列（线性）2

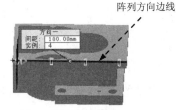
图 2.12.28 阵列方向边线

图 2.12.29 镜像 3

Step15. 创建图 2.12.30 所示的零件特征——旋转 3。选择下拉菜单 插入(I) ➡ 凸台/基体(B) ➡ 🌀 旋转(R)... 命令。选取图 2.12.31 所示的平面作为草图基准面，绘制图 2.12.32 所示的横断面草图（包括旋转中心线）。采用草图中绘制的中心线作为旋转轴线，在 方向1 区域的 ⌖A1 文本框中输入值 360.00。

图 2.12.30 旋转 3

图 2.12.31 草图基准面

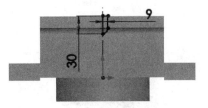
图 2.12.32 横断面草图（草图 12）

Step16. 创建图 2.12.33 所示的零件特征——Ø7.0（7）直径孔 2。选择下拉菜单 插入(I) ➡ 特征(F) ➡ 🎲 孔向导(W)... 命令；在"孔规格"窗口中单击 🔩 位置 选项卡，选取图 2.12.34 所示的模型表面为孔的放置面，在鼠标单击处将出现孔的预览，建立图 2.12.35 所示的同心约束；在"孔位置"窗口单击 ▥ 类型 选项卡，在 孔类型(T) 区域选择孔类型为 ▯ （孔），标准为 Gb ，然后在 终止条件(C) 下拉列表中选择 给定深度 选项，输入深度值 18.0；在 孔规格 区域定义孔的大小为 Ø7.0 。单击 ✔ 按钮，完成 Ø7.0 (7) 直径孔 2 的创建。

图 2.12.33 Ø7.0（7）直径孔 2

图 2.12.34 孔的放置面

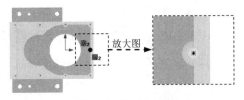
图 2.12.35 同心约束 2

Step17. 创建图 2.12.36 所示的阵列（线性）3。选择下拉菜单 插入(I) ➡ 阵列/镜像(E) ➡ ▦▦ 线性阵列(L)... 命令。选取 Ø7.0 (7) 直径孔 2 作为要阵列的对象，在图形区选取图 2.12.37 所示的直线为 方向1 的阵列方向。在窗口中输入间距值 300.0，输入实例数值 2。

图 2.12.36　阵列（线性）3

阵列方向边线

图 2.12.37　阵列方向边线

Step18. 创建图 2.12.38 所示的零件特征——Ø7.0（7）直径孔 3。选择下拉菜单 插入(I) ➡ 特征(F) ➡ 孔向导(W)... 命令；在"孔规格"窗口中单击 位置 选项卡，选取图 2.12.39 所示的模型表面为孔的放置面，在鼠标单击处将出现孔的预览，在"草图(K)"工具栏中单击 按钮，建立图 2.12.40 所示的尺寸，并修改为目标尺寸；在"孔位置"窗口单击 类型 选项卡，在 孔类型(T) 区域选择孔类型为 （孔），标准为 Gb，然后在 终止条件(C) 下拉列表中选择 给定深度 选项，输入深度值 18.0；在 孔规格 区域定义孔的大小为 Ø7.0，单击 按钮，完成 Ø7.0（7）直径孔 3 的创建。

图 2.12.38　Ø7.0（7）直径孔 3

图 2.12.39　孔的放置面

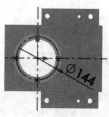

图 2.12.40　孔定位尺寸

Step19. 创建图 2.12.41b 所示的圆角 1。选择下拉菜单 插入(I) ➡ 特征(F) ➡ 圆角(V)... 命令，选择图 2.12.41a 所示的边线为圆角对象，圆角半径值为 10.0。

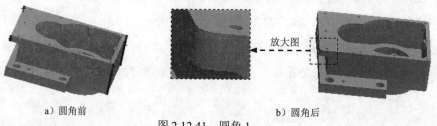

放大图

a）圆角前　　　　　　　　　b）圆角后

图 2.12.41　圆角 1

Step20. 后面的详细操作过程请参见学习资源中 video\ch02.12\reference\文件夹下的语音视频讲解文件——泵箱-r02.exe。

2.13　储物箱提手

案例概述：

本案例设计的是储物箱提手，该零件具有对称性，在进行设计的过程中要充分利用镜像特征命令。下面介绍该零件的设计过程，零件模型如图 2.13.1 所示。

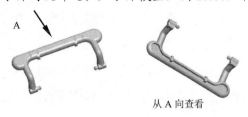

从 A 向查看

图 2.13.1　储物箱提手零件模型

说明： 本案例前面的详细操作过程请参见学习资源中 video\ch02.13\reference\文件夹下的语音视频讲解文件——提手-r01.exe。

Step1. 打开文件 D:\swal18\work\ch02.13\提手_ex.SLDPRT。

Step2. 创建图 2.13.2 所示的基准面 1。选择下拉菜单 插入(I) ➡ 参考几何体(G) ➡ ⬛ 基准面(P)... 命令；选取右视基准面作为所要创建的基准面的参考实体，在 ⬌ 后的文本框中输入值 46，并选中 ☑ 反转 复选框。

Step3. 创建图 2.13.3 所示的草图 2。选择下拉菜单 插入(I) ➡ ⬛ 草图绘制 命令；选取基准面 1 作为草图基准面，绘制图 2.13.3 所示的草图 2。

Step4. 创建图 2.13.4 所示的基准面 2。选择下拉菜单 插入(I) ➡ 参考几何体(G) ➡ ⬛ 基准面(P)... 命令；选取图 2.13.5 所示的基准点作为所要创建的基准面的第一参考，选取图 2.13.5 所示的基准线作为所要创建的基准面的第二参考。

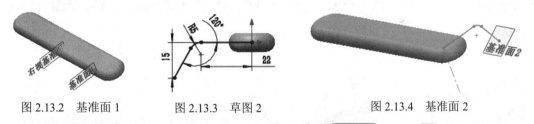

图 2.13.2　基准面 1　　　　图 2.13.3　草图 2　　　　　　　　图 2.13.4　基准面 2

Step5. 创建图 2.13.6 所示的草图 3。选择下拉菜单 插入(I) ➡ ⬛ 草图绘制 命令；选取基准面 2 作为草图平面，绘制图 2.13.6 所示的草图 3。

Step6. 创建图 2.13.7 所示的零件特征——扫描 1。选择下拉菜单 插入(I) ➡ 凸台/基体(B) ➡ 🌀 扫描(S)... 命令，系统弹出"扫描"对话框。选取草图 3 作为扫描轮廓，选取草图 2 作为扫描路径。

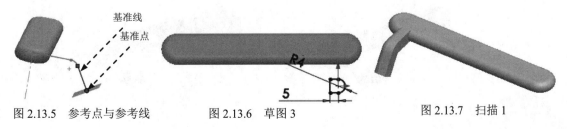

图 2.13.5　参考点与参考线　　　图 2.13.6　草图 3　　　　图 2.13.7　扫描 1

Step7. 创建图 2.13.8 所示的镜像 1。选择下拉菜单 插入(I) ➡ 阵列/镜像(E) ➡
▮▮▮ 镜向(M)… 命令。选取右视基准面作为镜像基准面，选取扫描 1 作为镜像 1 的对象。

Step8. 创建图 2.13.9 所示的零件特征——切除-拉伸 1。选择下拉菜单 插入(I) ➡
切除(C) ➡ ▮ 拉伸(E)… 命令。选取图 2.13.10 所示的平面作为草图基准面，绘制图
2.13.11 所示的横断面草图。在"切除-拉伸"窗口 方向1 区域的下拉列表中选择 完全贯穿
选项。

图 2.13.8　镜像 1

图 2.13.9　切除-拉伸 1

图 2.13.10　草图基准面

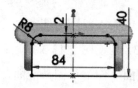

图 2.13.11　横断面草图（草图 4）

Step9. 创建图 2.13.12 所示的零件特征——切除-拉伸 2。选择下拉菜单 插入(I) ➡
切除(C) ➡ ▮ 拉伸(E)… 命令。选取图 2.13.13 所示平面作为草图基准面，绘制图 2.13.14
所示的横断面草图。在"切除-拉伸"窗口 方向1 区域的下拉列表中选择 给定深度 选项，输
入深度值 3.0。

图 2.13.12　切除-拉伸 2

图 2.13.13　草图基准面

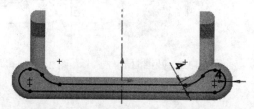

图 2.13.14　横断面草图（草图 5）

Step10. 创建图 2.13.15b 所示的圆角 2。选择下拉菜单 插入(I) ➡ 特征(F) ➡
▮ 圆角(U)… 命令，选择图 2.13.15a 所示的边线为圆角对象，圆角半径值为 4.0。

a）圆角前

b）圆角后

图 2.13.15　圆角 2

Step11. 创建图 2.13.16b 所示的圆角 3。选择下拉菜单 插入(I) ➡ 特征(F) ➡ 圆角(U)…命令，选择图 2.13.16a 所示的边线为圆角对象，圆角半径值为 4.0。

a）圆角前　　　　　b）圆角后

图 2.13.16　圆角 3

Step12. 创建图 2.13.17 所示的零件特征——凸台-拉伸 2。选择下拉菜单 插入(I) ➡ 凸台/基体(B) ➡ 拉伸(E)…命令。选取基准面 1 作为草图基准面，绘制图 2.13.18 所示的横断面草图；在"凸台-拉伸"窗口 方向1 区域的下拉列表中选择 两侧对称 选项，输入深度值 8.0。

图 2.13.17　凸台-拉伸 2

图 2.13.18　横断面草图（草图 6）

Step13. 创建图 2.13.19 所示的零件特征——凸台-拉伸 3。选择下拉菜单 插入(I) ➡ 凸台/基体(B) ➡ 拉伸(E)…命令。选取基准面 1 作为草图基准面，绘制图 2.13.20 所示的横断面草图；在"凸台-拉伸"窗口 方向1 区域的下拉列表中选择 两侧对称 选项，输入深度值 10.0。

Step14. 创建图 2.13.21 所示的基准面 3。选择下拉菜单 插入(I) ➡ 参考几何体(G) ➡ 基准面(P)…命令。选取上视基准面为参考实体，输入偏移距离值 14.5，选中 ☑反转 复选框，单击 ✔ 按钮，完成基准面 3 的创建。

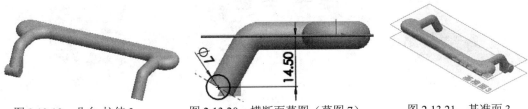

图 2.13.19　凸台-拉伸 3　　图 2.13.20　横断面草图（草图 7）　　图 2.13.21　基准面 3

Step15. 创建图 2.13.22 所示的零件特征——旋转 1。选择下拉菜单 插入(I) ➡ 凸台/基体(B) ➡ 旋转(R)…命令。选取基准面 3 作为草图基准面，绘制图 2.13.23 所示的横断面草图（包括旋转中心线）。采用草图中绘制的中心线作为旋转轴线，在 方向1 区域

的 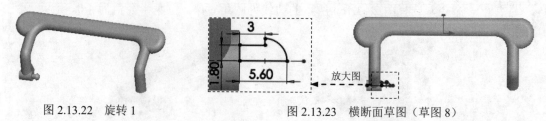 文本框中输入值 360.0。

图 2.13.22　旋转 1　　　　　图 2.13.23　横断面草图（草图 8）

Step16. 创建图 2.13.24b 所示的圆角 4。选择下拉菜单 插入(I) ➡ 特征(F) ➡
圆角 (U)... 命令，选择图 2.13.24a 所示的边线为圆角对象，圆角半径值为 0.5。

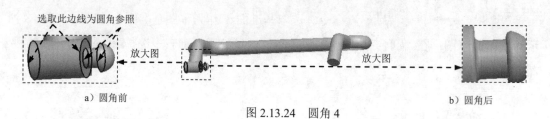

图 2.13.24　圆角 4

Step17. 创建图 2.13.25b 所示的圆角 5。选择下拉菜单 插入(I) ➡ 特征(F) ➡
圆角 (U)... 命令，选择图 2.13.25a 所示的边线为圆角对象，圆角半径值为 0.5。

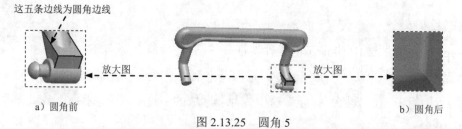

图 2.13.25　圆角 5

Step18. 创建图 2.13.26b 所示的圆角 6。选择下拉菜单 插入(I) ➡ 特征(F) ➡
圆角 (U)... 命令，选择图 2.13.26a 所示的边线为圆角对象，圆角半径值为 1.0。

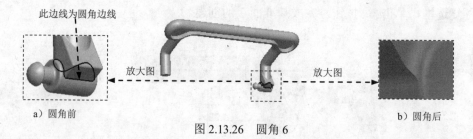

图 2.13.26　圆角 6

Step19. 创建图 2.13.27 所示的镜像 2。选择下拉菜单 插入(I) ➡ 阵列/镜像(E) ➡
镜向 (M)... 命令。选取右视基准面作为镜像基准面，选取凸台-拉伸 2、凸台-拉伸 3、旋
转 1、圆角 4、圆角 5 和圆角 6 作为镜像 2 的对象。

Step20. 后面的详细操作过程请参见学习资源中 video\ch02.13\reference\文件夹下的语

音视频讲解文件——提手-r02.exe。

图 2.13.27 镜像 2

2.14 减速器上盖

案例概述：

本案例介绍了减速器上盖模型的设计过程，该设计先由一个拉伸特征创建出主体形状，再利用抽壳形成箱体，在此基础上创建其他修饰特征，其中筋（肋）的创建需要读者注意。减速器上盖的零件模型如图 2.14.1 所示。

图 2.14.1 减速器上盖零件模型

说明：本案例前面的详细操作过程请参见学习资源中 video\ch02.14\reference\文件夹下的语音视频讲解文件——减速器上盖-r01.exe。

Step1. 打开文件 D:\swal18\work\ch02.14\tc_cover_ex.SLDPRT。

Step2. 创建图 2.14.2 所示的零件特征——凸台-拉伸 2。选择下拉菜单 插入(I) ➡️ 凸台/基体(B) ➡️ 🗔 拉伸(E)...命令；选取上视基准面为草图基准面，在草图绘制环境中绘制图 2.14.3 所示的横断面草图；在"凸台-拉伸"窗口 方向 1 区域的下拉列表中选择 两侧对称 选项，输入深度值 160.0；单击 ✔️ 按钮，完成凸台-拉伸 2 的创建。

图 2.14.2 凸台-拉伸 2

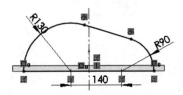

图 2.14.3 横断面草图

Step3. 创建图 2.14.4 所示的零件特征——切除-拉伸 1。选择下拉菜单 插入(I) ➡️

切除(C) ▶ → 🔲 拉伸(E)...命令；选取上视基准面为草图基准面，绘制图 2.14.5 所示的横断面草图；采用系统默认的切除深度方向，选中 ☑ 方向2 复选框，在"切除-拉伸"窗口的 方向1 区域和 ☑ 方向2 区域的下拉列表中均选择 完全贯穿 选项；单击窗口中的 ✔ 按钮，完成切除-拉伸 1 的创建。

图 2.14.4　切除-拉伸 1

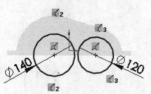
图 2.14.5　横断面草图

Step4. 创建图 2.14.6 所示的零件特征——凸台-拉伸 3。选择下拉菜单 插入(I) ➡ 凸台/基体(B) ➡ 🔳 拉伸(E)...命令；选取图 2.14.7 所示的模型表面作为草图基准面；在草图绘制环境中绘制图 2.14.8 所示的横断面草图（绘制时，应使用"转换实体引用"命令和"等距实体"命令先绘制出大体轮廓，然后建立约束并修改为目标尺寸）；采用系统默认的深度方向，在"凸台-拉伸"窗口 方向1 区域的下拉列表中选择 给定深度 选项，输入深度值 20.0；单击 ✔ 按钮，完成凸台-拉伸 3 的创建。

图 2.14.6　凸台-拉伸 3

图 2.14.7　草图基准面

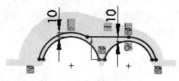
图 2.14.8　横断面草图

Step5. 创建图 2.14.9b 所示的镜像 1。选择下拉菜单 插入(I) ➡ 阵列/镜像(E) ➡ 🔳 镜向(M)...命令；在设计树中选取上视基准面为镜像基准面；选取凸台-拉伸 3 为镜像 1 的对象；单击窗口中的 ✔ 按钮，完成镜像 1 的创建。

a）镜像前　　　　　　　　　　　　　　b）镜像后
图 2.14.9　镜像 1

Step6. 创建图 2.14.10b 所示的圆角 1。选择下拉菜单 插入(I) ➡ 特征(E) ➡ 🔲 圆角(U)...命令；采用系统默认的圆角类型；选取图 2.14.10a 所示的边线为要圆角的对象；在"圆角"窗口中输入半径值 30.0；单击"圆角"窗口中的 ✔ 按钮，完成圆角 1 的创建。

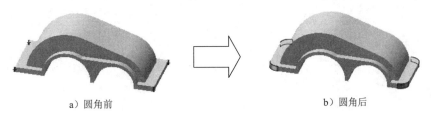

a）圆角前
b）圆角后

图 2.14.10 圆角 1

Step7. 创建图 2.14.11b 所示的零件特征——抽壳 1。选择下拉菜单 插入(I) ➡ 特征(F) ➡ 🔲 抽壳(S)... 命令；选取图 2.14.11a 所示的模型表面为要移除的面；在"抽壳 1"窗口的 参数(P) 区域 🔧D1 后的文本框中输入壁厚值 10.0；单击窗口中的 ✔ 按钮，完成抽壳 1 的创建。

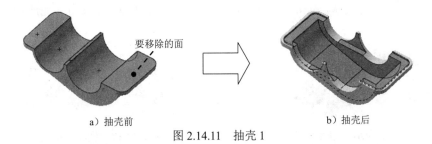

要移除的面

a）抽壳前
b）抽壳后

图 2.14.11 抽壳 1

Step8. 创建图 2.14.12 所示的零件特征——M8 六角头螺栓的柱形沉头孔 1。选择下拉菜单 插入(I) ➡ 特征(F) ➡ 🔩 孔向导(W)... 命令；在"孔规格"窗口中单击 🔩位置 选项卡，选取图 2.14.13 所示的模型表面为孔的放置面，在放置面上单击两点将出现孔的预览，单击 ✏ 按钮，建立图 2.14.14 所示的尺寸，并修改为目标尺寸；在"孔位置"窗口单击 🔩类型 选项卡，在 孔类型(T) 区域选择孔类型为 🔩 （柱形沉头孔），标准为 Gb ，采用系统默认的深度方向，然后在 终止条件(C) 下拉列表中选择 完全贯穿 选项；在 孔规格 区域选中 ☑ 显示自定义大小(Z) 复选框，定义孔的大小为 M8 ，配合为 正常 ；在 🔩 后的文本框中输入值 9.0，在 🔩 后的文本框中输入值 18.0，在 🔩 后的文本框中输入值 3.0；单击窗口中的 ✔ 按钮，完成 M8 六角头螺栓的柱形沉头孔 1 的创建。

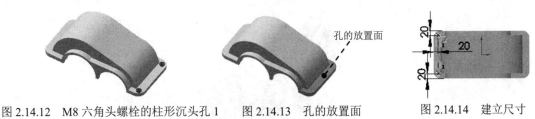

孔的放置面

图 2.14.12 M8 六角头螺栓的柱形沉头孔 1　　图 2.14.13 孔的放置面　　图 2.14.14 建立尺寸

Step9. 创建图 2.14.15b 所示的镜像 2。选择下拉菜单 插入(I) ➡ 阵列/镜像(E) ➡ 🔳 镜向(M)... 命令；选取右视基准面为镜像基准面，选取六角头螺栓的柱形沉头孔 1 为镜像

2 的对象；单击窗口中的 ✅ 按钮，完成镜像 2 的创建。

a）镜像前   b）镜像后

图 2.14.15   镜像 2

Step10. 创建图 2.14.16 所示的零件特征——筋 1。选择下拉菜单 插入(I) ➡ 特征(F) ➡ 🖐 筋(R)... 命令；选取上视基准面为草图基准面，绘制图 2.14.17 所示的横断面草图，建立尺寸和几何约束，并修改为目标尺寸；在"筋"窗口的 参数(P) 区域中单击 ▤（两侧）按钮，输入筋厚度值 10.0，在 拉伸方向: 下单击"平行于草图"按钮 🖎；如有必要，选中 ☑ 反转材料方向(F) 复选框，使筋的生成方向指向实体侧；单击 ✅ 按钮，完成筋 1 的创建。

图 2.14.16   筋 1   图 2.14.17   横断面草图

Step11. 后面的详细操作过程请参见学习资源中 video\ch02.14\reference\文件夹下的语音视频讲解文件——减速器上盖-r02.exe。

2.15   蝶形螺母

案例概述：

本案例介绍了一个蝶形螺母的设计过程。在其设计过程中，运用了实体旋转、拉伸、切除-扫描、圆角及变化圆角等特征命令，在创建过程中需要重点掌握变化圆角和切除-扫描的创建方法。蝶形螺母的零件模型如图 2.15.1 所示。

图 2.15.1   蝶形螺母零件模型

说明：本案例前面的详细操作过程请参见学习资源中 video\ch02.15\reference\文件夹下的语音视频讲解文件——蝶形螺母-r01.exe。

Step1. 打开文件 D:\swal18\work\ch02.15\bfbolt_ex.SLDPRT。

Step2. 创建图 2.15.2 所示的零件基础特征——旋转 1。选择下拉菜单 插入(I) ➡ 凸台/基体(B) ➡ 🔗 旋转(R)... 命令，系统弹出"旋转"窗口；选取前视基准面为草图基准面，进入草图绘制环境，绘制图 2.15.3 所示的横断面草图（包括旋转中心线），完成草图绘制后，选择下拉菜单 插入(I) ➡ 退出草图 命令，退出草绘环境；以草图中绘制的中心线为旋转轴线（此时旋转窗口中显示所选中心线的名称）；采用系统默认的旋转方向，在 方向1 区域的 文本框中输入值 360.0；单击窗口中的 ✔ 按钮，完成旋转 1 的创建。

Step3. 创建图 2.15.4 所示的零件特征——切除-拉伸 1。选择下拉菜单 插入(I) ➡ 切除(C) ➡ 拉伸(E)... 命令；选取上视基准面为草图基准面，绘制图 2.15.5 所示的横断面草图；在"切除-拉伸"窗口 方向1 区域的下拉列表中选择 完全贯穿 选项，单击 ↗ 按钮；单击 ✔ 按钮，完成切除-拉伸 1 的创建。

图 2.15.2 旋转 1

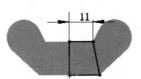

图 2.15.3 横断面草图(草图 1)

图 2.15.4 切除-拉伸 1

图 2.15.5 横断面草图(草图 2)

Step4. 创建图 2.15.6 所示的螺旋线 1。选择下拉菜单 插入(I) ➡ 曲线(U) ➡ 🔩 螺旋线/涡状线(H)... 命令；选取图 2.15.7 所示的模型表面为草图基准面，用"转换实体引用"命令绘制图 2.15.8 所示的横断面草图，选择下拉菜单 插入(I) ➡ 退出草图 命令，退出草绘环境，此时系统弹出"螺旋线/涡状线"窗口；在 定义方式(D): 区域的下拉列表中选择 高度和螺距 选项；在"螺旋线/涡状线"窗口的 参数(P) 区域选中 ⊙ 恒定螺距(C) 单选项，在 参数(P) 区域选中 ☑ 反向(V) 复选框，在 高度(H): 文本框中输入值 18.0，在 螺距(I): 文本框中输入值 1.5，在 起始角度(S): 文本框中输入值 135.0，选中 ⊙ 顺时针(C) 单选项；单击 ✔ 按钮，完成螺旋线 1 的创建。

图 2.15.6 螺旋线 1

草图基准面

图 2.15.7 草图基准面

图 2.15.8 横断面草图（草图 3）

Step5. 创建图 2.15.9b 所示的倒角 1。选择下拉菜单 插入(I) ➡ 特征(F) ➡

命令，系统弹出"倒角"窗口；选取图 2.15.9a 所示的边线为要倒角的对象；在"倒角"对话框区域中单击选项，然后在文本框中输入值 1.0，在文本框中输入值 45.0；单击按钮，完成倒角 1 的创建。

a）倒角前   b）倒角后

图 2.15.9 倒角 1

Step6. 创建图 2.15.10 所示的基准面 1。选择下拉菜单 插入(I) ➡ 参考几何体(G) ➡ 基准面(P)...命令，系统弹出"基准面"窗口；选取图 2.15.11 所示的螺旋线和螺旋线的一端点为基准面 1 的第一参考实体和第二参考实体；单击窗口中的 ✔ 按钮，完成基准面 1 的创建。

Step7. 创建图 2.15.12 所示的草图 4。选择下拉菜单 插入(I) ➡ 草图绘制 命令；选取基准面 1 为草图基准面；在草图绘制环境中绘制图 2.15.12 所示的草图 4；选择下拉菜单 插入(I) ➡ 退出草图 命令，完成草图的创建。

说明：草图中的两个定位尺寸以参照对象为原点。

图 2.15.10 基准面 1   图 2.15.11 定义参考实体   图 2.15.12 草图 4

Step8. 创建图 2.15.13 所示的零件特征——切除-扫描 1。选择下拉菜单 插入(I) ➡ 切除(C) ➡ 扫描(S)...命令，系统弹出"切除-扫描"窗口；在图形区中选取草图 4 为切除-扫描 1 的轮廓；在图形区中选取螺旋线 1 为切除-扫描 1 的路径；单击 ✔ 按钮，完成切除-扫描 1 的创建。

Step9. 创建图 2.15.14b 所示的变化圆角 1。

（1）选择命令。选择下拉菜单 插入(I) ➡ 特征(F) ➡ 圆角(N)...命令，系统弹出"圆角"窗口。

（2）定义圆角类型。在"圆角"窗口 手工 选项卡的 圆角类型(Y) 选项组中单击 选项。

（3）选取要圆角的对象。在系统 选择要加圆角的边线 的提示下，选取图 2.15.14a 所示的边线 1 为要圆角的对象。

（4）定义圆角参数。

① 定义实例数。在"圆角"窗口 选项组的  文本框中输入值 1。

说明：实例数即所选边线上需要设置半径值的点的数目（除起点和端点外）。

② 定义起点与端点半径。在 变半径参数(P) 区域的 列表中选择"v1"（边线的上端点），然后在 文本框中输入值 1.0（即设置左端点的半径），按 Enter 键确定；在 列表中选择"v2"（边线的下端点），然后在 文本框中输入半径值 5.0，再按 Enter 键确定。

③ 在图形区选中边线 1 的中点（此时点被加入 列表中），然后在列表中选择点的表示项"P1"，在 文本框中输入值 3.0，按 Enter 键确定。

（5）单击窗口中的 按钮，完成变化圆角 1 的创建。

图 2.15.13　切除-扫描 1

a）圆角前　　　　　　　　b）圆角后

图 2.15.14　变化圆角 1

Step10. 创建图 2.15.15b 所示的变化圆角 2。

（1）选择命令。选择下拉菜单 插入(I) ➡ 特征(F) ➡ 圆角(U)... 命令，系统弹出"圆角"窗口。

（2）定义圆角类型。在"圆角"窗口 手工 选项卡的 圆角类型(Y) 选项组中单击 选项。

（3）选取要圆角的对象。在系统 选择要加圆角的边线 的提示下，选取图 2.15.15a 所示的 3 条边线为要圆角的对象。

（4）定义圆角参数。

① 在 圆角项目(I) 区域选中 边线<1>，定义实例数为 1，边线上三个点的半径值与变半径圆角 1 中边线的半径值一致。

② 参照 边线<1>，分别设置 边线<2> 与 边线<3> 的圆角半径，圆角数值均一致。

（5）单击窗口中的 按钮，完成变化圆角 2 的创建。

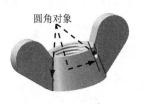

圆角对象

a）圆角前　　　　　　　　b）圆角后

图 2.15.15　变化圆角 2

Step11. 后面的详细操作过程请参见学习资源中 video\ch02.15\reference\文件夹下的语音视频讲解文件——蝶形螺母-r02.exe。

2.16   排气部件

案例概述：

该案例是一个排气部件的设计，设计中使用的命令较多，主要运用了拉伸、扫描、放样、圆角及抽壳等命令。设计思路是先创建互相交叠的拉伸、扫描、放样特征，再对其进行抽壳，从而得到模型的主体结构，其中扫描和放样的综合使用是重点，请务必保证草图的正确性，否则此后的圆角将难以创建。排气部件零件模型如图 2.16.1 所示。

图 2.16.1   排气部件零件模型

说明：本案例前面的详细操作过程请参见学习资源中 video\ch02.16\reference\文件夹下的语音视频讲解文件——排气部件-r01.exe。

Step1. 打开文件 D:\swal18\work\ch02.16\main_housing_ex.SLDPRT。

Step2. 创建图 2.16.2 所示的草图 2。

（1）选择命令。选择下拉菜单 插入(I) ➡ 草图绘制 命令。

（2）定义草图基准面。选取上视基准面为草图基准面。

（3）绘制草图。在草绘环境中绘制图 2.16.2 所示的草图 2。

（4）选择下拉菜单 插入(I) ➡ 退出草图 命令，退出草图设计环境。

Step3. 创建图 2.16.3 所示的草图 3。选取前视基准面作为草图基准面。

注意：绘制直线和相切弧时，注意添加圆弧和凸台-拉伸 1 边界线的相切约束。

Step4. 创建图 2.16.4 所示的扫描 1。

（1）选择下拉菜单 插入(I) ➡ 凸台/基体(B) ➡ 扫描(S)...命令，系统弹出"扫描"窗口。

（2）定义扫描特征的轮廓。选取草图 2 作为扫描 1 的轮廓。

（3）定义扫描特征的路径。选取草图 3 作为扫描 1 的路径。

（4）单击窗口中的 ✔ 按钮，完成扫描 1 的创建。

Step5. 创建图 2.16.5 所示的基准面 1。

（1）选择下拉菜单 插入(I) ➡ 参考几何体(G) ➡ 🚪 基准面(P)...命令，系统弹出"基准面"窗口。

（2）定义基准面的参考实体。选取图2.16.5所示的模型表面为参考实体。

（3）定义偏移方向及距离。采用系统默认的偏移方向，在 🗖 后输入偏移距离值160.0。

（4）单击窗口中的 ✔ 按钮，完成基准面1的创建。

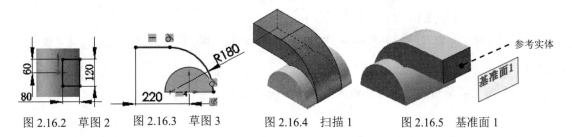

图2.16.2　草图2　　图2.16.3　草图3　　图2.16.4　扫描1　　图2.16.5　基准面1

Step6. 创建图2.16.6所示的草图4。选取图2.16.7所示的模型表面为草图基准面。在草图绘制环境中绘制图2.16.6所示的草图时，只需选中图2.16.6所示的边线，单击"草图（K）"工具栏中的"转换实体引用"按钮 🗗，即可完成创建。

Step7. 创建图2.16.8所示的草图5。选取基准面1为草图基准面，创建时可先绘制中心线，再绘制矩形，然后建立对称和重合约束，最后添加尺寸并修改尺寸值。

Step8. 创建图2.16.9所示的零件特征——放样1。

（1）选择下拉菜单 插入(I) ➡ 凸台/基体(B) ➡ 🛢 放样(L)...命令，系统弹出"放样"窗口。

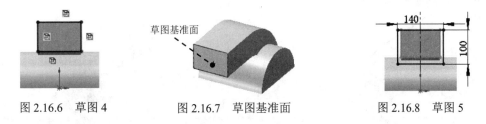

图2.16.6　草图4　　　　图2.16.7　草图基准面　　　　图2.16.8　草图5

（2）定义放样1特征的轮廓。选取草图4和草图5为放样1特征的轮廓。

注意：在选取放样1特征的轮廓时，轮廓的闭合点和闭合方向必须一致。

（3）单击窗口中的 ✔ 按钮，完成放样1的创建。

Step9. 创建图2.16.10所示的零件特征——凸台-拉伸2。选择下拉菜单 插入(I) ➡ 凸台/基体(B) ➡ 🗐 拉伸(E)...命令；选取上视基准面作为草图基准面；在草图绘制环境中绘制图2.16.11所示的横断面草图；采用系统默认的深度方向；在"凸台-拉伸"窗口 方向1 区域的下拉列表中选择 给定深度 选项，输入深度值10.0；单击窗口中的 ✔ 按钮，完成凸台-拉伸2创建。

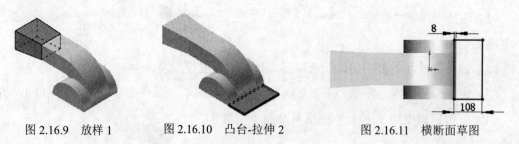

图 2.16.9　放样 1　　　　图 2.16.10　凸台-拉伸 2　　　　图 2.16.11　横断面草图

Step10. 创建图 2.16.12b 所示的圆角 1。

（1）选择下拉菜单 插入(I) ➡ 特征(F) ➡ 圆角 (U)...命令，系统弹出"圆角"窗口。

（2）定义要圆角的对象。选取图 2.16.12a 所示的边线为要圆角的对象。

a）圆角前　　　　　　　　　　　　　　　　　b）圆角后

图 2.16.12　圆角 1

（3）定义圆角半径。在"圆角"窗口中输入圆角半径值 30.0。

（4）单击 ✔ 按钮，完成圆角 1 的创建。

Step11. 创建图 2.16.13b 所示的圆角 2。选取图 2.16.13a 所示的两条边线为要圆角的对象，圆角半径值为 30.0。

注意：圆角的每一段边线都要选取。

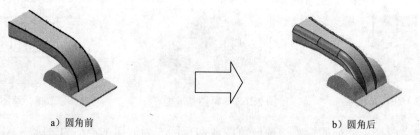

a）圆角前　　　　　　　　　　　　　　　　　b）圆角后

图 2.16.13　圆角 2

Step12. 创建图 2.16.14b 所示的圆角 3。选取图 2.16.14a 所示的边线为要圆角的对象，圆角半径值为 30.0。

a）圆角前　　　　　　　　　　　　　　　　　b）圆角后

图 2.16.14　圆角 3

Step13. 创建图 2.16.15b 所示的圆角 4。选取图 2.16.15a 所示的边线为要圆角的对象，圆角半径值为 400.0。

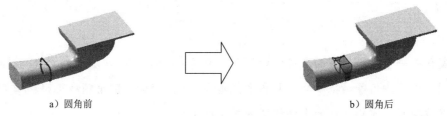

a）圆角前   b）圆角后

图 2.16.15 圆角 4

Step14. 创建图 2.16.16b 所示的零件特征——抽壳 1。

（1）选择下拉菜单 插入(I) ➡ 特征(F) ➡ 🗔 抽壳(S)... 命令。

（2）定义要移除的面。选取图 2.16.16a 所示模型的两个端面为要移除的面。

要移除的面

a）抽壳前   b）抽壳后

图 2.16.16 抽壳 1

（3）定义抽壳 1 的参数。在"抽壳 1"窗口的 参数(P) 区域输入壁厚值 8.0。

（4）单击窗口中的 ✔ 按钮，完成抽壳 1 的创建。

Step15. 后面的详细操作过程请参见学习资源中 video\ch02.16\reference\文件夹下的语音视频讲解文件——排气部件-r02.exe。

2.17 机械手部件

案例概述：

该案例介绍了一个机械手部件的创建过程，其中用到的命令有凸台-拉伸、切除-拉伸及圆角命令。该零件模型如图 2.17.1 所示。

说明：本案例的详细操作过程请参见学习资源中 video\ch02.17\文件夹下的语音视频讲解文件。模型文件为 D:\swal18\work\ch02.17\machine_hand。

图 2.17.1 机械手部件零件模型

2.18　陀螺底座

案例概述：

　　本案例是一个陀螺玩具的底座设计，主要运用了旋转、凸台-拉伸、切除-拉伸、移动/复制、圆角以及倒角等特征命令。需要注意选取草图基准面、圆角顺序及移动/复制实体的技巧和注意事项。陀螺底座的零件模型如图 2.18.1 所示。

图 2.18.1　陀螺底座零件模型

　　Step1. 新建模型文件。新建一个"零件"模块的模型文件，进入建模环境。

　　Step2. 创建图 2.18.2 所示的零件基础特征——旋转1。选择下拉菜单 插入(I) ➡ 凸台/基体(B) ➡ 旋转(R)... 命令；选取前视基准面作为草图基准面，绘制图 2.18.3 所示的横断面草图；采用图 2.18.3 所示的边线为旋转轴线；在"旋转"对话框中输入旋转角度值 180.00；单击 ✔ 按钮，完成旋转 1 的创建。

　　Step3. 创建图 2.18.4 所示的零件特征——切除-拉伸 1。选择下拉菜单 插入(I) ➡ 切除(C) ➡ 拉伸(E)... 命令；选取上视基准面为草图基准面，在草图绘制环境中绘制图 2.18.5 所示的横断面草图；单击该对话框中的 ✔ 按钮，完成切除-拉伸 1 的创建。

图 2.18.2　旋转 1

图 2.18.3　横断面草图

　　Step4. 创建图 2.18.6 所示的阵列（圆周）1。选择下拉菜单 插入(I) ➡ 阵列/镜像(E) ➡ 圆周阵列(C)... 命令，系统弹出"圆周阵列"对话框；单击以激活 ☑ 特征和面(F) 选项组 区域中的文本框，选取切除-拉伸 1 特征作为阵列的源特征；选择下拉菜单 视图(V) ➡ 临时轴(X) 命令显示临时轴；选取图 2.18.6 所示的临时轴为圆周阵列轴；在 参数(P) 区域的 文本框中输入值 60.00；在 参数(P) 区域的 文本框中输入值 3；取消选中 ☐ 等间距(E) 复选框；单击 ↻ 按钮，单击"圆周阵列"对话框中的 ✔ 按钮，完成圆周阵列的创建。

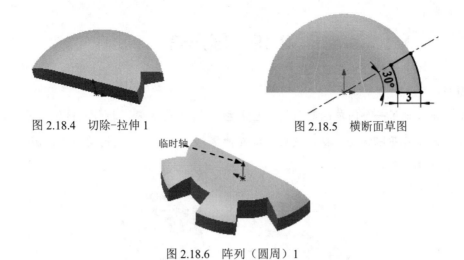

图 2.18.4　切除-拉伸 1　　　　　　　　图 2.18.5　横断面草图

图 2.18.6　阵列（圆周）1

Step5. 创建图 2.18.7 所示的零件特征—— 凸台-拉伸 1。选择下拉菜单 插入(I) ➡

凸台/基体(B) ➡ 🗐 拉伸(E)... 命令；选取上视基准面为草图基准面；在草图绘制环境中

绘制图 2.18.8 所示的横断面草图；采用系统默认的深度方向，在"凸台-拉伸"对话框 方向1

区域的下拉列表中选择 给定深度 选项，输入深度值 2.00；单击 ✔ 按钮，完成凸台-拉伸 1

的创建。

Step6. 创建图 2.18.9b 所示的倒角 1。选择下拉菜单 插入(I) ➡ 特征(F) ▶ ➡

🔷 倒角(C)... 命令，选取图 2.18.9a 所示的边线为要倒角的对象；在"倒角"对话框的 ⟋□ 文

本框中输入值 0.75，在 ⟋△ 文本框中输入值 45.00；单击 ✔ 按钮，完成倒角 1 的创建。

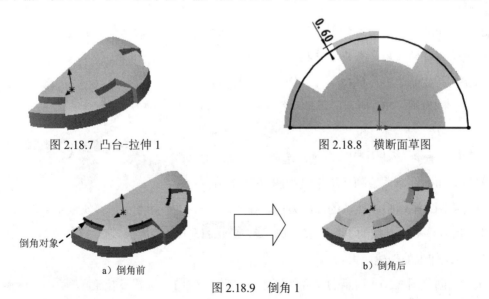

图 2.18.7　凸台-拉伸 1　　　　　　　　图 2.18.8　横断面草图

a）倒角前　　　　　　　　b）倒角后

图 2.18.9　倒角 1

Step7. 后面的详细操作过程请参见学习资源中 video\ch02.18\reference\文件夹下的语音

视频讲解文件——陀螺底座-r02.exe。

2.19 圆形盖

案例概述：

本案例设计了一个简单的圆形盖，主要运用了旋转、抽壳、拉伸和倒圆角等特征命令。该设计首先创建基础旋转特征，然后添加其他修饰，重在零件的结构安排。圆形盖的零件模型如图 2.19.1 所示。

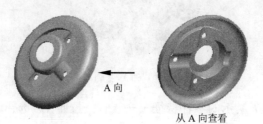

A 向

从 A 向查看

图 2.19.1 圆形盖零件模型

说明：本案例的详细操作过程请参见学习资源中 video\ch02.19\文件夹下的语音视频讲解文件。模型文件为 D:\swal18\work\ch02.19\INSTANCE_PART_COVER。

2.20 支架

案例概述：

本案例介绍了一个支架的创建过程，使读者可以掌握实体的拉伸、抽壳、旋转、镜像和倒圆角等特征的应用。支架零件模型如图 2.20.1 所示。

Step1. 新建一个零件模型文件，进入建模环境。

Step2. 创建图 2.20.2 所示的零件特征——凸台-拉伸 1 。选择下拉菜单 插入(I) ➡ 凸台/基体(B) ➡ 🔲 拉伸(E) 命令；选取上视基准面为草图基准面；在草图绘制环境中绘制图 2.20.3 所示的横断面草图；采用系统默认的深度方向，在"凸台-拉伸"对话框 方向1 区域的下拉列表中选择 给定深度 选项，输入深度值 3.0；单击 ✔ 按钮，完成凸台-拉伸 1 的创建。

图 2.20.1 支架零件模型

Step3. 创建图 2.20.4 所示的零件特征——切除-拉伸 1。选择下拉菜单 插入(I) ➡ 切除(C) ➡ 🔲 拉伸(E)… 命令；选取前视基准面为草图基准面，在草图绘制环境中绘制图 2.20.5 所示的横断面草图，在 方向1 区域的下拉列表中选择 两侧对称 选项，输入深度值

20.0；单击该对话框中的 ✔ 按钮，完成切除-拉伸 1 的创建。

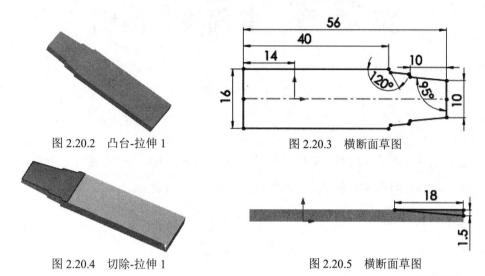

图 2.20.2　凸台-拉伸 1

图 2.20.3　横断面草图

图 2.20.4　切除-拉伸 1

图 2.20.5　横断面草图

Step4. 创建图 2.20.6 所示的零件特征——切除-拉伸 2。选择下拉菜单 插入(I) ➡

切除(C) ➡ 🔲 拉伸(E)… 命令；选取前视基准面为草图基准面，在草图绘制环境中绘制

图 2.20.7 所示的横断面草图，在 方向1 区域的下拉列表中选择 两侧对称 选项，输入深度值

20.0；单击该对话框中的 ✔ 按钮，完成切除-拉伸 2 的创建。

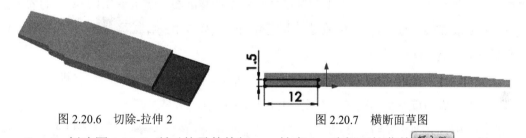

图 2.20.6　切除-拉伸 2

图 2.20.7　横断面草图

Step5. 创建图 2.20.8b 所示的零件特征——抽壳 1。选择下拉菜单 插入(I) ➡

特征(F) ➡ 🔳 抽壳(S)… 命令；选取图 2.20.8a 所示的模型表面为要移除的面；在"抽壳

1"对话框的 参数(P) 区域中输入壁厚值 1.0；单击对话框中的 ✔ 按钮，完成抽壳 1 的创建。

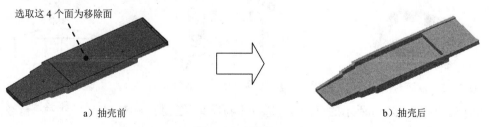

选取这 4 个面为移除面

a）抽壳前

b）抽壳后

图 2.20.8　抽壳 1

Step6. 后面的详细操作过程请参见学习资源中 video\ch02.20\reference\文件夹下的语音

视频讲解文件——支架-r02.exe。

第3章 曲面设计案例

3.1 香皂

案例概述：

本案例主要讲述了一款香皂的造型设计过程，在整个设计过程中运用了曲面拉伸、旋转、缝合、扫描和倒圆角等命令。香皂的模型如图 3.1.1 所示。

图 3.1.1 香皂模型

Step1. 新建一个零件模型文件，进入建模环境。

Step2. 创建图 3.1.2 所示的曲面-拉伸 1。选择下拉菜单 插入(I) ➡ 曲面(S) ➡ 拉伸曲面(E)...命令；选取上视基准面作为草图基准面，绘制图 3.1.3 所示的横断面草图。采用系统默认的深度方向；在 方向1 区域的下拉列表中选择 给定深度 选项，在 后的文本框中输入值 18.0。

Step3. 创建图 3.1.4 所示的草图 2。选择下拉菜单 插入(I) ➡ 草图绘制 命令。选取右视基准面作为草图基准面，绘制图 3.1.4 所示的草图 2（显示原点）。

Step4. 创建图 3.1.5 所示的点 1。选择下拉菜单 插入(I) ➡ 参考几何体(G) ➡ 点(0)...命令，系统弹出"点"对话框。选取草图 2 作为点 1 的参考实体。在"点"对话框中选中 百分比(G)单选项，在 后的文本框中输入值 50.0。

图 3.1.2 曲面-拉伸 1

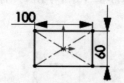

图 3.1.3 横断面草图（草图 1）

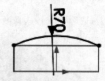

图 3.1.4 草图 2

Step5. 创建图 3.1.6 所示的草图 3。选择下拉菜单 插入(I) ➡ 草图绘制 命令。选取前视基准面作为草图基准面，绘制图 3.1.6 所示的草图 3（显示原点）。

Step6. 创建图 3.1.7 所示的曲面-扫描 1。选择下拉菜单 插入(I) ➡ 曲面(S) ➡ 扫描曲面(S)...命令，选择草图 3 作为扫描轮廓，选择草图 2 作为扫描路径。单击 按钮，完成扫描曲面的创建。

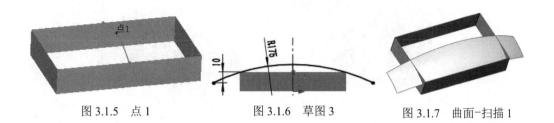

图 3.1.5　点 1　　　　　图 3.1.6　草图 3　　　　　图 3.1.7　曲面-扫描 1

Step7. 创建图 3.1.8 所示的镜像 1。选择下拉菜单 插入(I) ➡ 阵列/镜像(E) ➡ 镜向(M)... 命令。选取前视基准面作为镜像基准面，选取曲面-扫描 1 作为镜像 1 的对象。

Step8. 创建图 3.1.9 所示的曲面-缝合 1。选择下拉菜单 插入(I) ➡ 曲面(S) ➡ 缝合曲面(K)... 命令，系统弹出"缝合曲面"对话框；在设计树中选取曲面-扫描 1 和镜像 1 作为缝合对象。

Step9. 创建图 3.1.10 所示的曲面-基准面 1。选择下拉菜单 插入(I) ➡ 曲面(S) ➡ 平面区域(P)... 命令，系统弹出"平面"对话框，依次选取图 3.1.11 所示的边线 1、边线 2、边线 3 和边线 4。

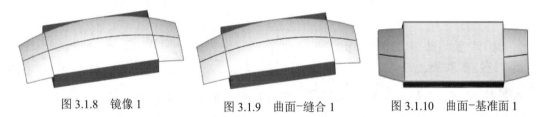

图 3.1.8　镜像 1　　　　　图 3.1.9　曲面-缝合 1　　　　　图 3.1.10　曲面-基准面 1

Step10. 创建图 3.1.12 所示的曲面-旋转 1。选择下拉菜单 插入(I) ➡ 曲面(S) ➡ 旋转曲面(R)... 命令；选取前视基准面作为草图基准面，绘制图 3.1.13 所示的横断面草图；采用草图中绘制的中心线作为旋转轴，在 方向1 区域 后的下拉列表中选择 给定深度 选项，在 后的文本框中输入角度值 360.0。

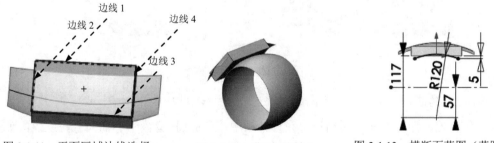

图 3.1.11　平面区域边线选择　　　图 3.1.12　曲面-旋转 1　　　图 3.1.13　横断面草图（草图 4）

Step11. 创建图 3.1.14b 所示的曲面-剪裁 1。选择下拉菜单 插入(I) ➡ 曲面(S) ➡ 剪裁曲面(T)... 命令，系统弹出"曲面剪裁"对话框。在"曲面剪裁"对话框的 剪裁类型(T) 区域选中 ⦿ 相互(M) 单选项。选取曲面-旋转 1 和曲面-基准面 1 作为剪裁曲面，选取图 3.1.14a 所示的曲面作为移除部分；其他参数采用系统默认的设置值。

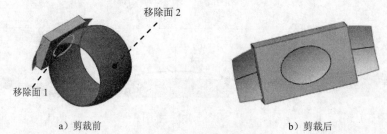

a) 剪裁前　　　　　　　　　　　　　　b) 剪裁后

图 3.1.14　曲面-剪裁 1

Step12. 创建图 3.1.15b 所示的曲面-延伸 1。选择下拉菜单 插入(I) ➡ 曲面(S) ➡ 延伸曲面(X)...命令，选择图 3.1.15a 所示的边线作为延伸边线。在 延伸类型(X) 区域选中 ⊙ 距离(D) 单选项，输入距离值 5.0。

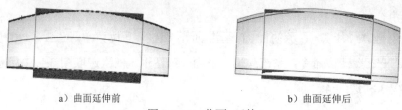

a) 曲面延伸前　　　　　　　　　　　　b) 曲面延伸后

图 3.1.15　曲面-延伸 1

Step13. 创建图 3.1.16b 所示的曲面-剪裁 2。选择下拉菜单 插入(I) ➡ 曲面(S) ➡ 剪裁曲面(T)...命令，系统弹出"曲面剪裁"对话框。在"曲面剪裁"对话框的 剪裁类型(T) 区域选中 ⊙ 相互(M) 单选项。选取曲面-拉伸 1 和曲面-延伸 1 作为剪裁曲面，选取图 3.1.16a 所示的曲面作为移除部分；其他参数采用系统默认的设置值。

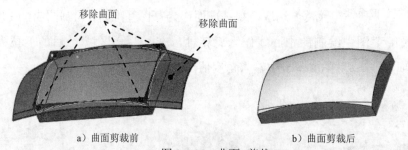

a) 曲面剪裁前　　　　　　　　　　　　b) 曲面剪裁后

图 3.1.16　曲面-剪裁 2

Step14. 创建曲面-缝合 2。选择下拉菜单 插入(I) ➡ 曲面(S) ➡ 缝合曲面(K)...命令，系统弹出"缝合曲面"对话框；在设计树中选取曲面-剪裁 1 和曲面-剪裁 2 作为缝合对象，选中 ☑ 尝试形成实体(T) 复选框，其他参数采用系统默认设置值。

Step15. 创建图 3.1.17 所示的零件特征——切除-拉伸 1。选择下拉菜单 插入(I) ➡ 切除(C) ➡ 拉伸(E)...命令。选取上视基准面作为草图基准面，绘制图 3.1.18 所示的横断面草图。在"切除-拉伸"窗口 方向1 区域的下拉列表中选择 完全贯穿 选项，单击 ↗ 按钮。选中 ☑ 反侧切除(F) 复选框。

图 3.1.17　切除-拉伸 1

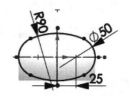

图 3.1.18　横断面草图（草图 5）

Step16. 创建图 3.1.19b 所示的圆角 1。选择下拉菜单 [插入(I)] ➡ [特征(F)] ➡
[圆角(U)...] 命令，选择图 3.1.19a 所示的边线为圆角对象，圆角半径值为 10.0。

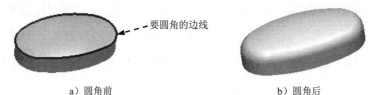

a）圆角前　　　　　　　　　　　　b）圆角后

图 3.1.19　圆角 1

Step17. 创建图 3.1.20b 所示的圆角 2。选择下拉菜单 [插入(I)] ➡ [特征(F)] ➡
[圆角(U)...] 命令，选择图 3.1.20a 所示的边线为圆角对象，圆角半径值为 5.0。

a）圆角前　　　　　　　　　　　　b）圆角后

图 3.1.20　圆角 2

Step18. 创建图 3.1.21b 所示的圆角 3。选择下拉菜单 [插入(I)] ➡ [特征(F)] ➡
[圆角(U)...] 命令，选择图 3.1.21a 所示的边线为圆角对象，圆角半径值为 10.0。

a）圆角前　　　　　　　　　　　　b）圆角后

图 3.1.21　圆角 3

Step19. 创建图 3.1.22 所示的基准面 1。选择下拉菜单 [插入(I)] ➡ [参考几何体(G)]
➡ [基准面(P)...] 命令；选取上视基准面作为所要创建的基准面的参考实体，在 后的
文本框中输入值 20。

Step20. 创建图 3.1.23 所示的草图 6。选择下拉菜单 [插入(I)] ➡ [草图绘制] 命令；
选取基准面 1 作为草图基准面，绘制图 3.1.23 所示的草图 6。

Step21. 创建图 3.1.24 所示的基准面 2。选择下拉菜单 [插入(I)] ➡ [参考几何体(G)]
➡ [基准面(P)...] 命令；选取草图 6 及图 3.1.24 所示的点作为所要创建的基准面的参考
实体。

Step22. 创建图 3.1.25 所示的草图 7。选择下拉菜单 插入(I) ➡ 草图绘制 命令；选取基准面 2 作为草图基准面，绘制图 3.1.25 所示的草图 7。

图 3.1.22　基准面 1

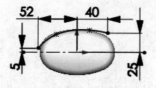
图 3.1.23　草图 6

图 3.1.24　基准面 2

Step23. 创建图 3.1.26 所示的零件特征——切除-扫描 1。选择下拉菜单 插入(I) ➡ 切除(C) ➡ 扫描(S)…命令。选取草图 7 为轮廓线，选取草图 6 为路径。

Step24. 创建图 3.1.27 所示的草图 8。选择下拉菜单 插入(I) ➡ 草图绘制 命令；选取基准面 1 作为草图基准面，绘制图 3.1.27 所示的草图 8。

图 3.1.25　草图 7

图 3.1.26　切除-扫描 1

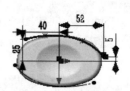
图 3.1.27　草图 8

Step25. 创建图 3.1.28 所示的基准面 3。选择下拉菜单 插入(I) ➡ 参考几何体(G) ➡ 基准面(P)…命令；选取草图 8 及图 3.1.28 所示的点作为所要创建的基准面的参考实体。

Step26. 创建图 3.1.29 所示的草图 9。选择下拉菜单 插入(I) ➡ 草图绘制 命令；选取基准面 3 作为草图基准面，绘制图 3.1.29 所示的草图 9。

Step27. 创建图 3.1.30 所示的零件特征——切除-扫描 2。选择下拉菜单 插入(I) ➡ 切除(C) ➡ 扫描(S)…命令。选取草图 9 为轮廓线，选取草图 8 为路径。

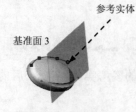
图 3.1.28　基准面 3

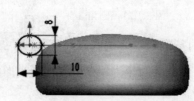
图 3.1.29　草图 9

图 3.1.30　切除-扫描 2

Step28. 创建图 3.1.31b 所示的圆角 4。选择下拉菜单 插入(I) ➡ 特征(F) ➡ 圆角(U)…命令，选择图 3.1.31a 所示的边线为圆角对象，圆角半径值为 3.0。

Step29. 保存模型。选择下拉菜单 文件(F) ➡ 保存(S)命令，将模型命名为"香皂"，保存模型。

a）圆角前   b）圆角后

图 3.1.31 圆角 4

3.2 笔帽

案例概述：

本案例是一款笔帽的设计，设计过程中主要运用了曲面放样、曲面剪裁、填充曲面、曲面缝合和实体化等命令。在设计此零件的过程中应注意基准面及基准点的创建，以便于特征截面草图的绘制。笔帽的零件模型如图 3.2.1 所示。

图 3.2.1 笔帽零件模型

Step1. 新建一个零件模型文件，进入建模环境。

Step2. 创建图 3.2.2 所示的曲面-旋转 1。选择下拉菜单 插入(I) ➡ 曲面(S) ➡ 旋转曲面(R)... 命令；选取前视基准面作为草图基准面，绘制图 3.2.3 所示的横断面草图；采用草图中绘制的中心线作为旋转轴，在 方向1 区域 ⟳ 后的下拉列表中选择 给定深度 选项，在 ⌒A1 后的文本框中输入角度值 360.0。

图 3.2.2 曲面-旋转 1

Step3. 创建图 3.2.4 所示的基准面 1。选择下拉菜单 插入(I) ➡ 参考几何体(G) ➡ 基准面(P)... 命令；选取上视基准面作为所要创建的基准面的参考实体，在 ⟷ 后的文本框中输入值 3，并选中 ☑反转 复选框。

Step4. 创建图 3.2.5 所示的基准面 2。选择下拉菜单 插入(I) ➡ 参考几何体(G)

➡ 📄 基准面(P)…命令；选取基准面 1 作为所要创建的基准面的参考实体，在 📏 后的文本框中输入值 15，并选中 ☑反转 复选框。

Step5. 创建图 3.2.5 所示的基准面 3。选择下拉菜单 插入(I) ➡ 参考几何体(G) ▸

➡ 📄 基准面(P)…命令；选取基准面 2 作为所要创建的基准面的参考实体，在 📏 后的文本框中输入值 25，并选中 ☑反转 复选框。

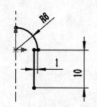
图 3.2.3　横断面草图（草图 1）

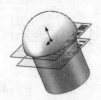
图 3.2.4　基准面 1

图 3.2.5　基准面 2、基准面 3

Step6. 创建图 3.2.6 所示的草图 2。选择下拉菜单 插入(I) ➡ 📄 草图绘制 命令。选取右视基准面为草图基准面，绘制图 3.2.6 所示的草图 2（显示原点）。

Step7. 创建图 3.2.7 所示的投影曲线 1。选择下拉菜单 插入(I) ➡ 曲线(U) ▸

➡ 📄 投影曲线(P)… 命令；在 选择(S) 区域的 投影类型: 下选中 ⊙ 面上草图(K) 单选项。选择草图 2 作为要投影的草图，选取图 3.2.8 所示的模型表面作为投影面。

图 3.2.6　草图 2

图 3.2.7　投影曲线 1

图 3.2.8　选取投影面

Step8. 创建图 3.2.9 所示的草图 3。选择下拉菜单 插入(I) ➡ 📄 草图绘制 命令。选取基准面 1 为草图基准面，绘制图 3.2.9 所示的草图 3（显示原点）。

Step9. 创建图 3.2.10 所示的草图 4。选择下拉菜单 插入(I) ➡ 📄 草图绘制 命令。选取基准面 2 为草图基准面，绘制图 3.2.10 所示的草图 4（显示原点）。

Step10. 创建图 3.2.11 所示的草图 5。选择下拉菜单 插入(I) ➡ 📄 草图绘制 命令。选取基准面 3 为草图基准面，绘制图 3.2.11 所示的草图 5（显示原点）。

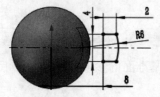
图 3.2.9　草图 3

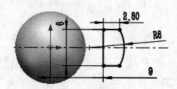
图 3.2.10　草图 4

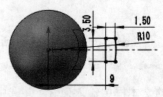
图 3.2.11　草图 5

Step11. 创建图 3.2.12 所示的曲面-放样 1。选择下拉菜单 插入(I) ➡ 曲面(S) ▸

➡ ⚒ 放样曲面(L)... 命令；依次选取投影曲线 1、草图 3、草图 4 和草图 5 作为曲面-放样 1 的轮廓。

Step12. 创建图 3.2.13b 所示的曲面-剪裁 1。选择下拉菜单 插入(I) ➡ 曲面(S)

➡ 🍥 剪裁曲面(T)... 命令，系统弹出"曲面-剪裁"对话框。选取曲面-放样 1 作为剪裁工具，选取图 3.2.13a 所示的曲面作为保留部分；其他参数采用系统默认的设置值。

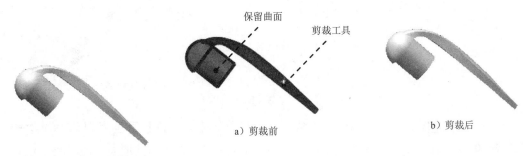

a）剪裁前

b）剪裁后

图 3.2.12　曲面-放样 1　　　　　　　　　　图 3.2.13　曲面-剪裁 1

Step13. 创建图 3.2.14b 所示的曲面-基准面 1。选择下拉菜单 插入(I) ➡ 曲面(S)

➡ ▱ 平面区域(P)... 命令，选取图 3.2.14a 所示的边线作为平面区域。

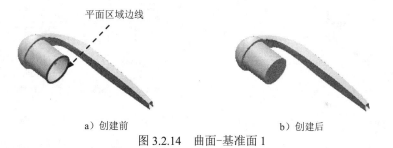

a）创建前　　　　　　　　　　　　　　b）创建后

图 3.2.14　曲面-基准面 1

Step14. 创建图 3.2.15b 所示的曲面-基准面 2。选择下拉菜单 插入(I) ➡ 曲面(S)

➡ ▱ 平面区域(P)... 命令，选取图 3.2.15a 所示的边线作为平面区域。

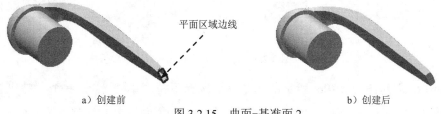

a）创建前　　　　　　　　　　　　　　b）创建后

图 3.2.15　曲面-基准面 2

Step15. 创建曲面-缝合 1。选择下拉菜单 插入(I) ➡ 曲面(S) ➡ 🗲 缝合曲面(K)... 命令，系统弹出"缝合曲面"对话框；在设计树中选取曲面-剪裁 1、曲面-放样 1、曲面-基准面 1 和曲面-基准面 2 作为缝合对象，选中 ☑ 尝试形成实体(T) 复选框。

Step16. 创建图 3.2.16b 所示的圆角 1（完整圆角）。选择下拉菜单 插入(I) ➡ 特征(F)

➡️ 🔲 圆角 (U)…命令。在"圆角"对话框的 圆角类型(Y) 选项组中单击 🔲 选项。选择图 3.2.16a 所示的面 1 作为边侧面组 1。在"圆角"对话框的 圆角项目(I) 区域单击以激活"中央面组"文本框，然后选择图 3.2.16a 所示的面 2 作为中央面组。单击以激活"边侧面组 2"文本框，然后选择图 3.2.16a 所示的面 3 作为边侧面组 2。

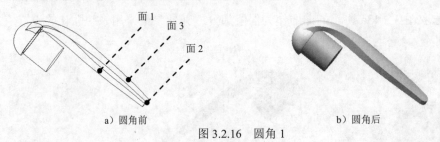

a）圆角前　　　　　　　　　b）圆角后

图 3.2.16　圆角 1

Step17. 创建图 3.2.17 所示的零件特征——凸台-拉伸 1。选择下拉菜单 插入(I) ➡️ 凸台/基体(B) ➡️ 🔲 拉伸(E)…命令。选取前视基准面作为草图基准面，绘制图 3.2.18 所示的横断面草图；在"凸台-拉伸"窗口 方向1 区域的下拉列表中选择 两侧对称 选项，输入深度值 2.0，取消选中 ☐ 合并结果(M) 选项。

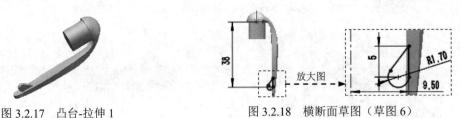

图 3.2.17　凸台-拉伸 1　　　　　　图 3.2.18　横断面草图（草图 6）

Step18. 创建图 3.2.19b 所示的圆角 2。选择下拉菜单 插入(I) ➡️ 特征(F) ➡️ 🔲 圆角 (U)…命令。选择图 3.2.19a 所示的边线为圆角对象，圆角半径值为 1.0。

a）圆角前　　　　　　　　　b）圆角后

图 3.2.19　圆角 2

Step19. 创建图 3.2.20b 所示的圆角 3。选择下拉菜单 插入(I) ➡️ 特征(F) ➡️ 🔲 圆角 (U)…命令。选择图 3.2.20a 所示的边线为圆角对象，圆角半径值为 0.5。

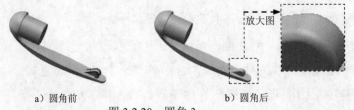

a）圆角前　　　　　　　　　b）圆角后

图 3.2.20　圆角 3

Step20. 创建图 3.2.21b 所示的圆角 4。选择下拉菜单 插入(I) ➡ 特征(F) ➡
📦 圆角(U)...命令。选择图3.2.21a所示的边线为圆角对象，圆角半径值为1.0。

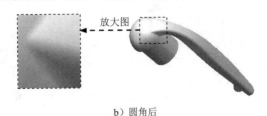

放大图

a）圆角前   b）圆角后

图 3.2.21　圆角 4

Step21. 创建图 3.2.22 所示的零件特征——切除-拉伸 1。选择下拉菜单 插入(I) ➡
切除(C) ➡ 📦 拉伸(E)...命令。选取图3.2.23所示的平面作为草图基准面，绘制图3.2.24
所示的横断面草图。在"切除-拉伸"窗口 方向1 区域的下拉列表中选择 给定深度 选项，输
入值 10.0。

Ø8

图 3.2.22　切除-拉伸 1　　　图 3.2.23　草图基准面　　　图 3.2.24　横断面草图（草图 7）

Step22. 创建图 3.2.25 所示的零件特征——组合 1。选择下拉菜单 插入(I) ➡ 特征(F)
➡ 📦 组合(B).命令，选择圆角 3 与切除-拉伸 1 作为要组合的实体。

图 3.2.25　组合 1

Step23. 保存零件模型。

3.3　台式计算机电源线插头

案例概述：

　　本案例是一款台式计算机电源线插头的设计，该零件结构较复杂，在设计的过程中巧
妙运用了边界曲面、曲面缝合、曲面加厚、阵列和拔模等命令，读者应注意基准面的创建
以及拔模面的选择。下面介绍该零件的设计过程。电源线插头零件模型如图 3.3.1 所示。

图 3.3.1 台式计算机电源线插头零件模型

Step1. 新建一个零件模型文件，进入建模环境。

Step2. 创建图 3.3.2 所示的零件基础特征——凸台-拉伸 1。选择下拉菜单 插入(I) ➡️ 凸台/基体(B) ➡️ 🔲 拉伸(E)...命令。选取右视基准面作为草图基准面，绘制图 3.3.3 所示的横断面草图；在"凸台-拉伸"窗口 方向1 区域的下拉列表中选择 给定深度 选项，输入深度值 20.0。

图 3.3.2 凸台-拉伸 1

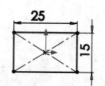

图 3.3.3 横断面草图（草图 1）

Step3. 创建图 3.3.4b 所示的倒角 1。选取图 3.3.4a 所示的边线为要倒角的对象，在"倒角"对话框 倒角类型 区域中单击 选项，然后在 文本框中输入值 5.0，在 文本框中输入值 45.00。

Step4. 创建图 3.3.5 所示的基准面 1。选择下拉菜单 插入(I) ➡️ 参考几何体(G) ➡️ 🔲 基准面(P)...命令。选取右视基准面为参考实体，输入偏移距离值 20.0，选中 ☑️ 反转 复选框，单击 ✔️ 按钮，完成基准面 1 的创建。

a）倒角前

倒角边线

b）倒角后

图 3.3.4 倒角 1

Step5. 创建图 3.3.6 所示的零件特征——凸台-拉伸 2。选择下拉菜单 插入(I) ➡️ 凸台/基体(B) ➡️ 🔲 拉伸(E)...命令。选取右视基准面作为草图基准面，绘制图 3.3.7 所示的横断面草图；在"凸台-拉伸"窗口 方向1 区域的下拉列表中选择 成形到一面 选项，选取基准面 1 为终止面。

图 3.3.5 基准面 1

图 3.3.6 凸台-拉伸 2

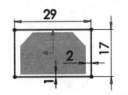

图 3.3.7 横断面草图（草图 2）

Step6. 创建图 3.3.8b 所示的拔模 1，选择下拉菜单 插入(I) ➡ 特征(F) ➡ 拔模(D) ... 命令。在"拔模"对话框 拔模类型(T) 区域选中 ⦿ 中性面(E) 单选项。单击以激活对话框的 中性面(N) 区域中的文本框，选取图 3.3.8a 所示的模型表面作为拔模中性面。单击以激活对话框的 拔模面(F) 区域中的文本框，选取图 3.3.8a 所示的模型表面作为拔模面。拔模方向如图 3.3.8a 所示，在对话框的 拔模角度(G) 区域的 文本框中输入角度值 8.0。

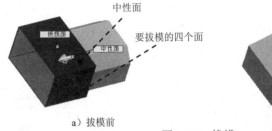

a）拔模前

b）拔模后

图 3.3.8 拔模 1

Step7. 创建图 3.3.9 所示的零件特征——切除-拉伸 1。选择下拉菜单 插入(I) ➡ 切除(C) ➡ 拉伸(E)... 命令。选取上视基准面作为草图基准面，绘制图 3.3.10 所示的横断面草图。在"切除-拉伸"窗口 方向1 区域和 方向2 区域的下拉列表中选择 完全贯穿 选项。

Step8. 创建图 3.3.11 所示的镜像 1。选择下拉菜单 插入(I) ➡ 阵列/镜像(E) ➡ 镜向(M)... 命令。选取前视基准面作为镜像基准面，选取切除-拉伸 1 作为镜像 1 的对象。

图 3.3.9 切除-拉伸 1

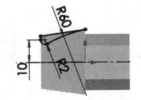

图 3.3.10 横断面草图（草图 3）

图 3.3.11 镜像 1

Step9. 创建图 3.3.12 所示的零件特征——凸台-拉伸 3。选择下拉菜单 插入(I) ➡ 凸台/基体(B) ➡ 拉伸(E)... 命令。选取图 3.3.13 所示平面作为草图基准面，绘制图 3.3.14 所示的横断面草图；在"凸台-拉伸"窗口 方向1 区域的下拉列表中选择 给定深度 选项，输入深度值 3.0。

Step10. 创建图 3.3.15b 所示的圆角 1。选择下拉菜单 插入(I) ➡ 特征(F) ➡ 圆角(U)... 命令，选择图 3.3.15a 所示的边线为圆角对象，圆角半径值为 3.0。

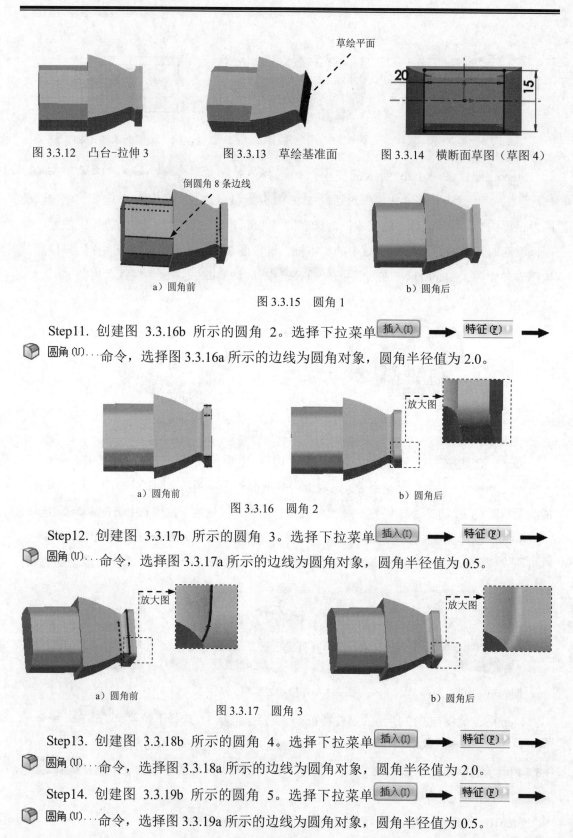

图 3.3.12　凸台-拉伸 3　　　　图 3.3.13　草绘基准面　　　　图 3.3.14　横断面草图（草图 4）

a）圆角前　　　　　　　　　　　　b）圆角后

图 3.3.15　圆角 1

Step11. 创建图 3.3.16b 所示的圆角 2。选择下拉菜单 插入(I) ➡ 特征(F) ➡
圆角(U)...命令，选择图 3.3.16a 所示的边线为圆角对象，圆角半径值为 2.0。

a）圆角前　　　　　　　　　　　　b）圆角后

图 3.3.16　圆角 2

Step12. 创建图 3.3.17b 所示的圆角 3。选择下拉菜单 插入(I) ➡ 特征(F) ➡
圆角(U)...命令，选择图 3.3.17a 所示的边线为圆角对象，圆角半径值为 0.5。

a）圆角前　　　　　　　　　　　　b）圆角后

图 3.3.17　圆角 3

Step13. 创建图 3.3.18b 所示的圆角 4。选择下拉菜单 插入(I) ➡ 特征(F) ➡
圆角(U)...命令，选择图 3.3.18a 所示的边线为圆角对象，圆角半径值为 2.0。

Step14. 创建图 3.3.19b 所示的圆角 5。选择下拉菜单 插入(I) ➡ 特征(F) ➡
圆角(U)...命令，选择图 3.3.19a 所示的边线为圆角对象，圆角半径值为 0.5。

a）圆角前　　　　　　　　　　b）圆角后

图 3.3.18　圆角 4

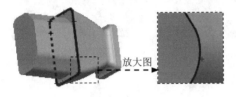 

放大图　　　　　　　　　　　　放大图

a）圆角前　　　　　　　　　　b）圆角后

图 3.3.19　圆角 5

Step15. 创建图 3.3.20 所示的基准面 2。选择下拉菜单 插入(I) ➡ 参考几何体(G)
➡ 基准面(P)... 命令；选取右视基准面作为所要创建的基准面的参考实体，在 后
的文本框中输入值 25，并选中 ☑ 反转 复选框。

Step16. 创建图 3.3.21 所示的草图 5。选择下拉菜单 插入(I) ➡ 草图绘制 命令；
选取图 3.3.22 所示平面作为草图基准面，绘制图 3.3.21 所示的草图 5（注：此草图可通过
工具(T) ➡ 草图工具(T) ➡ 转换实体引用(E) 命令绘制）。

图 3.3.20　基准面 2　　　　图 3.3.21　草图 5　　　　图 3.3.22　草绘基准面

Step17. 创建图 3.3.23 所示的草图 6。选择下拉菜单 插入(I) ➡ 草图绘制 命令；
选取基准面 2 作为草图基准面，绘制图 3.3.23 所示的草图 6。

Step18. 创建图 3.3.24 所示的边界-曲面 1。选择下拉菜单 插入(I) ➡ 曲面(S)
➡ 边界曲面(B)... 命令，选取草图 5 和草图 6 作为 方向 1 的边界曲线，相切类型采
用系统默认设置。

Step19. 创建图 3.3.25 所示的曲面-基准面 1。选择下拉菜单 插入(I) ➡ 曲面(S)
➡ 平面区域(P)... 命令，选取图 3.3.26 所示的边线作为平面区域。

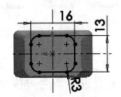  

图 3.3.23　草图 6　　　　图 3.3.24　边界-曲面 1　　　　图 3.3.25　曲面-基准面 1

Step20. 创建图 3.3.27 所示的曲面-基准面 2。选择下拉菜单 插入(I) ➡️ 曲面(S) ➡️ 🔲 平面区域(F)... 命令，选取图 3.3.28 所示的边线作为平面区域（注：为方便作图，此时隐藏实体）。

图 3.3.26　平面区域边线

图 3.3.27　曲面-基准面 2

图 3.3.28　平面区域边线

Step21. 创建曲面-缝合 1。选择下拉菜单 插入(I) ➡️ 曲面(S) ➡️ 🔩 缝合曲面(K)... 命令，系统弹出"缝合曲面"对话框；在设计树中选取曲面-基准面 1、曲面-基准面 2 和边界-曲面 1 作为缝合对象。

Step22. 创建图 3.3.29 所示的加厚 1。选择下拉菜单 插入(I) ➡️ 凸台/基体(B) ➡️ 🛠️ 加厚(T)... 命令；选择整个曲面作为加厚曲面，选中 ☑ 从闭合的体积生成实体(C) 复选框（注：显示隐藏的实体）。

图 3.3.29　加厚 1

Step23. 创建图 3.3.30 所示的零件特征——凸台-拉伸 4。选择下拉菜单 插入(I) ➡️ 凸台/基体(B) ➡️ 🔲 拉伸(E)... 命令。选取图 3.3.31 所示平面作为草图基准面，绘制图 3.3.32 所示的横断面草图；在"凸台-拉伸"窗口 方向 1 区域的下拉列表中选择 给定深度 选项，输入深度值 20.0。取消选中 ☐ 合并结果(M) 复选框。

图 3.3.30　凸台-拉伸 4

图 3.3.31　草图基准面

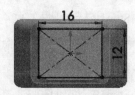
图 3.3.32　横断面草图（草图 7）

Step24. 创建图 3.3.33b 所示的拔模 2。选择下拉菜单 插入(I) ➡️ 特征(F) ➡️ 🔲 拔模(D) ... 命令。在"拔模"对话框 拔模类型(T) 区域选中 ⦿ 中性面(E) 单选项。单击以激活对话框的 中性面(N) 区域中的文本框，选取图 3.3.33a 所示的模型表面作为拔模中性面。单击以激活对话框的 拔模面(F) 区域中的文本框，选取图 3.3.33a 所示的模型表面作为拔模面。

拔模方向如图 3.3.33a 所示，在对话框的 拔模角度(G) 区域的 文本框中输入角度值 1.0（此处再次隐藏除凸台-拉伸4之外的其他特征）。

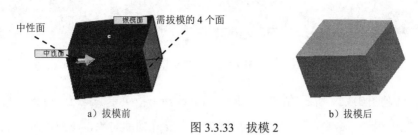

a）拔模前　　　　　　　　　　　　　　　b）拔模后

图 3.3.33　拔模 2

Step25. 创建图 3.3.34b 所示的圆角 6。选择下拉菜单 插入(I) ➡ 特征(F) ➡ 圆角(U)... 命令，选择图 3.3.34a 所示的边线为圆角对象，圆角半径值为 3.0。

a）圆角前　　　　　　　　　　　　　　b）圆角后

图 3.3.34　圆角 6

Step26. 创建组合 1。选择下拉菜单 插入(I) ➡ 特征(F) ➡ 组合(B). 命令；在"组合 1"对话框的 操作类型(O) 区域选中 ● 添加(A) 单选项，选取所有实体作为要组合的实体（注：显示隐藏的实体）。

Step27. 创建图 3.3.35b 所示的圆角 7。选择下拉菜单 插入(I) ➡ 特征(F) ➡ 圆角(U)... 命令，选择图 3.3.35a 所示的边线为圆角对象，圆角半径值为 0.5。

Step28. 创建图 3.3.36 所示的基准面 3。选择下拉菜单 插入(I) ➡ 参考几何体(G) ➡ 基准面(P)... 命令；选取基准面 2 作为所要创建的基准面的参考实体，在 后的文本框中输入值 2，并选中 ☑反转 复选框。

a）圆角前　　　　　　　　　　　　b）圆角后

图 3.3.35　圆角 7

Step29. 创建图 3.3.37 所示的零件特征——切除-拉伸 2。选择下拉菜单 插入(I) ➡ 切除(C) ➡ 拉伸(E)... 命令。选取基准面 3 作为草图基准面，绘制图 3.3.38 所示的横断面草图。在"切除-拉伸"窗口 方向1 区域的下拉列表中选择 给定深度 选项，输入深度值 3.0。

图 3.3.36　基准面 3　　　　　图 3.3.37　切除-拉伸 2　　　图 3.3.38　横断面草图（草图 8）

Step30. 创建图 3.3.39 所示的阵列（线性）1。选择下拉菜单 插入(I) ➡ 阵列/镜像(E) ➡ 线性阵列(L)... 命令。选取切除-拉伸 2 作为要阵列的对象，在图形区选取图 3.3.40 所示的边线作为 方向1 的参考实体，在窗口中输入间距值 6.0，输入实例数值 3。

Step31. 创建图 3.3.41 所示的镜像 2。选择下拉菜单 插入(I) ➡ 阵列/镜像(E) ➡ 镜向(M)... 命令。选取上视基准面作为镜像基准面，选取切除-拉伸 2、阵列（线性）1 作为镜像 2 的对象。

Step32. 创建图 3.3.42 所示的草图 9。选择下拉菜单 插入(I) ➡ 草图绘制 命令；选取前视基准面作为草图基准面，绘制图 3.3.42 所示的草图 9。

图 3.3.39　阵列（线性）1　　　　图 3.3.40　阵列方向边线　　　　图 3.3.41　镜像 2

Step33. 创建图 3.3.43 所示的草图 10。选择下拉菜单 插入(I) ➡ 草图绘制 命令；选取图 3.3.44 所示平面作为草图基准面，绘制图 3.3.43 所示的草图 10。

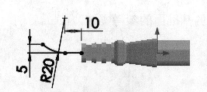

图 3.3.42　草图 9　　　　　图 3.3.43　草图 10　　　　　图 3.3.44　草图平面

Step34. 创建图 3.3.45 所示的零件特征——扫描 1。选择下拉菜单 插入(I) ➡ 凸台/基体(B) ➡ 扫描(S)... 命令，系统弹出"扫描"对话框。选取草图 10 作为扫描轮廓，选取草图 9 作为扫描路径。

图 3.3.45　扫描 1

Step35. 后面的详细操作过程请参见学习资源中 video\ch03.03\reference\文件夹下的语音视频讲解文件——插头-r01.exe。

3.4　曲面上创建文字

案例概述：

本案例介绍了在曲面上创建文字的一般方法，其操作过程是先在平面上创建草绘文字，然后将其印贴（包覆）到曲面上。其零件模型如图 3.4.1 所示。

图 3.4.1　曲面上创建文字零件模型

Step1. 新建一个零件模型文件，进入建模环境。

Step2. 创建图 3.4.2 所示的零件基础特征——凸台-拉伸 1。选择下拉菜单 插入(I) ➡ 凸台/基体(B) ➡ 拉伸(E)... 命令。选取上视基准面作为草图基准面，绘制图 3.4.3 所示的横断面草图；在"凸台-拉伸"窗口 方向1 区域的下拉列表中选择 两侧对称 选项，输入深度值 20.0。

Step3. 创建图 3.4.4 所示的基准面 1。选择下拉菜单 插入(I) ➡ 参考几何体(G) ➡ 基准面(P)... 命令。选取前视基准面为参考实体，采用系统默认的偏移方向，输入偏移距离值 40.0。单击 ✔ 按钮，完成基准面 1 的创建。

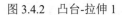
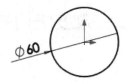

图 3.4.2　凸台-拉伸 1　　　图 3.4.3　横断面草图（草图 1）　　　图 3.4.4　基准面 1

Step4. 创建图 3.4.5 所示的草图 2。选择下拉菜单 插入(I) ➡ 草图绘制 命令；选取基准面 1 作为草图基准面，单击"草图"工具栏中的 A 按钮，在 文字(T) 区域的文本框中输入"北京兆迪"，在 文字(T) 区域中单击 AB 按钮。在 文字(T) 区域中取消选中 ☐ 使用文档字体(U) 复选框，单击 字体(F)... 按钮，系统弹出图 3.4.6 所示的"选择字体"对话框。在"选择字体"对话框的 字体(F): 区域中选择 Century Gothic，在 字体样式(Y): 区域中选择 常规，在 ⦿ 点(P) 区

域中选择 三号 ，如图 3.4.6 所示。单击"选择字体"对话框中的 确定 按钮，完成文本的字体设置。标注图 3.4.5 所示的定位尺寸。

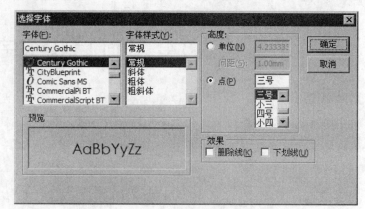

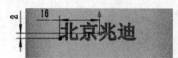

图 3.4.5　草图 2　　　　　　　　　　　图 3.4.6　"选择字体"对话框

Step5. 创建图 3.4.7 所示的包覆 1。选择下拉菜单 插入(I) ➡ 特征(F) ➡ 📦 包覆(W) 命令。选择草图 2 为特征所使用的现有草图。在 包覆类型(T) 区域中单击 📦 选项，激活 📦 后的文本框，在模型上选取图 3.4.8 所示的面为包覆草图的面，在 ∢Ti 后的文本框中输入包覆草图的厚度值 3.0。

图 3.4.7　包覆 1　　　　　　　　　　图 3.4.8　包覆草图的面

Step6. 保存零件模型。选择下拉菜单 文件(F) ➡ 💾 保存(S) 命令，将零件模型命名为"曲面上创建文字"，保存模型。

3.5　微波炉门把手

案例概述：

本案例是一个微波炉门把手的设计，该零件在设计的过程中充分利用了创建的曲面，主要运用了拉伸、镜像和等距曲面等特征命令。下面介绍该零件的设计过程，其零件模型如图 3.5.1 所示。

Step1. 新建一个零件模型文件，进入建模环境。

Step2. 创建图 3.5.2 所示的零件基础特征——凸台-拉伸 1。选择下拉菜单 插入(I) ➡ 凸台/基体(B) ➡ 📦 拉伸(E)… 命令。选取上视基准面作为草图基准面，绘制图 3.5.3 所示的横断面草图；在"凸台-拉伸"窗口 **方向1** 区域的下拉列表中选择 **给定深度** 选项，输入深度值 30.0。

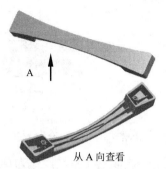

从 A 向查看

图 3.5.1 微波炉门把手零件模型

图 3.5.2 凸台-拉伸 1

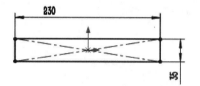

图 3.5.3 横断面草图（草图 1）

Step3. 创建图 3.5.4 所示的零件特征——切除-拉伸 1。选择下拉菜单 **插入(I)** ➡ **切除(C)** ➡ 🔲 **拉伸(E)...** 命令。选取图 3.5.5 所示平面作为草图基准面，绘制图 3.5.6 所示的横断面草图。在"切除-拉伸"窗口 **方向1** 区域的下拉列表中选择 **完全贯穿** 选项。

图 3.5.4 切除-拉伸 1

图 3.5.5 草图基准面

图 3.5.6 横断面草图（草图 2）

Step4. 创建图 3.5.7 所示的曲面-拉伸 1。选择下拉菜单 **插入(I)** ➡ **曲面(S)** ➡ 🔷 **拉伸曲面(E)...** 命令。选取前视基准面作为草图基准面，绘制图 3.5.8 所示的横断面草图。在"曲面-拉伸"窗口 **方向1** 区域的下拉列表中选择 **两侧对称** 选项，输入深度值 55.0。

图 3.5.7 曲面-拉伸 1

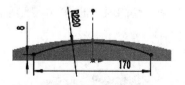

图 3.5.8 横断面草图（草图 3）

Step5. 创建图 3.5.9 所示的零件特征——切除-拉伸 2。选择下拉菜单 **插入(I)** ➡ **切除(C)** ➡ 🔲 **拉伸(E)...** 命令。选取上视基准面作为草图基准面，绘制图 3.5.10 所示的横断面草图。在"切除-拉伸"窗口 方向1 区域的下拉列表中选择 成形到一面 选项，单击 按钮，选择曲面-拉伸 1 为切除终止面。

图 3.5.9　切除-拉伸 2

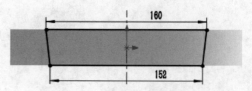

图 3.5.10　横断面草图（草图 4）

Step6. 创建图 3.5.11 所示的零件特征——切除-拉伸 3。选择下拉菜单 插入(I) ➡ 切除(C) ➡ 拉伸(E)...命令。选取上视基准面作为草图基准面，绘制图 3.5.12 所示的横断面草图。在"切除-拉伸"窗口 方向1 区域的下拉列表中选择 完全贯穿 选项，并单击 按钮。选中 ☑ 反侧切除(F) 复选框。

图 3.5.11　切除-拉伸 3

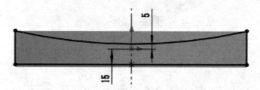

图 3.5.12　横断面草图（草图 5）

Step7. 创建图 3.5.13 所示的曲面-等距 1。选择下拉菜单 插入(I) ➡ 曲面(S) ➡ 等距曲面(O)...命令。选取图 3.5.14 所示的曲面作为等距曲面，在"等距曲面"对话框 等距参数(O) 区域的 后的文本框中输入值 2，并单击 按钮。

图 3.5.13　曲面-等距 1

选择此面

图 3.5.14　定义等距曲面

Step8. 创建图 3.5.15 所示的零件特征——切除-拉伸 4。选择下拉菜单 插入(I) ➡ 切除(C) ➡ 拉伸(E)...命令。选取上视基准面作为草图基准面，绘制图 3.5.16 所示的横断面草图。在"切除-拉伸"窗口 方向1 区域的下拉列表中选择 成形到一面 选项，并单击 按钮，选择曲面-等距 1 为终止平面。

图 3.5.15　切除-拉伸 4

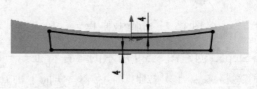

图 3.5.16　横断面草图（草图 6）

Step9. 创建图 3.5.17 所示的拔模 1。 选择下拉菜单 [插入(I)] ➡️ [特征(F)] ➡️ [拔模(D) ...] 命令。在"拔模"对话框 [拔模类型(T)] 区域中选中 ⦿ [中性面(E)] 单选项。单击以激活对话框的 [中性面(N)] 区域中的文本框，选取图 3.5.18 所示的模型表面 1 作为拔模中性面。单击以激活对话框的 [拔模面(F)] 区域中的文本框，选取模型表面 2 作为拔模面。拔模方向如图 3.5.18 所示，在对话框的 [拔模角度(G)] 区域的 文本框中输入角度值 8.0。

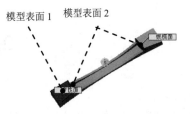

图 3.5.17　拔模 1　　　　　　　　图 3.5.18　拔模参数设置

Step10. 创建图 3.5.19 所示的零件特征——拉伸-薄壁 1。选择下拉菜单 [插入(I)] ➡️ [凸台/基体(B)] ➡️ [拉伸(E) ...]命令。选取图 3.5.19 所示面作为草图基准面，绘制图 3.5.20 所示的横断面草图。在"凸台-拉伸"对话框 [从(F)] 区域的下拉列表中选择 [等距]，输入距离值 35.0，并单击 按钮。在"凸台-拉伸"对话框 [方向1] 区域的下拉列表中选择 [成形到一面] 选项，选择图 3.5.21 所示平面作为终止面。激活"凸台-拉伸"对话框中的 ☑ [薄壁特征(T)] 区域，然后在 后的下拉列表中选择 [单向] 选项，并单击 按钮，在 ☑ [薄壁特征(T)] 区域 后的文本框中输入厚度值 1.0。单击"凸台-拉伸"对话框中的 按钮，完成拉伸-薄壁 1 的创建。

图 3.5.19　拉伸-薄壁 1　　　图 3.5.20　横断面草图（草图 7）　　　图 3.5.21　拉伸终止面

Step11. 创建图 3.5.22 所示的零件特征——拉伸-薄壁 2。选择下拉菜单 [插入(I)] ➡️ [凸台/基体(B)] ➡️ [拉伸(E) ...]命令。选取图 3.5.19 所示面作为草图基准面，绘制图 3.5.23 所示的横断面草图。在"凸台-拉伸"对话框 [从(F)] 区域的下拉列表中选择 [等距]，输入距离值 35.0，并单击 按钮。在"凸台-拉伸"对话框 [方向1] 区域的下拉列表中选择 [成形到一面] 选项，选择图 3.5.21 所示平面作为终止面。激活"凸台-拉伸"对话框中的 ☑ [薄壁特征(T)] 区域，然后在 后的下拉列表中选择 [单向] 选项，并单击 按钮，在 ☑ [薄壁特征(T)] 区域 后的文本框中输入厚度值 1.0。单击"凸台-拉伸"对话框中的 按钮，完成拉伸-薄壁 2 的创建。

Step12. 后面的详细操作过程请参见学习资源中 video\ch03.05\reference\文件夹下的语音视频讲解文件——把手-r01.exe。

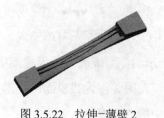

图 3.5.22　拉伸−薄壁 2

图 3.5.23　横断面草图（草图 8）

3.6　香皂盒

案例概述：

本案例是一款香皂盒的设计，设计过程中主要运用拉伸、使用曲面切除和抽壳等特征命令。在设计此零件的过程中应充分利用"等距曲面"命令。下面介绍该零件的设计过程，其零件模型如图 3.6.1 所示。

说明：本例前面的详细操作过程请参见学习资源中 video\ch03.06\reference\文件夹下的语音视频讲解文件香皂盒-r01.exe。

Step1. 打开文件 D:\swal18\work\ch03.06\香皂盒_ex.SLDPRT。

图 3.6.1　香皂盒零件模型

Step2. 创建图 3.6.2 所示的曲面-拉伸 1。选择下拉菜单 插入(I) ➡ 曲面(S) ➡ 拉伸曲面(E)...命令。选取右视基准面作为草图基准面，绘制图 3.6.3 所示的横断面草图；在"曲面-拉伸"窗口 方向1 区域的下拉列表中选择 两侧对称 选项，输入深度值 150.0。

Step3. 创建图 3.6.4 所示的零件特征——凸台-拉伸 2。选择下拉菜单 插入(I) ➡ 凸台/基体(B) ➡ 拉伸(E)...命令。选取图 3.6.5 所示平面作为草图基准面，绘制图 3.6.6 所示的横断面草图；在"凸台-拉伸"窗口 方向1 区域的下拉列表中选择 成形到一面 选项，选择曲面-拉伸 1 为终止平面。

图 3.6.2　曲面-拉伸 1

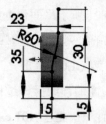

图 3.6.3　横断面草图（草图 2）

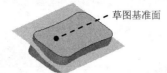

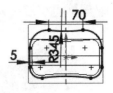

图 3.6.4　凸台-拉伸 2　　　　图 3.6.5　草图基准面　　图 3.6.6　横断面草图（草图 3）

Step4. 创建图 3.6.7 所示的等距-曲面 1。选择下拉菜单 插入(I) ➡ 曲面(S) ➡ 等距曲面(O)...命令，选取曲面-拉伸 1 作为等距曲面。在"等距曲面"对话框的 等距参数(O) 区域的文本框中输入值 3。

Step5. 创建图 3.6.8 所示的替换面 1。选择下拉菜单 插入(I) ➡ 面(F) ➡ 替换(R)...命令，选择图 3.6.5 所示的面作为替换的目标面。单击"替换面"对话框 后的列表框，选取等距-曲面 1 作为替换面。

图 3.6.7　等距-曲面 1　　　　　　　　图 3.6.8　替换面 1

Step6. 创建图 3.6.9b 所示的圆角 1。选择下拉菜单 插入(I) ➡ 特征(F) ➡ 圆角(U)...命令，选择图 3.6.9a 所示的边线为圆角对象，圆角半径值为 12.0。

a）圆角前　　　　　　　　　　　b）圆角后

图 3.6.9　圆角 1

Step7. 创建图 3.6.10b 所示的圆角 2。选择下拉菜单 插入(I) ➡ 特征(F) ➡ 圆角(U)...命令，选择图 3.6.10a 所示的边线为圆角对象，圆角半径值为 4.0。

a）圆角前　　　　　　　　　　　b）圆角后

图 3.6.10　圆角 2

Step8. 创建图 3.6.11b 所示的零件特征——抽壳 1。选择下拉菜单 插入(I) ➡ 特征(F) ➡ 抽壳(S)...命令。选取图 3.6.11a 所示的模型表面为要移除的面。在"抽壳

1"窗口的 参数(P) 区域输入壁厚值 2.0，选中 ☑ 壳厚朝外(S) 复选框。

移除的面

a）抽壳前   b）抽壳后

图 3.6.11   抽壳 1

Step9. 创建图 3.6.12 所示的使用曲面-切除 1。选择下拉菜单 插入(I) ➡ 切除(C) ▸
➡ 🥠 使用曲面(U) 命令，选取曲面-拉伸 1 作为切除曲面。

Step10. 创建图 3.6.13 所示的零件特征——切除-拉伸 1。选择下拉菜单 插入(I) ➡
切除(C) ▸ ➡ 📦 拉伸(E)... 命令。选取前视基准面作为草图基准面，绘制图 3.6.14 所示的
横断面草图。在"切除-拉伸"窗口 方向1 区域的下拉列表中选择 完全贯穿 选项。

图 3.6.12   使用曲面-切除 1

图 3.6.13   切除-拉伸 1

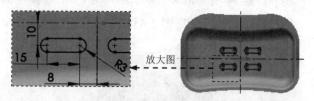

图 3.6.14   横断面草图（草图 4）

Step11. 创建图 3.6.15 所示的零件特征——切除-拉伸 2。选择下拉菜单 插入(I) ➡
切除(C) ▸ ➡ 📦 拉伸(E)... 命令。选取前视基准面作为草图基准面，绘制图 3.6.16 所示的
横断面草图。在"切除-拉伸"窗口 方向1 区域的下拉列表中选择 完全贯穿 选项。

图 3.6.15   切除-拉伸 2

图 3.6.16   横断面草图（草图 5）

Step12. 创建图 3.6.17 所示的零件特征——切除-拉伸 3。选择下拉菜单 插入(I) ➡
切除(C) ▸ ➡ 📦 拉伸(E)... 命令。选取图 3.6.18 所示的平面作为草图基准面，绘制图 3.6.19

所示的横断面草图。在"切除-拉伸"窗口 方向1 区域的下拉列表中选择 完全贯穿 选项。

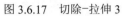

图 3.6.17 切除-拉伸 3

图 3.6.18 草图基准面

图 3.6.19 横断面草图（草图 6）

Step13. 创建图 3.6.20b 所示的圆角 3（完整圆角）。选择下拉菜单 插入(I) ➡ 特征(F) ➡ 圆角(U)... 命令。在"圆角"对话框的 圆角类型(Y) 选项组中单击 选项。选择图 3.6.20a 所示的面 1 作为边侧面组 1。在"圆角"对话框的 圆角项目(I) 区域单击以激活"中央面组"文本框，然后选择图 3.6.20a 所示的面 2 作为中央面组。单击以激活"边侧面组 2"文本框，然后选择图 3.6.20a 所示的面 3 作为边侧面组 2。

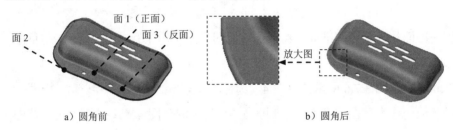

a）圆角前　　　　　　　　　b）圆角后

图 3.6.20 圆角 3

Step14. 保存零件模型。

3.7 勺子

案例概述：

　　本案例主要讲述勺子的实体建模，建模过程中包括基准点、基准面、边界曲面、曲面缝合和曲面加厚的创建。其中边界曲面的操作技巧性较强，需要读者用心体会。勺子的模型如图 3.7.1 所示。

图 3.7.1 勺子模型

Step1. 新建一个零件模型文件，进入建模环境。

Step2. 创建图 3.7.2 所示的草图 1。选择下拉菜单 插入(I) ➡ 草图绘制 命令；选取上视基准面作为草图基准面，绘制图 3.7.2 所示的草图 1。

Step3. 创建图 3.7.3 所示的基准面 1。选择下拉菜单 插入(I) ➡ 参考几何体(G) ➡ 🔲 基准面(P)... 命令；选取上视基准面作为所要创建的基准面的参考实体，在 ⛶ 后的文本框中输入值 25。

Step4. 创建图 3.7.4 所示的草图 2。选择下拉菜单 插入(I) ➡ 🔲 草图绘制 命令；选取基准面 1 作为草图基准面，绘制图 3.7.4 所示的草图 2。

图 3.7.2 草图 1　　　　图 3.7.3 基准面 1　　　　图 3.7.4 草图 2

Step5. 创建图 3.7.5 所示的草图 3。选择下拉菜单 插入(I) ➡ 🔲 草图绘制 命令；选取前视基准面作为草图基准面，绘制图 3.7.5 所示的草图 3（注：草图 3 与草图 1、2 相交处都添加穿透约束）。

Step6. 创建图 3.7.6 所示的草图 4。选择下拉菜单 插入(I) ➡ 🔲 草图绘制 命令；选取右视基准面作为草图基准面，绘制图 3.7.6 所示的草图 4（注：草图 4 与草图 1、2 相交处都添加穿透约束）。

图 3.7.5 草图 3　　　　　　　　图 3.7.6 草图 4

Step7. 创建图 3.7.7 所示的边界-曲面 1。选择下拉菜单 插入(I) ➡ 曲面(S) ➡ 📐 边界曲面(B)... 命令，选取草图 2 和草图 1 作为 方向1 的边界曲线，选取图 3.7.8 所示的曲线 1、曲线 2、曲线 3、曲线 4 作为 方向2 的边界曲线（注：选择曲线后，系统会弹出图 3.7.9 所示的对话框，单击 ✔ 即可）。

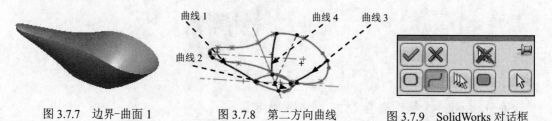

图 3.7.7 边界-曲面 1　　　　图 3.7.8 第二方向曲线　　　　图 3.7.9 SolidWorks 对话框

Step8. 创建图 3.7.10 所示的曲面-拉伸 1。选择下拉菜单 插入(I) ➡ 曲面(S) ▸
➡ 🔲 拉伸曲面(E)... 命令，选取前视基准面作为草图基准面，绘制图 3.7.11 所示的横断面
草图；在"曲面 - 拉伸"对话框的 方向1 区域的下拉列表中选择 两侧对称 选项，输入深度
值 60.0。

Step9. 创建图 3.7.12b 所示的曲面 - 剪裁 1。选择下拉菜单 插入(I) ➡ 曲面(S) ▸
➡ 🔲 剪裁曲面(T)... 命令，系统弹出"曲面剪裁"对话框。选取曲面 - 拉伸 1 作为剪裁工
具，选取图 3.7.12a 所示的曲面作为保留部分；其他参数采用系统默认的设置值。

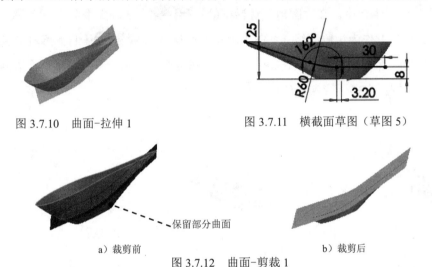

图 3.7.10　曲面-拉伸 1　　　　图 3.7.11　横截面草图（草图 5）

a）裁剪前　　　　　　　　　　　　b）裁剪后

图 3.7.12　曲面-剪裁 1

Step10. 创建图 3.7.13b 所示的曲面-平面区域 1。 选择下拉菜单 插入(I) ➡
曲面(S) ➡ 🔲 平面区域(P)... 命令，选取图 3.7.13a 所示的边线作为平面区域。

a）创建前　　　　　　　　　　b）创建后
图 3.7.13　曲面-平面区域 1

Step11. 创建曲面 - 缝合 1。选择下拉菜单 插入(I) ➡ 曲面(S) ➡ 🔲 缝合曲面(K)...
命令，系统弹出"缝合曲面"对话框；在设计树中选取曲面 - 剪裁 1 和曲面 - 基准面 1 作
为缝合对象。

Step12. 创建圆角 1。选取图 3.7.14a 所示的边线作为要圆角的对象，圆角半径值为 1.0。

Step13. 创建图 3.7.15 所示的加厚 1。选择下拉菜单 插入(I) ➡ 凸台/基体(B) ▸
➡ 🔲 加厚(T)... 命令；选择整个曲面作为加厚曲面；在 加厚参数(T) 区域中单击 🔲 按钮，
在 🔲 后的文本框中输入值 0.8。

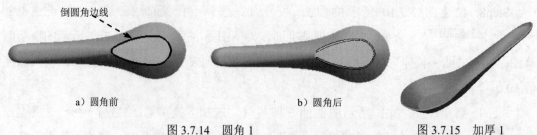

倒圆角边线

a）圆角前   b）圆角后

图 3.7.14　圆角 1

图 3.7.15　加厚 1

Step14. 创建图3.7.16b所示的圆角2（完整圆角）。选择下拉菜单 插入(I) ➡ 特征 (F) ➡ 圆角 (U)... 命令。在"圆角"对话框的 圆角类型(Y) 选项组中单击 选项。选择图3.7.16a 所示的面 1 作为边侧面组 1。在"圆角"对话框的 圆角项目(I) 区域单击以激活"中央面组"文本框，然后选择图 3.7.16a 所示的面 2 作为中央面组。单击以激活"边侧面组 2"文本框，然后选择图 3.7.16a 所示的面 3 作为边侧面组 2。

面 2　面 1

面 3

放大图

a）圆角前   b）圆角后

图 3.7.16　圆角 2

Step15. 保存零件模型。

3.8　牙刷

案例概述：

　　本案例讲解了一款牙刷主体部分的设计过程。本案例的创建方法技巧性比较强，而且填充阵列的操作性也比较强，需要读者用心体会。牙刷的模型如图 3.8.1 所示。

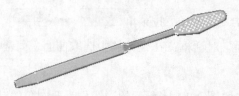

图 3.8.1　牙刷模型

说明： 本例前面的详细操作过程请参见学习资源中 video\ch03.08\reference\文件夹下的语音视频讲解文件牙刷-r01.exe。

Step1. 打开文件 D:\swal18\work\ch03.08\牙刷_ex.SLDPRT。

Step2. 创建图 3.8.2 所示的零件特征——切除-拉伸 1。选择下拉菜单 插入(I) ➡ 切除(C) ➡ 拉伸(E)... 命令。选取上视基准面作为草图基准面，绘制图 3.8.3 所示的横断面草图。在"切除-拉伸"窗口 方向1 区域的下拉列表中选择 两侧对称 选项，输入深度值 50.0 ，并选中 ☑ 反侧切除(F) 复选框（此草图上半部分是草图 2 通过 工具(T) ➡ 草图工具(T) ➡ 转换实体引用(E) 命令绘制而成的，下半部分通过镜像而成）。

图 3.8.2 切除-拉伸 1   图 3.8.3 横断面草图

Step3. 创建图 3.8.4b 所示的圆角 1。选择下拉菜单 插入(I) ➡ 特征(F) ➡ 圆角(U)... 命令，选择图 3.8.4a 所示的边线为圆角对象，圆角半径值为 10.0。

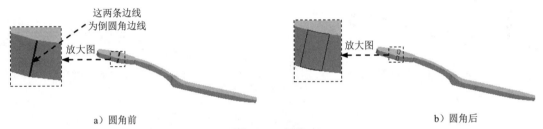

a）圆角前   b）圆角后

图 3.8.4 圆角 1

Step4. 创建图 3.8.5b 所示的圆角 2。选择下拉菜单 插入(I) ➡ 特征(F) ➡ 圆角(U)... 命令，选择图 3.8.5a 所示的边线为圆角对象，圆角半径值为 20.0。

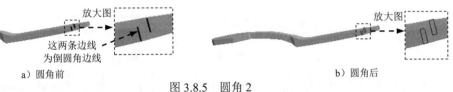

a）圆角前   b）圆角后

图 3.8.5 圆角 2

Step5. 创建图 3.8.6b 所示的圆角 3。选择下拉菜单 插入(I) ➡ 特征(F) ➡ 圆角(U)... 命令，选择图 3.8.6a 所示的边线为圆角对象，圆角半径值为 1.5。

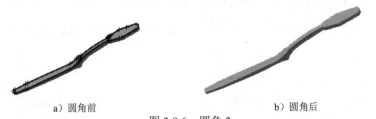

a）圆角前   b）圆角后

图 3.8.6 圆角 3

Step6. 创建图 3.8.7b 所示的圆角 4。选择下拉菜单 插入(I) ➡ 特征(F) ➡

⬛ 圆角(U)...命令，选择图 3.8.7a 所示的边线为圆角对象，圆角半径值为 20。

Step7. 创建图 3.8.8b 所示的圆角 5。选择下拉菜单 插入(I) ➡ 特征(F) ➡

⬛ 圆角(U)...命令，选择图 3.8.8a 所示的边线为圆角对象，圆角半径值为 1.5。

Step8. 创建图 3.8.9 所示的零件特征——切除-拉伸 2。选择下拉菜单 插入(I) ➡
切除(C) ➡ ⬛ 拉伸(E)...命令。选取图 3.8.9 所示平面作为草图基准面，绘制图 3.8.10
所示的横断面草图。在"切除-拉伸"窗口 方向1 区域的下拉列表中选择 给定深度 选项，输
入深度值 3.0。

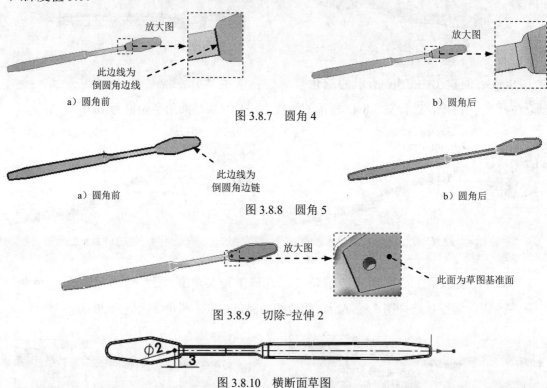

图 3.8.7 圆角 4

图 3.8.8 圆角 5

图 3.8.9 切除-拉伸 2

图 3.8.10 横断面草图

Step9. 创建图 3.8.11 所示的填充阵列 1。选择下拉菜单 插入(I) ➡ 阵列/镜像(E)
➡ ⬛ 填充阵列(F)...命令。单击以激活 ☑ 特征和面(F) 选项组 区域中的文本框，选择切
除-拉伸 2 特征作为阵列的源特征。单击激活 填充边界(L) 区域中的文本框，选择图 3.8.12
所示的面作为阵列的填充边界，在 阵列布局(O) 区域中单击 按钮，并在 后的文本框中输
入值 3.0；选中 ⊙ 目标间距(I) 单选项，在 后的文本框中输入值 3.0，在 后的文本框中输
入值 0。

图 3.8.11 填充阵列 1

图 3.8.12 填充边界

Step10. 保存模型。选择下拉菜单 文件(F) ➡ 保存(S) 命令，将模型命名为"牙刷"，保存模型。

3.9　壁灯灯罩

案例概述：

本案例是一款壁灯灯罩的设计，主要介绍了利用草图创建 3D 曲线的方法，通过对曲面放样进行加厚操作，实现了零件的实体特征，读者在绘制过程中应注意坐标系类型的选择。壁灯灯罩的零件模型如图 3.9.1 所示。

图 3.9.1　壁灯灯罩零件模型

Step1. 新建一个零件模型文件，进入建模环境。

Step2. 创建图 3.9.2 所示的草图 1。选择下拉菜单 插入(I) ➡ 草图绘制 命令。选取上视基准面为草图基准面，绘制图 3.9.2 所示的草图 1。

Step3. 创建图 3.9.3 所示的基准面 1。选择下拉菜单 插入(I) ➡ 参考几何体(G) ➡ 基准面(P)... 命令。选取上视基准面为参考实体，采用系统默认的偏移方向，输入偏移距离值 18.0。单击 ✅ 按钮，完成基准面 1 的创建。

Step4. 创建图 3.9.4 所示的草图 2。选择下拉菜单 插入(I) ➡ 草图绘制 命令。选取基准面 1 为草图基准面，绘制图 3.9.4 所示的草图 2。

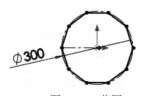

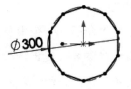

图 3.9.2　草图 1　　　　图 3.9.3　基准面 1　　　　图 3.9.4　草图 2

Step5. 创建图 3.9.5 所示的基准面 2。选择下拉菜单 插入(I) ➡ 参考几何体(G) ➡ 基准面(P)... 命令。选取上视基准面为参考实体，采用系统默认的偏移方向，输入偏移距离值 159.0。单击 ✅ 按钮，完成基准面 2 的创建。

Step6. 创建图 3.9.6 所示的草图 3。选择下拉菜单 插入(I) ➡ 草图绘制 命令。选取基准面 2 为草图基准面，绘制图 3.9.6 所示的草图 3。

图 3.9.5　基准面 2　　　　　　　　　　图 3.9.6　草图 3

Step7. 创建图 3.9.7 所示的 3D 草图 1。选择下拉菜单 插入(I) ➡️ 3D 3D 草图(3) 命令，绘制图 3.9.7 所示的 3D 草图 1。

Step8. 创建图 3.9.8 所示的曲面 - 放样 1。选择下拉菜单 插入(I) ➡️ 曲面(S) ➡️ 放样曲面(L)... 命令；依次选取草图 3 和 3D 草图 1 作为曲面 - 放样 1 的轮廓。

Step9. 创建图 3.9.9 所示的加厚 1。选择下拉菜单 插入(I) ➡️ 凸台/基体(B) ➡️ 加厚(T)... 命令；选择整个曲面作为加厚曲面；在 加厚参数(T) 区域中单击 按钮，在 后的文本框中输入值 3.0。

图 3.9.7　3D 草图 1　　　　图 3.9.8　曲面-放样 1　　　　图 3.9.9　加厚 1

Step10. 保存零件模型。

3.10　蜗杆

案例概述：

本案例介绍了一个由参数、关系控制的蜗杆模型。设计过程是先创建参数及关系，然后利用这些参数创建出蜗杆模型。用户可以通过修改参数值来改变蜗杆的形状。这是一种典型的系列化产品的设计方法，它使产品的更新换代更加快捷、方便。蜗杆模型如图 3.10.1 所示。

图 3.10.1　蜗杆模型

Step1. 新建一个零件模型文件，进入建模环境。

Step2. 添加方程式 1。选择下拉菜单 工具(T) ➡ ∑ 方程式(Q)... ，系统弹出 "方程式" 对话框，如图 3.10.2 所示；单击 "全局变量" 下面的文本框，然后在其文本框中输入 "外径"；在 "外径" 文本框的右侧单击使其激活，然后输入值 33；参照以上步骤，创建另外两个全局变量，结果如图 3.10.3 所示。在 "方程式" 对话框中单击 确定 按钮，完成方程式的创建。

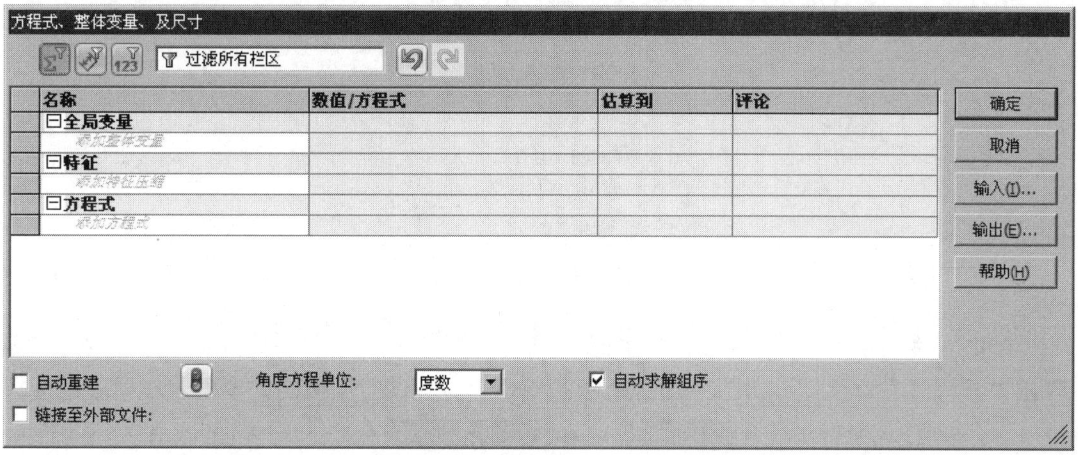

图 3.10.2　"方程式" 对话框（一）

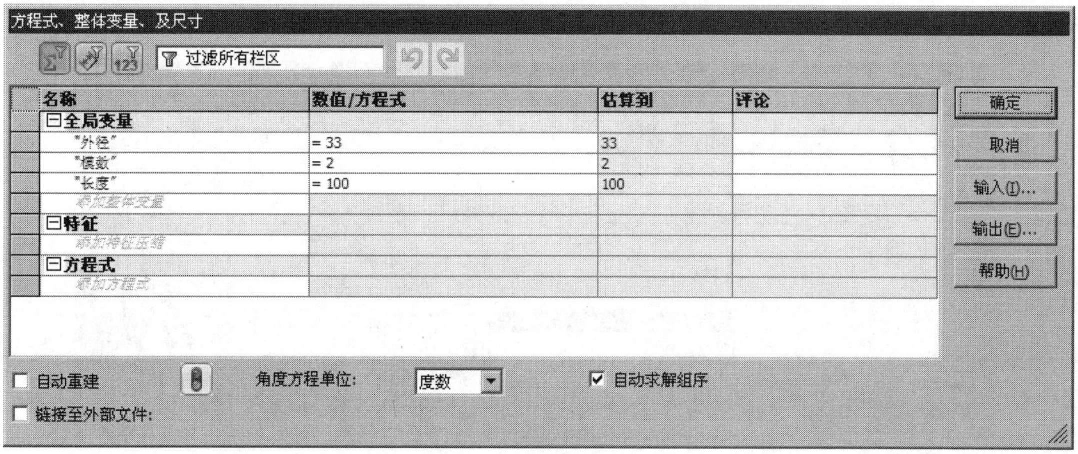

图 3.10.3　"方程式" 对话框（二）

Step3. 添加图 3.10.4 所示的零件基础特征——凸台-拉伸 1。选择下拉菜单 插入(I) ➡ 凸台/基体(B) ➡ 拉伸(E)... 命令；选取前视基准面为草图基准面，在草绘环境中绘制图 3.10.5 所示的草图 1（草图尺寸可以任意给定），选择下拉菜单 插入(I) ➡ 草图绘制 命令，退出草绘环境，系统弹出 "拉伸" 对话框；采用系统默认的深度方向，在 "拉伸" 对话框 方向1 区域的下拉列表中选择 给定深度 选项，输入深度值 40（可以任意给出深度值）；单击 ✓ 按钮，完成凸台-拉伸 1 的创建。

Step4. 在设计树中右击 ⊞ A 注解 节点，系统弹出图 3.10.6 所示的快捷菜单，选择 显示特征尺寸 (C) 命令，在图形区显示出特征尺寸，如图 3.10.7 所示。

图 3.10.4 凸台-拉伸 1

📄	细节... (A)
✔	显示注解 (B)
	显示特征尺寸 (C)
✔	显示参考尺寸 (D)
	显示 DimXpert 注解 (E)
	插入注解视图 (F)
✔	自动放置到注解视图 (G)
	激活注解视图显示状态 (H)
	转到... (T)
	隐藏/显示树项目... (L)
	折叠项目 (M)
	自定义菜单 (M)

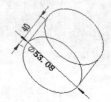

图 3.10.5 草图 1　　　　图 3.10.6 快捷菜单　　　　图 3.10.7 显示特征尺寸

Step5. 连接拉伸尺寸。选择下拉菜单 工具(T) ➡ Σ 方程式 (Q)... 命令，系统弹出"方程式"对话框，如图 3.10.2 所示；单击"方程式"下面的文本框，在模型中选择尺寸 40，在快捷菜单中选择 全局变量 ➡ 长度 (100) 命令，如图 3.10.8 所示；参照以上步骤，定义尺寸"Ø53.08"等于"外径"，单击 确定 按钮；单击"重建模型"按钮 🗲，再生模型结果如图 3.10.9 所示。

方程式、整体变量、及尺寸				
Σ ₓ ¹²̸ₓ ▼ 过滤所有栏区				↶ ↷
名称	**数值/方程式**	**估算到**	**评论**	
⊟ 全局变量				确定
"外径"	= 33	33		取消
"模数"	= 2	2		
"长度"	= 100	100		输入(I)...
添加整体变量				
⊟ 特征				输出(E)...
添加特征压缩				帮助(H)
⊟ 方程式				
"D1@凸台-拉伸1"	="长度"	✔ 100mm		
添加方程式	全局变量 >	● 外径 (33)		
	函数 >	● 模数 (2)		
	文件属性 >	● 长度 (100)		
	测量...			
☐ 自动重建 🗲 角度方…				
☐ 链接至外部文件:				

图 3.10.8 "共享数值"对话框

Step6. 创建图 3.10.10 所示的草图 2。选择下拉菜单 插入(I) ➡ 草图绘制 命令；选取前视基准面为草图基准面，在草绘环境中绘制图 3.10.10 所示的草图 2；选择下拉菜单 插入(I) ➡ 退出草图 命令，退出草图设计环境。

Step7. 添加图 3.10.11 所示的螺旋线 1。选择下拉菜单 插入(I) ➡ 曲线 (U) ➡ 螺旋线/涡状线 (H)...命令；选择草图 2 为螺旋线的横断面；在 定义方式(D): 区域的下拉列表中选择 高度和螺距 选项；选择旋转方向为 ⊙ 逆时针(W) ，起始角值为 0，其他均采用系统默认设置。高度和螺距参数任意给定（在这里我们给出螺距值为 32，高度值为 82）；单击✔按钮，完成螺旋线 1 的创建。

⌀100

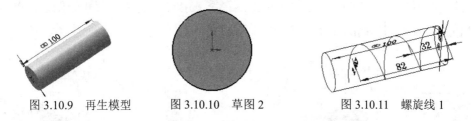

图 3.10.9　再生模型

图 3.10.10　草图 2

⌀100
32
82

图 3.10.11　螺旋线 1

Step8. 添加方程式 2。选择下拉菜单 工具(T) → Σ 方程式(Q)... 命令，系统弹出“方程式”对话框；单击“方程式”下面的文本框，选择模型中螺距的尺寸“32”，输入“pi * "模数"”（输入时能在操控板中进行的操作都要在操控板中操作）；单击“方程式”下面的对话框，选择模型中螺旋线高度的尺寸“82”，在快捷菜单中选择 全局变量 → 长度 (100) 命令，完成后如图 3.10.12 所示，单击 确定 按钮；单击重建模型按钮，再生螺旋线模型结果如图 3.10.13 所示。

Step9. 创建图 3.10.14 所示的草图 3。选择下拉菜单 插入(I) → 草图绘制 命令，选取上视基准面为草图基准面，在草绘环境中绘制图 3.10.14 所示的草图 3（图中尺寸可以任意给定）。选择下拉菜单 插入(I) → 退出草图 命令，退出草图设计环境。

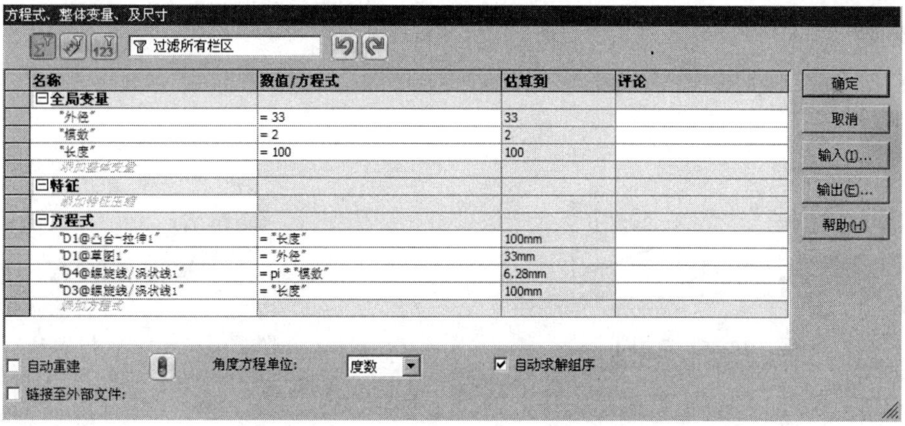

方程式、整体变量、及尺寸
过滤所有栏区
名称
数值/方程式
估算到
评论
全局变量
"外径"　= 33　33
"模数"　= 2　2
"长度"　= 100　100
添加整体变量
特征
添加特征压缩
方程式
"D1@凸台-拉伸1"　= "长度"　100mm
"D1@草图1"　= "外径"　33mm
"D4@螺旋线/涡状线1"　= pi * "模数"　6.28mm
"D3@螺旋线/涡状线1"　= "长度"　100mm
添加方程式
确定
取消
输入(I)...
输出(E)...
帮助(H)
自动重建
角度方程单位:
度数
自动求解组序
链接至外部文件:

图 3.10.12　“添加方程式”对话框

Σ6.28
Σ100

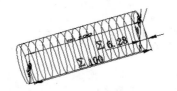

图 3.10.13　再生螺旋线

Step10. 添加方程式 3。选择下拉菜单 工具(T) → Σ 方程式(Q)... 命令，系统弹出“方程式”对话框；单击“方程式”下面的对话框，在图形区选择尺寸“12.34”，在操控板中输入"（"模数" * pi) / 2"（输入时能在操控板中进行的操作都要在操控板中操作）；参照以上步骤，创建尺寸"11.98"的方程式为("外径" − 4.2 * "模数") / 2，尺寸"17.27"的方程式为("外径" − 2 * "模数") / 2，单击 确定 按钮，完成方程式的创建；单击重建模型按钮 ，再生结果如图 3.10.15 所示。

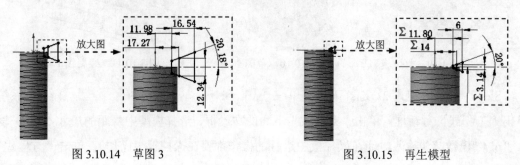

图 3.10.14　草图 3　　　　　　　　　　　　图 3.10.15　再生模型

Step11. 创建图 3.10.16 所示的草图 4。选择下拉菜单 插入(I) ➡ 草图绘制 命令，选取上视基准面为草图基准面，在草绘环境中绘制图 3.10.16 所示的草图 4（使用转换实体引用命令）。选择下拉菜单 插入(I) ➡ 退出草图 命令，退出草图设计环境。

Step12. 添加图 3.10.17 所示的零件特征——切除-扫描 1。选择下拉菜单 插入(I) ➡ 切除(C) ➡ 扫描(S)… 命令，系统弹出"切除-扫描"对话框；选取草图 4 为扫描 1 特征的轮廓；选取螺旋线 1 为扫描 1 特征的路径；单击对话框中的 按钮，完成切除-扫描 1 的创建。

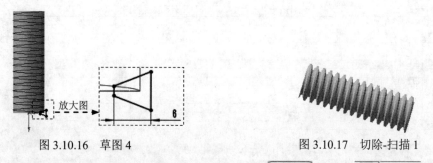

图 3.10.16　草图 4　　　　　　　　　　　图 3.10.17　切除-扫描 1

Step13. 至此，零件模型创建完毕。选择下拉菜单 文件(F) ➡ 保存(S) 命令，命名为 worm，即可保存零件模型。

3.11　垃圾桶盖

案例概述：

　　本案例介绍一个简单的垃圾桶盖的创建过程，主要运用了凸台-拉伸、曲面-填充、曲面缝合、曲面切除、圆角、镜像以及抽壳等特征命令。在创建模型时要特别注意曲面填充特征的创建技巧和圆角的创建顺序。该零件模型如图 3.11.1 所示。

图 3.11.1　垃圾桶盖的零件模型

Step1. 新建一个零件模型文件，进入建模环境。

Step2. 创建图 3.11.2 所示的零件基础特征——凸台-拉伸 1。选择下拉菜单 插入(I) ➡ 凸台/基体(B) ➡ 🔳 拉伸(E)... 命令；选取前视基准面作为草图基准面，在草绘环境中绘制图 3.11.3 所示的横断面草图；采用系统默认的深度方向，在"凸台-拉伸"对话框 方向1 区域的下拉列表中选择 两侧对称 选项，输入深度值 200.0；单击 ✔ 按钮，完成凸台-拉伸 1 的创建。

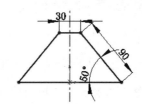

图 3.11.2　凸台-拉伸 1　　　　图 3.11.3　横断面草图（草图 1）

Step3. 创建图 3.11.4 所示的基准面 1。选择下拉菜单 插入(I) ➡ 参考几何体(G) ➡ 🔷 基准面(P)... 命令，系统弹出"基准面"对话框；选取图 3.11.5 所示的模型边线和模型表面作为参考实体；单击 🔲 按钮，并在其后的文本框中输入值 345.0；单击 ✔ 按钮，完成基准面 1 的创建。

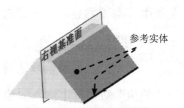

图 3.11.4　基准面 1　　　　　图 3.11.5　选取参考实体

Step4. 创建图 3.11.6 所示的草图 2。选择下拉菜单 插入(I) ➡ 🖉 草图绘制 命令；选取基准面 1 作为草图基准面；在草绘环境中绘制图 3.11.6 所示的草图 2；选择下拉菜单 插入(I) ➡ 🖉 退出草图 命令，退出草图绘制环境。

Step5. 创建图 3.11.7 所示的草图 3。选取图 3.11.8 所示的模型表面作为草图基准面；在草绘环境中绘制图 3.11.7 所示的草图 3。

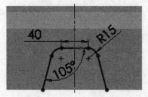

图 3.11.6　草图 2

图 3.11.7　草图 3

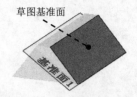

图 3.11.8　选取草图基准面

Step6. 创建图 3.11.9 所示的曲面填充 1。选择下拉菜单 插入(I) ➡ 曲面(S) ➡ 填充(I)... 命令，系统弹出"填充曲面"对话框；选取草图 2 和草图 3 作为修补边界，其他参数采用系统默认设置值；单击 ✔ 按钮，完成曲面填充 1 的创建。

Step7. 创建图 3.11.10 所示的草图 4。选取基准面 1 作为草图基准面。

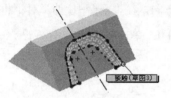

图 3.11.9　曲面填充 1

图 3.11.10　草图 4

Step8. 创建图 3.11.11 所示的曲面填充 2。选择下拉菜单 插入(I) ➡ 曲面(S) ➡ 填充(I)... 命令，系统弹出"填充曲面"对话框；选取草图 4 作为修补边界，其他参数采用系统默认设置值；单击 ✔ 按钮，完成曲面填充 2 的创建。

Step9. 创建曲面-缝合 1。选择下拉菜单 插入(I) ➡ 曲面(S) ➡ 缝合曲面(K)... 命令，系统弹出"缝合曲面"对话框；选取曲面填充 1 和曲面填充 2 作为缝合对象；取消选中 □ 缝隙控制(A) 复选框，单击 ✔ 按钮，完成曲面-缝合 1 的创建。

Step10. 隐藏实体特征——凸台-拉伸 1。在设计树中右击"凸台-拉伸 1"，在系统弹出的快捷菜单中单击 ⬚ 按钮，即可隐藏凸台-拉伸 1，此时在图形区只显示特征曲面-缝合 1。

Step11. 创建图 3.11.12b 所示的圆角 1。选择下拉菜单 插入(I) ➡ 特征(F) ➡ 圆角(U)... 命令，采用系统默认的圆角类型，选取图 3.11.12a 所示的边线为要倒圆角的对象，在"圆角"对话框中输入圆角半径值 20.0，单击 ✔ 按钮，完成圆角 1 的创建。

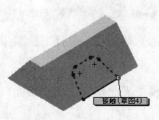

图 3.11.11　曲面填充 2

a）倒圆角前

b）倒圆角后

图 3.11.12　圆角 1

Step12. 显示实体特征——凸台-拉伸 1。在设计树中右击"凸台-拉伸 1",在系统弹出的快捷菜单中单击 按钮,显示凸台-拉伸 1。

Step13. 创建图 3.11.13 所示的使用曲面切除 1。选择下拉菜单 插入(I) ➔ 切除(C) ➔ 使用曲面(M)... 命令,系统弹出"使用曲面切除"对话框;在设计树中选取"圆角 1"为切除曲面;采用系统默认的切除方向;单击 按钮,完成使用曲面切除 1 的创建。

Step14. 创建图 3.11.14b 所示的镜像 1。选择下拉菜单 插入(I) ➔ 阵列/镜向(E) ➔ 镜向(M)... 命令;选取右视基准面作为镜像基准面;选取使用曲面切除 1 作为镜像 1 的对象;单击 按钮,完成镜像 1 的创建。

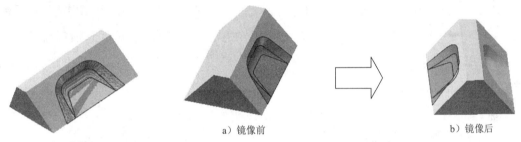

a)镜像前

b)镜像后

图 3.11.13 使用曲面切除 1   图 3.11.14 镜像 1

Step15. 隐藏曲面-缝合 1。在设计树中右击"曲面-缝合 1",在系统弹出的快捷菜单中单击 按钮,即可隐藏曲面-缝合 1。

Step16. 创建图 3.11.15b 所示的圆角 2。选取图 3.11.15a 所示的边线为要倒圆角的对象,圆角半径值为 30。

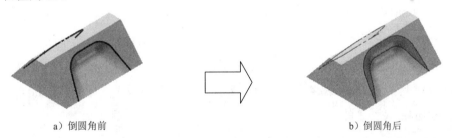

a)倒圆角前

b)倒圆角后

图 3.11.15 圆角 2

Step17. 创建图 3.11.16b 所示的圆角 3。选取图 3.11.16a 所示的边线为要倒圆角的对象,圆角半径值为 10.0。

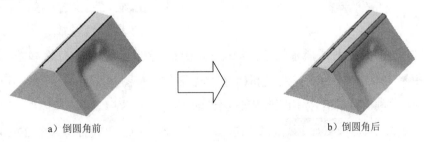

a)倒圆角前

b)倒圆角后

图 3.11.16 圆角 3

Step18. 创建图 3.11.17b 所示的圆角 4。选取图 3.11.17a 所示的边线为要倒圆角的对象，圆角半径值为 3.0。

a）倒圆角前　　　　　　　　　　　　b）倒圆角后

图 3.11.17　圆角 4

Step19. 创建图 3.11.18b 所示的零件特征——抽壳 1。选择下拉菜单 插入(I) ➡️ 特征(F) ▸ ➡️ 抽壳(S)... 命令，系统弹出"抽壳 1"对话框；选取图 3.11.18a 所示的模型表面作为要移除的面；在"抽壳 1"对话框 参数(P) 区域 后的文本框中输入壁厚值 2.0；单击 按钮，完成抽壳 1 的创建。

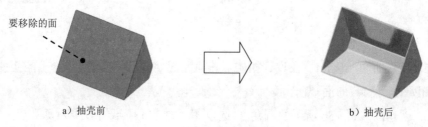

要移除的面

a）抽壳前　　　　　　　　　　　　b）抽壳后

图 3.11.18　抽壳 1

Step20. 创建图 3.11.19 所示的零件特征——切除-拉伸 1。选择下拉菜单 插入(I) ➡️ 切除(C) ➡️ 拉伸(E)... 命令；选取右视基准面作为草图基准面，在草绘环境中绘制图 3.11.20 所示的横断面草图；采用系统默认的切除深度方向，在"切除-拉伸"对话框 方向1 区域的下拉列表中选择 两侧对称 选项，在"深度"文本框中输入拉伸深度值 200.0；单击 按钮，完成切除-拉伸 1 的创建。

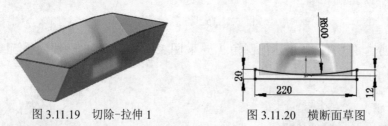

图 3.11.19　切除-拉伸 1　　　　　　　图 3.11.20　横断面草图

Step21. 创建图 3.11.21 所示的零件特征——切除-拉伸 2。选择下拉菜单 插入(I) ➡️ 切除(C) ➡️ 拉伸(E)... 命令；选取前视基准面作为草图基准面，在草绘环境中绘制图 3.11.22 所示的横断面草图；采用系统默认的切除深度方向，在"切除-拉伸"对话框 方向1 区域的下拉列表中选择 两侧对称 选项，在"深度"文本框中输入拉伸深度值 200.0；单击按钮，完成切除-拉伸 2 的创建。

图 3.11.21 切除-拉伸 2

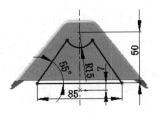

图 3.11.22 横断面草图

Step22. 创建图 3.11.23 所示的零件特征——凸台-拉伸 2。选择下拉菜单 插入(I) ➡

凸台/基体(B) ➡ 🗔 拉伸(E)... 命令；选取图 3.11.24 所示的模型表面作为草图基准面，在草绘环境中绘制图 3.11.25 所示的横断面草图，需注意其中圆与圆弧的同心约束；采用系统默认的深度方向，在"凸台-拉伸"对话框 方向1 区域的下拉列表中选择 给定深度 选项，输入深度值 15.0；单击 ✔ 按钮，完成凸台-拉伸 2 的创建。

图 3.11.23 凸台-拉伸 2

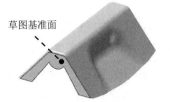

图 3.11.24 选取草图基准面

图 3.11.25 横断面草图

Step23. 后面的详细操作过程请参见学习资源中 video\ch03.11\reference 文件下的语音视频讲解文件 disbin_cover-r01.exe。

3.12 矿泉水瓶

案例概述：

本案例详细介绍了一款矿泉水瓶的设计过程，主要设计思路是先用扫描命令创建一个基础实体，然后利用曲面切除、切除旋转和切除扫描等命令来修饰基础实体，最后进行抽壳后得到最终模型。读者应注意其中投影曲线和螺旋线/涡状线的使用技巧。矿泉水瓶的模型如图 3.12.1 所示。

图 3.12.1 矿泉水瓶零件模型

说明：本例前面的详细操作过程请参见学习资源中 video\ch03.12\reference\文件夹下的语音视频讲解文件 bottle-r01.exe。

Step1. 打开文件 D:\swal18\work\ch03.12\bottle_ex.SLDPRT。

Step2. 创建草图 2。选取前视基准面作为草图基准面，在草图环境中，先绘制图 3.12.2 所示的样条曲线，然后选择下拉菜单 工具(T) ➡ 草图工具(T) ➡ 分割实体(I) 命令，分别单击图 3.12.2 所示的点 1 和点 2，将样条曲线分割成两段。

Step3. 创建图 3.12.3 所示的曲线 1。选择下拉菜单 插入(I) ➡ 曲线(U) ➡ 投影曲线(P)... 命令，系统弹出"投影曲线"窗口；在"投影曲线"窗口 选择(S) 区域中选中 ⊙ 面上草图(K) 单选项；选取草图 2 作为投影曲线，选取图 3.12.3 所示的模型表面作为投影面，采用系统默认的投影方向；单击 ✔ 按钮，完成曲线 1 的创建。

Step4. 创建草图 3。选取右视基准面作为草图基准面，绘制图 3.12.4 所示的草图 3。

Step5. 创建 3D 草图 1。选择下拉菜单 插入(I) ➡ 3D 3D 草图(3) 命令，绘制图 3.12.5 所示的两个点，这两个点分别与曲线 1 上的两个分割点重合。

Step6. 创建图 3.12.6 所示的 3D 草图 2。选择下拉菜单 插入(I) ➡ 3D 3D 草图(3) 命令，使用样条曲线命令依次连接草图 2 和 3D 草图 1 上的三个点。

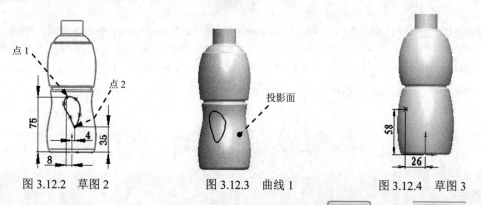

图 3.12.2　草图 2　　　　　　图 3.12.3　曲线 1　　　　　　图 3.12.4　草图 3

Step7. 创建图 3.12.7 所示的曲面填充 1。选择下拉菜单 插入(I) ➡ 曲面(S) ➡ 填充(I)... 命令，系统弹出"填充曲面"窗口；在设计树中分别选取 ⊞ 🛢 曲线1 和 🛢 3D草图2 作为曲面的修补边界；单击窗口中的 ✔ 按钮，完成曲面填充 1 的创建。

说明：图 3.12.7 为隐藏"旋转 1"后的效果。

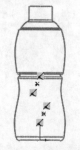  

图 3.12.5　3D 草图 1　　　　　图 3.12.6　3D 草图 2　　　　　图 3.12.7　曲面填充 1

Step8. 创建图 3.12.8 所示的特征——使用曲面切除 1。选择下拉菜单 插入(I) ➡ 切除(C) ➡ 🗐 使用曲面(U)... 命令，系统弹出"使用曲面切除"窗口；在设计树中选取 ⊞ 🔷 曲面填充1 为要进行切除的曲面；在"使用曲面切除 1"窗口的 曲面切除参数(P) 区域中单击 ↗ 按钮；单击窗口中的 ✔ 按钮，完成使用曲面切除 1 的创建。

Step9. 创建图 3.12.9 所示的圆周阵列 1。选择下拉菜单 插入(I) ➡ 阵列/镜像(E) ➡ ⚙ 圆周阵列(C)... 命令，系统弹出"圆周阵列"窗口；激活 要阵列的特征(F) 区域中的文本框，选取使用曲面切除 1 作为阵列的源特征；选取图 3.12.9 所示的临时轴作为圆周阵列轴。在 参数(P) 区域 🗋 后的文本框中输入值 360.0；在 ⚙ 后的文本框中输入值 4.0，选中 ☑ 等间距(E) 复选框；单击窗口中的 ✔ 按钮，完成圆周阵列 1 的创建，完成后将曲面填充 1 隐藏。

说明：选择下拉菜单 视图(V) ➡ 隐藏/显示(H) ➡ ⟋ 临时轴(X) 命令，显示临时轴。

Step10. 创建图 3.12.10b 所示的圆角 7。选取图 3.12.10a 所示的边线为要圆角的对象，圆角半径值为 5.0。

图 3.12.8　使用曲面切除 1

临时轴

图 3.12.9　圆周阵列 1

a）圆角前

b）圆角后

图 3.12.10　圆角 7

Step11. 创建图 3.12.11 所示的零件特征——切除-旋转 1。选择下拉菜单 插入(I) ➡ 切除(C) ➡ 🍥 旋转(R)... 命令；选取前视基准面作为草图基准面，绘制图 3.12.12 所示的横断面草图；采用草图中绘制的中心线作为旋转轴线；在"切除-旋转"窗口 旋转参数(R) 区域的下拉列表中选择 给定深度 选项，采用系统默认的旋转方向，在 🗋 文本框中输入值 360.0；单击窗口中的 ✔ 按钮，完成切除-旋转 1 的创建。

图 3.12.11　切除-旋转 1

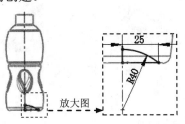

放大图

图 3.12.12　横断面草图（草图 4）

Step12. 创建圆角 8。选取图 3.12.13 所示的边线为要圆角的对象，圆角半径值为 5.0。

Step13. 创建草图 5。选取前视基准面作为草图基准面，绘制图 3.12.14 所示的草图 5。

图 3.12.13　圆角 8

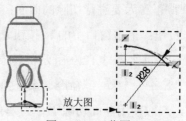

图 3.12.14　草图 5

Step14. 创建图 3.12.15 所示的基准面 1。选择下拉菜单 插入(I) ➡ 参考几何体(G) ➡ 📕 基准面(P)... 命令；选取草图 5 和草图 5 右侧的端点作为参考实体，如图 3.12.15 所示；单击窗口中的 ✔ 按钮，完成基准面 1 的创建。

Step15. 创建草图 6。选取基准面 1 作为草图基准面，绘制图 3.12.16 所示的草图 6。此草图的圆心和草图 5 的右端点重合。

图 3.12.15　基准面 1

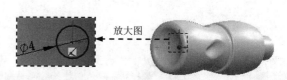

图 3.12.16　草图 6

Step16. 创建图 3.12.17 所示的零件特征——切除-扫描 1。选择下拉菜单 插入(I) ➡ 切除(C) ➡ 📁 扫描(S)... 命令，系统弹出"切除-扫描"窗口；选取草图 6 作为切除-扫描 1 特征的轮廓；选取草图 5 作为切除-扫描 1 特征的路径；单击窗口中的 ✔ 按钮，完成切除-扫描 1 的创建。

Step17. 创建图 3.12.18 所示的圆周阵列 2。选择下拉菜单 插入(I) ➡ 阵列/镜像(E) ➡ 🔀 圆周阵列(C)... 命令，系统弹出"圆周阵列"窗口；激活 要阵列的特征(F) 区域中的文本框，选取切除-扫描 1 作为阵列的源特征；选取图 3.12.18 所示的临时轴作为圆周阵列轴。在 参数(P) 区域 🔼 后的文本框中输入值 360.0；在 🔅 后的文本框中输入值 5.0，选中 ☑ 等间距(E) 复选框；单击窗口中的 ✔ 按钮，完成圆周阵列 2 的创建。

图 3.12.17　切除-扫描 1

图 3.12.18　圆周阵列 2

Step18. 创建图 3.12.19b 所示的圆角 9。选取图 3.12.19a 所示的边线为要圆角的对象，圆角半径值为 4.0。

a）圆角前　　　　　　　　放大图　　　　　　　　放大图　　　　　b）圆角后

图 3.12.19　圆角 9

Step19. 创建图 3.12.20b 所示的圆角 10。选取图 3.12.20a 所示的边线为要圆角的对象，圆角半径值为 2.0。

Step20. 创建图 3.12.21b 所示的零件特征——抽壳 1。选择下拉菜单 插入(I) ➡ 特征(F) ➡ 🔲 抽壳(S)... 命令；选取图 3.12.21a 所示的模型表面为要移除的面；在"抽壳 1"窗口的 参数(P) 区域输入壁厚值 0.5；单击窗口中的 ✅ 按钮，完成抽壳 1 的创建。

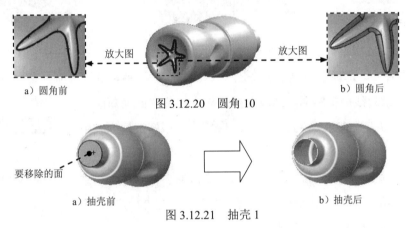

a）圆角前　　　　　　　　放大图　　　　　　　　放大图　　　　　b）圆角后

图 3.12.20　圆角 10

要移除的面 ⟶

a）抽壳前　　　　　　　　　　　　　　　　　　　　b）抽壳后

图 3.12.21　抽壳 1

Step21. 创建图 3.12.22 所示的零件特征——旋转-薄壁 1。

（1）选择下拉菜单 插入(I) ➡ 凸台/基体(B) ➡ 🔩 旋转(R)... 命令。

（2）选取右视基准面作为草图基准面，绘制图 3.12.23 所示的横断面草图（包括旋转中心线）。

（3）采用草图中绘制的中心线作为旋转轴线，在"旋转"窗口 旋转参数(R) 区域的下拉列表中选择 给定深度 选项，采用系统默认的旋转方向，在 文本框中输入值 360.0。

（4）选择旋转类型。在"旋转"窗口中选中 ☑ 薄壁特征(T) 复选框。在 ☑ 薄壁特征(T) 区域的下拉列表中选择 单向 选项，采用系统默认的厚度方向，在后面的文本框中输入厚度值 1.0。

图 3.12.22　旋转-薄壁 1

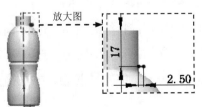

放大图

图 3.12.23　横断面草图（草图 7）

（5）单击窗口中的 ✔ 按钮，完成旋转-薄壁1的创建。

Step22. 创建图3.12.24所示的基准面2。

（1）选择下拉菜单 插入(I) ➡ 参考几何体(G) ➡ 🚪 基准面(P)...命令。

（2）选取图 3.12.24 所示的模型表面作为参考实体，在 按钮后的文本框中输入等距距离值13.0，采用系统默认的等距方向。

（3）单击窗口中的 ✔ 按钮，完成基准面2的创建。

Step23. 创建草图8。选取基准面2作为草图基准面，绘制图3.12.25所示的草图8。

Step24. 创建图3.12.26所示的螺旋线/涡状线1。

图 3.12.24　基准面2　　　　　　　　　图 3.12.25　草图8

（1）选择命令。选择下拉菜单 插入(I) ➡ 曲线(U) ➡ 🐛 螺旋线/涡状线 (H)...命令。

（2）定义螺旋线的横断面。选取草图8作为螺旋线的横断面。

（3）定义螺旋线的定义方式。在 定义方式(D): 区域的下拉列表中选择 螺距和圈数 选项。

（4）定义螺旋线的参数。

① 定义螺距类型。在"螺旋线/涡状线"窗口的 参数(P) 区域中选中 ⊙ 可变螺距(L) 单选项。

② 定义螺旋线参数。在 参数(P) 区域中输入图3.12.27所示的参数，选中 ☑ 反向(V) 复选框。其他参数均采用系统默认设置值。

（5）单击 ✔ 按钮，完成螺旋线/涡状线1的创建。

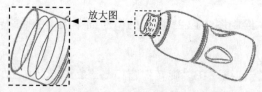

	螺距	圈数	高度	直径
1	4mm	0	0mm	26mm
2	4mm	1.5	6mm	29mm
3	4mm	3	12mm	26mm
4				

图 3.12.26　螺旋线/涡状线1　　　　　図 3.12.27　定义螺旋线参数

Step25. 创建草图9。选取右视基准面作为草图基准面，绘制图3.12.28所示的草图9。

Step26. 创建图 3.12.29 所示的扫描 1。选择下拉菜单 插入(I) ➡ 凸台/基体 (B) ➡ 🐛 扫描(S)...命令。

（1）定义扫描特征的轮廓。选取草图9作为扫描1特征的轮廓。

（2）定义扫描特征的路径。选取螺旋线/涡状线1作为扫描1特征的路径。

（3）单击窗口中的 ✔ 按钮，完成扫描1的创建。

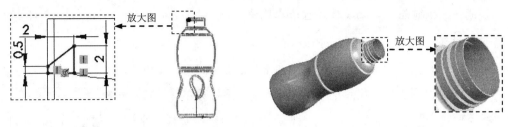

图 3.12.28 草图 9   图 3.12.29 扫描 1

Step27. 添加图 3.12.30 所示的零件特征——切除-拉伸 1。

（1）选择下拉菜单 插入(I) ➡️ 切除(C) ➡️ 🔲 拉伸(E)...命令。

（2）选取基准面 2 作为草图基准面，绘制图 3.12.31 所示的横断面草图（引用瓶口内边线）。

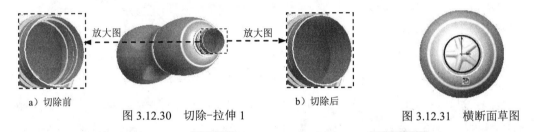

a）切除前   b）切除后

图 3.12.30 切除-拉伸 1   图 3.12.31 横断面草图

（3）在"切除-拉伸"窗口 方向1 区域的下拉列表中选择 两侧对称 选项，输入深度值40.0。

（4）单击窗口中的 ✔ 按钮，完成切除-拉伸 1 的创建。

Step28. 保存零件模型。将模型命名为 bottle。

3.13 挂钟外壳

案例概述：

该案例是一款挂钟外壳的设计，其建模思路是先创建一个曲面旋转特征，再创建基准面和基准曲线，利用投影产生的曲线进行曲面填充，然后再将多余的面删除以形成钟表凹面，最后进行圆角和加厚操作。该零件模型如图 3.13.1 所示。

图 3.13.1 挂钟外壳零件模型

说明：本例前面的详细操作过程请参见学习资源中 video\ch03.13\reference\文件夹下的语音视频讲解文件 clock_surface-r01.exe。

Step1. 打开文件 D:\swal18\work\ch03.13\clock_surface_ex.SLDPRT。

Step2. 创建图 3.13.2 所示的基准面 1。选择下拉菜单 插入(I) → 参考几何体(G) → ▯ 基准面(P)... 命令；选取上视基准面作为参考实体；采用系统默认的偏移方向，在 ⊢⊣ 按钮后输入值 5.0；单击窗口中的 ✔ 按钮，完成基准面 1 的创建。

Step3. 创建图 3.13.3 所示的草图 2。选取基准面 1 作为草图基准面，绘制图 3.13.4 所示的草图 2。此处创建的草图将作为投影草图，以在模型表面形成填充边界。

图 3.13.2　基准面 1　　　图 3.13.3　草图 2（建模环境下）　　图 3.13.4　草图 2（草图环境下）

Step4. 创建图 3.13.5 所示的分割线 1。选择下拉菜单 插入(I) → 曲线(U) → ▧ 分割线(S)... 命令，系统弹出"分割线"窗口；在"分割线"窗口的 分割类型 区域中选中 ⊙ 投影(P) 单选项；在设计树中选取 ⊘ 草图2 作为要投影的草图；选取图 3.13.6 所示的模型表面为要分割的面；选中 选择 区域中的 ☑ 单向(D) 和 ☑ 反向(R) 复选框；单击窗口中的 ✔ 按钮，完成分割线 1 的创建。

图 3.13.5　分割线 1　　　　　　　图 3.13.6　选取要分割的面

Step5. 创建图 3.13.7 所示的草图 3。选取基准面 1 作为草图基准面，绘制图 3.13.8 所示的草图 3。

Step6. 创建图 3.13.9 所示的分割线 2。选择下拉菜单 插入(I) → 曲线(U) → ▧ 分割线(S)... 命令；在"分割线"窗口的 分割类型 区域中选中 ⊙ 投影(P) 单选项；在设计树中选取 ⊘ 草图3 作为要投影的草图；选取图 3.13.10 所示的模型表面为要分割的面；选中 选择 区域中的 ☑ 单向(D) 和 ☑ 反向(R) 选项；单击窗口中的 ✔ 按钮，完成分割线 2 的创建。

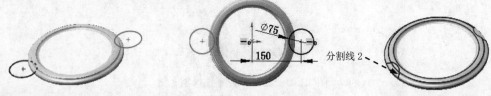

图 3.13.7　草图 3（建模环境下）　　图 3.13.8　草图 3（草图环境下）　　图 3.13.9　分割线 2

Step7. 创建图 3.13.11 所示的草图 4。选取基准面 1 作为草图基准面，绘制图 3.13.12 所示的草图 4。

　　图 3.13.10　选取要分割的面　　图 3.13.11　草图 4（建模环境下）　图 3.13.12　草图 4（草图环境下）

Step8. 创建图 3.13.13 所示的分割线 3。在设计树中选取 草图4 作为要投影的草图，选取图 3.13.14 所示的模型表面为要分割的面。具体操作步骤参见 Step6。

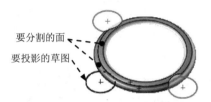

　　　　图 3.13.13　分割线 3　　　　　　　　　图 3.13.14　选取要分割的面

Step9. 创建图 3.13.15 所示的草图 5。选取基准面 1 作为草图基准面，绘制图 3.13.16 所示的草图 5。

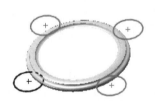

　　图 3.13.15　草图 5（建模环境下）　　　　图 3.13.16　草图 5（草图环境下）

Step10. 创建图 3.13.17 所示的分割线 4。在设计树中选取 草图5 作为要投影的草图，选取图 3.13.18 所示的模型表面为要分割的面。具体操作步骤与 Step6 相同。

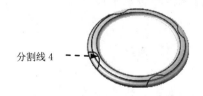
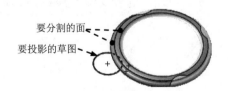

　　　　图 3.13.17　分割线 4　　　　　　　图 3.13.18　选取要分割的面

Step11. 创建图 3.13.19 所示的草图 6。选取前视基准面作为草图基准面，绘制图 3.13.20 所示的草图 6，此草图投影所生成的分割线将作为填充边界。

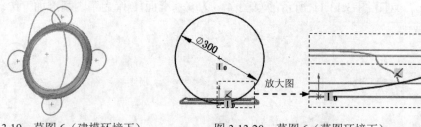

图 3.13.19　草图 6（建模环境下）　　　　图 3.13.20　草图 6（草图环境下）

Step12. 创建图 3.13.21 所示的分割线 5。在设计树中选取 ✎ 草图6 作为要投影的草图，选取图 3.13.22 所示的模型表面为要分割的面，采用默认的分割方向。具体操作步骤参见 Step6。

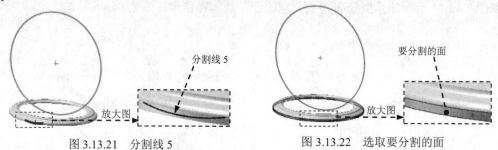

图 3.13.21　分割线 5　　　　　　　图 3.13.22　选取要分割的面

Step13. 创建图 3.13.23 所示的草图 7。选取右视基准面作为草图基准面，绘制图 3.13.24 所示的草图 7（此草图中的圆与草图 6 中的圆的圆心相重合）。

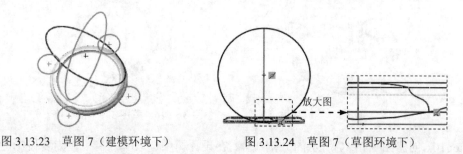

图 3.13.23　草图 7（建模环境下）　　　　图 3.13.24　草图 7（草图环境下）

Step14. 创建图 3.13.25 所示的分割线 6。在设计树中选取 ✎ 草图7 作为要投影的草图，选取图 3.13.26 所示的模型表面为要分割的面。具体操作步骤与 Step6 相同。

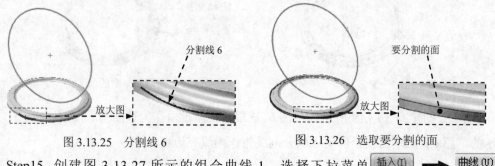

图 3.13.25　分割线 6　　　　　　　图 3.13.26　选取要分割的面

Step15. 创建图 3.13.27 所示的组合曲线 1。选择下拉菜单 插入(I) ➡ 曲线(U)

→ 组合曲线(C)...命令；选取图 3.13.27 所示的连续边线作为要组合的曲线；单击窗口中的 ✔ 按钮，完成组合曲线 1 的创建。

Step16. 创建图 3.13.28 所示的曲面填充 1 。选择下拉菜单 插入(I) → 曲面(S) → 填充(I)...命令；选取组合曲线 1 作为修补边界；单击窗口中的 ✔ 按钮，完成曲面填充 1 的创建。

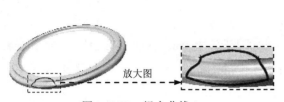

图 3.13.27 组合曲线 1 　　　　　　　　图 3.13.28 曲面填充 1

Step17. 创建图 3.13.29 所示的圆周阵列 1。选择下拉菜单 插入(I) → 阵列/镜像(E) → 圆周阵列(C)...命令，系统弹出"圆周阵列"窗口；激活 要阵列的实体(B) 区域中的文本框，选取曲面填充 1 作为阵列的源特征；选取图 3.13.29 所示的临时轴作为圆周阵列轴，在 后的文本框中输入值 360.0，在 后的文本框中输入值 4；单击窗口中的 ✔ 按钮，完成圆周阵列 1 的创建。

说明：选择下拉菜单 视图(V) → 临时轴(X)命令，即显示临时轴。

Step18. 创建图 3.13.30b 所示的删除面 1。选择下拉菜单 插入(I) → 面(F) → 删除(D)...命令；选取图 3.13.30a 所示的面为要删除的面；在"删除面"窗口的 选项(O) 区域中选中 ⊙ 删除 单选项；单击窗口中的 ✔ 按钮，完成删除面 1 的创建。

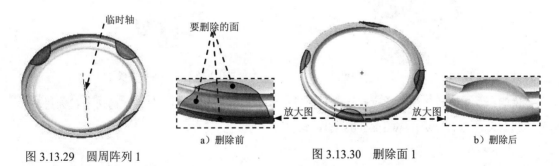

图 3.13.29 圆周阵列 1 　　　　　　　图 3.13.30 删除面 1

Step19. 创建曲面-缝合 1。选择下拉菜单 插入(I) → 曲面(S) → 缝合曲面(K)...命令；选取图形中所有的曲面为要缝合的对象；取消选中 □ 缝隙控制(A) 区域，单击窗口中的 ✔ 按钮，完成曲面-缝合 1 的创建。

Step20. 后面的详细操作过程请参见学习资源中 video\ch03.13\reference\文件夹下的语音视频讲解文件 clock_surface-r02.exe。

3.14　咖啡壶

案例概述：

本案例是讲解咖啡壶的设计过程，主要运用了扫描、旋转、缝合、填充、剪裁、加厚和圆角等特征创建命令。读者需要注意在创建及选取草绘基准面等过程中用到的技巧。咖啡壶模型如图 3.14.1 所示。

说明：本案例的详细操作过程请参见学习资源中 video\ch03.14\文件夹下的语音视频讲解文件。模型文件为 D:\swal18\work\ch03.14\coffeepot。

3.15　吊　钩

案例概述：

本案例是一款吊钩的设计，设计过程中运用了实体造型和曲面造型相结合的建模方式，还运用了零件和曲面造型的基础特征命令。在本例中读者应着重掌握吊钩尖点的处理方法。吊钩的零件模型如图 3.15.1 所示。

图 3.14.1　咖啡壶零件模型　　　　图 3.15.1　吊钩零件模型

说明：本案例的详细操作过程请参见学习资源中 video\ch03.15\文件夹下的语音视频讲解文件。模型文件为 D:\swal18\work\ch03.15\吊钩。

3.16　纸巾架

案例概述：

本案例介绍了一款纸巾架的曲面设计过程。曲面零件设计的一般方法是先创建一系列草绘曲线和空间曲线，然后利用所创建的曲线构建几个独立的曲面，再利用缝合等工具将独立的曲面变成一个整体面，最后将整体面变成实体模型。纸巾架零件模型如图 3.16.1 所示。

说明：本案例的详细操作过程请参见学习资源中 video\ch03.16\文件夹下的语音视频讲解文件。模型文件为 D:\swal18\work\ch03.16\纸巾架。

3.17　电风扇底座

案例概述：

　　本案例讲解了电风扇底座的设计过程，主要应用了拉伸、使用曲面切除、圆角、扫描和镜像命令。其中变倒角的创建较为复杂，需要读者仔细体会。电风扇底座的零件模型如图 3.17.1 所示。

图 3.16.1　纸巾架零件模型　　　　　　图 3.17.1　电风扇底座零件模型

说明：本案例的详细操作过程请参见学习资源中 video\ch03.17\文件夹下的语音视频讲解文件。模型文件为 D:\swal18\work\ch03.17\电风扇底座。

3.18　玩具连接手柄

案例概述：

　　本案例介绍了一个玩具连接手柄的创建过程，主要运用了曲面-放样、曲面-拉伸、曲面-剪裁、拉伸、旋转及组合命令。本设计关键在于草图中曲线轮廓的构建，曲线决定了曲面的形状及质量，读者也可留意一下。该零件模型如图 3.18.1 所示。

图 3.18.1　玩具连接手柄零件模型

说明：本案例的详细操作过程请参见学习资源中 video\ch03.18\文件夹下的语音视频讲解文件。模型文件为 D:\swal18\work\ch03.18\玩具连接手柄。

第4章　装配设计案例

4.1　旅游包锁扣组件

4.1.1　案例概述

本案例介绍了一款旅游包锁扣组件的设计过程，下面将通过介绍图 4.1.1 所示扣件的设计学习和掌握产品装配的一般过程，并熟悉装配的操作流程。本案例先设计每个零部件，然后再进行装配设计，设计次序循序渐进，由浅入深。

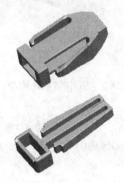

图 4.1.1　旅游包锁扣组件的装配模型

4.1.2　扣件上盖

扣件上盖的零件模型如图 4.1.2 所示。

图 4.1.2　扣件上盖零件模型

说明：本例前面的详细操作过程请参见学习资源中 video\ch04.01.02\reference\文件夹下的语音视频讲解文件 fastener-top-r01.exe。

Step1. 打开文件 D:\swal18\work\ch04.01\fastener-top_ex.SLDPRT。

Step2. 创建图 4.1.3 所示的零件特征——凸台-拉伸 1。选择下拉菜单 插入(I) ➡ 凸台/基体(B) ➡ 📦 拉伸(E)... 命令。选取上视基准面作为草图基准面，绘制图 4.1.4 所示的横断面草图；在"凸台-拉伸"窗口 方向1 区域的下拉列表中选择 两侧对称 选项，输入深度值 3.0。

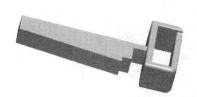

图 4.1.3　凸台-拉伸 1

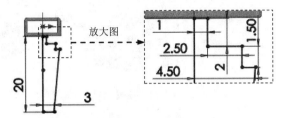

图 4.1.4　横断面草图（草图 3）

Step3. 创建图 4.1.5 所示的零件特征——切除-拉伸 2。选择下拉菜单 插入(I) ➡ 切除(C) ➡ 🔲 拉伸(E)...命令。选取上视基准面作为草图基准面，绘制图 4.1.6 所示的横断面草图。在"切除-拉伸"窗口 方向1 区域的下拉列表中选择 两侧对称 选项，输入深度值 3.0。

Step4. 创建图 4.1.7 所示的零件特征——切除-拉伸 3。选择下拉菜单 插入(I) ➡ 切除(C) ➡ 🔲 拉伸(E)...命令。选取图 4.1.7 所示的面作为草图基准面，绘制图 4.1.8 所示的横断面草图。在"切除-拉伸"窗口 方向1 区域的下拉列表中选择 给定深度 选项，输入深度值 0.4。

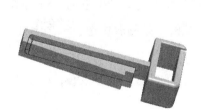

图 4.1.5　切除-拉伸 2

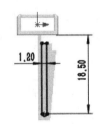

图 4.1.6　横断面草图（草图 4）

图 4.1.7　切除-拉伸 3

Step5. 创建图 4.1.9 所示的镜像 1。选择下拉菜单 插入(I) ➡ 阵列/镜像(E) ➡ ▯◖▯ 镜向(M)...命令。选取右视基准面作为镜像基准面，选取切除-拉伸 2（图 4.1.5）与凸台-拉伸 1 作为镜像 1 的对象。

Step6. 创建图 4.1.10 所示的镜像 2。选择下拉菜单 插入(I) ➡ 阵列/镜像(E) ➡ ▯◖▯ 镜向(M)...命令。选取上视基准面作为镜像基准面，选取切除-拉伸 3 作为镜像 2 的对象。

图 4.1.8　横断面草图（草图 5）

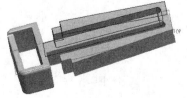

图 4.1.9　镜像 1

图 4.1.10　镜像 2

Step7. 创建图 4.1.11 所示的圆角 6。选择图 4.1.11 所示的边线为圆角对象，圆角半径值为 0.1。

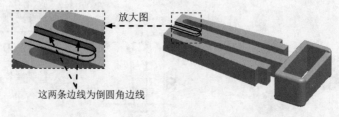

放大图

这两条边线为倒圆角边线

图 4.1.11　圆角 6

Step8. 创建图 4.1.12 所示的圆角 7。选择图 4.1.12 所示的边线为圆角对象，圆角半径值为 0.1。

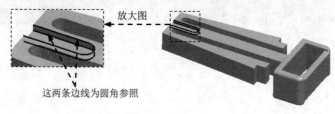

放大图

这两条边线为圆角参照

图 4.1.12　圆角 7

Step9. 创建图 4.1.13 所示的零件特征——凸台-拉伸 2。选择下拉菜单 插入(I) ➡️ 凸台/基体(B) ➡️ 🔲 拉伸(E)...命令。选取图 4.1.13 所示的面作为草图基准面，绘制图 4.1.14 所示的横断面草图；在"凸台-拉伸"窗口 方向1 区域的下拉列表中选择 给定深度 选项，输入深度值 0.5。

Step10. 创建图 4.1.15b 所示的圆角 8。选择图 4.1.15a 所示的边线为圆角对象，圆角半径值为 0.3。

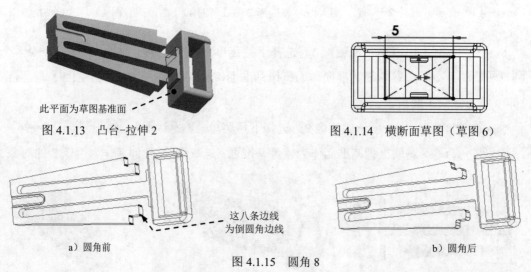

此平面为草图基准面

图 4.1.13　凸台-拉伸 2

5

图 4.1.14　横断面草图（草图 6）

a）圆角前

这八条边线为倒圆角边线

b）圆角后

图 4.1.15　圆角 8

Step11. 创建图 4.1.16b 所示的圆角 9。选择图 4.1.16a 所示的边线为圆角对象，圆角半径值为 0.5。

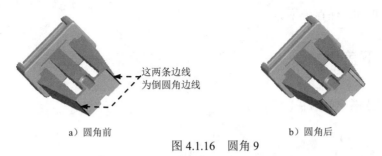

a）圆角前   b）圆角后

图 4.1.16 圆角 9

Step12. 创建图 4.1.17b 所示的圆角 10。选择图 4.1.17a 所示的边链为圆角对象，圆角半径值为 0.2。

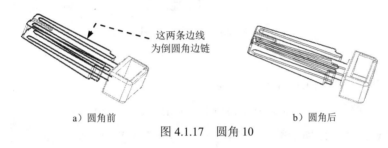

a）圆角前   b）圆角后

图 4.1.17 圆角 10

Step13. 创建图 4.1.18b 所示的圆角 11。选择图 4.1.18a 所示的边线为圆角对象，圆角半径值为 0.1。

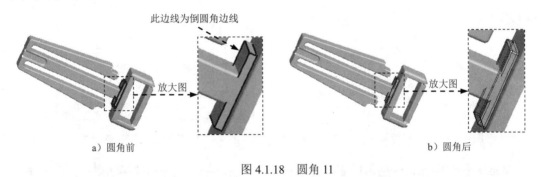

a）圆角前   b）圆角后

图 4.1.18 圆角 11

Step14. 创建图 4.1.19b 所示的圆角 12。选择图 4.1.19a 所示的边线为圆角对象，圆角半径值为 0.2。

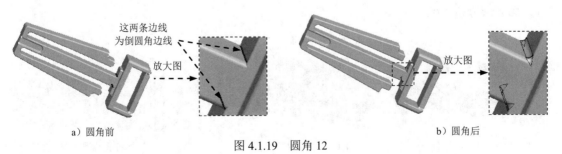

a）圆角前   b）圆角后

图 4.1.19 圆角 12

Step15. 保存模型。选择下拉菜单 文件(F) ➡ 保存(S) 命令，将模型命名为 fastener-top.SLDPRT，保存模型。

4.1.3 扣件下盖

扣件下盖零件模型如图 4.1.20 所示。

图 4.1.20 扣件下盖零件模型

说明：本例前面的详细操作过程请参见学习资源中 video\ch04.01.03\reference\文件夹下的语音视频讲解文件 fastener-down-r01.exe。

Step1. 打开文件 D:\swal18\work\ch04.01\fastener-down_ex.SLDPRT。

Step2. 创建图 4.1.21 所示的零件特征——切除-拉伸 1。选择下拉菜单 插入(I) ➡ 切除(C) ➡ 拉伸(E)...命令。选取前视基准面作为草图基准面，绘制图 4.1.22 所示的横断面草图。在"切除-拉伸"窗口 方向1 区域的下拉列表中选择 两侧对称 选项，输入深度值 6.0。

图 4.1.21 切除-拉伸 1

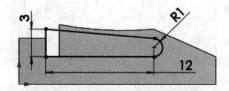

图 4.1.22 横断面草图（草图 2）

Step3. 创建图 4.1.23 所示的零件特征——凸台-拉伸 2。选择下拉菜单 插入(I) ➡ 凸台/基体(B) ➡ 拉伸(E)...命令。选取图 4.1.24 所示的面作为草图基准面，绘制图 4.1.25 所示的横断面草图；在"凸台-拉伸"窗口 方向1 区域的下拉列表中选择 给定深度 选项，输入深度值 1.0。

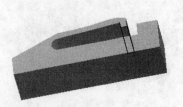

图 4.1.23 凸台-拉伸 2

此平面为草图基准面

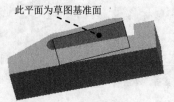

图 4.1.24 草图基准面

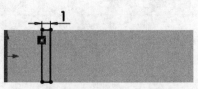

图 4.1.25 横断面草图（草图 3）

Step4. 创建图 4.1.26 所示的零件特征——切除-拉伸 2。选择下拉菜单 [插入(I)] ➡️
[切除(C)] ➡️ [📦 拉伸(E)...] 命令。选取图 4.1.27 所示面作为草图基准面，绘制图 4.1.28 所示的横断面草图。在"切除-拉伸"窗口 [方向1] 区域的下拉列表中选择 [完全贯穿] 选项，并单击 [↗] 按钮。

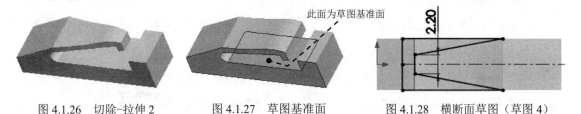

图 4.1.26　切除-拉伸 2　　　　图 4.1.27　草图基准面　　　　图 4.1.28　横断面草图（草图 4）

Step5. 创建图 4.1.29b 所示的圆角 1。选择图 4.1.29a 所示的边线为圆角对象，圆角半径值为 0.3。

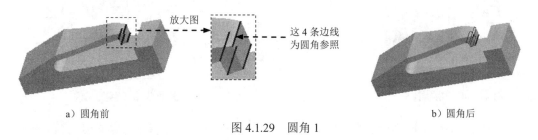

a）圆角前　　　　　　　　　　　　　　　　　　　　　b）圆角后

图 4.1.29　圆角 1

Step6. 创建图 4.1.30b 所示的圆角 2。选择图 4.1.30a 所示的边线为圆角对象，圆角半径值为 5.0。

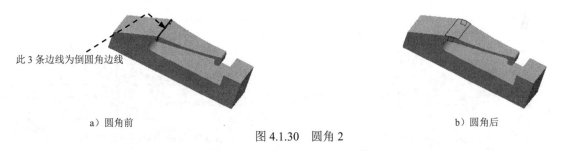

a）圆角前　　　　　　　　　　　　　　　　　　　　　b）圆角后

图 4.1.30　圆角 2

Step7. 创建图 4.1.31 所示的镜像 1。选择下拉菜单 [插入(I)] ➡️ [阵列/镜像(E)] ➡️
[镜向(M)...] 命令。选取上视基准面作为镜像基准面，选取凸台-拉伸 1、切除-拉伸 1、凸台-拉伸 2、切除-拉伸 2、圆角 1 和圆角 2 作为镜像 1 的对象。

Step8. 创建图 4.1.32 所示的零件特征——切除-拉伸 3。选择下拉菜单 [插入(I)] ➡️
[切除(C)] ➡️ [📦 拉伸(E)...] 命令。选取前视基准面作为草图基准面，绘制图 4.1.33 所示的横断面草图。在"切除-拉伸"窗口 [方向1] 区域的下拉列表中选择 [两侧对称] 选项，输入深度值 4.0。

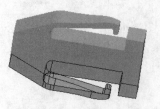

图 4.1.31　镜像 1

图 4.1.32　切除-拉伸 3

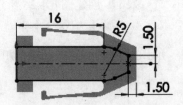

图 4.1.33　横断面草图（草图 5）

Step9. 创建图 4.1.34 所示的零件特征——切除-拉伸 4。选择下拉菜单 插入(I) ➡️ 切除(C) ➡️ 🔲 拉伸(E)…命令。选取上视基准面作为草图基准面，绘制图 4.1.35 所示的横断面草图。在"切除-拉伸"窗口 方向1 区域的下拉列表中选择 两侧对称 选项，输入深度值 8.0。

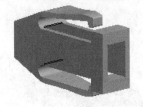

图 4.1.34　切除-拉伸 4

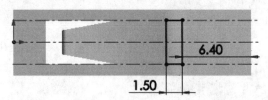

图 4.1.35　横断面草图（草图 6）

Step10. 创建图 4.1.36 所示的零件特征——切除-拉伸 5。选择下拉菜单 插入(I) ➡️ 切除(C) ➡️ 🔲 拉伸(E)…命令。选取上视基准面作为草图基准面，绘制图 4.1.37 所示的横断面草图。在"切除-拉伸"窗口 方向1 区域的下拉列表中选择 两侧对称 选项，输入深度值 18.0。

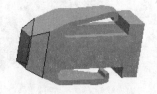

图 4.1.36　切除-拉伸 5

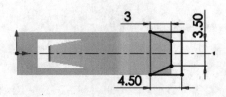

图 4.1.37　横断面草图（草图 7）

Step11. 创建图 4.1.38b 所示的圆角 3。选择图 4.1.38a 所示的边线为圆角对象，圆角半径值为 1.0。

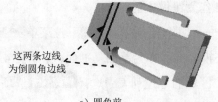

这两条边线为倒圆角边线

a）圆角前

b）圆角后

图 4.1.38　圆角 3

Step12. 创建图 4.1.39b 所示的圆角 4。选择图 4.1.39a 所示的边线为圆角对象,圆角半径值为 0.5。

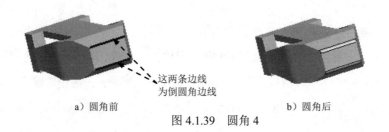

a)圆角前　　　　　　　　　　　　　b)圆角后

图 4.1.39　圆角 4

Step13. 创建图 4.1.40b 所示的圆角 5。选择图 4.1.40a 所示的边线为圆角对象,圆角半径值为 0.2。

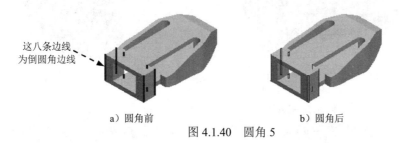

a)圆角前　　　　　　　　　　　　　b)圆角后

图 4.1.40　圆角 5

Step14. 创建图 4.1.41b 所示的圆角 6。选择图 4.1.41a 所示的边线为圆角对象,圆角半径值为 0.2。

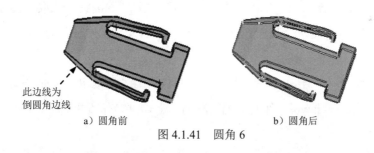

a)圆角前　　　　　　　　　　　　　b)圆角后

图 4.1.41　圆角 6

Step15. 保存模型。选择下拉菜单 文件(F) ➡ 保存(S) 命令,将模型命名为 fastener-down.SLDPRT,保存模型。

4.1.4　装配设计

Step1. 新建一个装配文件。选择下拉菜单 文件(F) ➡ 新建(N)... 命令,在弹出的 "新建 SolidWorks 文件" 对话框中选择 "装配体" 选项,单击 确定 按钮,进入装配环境。

Step2. 添加图 4.1.42 所示的扣件上盖零件模型。进入装配环境后,系统会自动弹出 "开始装配体"对话框，单击"开始装配体"对话框中的 <u>浏览(B)...</u> 按钮，在系统弹出的"打开"对话框中选取 fastener-top.SLDPRT，单击 <u>打开(O)</u> 按钮。单击 ✔ 按钮，零件固定在原点位置。

Step3. 添加图 4.1.43 所示的扣件下盖并定位。

（1）引入零件。选择下拉菜单 <u>插入(I)</u> ➡ 零部件(O) ▶ 🖥 现有零件/装配体(E)... 命令，系统弹出"插入零部件"对话框。单击对话框中的 <u>浏览(B)...</u> 按钮，在弹出的"打开"对话框中选取 fastener-down.SLDPRT，单击 <u>打开(O)</u> 按钮，然后在合适的位置单击。

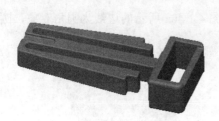

图 4.1.42　添加扣件上盖零件

图 4.1.43　添加扣件下盖并定位

（2）添加配合，使零件完全定位。

① 选择下拉菜单 <u>插入(I)</u> ➡ 🔗 <u>配合(N)...</u> 命令，系统弹出"配合"对话框。

② 添加"重合"配合 1。单击"配合"对话框中的 🔨 按钮，选取图 4.1.44 所示的两个面作为重合面，单击工具条中的 ✔ 按钮。

③ 添加"重合"配合 2。单击"配合"对话框中的 🔨 按钮，选取 fastener-top 零件的上视基准面与 fastener-down 零件的前视基准面（图 4.1.45）作为重合面，单击工具条中的 ✔ 按钮。

④ 添加"重合"配合 3。单击"配合"对话框中的 🔨 按钮，选取 fastener-top 零件的右视基准面与 fastener-down 零件的上视基准面（图 4.1.46）作为重合面，单击工具条中的 ✔ 按钮。

⑤ 单击 ✔ 按钮，完成零件的定位。

图 4.1.44　选取重合面 1

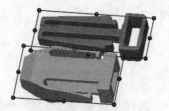

图 4.1.45　选取重合面 2

图 4.1.46　选取重合面 3

Step4. 保存装配模型。选择下拉菜单 <u>文件(F)</u> ➡ 🖫 <u>保存(S)</u> 命令，将装配模型命名为 fastener.SLDASM，保存模型。

4.2　儿童喂药器

4.2.1　案例概述

本案例是儿童喂药器的设计，在创建零件时首先创建喂药器管、喂药器推杆和橡胶塞等零部件，然后再进行装配设计，其装配零件模型如图 4.2.1 所示。

图 4.2.1　儿童喂药器装配模型

4.2.2　喂药器管

喂药器管的零件模型如图 4.2.2 所示。

图 4.2.2　喂药器管零件模型

说明：本例前面的详细操作过程请参见学习资源中 video\ch04.02\reference\文件夹下的语音视频讲解文件 bady-medicine-02-r01.exe。

Step1. 打开文件 D:\swal18\work\ch04.02\bady-medicine-01_ex.SLDPRT。

Step2. 创建图 4.2.3 所示的零件特征——凸台-拉伸 1。选择下拉菜单 插入(I) ➡ 凸台/基体(B) ➡ 🗂 拉伸(E)…命令。选取图 4.2.3 所示的面作为草图基准面，绘制图 4.2.4 所示的横断面草图；在"凸台-拉伸"窗口 方向1 区域的下拉列表中选择 给定深度 选项，输入深度值 45.0。

Step3. 创建图 4.2.5 所示的零件特征——切除-拉伸 1。选择下拉菜单 插入(I) ➡ 切除(C) ➡ 🗂 拉伸(E)…命令。选取图 4.2.5 所示面作为草图基准面，绘制图 4.2.6 所示的横断面草图。在"切除-拉伸"窗口 方向1 区域的下拉列表中选择 完全贯穿 选项。

图 4.2.3　凸台-拉伸 1　　图 4.2.4　横断面草图（草图 3）　　图 4.2.5　切除-拉伸 1

Step4. 创建图 4.2.7 所示的零件特征——旋转 1。选择下拉菜单 插入(I) ➡ 凸台/基体(B) ➡ 🔾 旋转(R)... 命令。选取上视基准面作为草图基准面，绘制图 4.2.8 所示的横断面草图（包括旋转中心线）。采用草图中绘制的中心线作为旋转轴线，在 方向1 区域的 🔼 文本框中输入值 360.00。

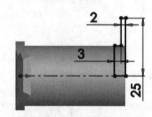

图 4.2.6　横断面草图（草图 4）　　图 4.2.7　旋转 1　　图 4.2.8　横断面草图（草图 5）

Step5. 创建图 4.2.9 所示的零件特征——凸台-拉伸 2。选择下拉菜单 插入(I) ➡ 凸台/基体(B) ➡ 🗍 拉伸(E)... 命令。选取图 4.2.9 所示的模型表面作为草图基准面，绘制图 4.2.10 所示的横断面草图；在"凸台-拉伸"窗口 方向1 区域的下拉列表中选择 给定深度 选项，输入深度值 35.0。

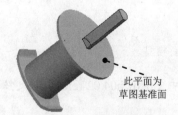
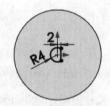

图 4.2.9　凸台-拉伸 2　　　　图 4.2.10　横断面草图（草图 6）

Step6. 创建图 4.2.11 所示的零件特征——拔模 1。选择下拉菜单 插入(I) ➡ 特征(F) ➡ 🔲 拔模(D)... 命令，在"拔模"对话框 拔模类型(T) 区域中选中 ⊙ 中性面(E) 单选项。单击以激活对话框的 中性面(N) 区域中的文本框，选取图 4.2.12 所示的模型表面 1 作为拔模中性面。单击以激活对话框的 拔模面(F) 区域中的文本框，选取模型表面 2 作为拔模面。拔模方向如图 4.2.12 所示，在对话框的 拔模角度(G) 区域的 🔼 文本框中输入角度值 1.0。

图 4.2.11　拔模 1

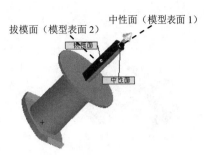

图 4.2.12　定义拔模参数

Step7. 创建图 4.2.13b 所示的圆角 1。选择下拉菜单 插入(I) ➡️ 特征(F) ➡️
🧊 圆角 (U)... 命令，选择图 4.2.13a 所示的边线为圆角对象，圆角半径值为 2.0。

此边线为
圆角参照

a）圆角前

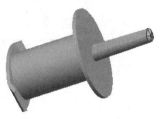

b）圆角后

图 4.2.13　圆角 1

Step8. 创建图 4.2.14 所示的零件特征——拉伸-薄壁 1。选择下拉菜单 插入(I) ➡️
凸台/基体 (B) ➡️ 🧊 拉伸(E)... 命令。选取图 4.2.14 所示的面作为草图基准面，绘制图
4.2.15 所示的横断面草图。在"凸台-拉伸"对话框 方向1 区域的下拉列表中选择 给定深度 选
项，在 ⬈D1 文本框中输入深度值 40.0。激活"凸台-拉伸"对话框中的 ☑薄壁特征(T) 区域，
然后在 ⬈ 后的下拉列表中选择 单向 选项。在 ☑薄壁特征(T) 区域 ⬈T1 后的文本框中输入厚度
值 2.5。单击"凸台-拉伸"对话框中的 ✔ 按钮，完成拉伸-薄壁 1 的创建。

草图基准面

图 4.2.14　拉伸-薄壁 1

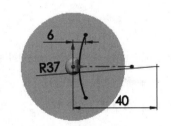

图 4.2.15　横断面草图（草图 7）

Step9. 创建图 4.2.16 所示的零件特征——拔模 2。选择下拉菜单 插入(I) ➡️ 特征(F)
➡️ 🧊 拔模 (D)... 命令，在"拔模"对话框 拔模类型(T) 区域中选中 ⦿ 中性面(E) 单选项。
单击以激活对话框的 中性面(N) 区域中的文本框，选取图 4.2.17 所示的模型表面 1 作为拔模
中性面。单击以激活对话框的 拔模面(F) 区域中的文本框，选取模型表面 2 作为拔模面。拔
模方向如图 4.2.17 所示，在对话框 拔模角度(G) 区域的 🔲 文本框中输入角度值 3.0。

图 4.2.16　拔模 2

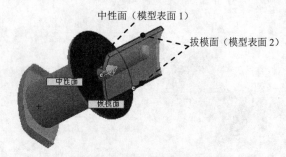

中性面（模型表面 1）

拔模面（模型表面 2）

图 4.2.17　定义拔模参数

Step10. 创建图 4.2.18b 所示的圆角 2。选择下拉菜单 插入(I) ➡ 特征(F) ➡

⬜ 圆角 (U)… 命令，选择图 4.2.18a 所示的边线为圆角对象，圆角半径值为 15.0。

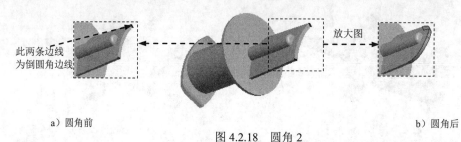

此两条边线
为倒圆角边线

放大图

a）圆角前

b）圆角后

图 4.2.18　圆角 2

Step11. 创建图 4.2.19b 所示的圆角 3。选择下拉菜单 插入(I) ➡ 特征(F) ➡

⬜ 圆角 (U)… 命令，选择图 4.2.19a 所示的边线为圆角对象，圆角半径值为 10.0。

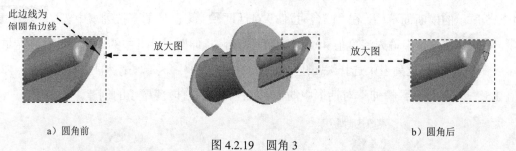

此边线为
倒圆角边线

放大图

放大图

a）圆角前

b）圆角后

图 4.2.19　圆角 3

Step12. 创建图 4.2.20 所示的零件特征——切除-拉伸 3。选择下拉菜单 插入(I) ➡

切除(C) ➡ 🖼 拉伸(E)… 命令。选取图 4.2.20 所示面作为草图基准面，绘制图 4.2.21 所示的横断面草图。在"切除-拉伸"窗口 方向1 区域的下拉列表中选择 给定深度 选项，输入深度值 38.0。

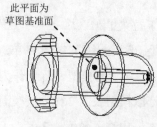

此平面为
草图基准面

图 4.2.20　切除-拉伸 3

图 4.2.21　横断面草图（草图 8）

Step13. 创建图 4.2.22b 所示的零件特征——拔模 3。选择下拉菜单 插入(I) ➡ 特征(F) ➡ 🔳 拔模(D) ... 命令，在"拔模"对话框 拔模类型(T) 区域中选中 ⊙ 中性面(E) 单选项。单击以激活对话框的 中性面(N) 区域中的文本框，选取图 4.2.23 所示的模型表面作为拔模中性面。单击以激活对话框的 拔模面(F) 区域中的文本框，选取图 4.2.24 所示的模型表面作为拔模面。拔模方向如图 4.2.25 所示，在对话框的 拔模角度(G) 区域的 📐 文本框中输入角度值 1.0。

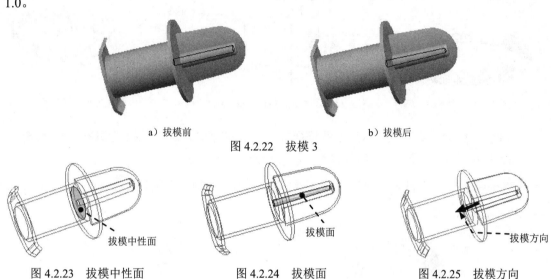

a）拔模前　　　　　　　　　　　　　　　　　b）拔模后

图 4.2.22　拔模 3

拔模中性面

图 4.2.23　拔模中性面　　　　　图 4.2.24　拔模面　　　　　图 4.2.25　拔模方向

Step14. 后面的详细操作过程请参见学习资源中 video\ch04.02\reference\文件夹下的语音视频讲解文件 bady-medicine-02-r02.exe。

4.2.3　喂药器推杆

喂药器推杆的零件模型如图 4.2.26 所示。

图 4.2.26　喂药器推杆零件模型

Step1. 新建模型文件。选择下拉菜单 文件(F) ➡ 🗋 新建(N)... 命令，在系统弹出的"新建 SolidWorks 文件"对话框中选择"零件"模块，单击 确定 按钮，进入建模环境。

Step2. 创建图 4.2.27 所示的零件特征——旋转 1。选择下拉菜单 插入(I) ➡ 凸台/基体(B) ➡ 🌀 旋转(R)... 命令。选取前视基准面作为草图基准面，绘制图 4.2.28 所示的横断面草图（包括旋转中心线）。采用草图中绘制的中心线作为旋转轴线，在 方向1 区域的 ↺ 文本框中输入值 360.00。

Step3. 创建图 4.2.29 所示的基准面 1。选择下拉菜单 插入(I) ➡ 参考几何体(G) ➡ 📘 基准面(P)… 命令；选取右视基准面作为所要创建的基准面的参考实体，在 ↦ 后的文本框中输入值 15，并选中 ☑ 反转 复选框。

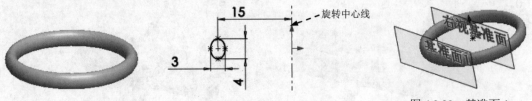

图 4.2.27 旋转 1　　　　　图 4.2.28 横断面草图（草图 1）　　　　　图 4.2.29 基准面 1

Step4. 创建图 4.2.30 所示的零件特征——凸台-拉伸 1。选择下拉菜单 插入(I) ➡ 凸台/基体(B) ➡ 📦 拉伸(E)… 命令。选取基准面 1 作为草图基准面，绘制图 4.2.31 所示的横断面草图；在"凸台-拉伸"窗口 方向1 区域的下拉列表中选择 给定深度 选项，单击 ↗ 按钮，输入深度值 2.0。

图 4.2.30 凸台-拉伸 1　　　　　图 4.2.31 横断面草图（草图 2）

Step5. 创建图 4.2.32 所示的零件特征——凸台-拉伸 2。选择下拉菜单 插入(I) ➡ 凸台/基体(B) ➡ 📦 拉伸(E)… 命令。选取图 4.2.32 所示面作为草图基准面，绘制图 4.2.33 所示的横断面草图；在"凸台-拉伸"窗口 方向1 区域的下拉列表中选择 给定深度 选项，输入深度值 45.0。

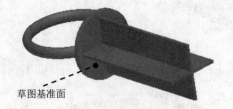

图 4.2.32 凸台-拉伸 2　　　　　图 4.2.33 横断面草图（草图 3）

Step6. 创建图 4.2.34 所示的零件特征——凸台-拉伸 3。选择下拉菜单 插入(I) ➡ 凸台/基体(B) ➡ 📦 拉伸(E)… 命令。选取图 4.2.35 所示面作为草图基准面，绘制图 4.2.36 所示的横断面草图；在"凸台-拉伸"窗口 方向1 区域的下拉列表中选择 给定深度 选项，输入深度值 2.0。

图 4.2.34 凸台-拉伸 3

图 4.2.35 草图基准面

图 4.2.36 横断面草图（草图 4）

Step7. 创建图 4.2.37 所示的零件特征——凸台-拉伸 4。选择下拉菜单 插入(I) ➡ 凸台/基体(B) ➡ 🔲 拉伸(E)... 命令。选取图 4.2.37 所示面作为草图基准面，绘制图 4.2.38 所示的横断面草图；在"凸台-拉伸"窗口 方向1 区域的下拉列表中选择 给定深度 选项，输入深度值 5.0。

草图基准面

图 4.2.37 凸台-拉伸 4

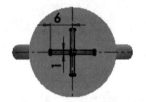
图 4.2.38 横断面草图（草图 5）

Step8. 后面的详细操作过程请参见学习资源中 video\ch04.02\reference\文件夹下的语音视频讲解文件 bady-medicine-03-r01.exe。

4.2.4 橡胶塞

橡胶塞零件模型如图 4.2.39 所示。

图 4.2.39 橡胶塞零件模型

Step1. 新建模型文件。选择下拉菜单 文件(F) ➡ 🗋 新建(N)... 命令，在系统弹出的"新建 SolidWorks 文件"对话框中选择"零件"模块，单击 确定 按钮，进入建模环境。

Step2. 创建图 4.2.40 所示的零件特征——旋转 1。选择下拉菜单 插入(I) ➡ 凸台/基体(B) ➡ 🌀 旋转(R)... 命令。选取前视基准面作为草图基准面，绘制图 4.2.41 所示的横断面草图（包括旋转中心线）。采用草图中绘制的中心线作为旋转轴线，在 方向1 区域的 🔲 文本框中输入值 360.00。

Step3. 后面的详细操作过程请参见学习资源中 video\ch04.02\reference\文件夹下的语音视频讲解文件 bady-medicine-04-r01.exe。

图 4.2.40　旋转 1　　　　　　　　　　图 4.2.41　横断面草图（草图 1）

4.2.5　装配设计

Step1. 新建一个装配文件。选择下拉菜单 文件(F) → 新建(N)... 命令，在弹出的"新建 SolidWorks 文件"对话框中选择"装配体"选项，单击 确定 按钮，进入装配环境。

Step2. 添加图 4.2.42 所示的底座零件模型。进入装配环境后，系统会自动弹出"开始装配体"对话框，单击"开始装配体"对话框中的 浏览(B)... 按钮，在系统弹出的"打开"对话框中选取 bady-medicine-02.SLDPRT，单击 打开(O) 按钮。单击 ✔ 按钮，零件固定在原点位置。

Step3. 添加图 4.2.43 所示的 bady-medicine-03 零件并定位。

图 4.2.42　添加 bady-medicine-02 零件　　图 4.2.43　添加 bady-medicine-03 零件并定位

（1）引入零件。选择下拉菜单 插入(I) → 零部件(O) → 现有零件/装配体 (E)... 命令，系统弹出"插入零部件"对话框。单击对话框中的 浏览(B)... 按钮，在弹出的"打开"对话框中选取 bady-medicine-03.SLDPRT，单击 打开(O) 按钮。将零件放置到图 4.2.44 所示的位置。

（2）添加配合，使零件完全定位。

① 选择下拉菜单 插入(I) → 配合 (M)... 命令，系统弹出"配合"对话框。

② 添加"重合"配合 1。单击"配合"对话框中的 重合(D) 按钮，选取图 4.2.45 所示的两个面作为重合面，单击快捷工具条中的 ✔ 按钮。

③ 添加"同轴心"配合 1。单击"配合"对话框中的 按钮，选取图 4.2.46 所示的两个面作为同轴心面，单击快捷工具条中的 ✔ 按钮。

④ 单击  按钮，完成零件的定位。

图 4.2.44　添加零件 bady-medicine-03 零件

图 4.2.45　选取重合面

Step4. 添加图 4.2.47 所示的 baby-medicine-01 零件并定位。

（1）引入零件。选择下拉菜单 插入(I) ➡ 零部件(O) ➡ 🔧 现有零件/装配体(E)… 命令，系统弹出"插入零部件"对话框。单击对话框中的 浏览(B)… 按钮，在弹出的"打开"对话框中选取 baby-medicine-01.SLDPRT，单击 打开(O) 按钮。将零件放置到图 4.2.48 所示的位置。

图 4.2.46　选取同轴心面

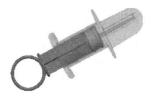

图 4.2.47　添加 baby-medicine-01 零件并定位

（2）添加配合，使零件完全定位。

① 选择下拉菜单 插入(I) ➡ 🔗 配合(M)… 命令，系统弹出"配合"对话框。

② 添加"同轴心"配合 1。单击"配合"对话框中的 ◎ 按钮，选取图 4.2.49 所示的两个面作为同轴心面，在弹出的快捷工具条中单击 按钮，反转配合的对齐方式，单击快捷工具条中的 按钮。

③ 添加"相切"配合 1。单击"配合"对话框中的 🔾 相切(T) 按钮，选取图 4.2.50 所示的两个面作为相切面，单击快捷工具条中的 按钮。

④ 单击 按钮，完成零件的定位。

图 4.2.48　添加 baby-medicine-01 零件　　图 4.2.49　选择同轴心面　　图 4.2.50　选择相切面

Step5. 保存装配模型。选择下拉菜单 文件(F) ➡ 🖫 保存(S) 命令，将装配模型命名为 bady-medicine.SLDASM，保存模型。

第 5 章　钣金设计案例

5.1　卷尺挂钩

案例概述：

本案例介绍了卷尺挂钩的设计过程，该设计过程分为创建成形工具和创建主体零件模型两个部分。成形工具的设计主要运用基本实体建模命令，其重点是将模型转换成成形工具；主体零件是由一些钣金基本特征构成的，其中要注意成形特征的创建方法。卷尺挂钩的钣金件模型如图 5.1.1 所示。

图 5.1.1　卷尺挂钩钣金件模型

Task1．创建成形工具

成形工具模型如图 5.1.2 所示。

图 5.1.2　成形工具模型

Step1. 新建模型文件。选择下拉菜单 文件(F) ➡ 新建(N)... 命令，在系统弹出的"新建 SolidWorks 文件"对话框中选择"零件"模块，单击 确定 按钮，进入建模环境。

Step2. 创建图 5.1.3 所示的零件基础特征——凸台-拉伸 1。

（1）选择命令。选择下拉菜单 插入(I) ➡ 凸台/基体(B) ➡ 拉伸(E)... 命令。

（2）定义特征的横断面草图。选取前视基准面作为草图基准面，在草图环境中绘制图 5.1.4 所示的横断面草图。

（3）定义拉伸深度属性。

① 定义深度方向。采用系统默认的深度方向。

② 定义深度类型和深度值。在 方向1 区域的 下拉列表中选择 给定深度 选项，在 文本框中输入深度值 3.0。

图 5.1.3 凸台-拉伸 1

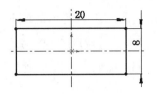

图 5.1.4 横断面草图

（4）单击 ✔ 按钮，完成凸台-拉伸 1 的创建。

Step3. 创建图 5.1.5 所示的零件基础特征——凸台-拉伸 2。

（1） 选择命令。选择下拉菜单 插入(I) ➡ 凸台/基体(B) ➡ 🗍 拉伸(E)...命令。

（2）定义特征的横断面草图。选取图 5.1.6 所示的模型表面作为草图基准面，在草图环境中绘制图 5.1.7 所示的横断面草图。

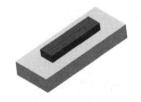

图 5.1.5 凸台-拉伸 2

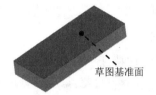

图 5.1.6 草图基准面

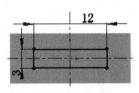

图 5.1.7 横断面草图

（3）定义拉伸深度属性。采用系统默认的深度方向；在 方向1 区域的 ↗ 下拉列表中选择 给定深度 选项，在 ⫟DI 文本框中输入深度值 1.5。选中 ☑ 合并结果(M) 复选框。

（4）单击 ✔ 按钮，完成凸台-拉伸 2 的创建。

Step4. 创建图 5.1.8b 所示的圆角 1。

（1）选择命令。选择下拉菜单 插入(I) ➡ 特征(F) ➡ 🗍 圆角(U)...命令，系统弹出"圆角"对话框。

（2）定义圆角类型。在 圆角类型(Y) 选项组中单击 🗍 选项。

（3）定义圆角对象。

① 定义边侧面组 1。选取图 5.1.8a 所示的边侧面组 1。

② 定义中央面组。单击激活 🗍 中央面组，选取图 5.1.8a 所示的中央面组。

③ 定义边侧面组 2。单击激活 🗍 边侧面组 2，选取图 5.1.8a 所示的边侧面组 2。

（4）单击 ✔ 按钮，完成圆角 1 的创建。

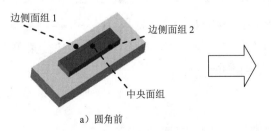

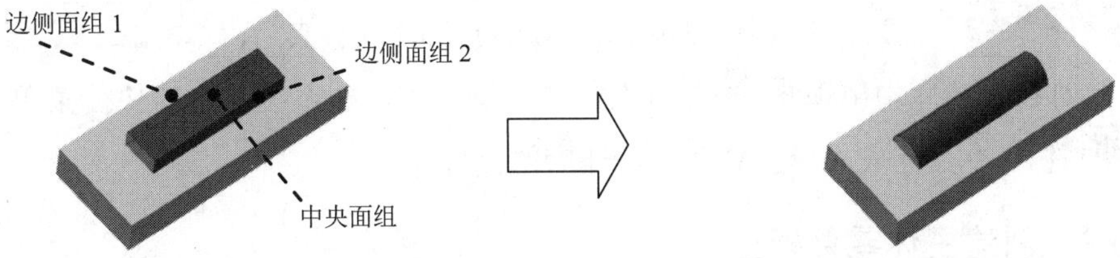

a）圆角前   b）圆角后

图 5.1.8 圆角 1

Step5. 创建图 5.1.9 所示的圆角 2。选择下拉菜单 插入(I) ➡ 特征(F) ➡ ⬡ 圆角(U)... 命令；选取图 5.1.9a 所示的边线为要圆角的对象，定义圆角半径值为 1.5，选中 ☑ 切线延伸(G) 复选框。单击 ✔ 按钮，完成圆角 2 的创建。

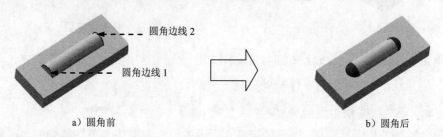

a) 圆角前 　　　　　　　　　　　　　　　　b) 圆角后

图 5.1.9　圆角 2

Step6. 创建图 5.1.10b 所示的圆角 3。选择下拉菜单 插入(I) ➡ 特征(F) ➡ ⬢ 圆角(F)... 命令；选取图 5.1.10a 所示的边线为要圆角的对象，定义圆角半径值为 1.2。单击 ✔ 按钮，完成圆角 3 的创建。

Step7. 创建图 5.1.11 所示的零件特征——成形工具 1。

（1）选择命令。选择下拉菜单 插入(I) ➡ 钣金(H) ➡ ☞ 成形工具 命令。

（2）定义成形工具属性。选取图 5.1.11 所示的模型表面为成形工具的停止面。

（3）单击 ✔ 按钮，完成成形工具 1 的创建。

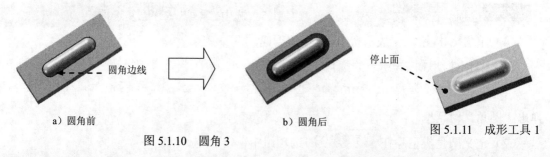

a) 圆角前 　　　　　　　　　　　b) 圆角后 　　　　　　　　图 5.1.11　成形工具 1

图 5.1.10　圆角 3

Step8. 至此，成形工具模型创建完毕。选择下拉菜单 文件(F) ➡ 📄 另存为(A)... 命令，把模型保存于 D:\swal18\work\ch05.01\，并命名为 roll_shaped_tool_01。

Step9. 将成形工具调入设计库。

（1）单击任务窗格中的"设计库"按钮 📚，打开"设计库"对话框。

（2）在"设计库"对话框中单击"添加文件位置"按钮 📁，系统弹出"选取文件夹"对话框，在 查找范围(I): 下拉列表中找到 D:\swal18\work\ch05.01 文件夹后，单击 确定 按钮。

（3）此时在设计库中出现 📁 ins45 节点，右击该节点，在系统弹出的快捷菜单中单击 成形工具文件夹 命令，完成成形工具调入设计库的设置。

Task2．创建主体零件模型

Step1. 新建模型文件。选择下拉菜单 文件(F) ➡ 📄 新建(N)... 命令，在系统弹出的

"新建 SolidWorks 文件"对话框中选择"零件"模块，单击 确定 按钮，进入建模环境。

Step2. 创建图 5.1.12 所示的钣金基础特征——基体-法兰 1。

（1）选择命令。选择下拉菜单 插入(I) ➡ 钣金(H) ➡ ⨆ 基体法兰(A)... 命令（或单击"钣金"工具栏上的"基体法兰/薄片"按钮 ⨆ ）。

（2）定义特征的横断面草图。

① 定义草图基准面。选取前视基准面作为草图基准面。

② 定义横断面草图。在草图环境中绘制图 5.1.13 所示的横断面草图。

③ 选择下拉菜单 插入(I) ➡ ▢ 退出草图 命令，退出草图环境，此时系统弹出"基体法兰"对话框。

（3）定义钣金参数属性。

① 定义钣金参数。在 钣金参数(S) 区域的 ⟨⟩ 文本框中输入厚度值 1.0。

② 定义钣金折弯系数。在 ☑ 折弯系数(A) 区域的下拉列表中选择 K 因子 选项，把文本框 K 的因子系数值改为 0.4。

③ 定义钣金自动切释放槽类型。在 ☑ 自动切释放槽(T) 区域的下拉列表中选择 矩形 选项，选中 ☑ 使用释放槽比例(A) 复选框，在 比例(T): 文本框中输入比例系数值 0.5。

（4）单击 ✔ 按钮，完成基体-法兰 1 的创建。

图 5.1.12　基体-法兰 1

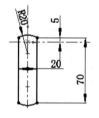

图 5.1.13　横断面草图

Step3. 创建图 5.1.14 所示的钣金特征——绘制的折弯 1。

（1）选择命令。选择下拉菜单 插入(I) ➡ 钣金(H) ➡ ▤ 绘制的折弯(S)... 命令（或单击"钣金"工具栏上的"绘制的折弯"按钮 ▤ ）。

（2）定义特征的折弯线。

① 定义折弯线草图基准面。选取图 5.1.15 所示的模型表面作为折弯线草图基准面。

图 5.1.14　绘制的折弯 1

草图基准面

图 5.1.15　折弯线草图基准面

② 定义折弯线草图。在草图环境中绘制图 5.1.16 所示的折弯线。

③ 选择下拉菜单 插入(I) ➡ 退出草图 命令，退出草图环境，此时系统弹出"绘制的折弯"对话框。

（3）定义折弯固定侧。在图 5.1.17 所示的位置处单击，确定折弯固定侧。

（4）定义钣金参数属性。在 折弯参数(P) 区域的 文本框中输入折弯角度值 60.0，在 折弯位置: 区域中单击"材料在内"按钮。在 文本框中输入折弯半径值 1。

（5）单击 ✓ 按钮，完成绘制的折弯 1 的创建。

图 5.1.16 绘制的折弯线

选取此点的位置为折弯固定侧

图 5.1.17 固定侧的位置

Step4. 创建图 5.1.18 所示的钣金特征——绘制的折弯 2。

（1）选择命令。选择下拉菜单 插入(I) ➡ 钣金 (H) ➡ 绘制的折弯(S)… 命令（或单击"钣金"工具栏上的"绘制的折弯"按钮 ）。

（2）定义特征的折弯线。

① 定义折弯线草图基准面。选取图 5.1.19 所示的模型表面作为折弯线草图基准面。

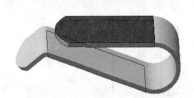

图 5.1.18 绘制的折弯 2

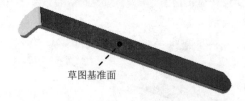

草图基准面

图 5.1.19 折弯线草图基准面

② 定义折弯线草图。在草图环境中绘制图 5.1.20 所示的折弯线。

③ 选择下拉菜单 插入(I) ➡ 退出草图 命令，退出草图环境，此时系统弹出"绘制的折弯"对话框。

（3）定义折弯固定侧。在图 5.1.21 所示的位置处单击，确定折弯固定侧。

选取此点的位置为折弯固定侧

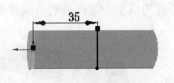

图 5.1.20 绘制的折弯线

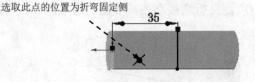

图 5.1.21 固定侧的位置

（4）定义钣金参数属性。在 折弯参数(P) 区域的 文本框中输入折弯角度值 200，在 折弯位置: 区域中单击"折弯中心线"按钮。在 文本框中输入折弯半径值 5。

（5）单击 ✓ 按钮，完成绘制的折弯 2 的创建。

Step5. 创建图 5.1.22 所示的切除-拉伸 1。

（1）选择命令。选择下拉菜单 插入(I) → 切除(C) → 拉伸(E)...命令。

（2）定义特征的横断面草图。选取图 5.1.23 所示的模型表面作为草图基准面，在草图环境中绘制图 5.1.24 所示的横断面草图。

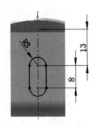

图 5.1.22　切除-拉伸 1　　　图 5.1.23　草图基准面　　　图 5.1.24　横断面草图

（3）定义切除深度属性。在"切除-拉伸"对话框的 方向1 区域的 ↗ 下拉列表中选择 成形到下一面 选项，选中 ☑ 正交切除(N) 复选框。其他采用系统默认设置。

（4）单击 ✓ 按钮，完成切除-拉伸 1 的创建。

Step6. 创建图 5.1.25 所示的切除-拉伸 2。

（1）选择命令。选择下拉菜单 插入(I) → 切除(C) → 拉伸(E)...命令。

（2）定义特征的横断面草图。选取图 5.1.26 所示的模型表面作为草图基准面，在草图环境中绘制图 5.1.27 所示的横断面草图。

（3）定义切除深度属性。在"切除-拉伸"对话框的 方向1 区域的 ↗ 下拉列表中选择 成形到下一面 选项，选中 ☑ 正交切除(N) 复选框。其他采用系统默认设置。

（4）单击 ✓ 按钮，完成切除-拉伸 2 的创建。

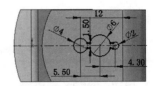

图 5.1.25　切除-拉伸 2　　　图 5.1.26　草图基准面　　　图 5.1.27　横断面草图

Step7. 创建图 5.1.28 所示的成形特征 1。

（1）单击任务窗格中的"设计库"按钮 🗄，打开"设计库"对话框。

（2）单击"设计库"对话框中的 ins45 节点，在设计库下部的列表框中选择"roll_shaped_tool_01"文件，并拖动到图 5.1.28 所示的平面，在系统弹出的"成形工具特征"对话框 旋转角度(A) 文本框中输入值 90，单击 ✓ 按钮。

（3）单击设计树中 roll_shaped_tool_011 节点前的"+"号，右击 草图8 特征，在系统弹出的快捷菜单中单击 命令，进入草图环境。

（4）编辑草图，如图 5.1.29 所示。退出草图环境，完成成形特征 1 的创建。

图 5.1.28　成形特征 1

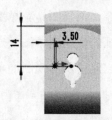

图 5.1.29　编辑草图

Step8. 创建图 5.1.30b 所示的镜像 1。

（1）选择命令。选择下拉菜单 插入(I) ➡ 阵列/镜向(E) ▶ ➡ ▶|◀ 镜向(M)... 命令。

（2）定义镜像基准面。选取右视基准面作为镜像基准面。

（3）定义镜像对象。选择成形特征 1 作为镜像 1 的对象。

（4）单击 ✔ 按钮，完成镜像 1 的创建。

a）镜像前　　　　　　　　　　　　　　　　b）镜像后

图 5.1.30　镜像 1

Step9. 至此，钣金件模型创建完毕。选择下拉菜单 文件(F) ➡ 🖬 保存(S) 命令，将模型命名为 roll_ruler_hip 即可保存钣金件模型。

5.2　夹　　子

案例概述：

本案例介绍了夹子的设计过程。该件设计过程较为复杂，应用命令较多，重点要掌握成形工具的创建及应用方法。另外，设计中要注意斜接法兰特征的创建过程。夹子的钣金件模型如图 5.2.1 所示。

图 5.2.1　夹子钣金件模型

Task1. 创建成形工具

成形工具模型及设计树如图 5.2.2 所示。

图 5.2.2　成形工具模型及设计树

Step1. 新建模型文件。选择下拉菜单 文件(F) ➡️ 新建 (N)... 命令，在系统弹出的 "新建 SOLIDWORKS 文件" 对话框中选择 "零件" 模块，单击 确定 按钮，进入建模环境。

Step2. 创建图 5.2.3 所示的零件基础特征——凸台-拉伸。选择下拉菜单 插入(I) ➡️ 凸台/基体 (B) ➡️ 拉伸(E)... 命令；选取前视基准面作为草图平面；在草绘环境中绘制图 5.2.4 所示的横断面草图；采用系统默认的深度方向，在 "凸台-拉伸" 对话框 方向1(1) 区域的 ↗ 下拉列表中选择 给定深度 选项，在 🔲 文本框中输入深度值 5.00；单击 ✔ 按钮，完成凸台-拉伸的创建。

图 5.2.3　凸台-拉伸

图 5.2.4　横断面草图

Step3. 创建图 5.2.5 所示的零件基础特征——旋转。选择下拉菜单 插入(I) ➡️ 凸台/基体 (B) ➡️ 旋转 (R)... 命令；选取上视基准面作为草图平面；在草绘环境中绘制图 5.2.6 所示的横断面草图（包括中心线）；采用图 5.2.6 中绘制的中心线作为旋转轴线；在 方向1(1) 区域的 🔄 下拉列表中选择 给定深度 选项，采用系统默认的旋转方向，在 🔼 文本框中输入角度值 360.0；单击 ✔ 按钮，完成旋转的创建。

图 5.2.5　旋转

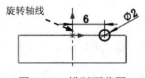

图 5.2.6　横断面草图

Step4. 创建图 5.2.7b 所示的圆角。选择下拉菜单 插入(I) ➡ 特征 (F) ➡ 圆角 (F)... 命令（或单击 按钮），系统弹出"圆角"对话框；采用系统默认的圆角类型；选取图 5.2.7a 所示的边线为要圆角的对象；在 圆角参数 区域的 文本框中输入圆角半径值 1.00；单击 按钮，完成圆角的创建。

Step5. 创建图 5.2.8 所示的零件特征——成形工具。选择下拉菜单 插入(I) ➡ 钣金(H) ➡ 成形工具 命令；选取图 5.2.8 所示的模型表面为成形工具的停止面；单击 按钮，完成成形工具的创建。

a）圆角前　　　　　　　　　　　　　　b）圆角后　　　　　　　停止面

图 5.2.7　圆角　　　　　　　　　　　　　　　　　　图 5.2.8　成形工具

Step6. 至此，成形工具模型创建完毕。选择下拉菜单 文件(F) ➡ 另存为(A)... 命令，把模型保存于 D:\swal18\work\ch05.02\，并命名为 clamp_shaped_tool_01。

Step7. 将成形工具调入设计库。单击任务窗格中的"设计库"按钮 ，打开设计库对话框；在"设计库"对话框中单击"添加文件位置"按钮 ，系统弹出"选取文件夹"对话框，在 查找范围(I): 下拉列表中找到 D:\swal18\work\ch05.02 文件夹后，单击 确定 按钮；此时在设计库中出现"ch05.02"节点，右击该节点，在系统弹出的快捷菜单中单击 成形工具文件夹 命令，完成成形工具调入设计库的设置。

Task2．创建主体零件模型

Step1. 新建模型文件。选择下拉菜单 文件(F) ➡ 新建 (N)... 命令，在系统弹出的"新建 SOLIDWORKS 文件"对话框中选择"零件"模块，单击 确定 按钮，进入建模环境。

Step2. 创建图 5.2.9 所示的钣金基础特征——基体-法兰 1。选择下拉菜单 插入(I) ➡ 钣金(H) ➡ 基体法兰 (A)... 命令（或单击"钣金"工具栏上的"基体法兰/薄片"按钮 ）；选取前视基准面作为草图平面；在草绘环境中绘制图 5.2.10 所示的横断面草图；在 钣金参数(S) 区域的 文本框中输入厚度值 0.50，在 折弯系数(A) 区域的下拉列表中选择 K 因子 选项，把文本框 K 的因子系数值改为 0.4，在 自动切释放槽(T) 区域的下拉列表中选择 矩形 选项，选中 使用释放槽比例(A) 复选框，在 比例(T): 文本框中输入比例系数值 0.5；单击 按钮，完成基体-法兰 1 的创建。

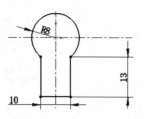

图 5.2.9 基体-法兰 1　　　　　　图 5.2.10 横断面草图

Step3. 创建图 5.2.11 所示的成形特征。单击任务窗格中的"设计库"按钮 ，打开"设计库"对话框；单击"设计库"对话框中的 ch05 节点，在设计库下部的列表框中选择"clamp_shaped_tool_01"文件，并拖动到图 5.2.11 所示的平面，在系统弹出的"成形工具特征"对话框中单击 按钮；单击设计树中 clamp_shaped_tool_011 节点前的 ，右击 (-) 草图4 特征，在系统弹出的快捷菜单中单击 命令，进入草绘环境；编辑草图（约束同心），如图 5.2.12 所示；退出草绘环境，完成成形特征的创建。

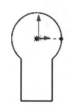

图 5.2.11 成形特征　　　　　　图 5.2.12 编辑草图

Step4. 创建图 5.2.13 所示的钣金特征——边线-法兰。选择下拉菜单 插入(I) ➡ 钣金(H) ➡ 边线法兰(E)... 命令（或单击"钣金"工具栏中的"边线-法兰"按钮 ）；选取图 5.2.14 所示的模型边线为生成的边线法兰的边线；在 角度(G) 区域的 文本框中输入角度值 90.0，在"边线法兰"对话框的 法兰长度(L) 区域的 下拉列表中选择 给定深度 选项，在 文本框中输入深度值 2.00；在此区域中单击"外部虚拟交点"按钮 ；在 法兰位置(N) 区域中单击"折弯在外"按钮 ；单击 按钮，完成边线-法兰的初步创建；在设计树的 边线-法兰1 上右击，在系统弹出的快捷菜单中单击 命令，系统进入草绘环境；绘制图 5.2.15 所示的草图，退出草绘环境，此时系统完成边线-法兰的创建。

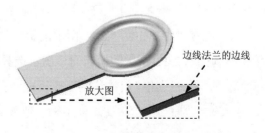

图 5.2.13 边线-法兰　　　　　　图 5.2.14 边线法兰的边线

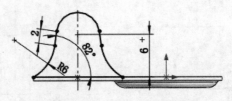

图 5.2.15　边线-法兰草图

Step5. 创建图 5.2.16 所示的镜像 1。选择下拉菜单 插入(I) ➡ 阵列/镜像 (E) ➡ ┠┨ 镜向(M)... 命令；选取右视基准面作为镜像基准面；选择边线法兰作为镜像 1 的对象；单击 ✔ 按钮，完成镜像 1 的创建。

a) 镜像前　　　　　　　　　　　　b) 镜像后

图 5.2.16　镜像 1

Step6. 创建图 5.2.17 所示的钣金特征——薄片。选择下拉菜单 插入(I) ➡ 钣金 (H) ➡ ∪ 基体法兰(A)... 命令（或单击"钣金"工具栏上的"基体法兰/薄片"按钮∪）；选取图 5.2.18 所示的模型表面作为草图平面；在草绘环境中绘制图 5.2.19 所示的横断面草图。

图 5.2.17　薄片　　　　图 5.2.18　草图平面　　　图 5.2.19　横断面草图

Step7. 创建图 5.2.20 所示的钣金特征——斜接法兰 1。选择下拉菜单 插入(I) ➡ 钣金 (H) ➡ ▢ 斜接法兰(M)... 命令（或单击"钣金"工具栏上的"斜接法兰"按钮▢），在模型中单击图 5.2.21 所示的斜接法兰的边线，系统自动生成基准面 1；在草绘环境中绘制图 5.2.22 所示的横断面草图，选择下拉菜单 插入(I) ➡ ▢ 退出草图 命令，退出草绘环境，系统弹出"斜接法兰"对话框；在 法兰位置(L): 区域中单击"折弯在外"按钮 ▢，在 缝隙距离(N): 区域的 ⚡G 文本框中输入值 3.0，其他参数采用系统默认设置值；单击 ✔ 按钮，完成斜接法兰 1 的创建。

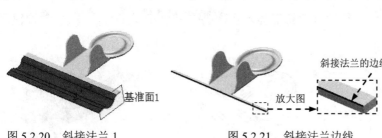

图 5.2.20　斜接法兰 1　　　图 5.2.21　斜接法兰边线　　　图 5.2.22　横断面草图

Step8. 创建图 5.2.23 所示的钣金特征——展开。选择下拉菜单 插入(I) ➡ 钣金(H) ➡ 展开(U)... 命令（或单击"钣金"工具栏上的"展开"按钮 ），系统弹出"展开"对话框；选取图 5.2.24 所示的模型表面为模型固定面；在"展开"对话框中单击 收集所有折弯(A) 按钮，系统将模型中所有可展平的折弯特征显示在 要展开的折弯: 列表框中；单击 按钮，完成展开的创建。

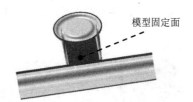

图 5.2.23　展开　　　　　　　　　图 5.2.24　模型固定面

Step9. 创建图 5.2.25 所示的切除-拉伸 1。选择下拉菜单 插入(I) ➡ 切除(C) ➡ 拉伸(E)... 命令；选取图 5.2.25 所示的模型表面作为草图平面；在草绘环境中绘制图 5.2.26 所示的横断面草图；选中 ☑ 与厚度相等(L) 复选框和 ☑ 正交切除(N) 复选框；其他采用系统默认设置值；单击 按钮，完成切除-拉伸 1 的创建。

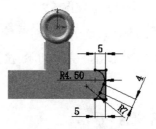

图 5.2.25　切除-拉伸 1　　　　　图 5.2.26　横断面草图

Step10. 创建图 5.2.27 所示的镜像 2。选择下拉菜单 插入(I) ➡ 阵列/镜像(E) ➡ 镜向(M)... 命令；选取右视基准面作为镜像基准面；选择切除-拉伸 1 作为镜像 2 的对象；单击 按钮，完成镜像 2 的创建。

Step11. 创建图 5.2.28 所示的钣金特征——折叠 1。选择下拉菜单 插入(I) ➡ 钣金(H) ➡ 折叠(F)... 命令（或单击"钣金"工具栏上的"折叠"按钮 ），系统弹出"折叠"对话框;选取展平特征的固定面为固定面;在"折叠"对话框中单击 收集所有折弯(A) 按钮,系统将模型中所有可折叠的折弯特征显示在 要折叠的折弯: 列表框中;单击 ✓ 按钮,完成折叠 1 的创建。

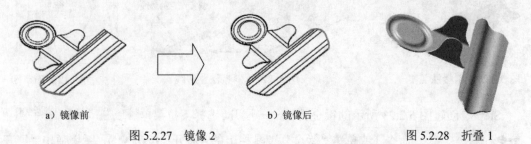

a)镜像前　　　　　　　　　　b)镜像后

图 5.2.27　镜像 2　　　　　　　　　　图 5.2.28　折叠 1

Step12. 创建图 5.2.29 所示的切除-拉伸 2。选择下拉菜单 插入(I) ➡ 切除(C) ▸ ➡ 拉伸(E)... 命令;选取图 5.2.30 所示的模型表面为草图平面;在草绘环境中绘制图 5.2.31 所示的横断面草图;在 方向1(1) 区域的 ↗ 下拉列表中选择 完全贯穿 选项,选中 ☑ 正交切除(N) 复选框,其他采用系统默认设置值;单击 ✓ 按钮,完成切除-拉伸 2 的创建。

图 5.2.29　切除-拉伸 2　　　　图 5.2.30　草图平面　　　　图 5.2.31　横断面草图

Step13. 创建图 5.2.32 所示的切除-拉伸 3。选择下拉菜单 插入(I) ➡ 切除(C) ▸ ➡ 拉伸(E)... 命令;选取图 5.2.33 所示的模型表面为草图平面,在草绘环境中绘制图 5.2.34 所示的横断面草图;选中 ☑ 与厚度相等(L) 复选框和 ☑ 正交切除(N) 复选框,其他采用系统默认设置值;单击 ✓ 按钮,完成切除-拉伸 3 的创建。

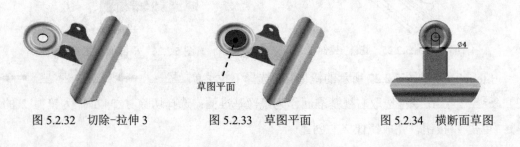

图 5.2.32　切除-拉伸 3　　　　图 5.2.33　草图平面　　　　图 5.2.34　横断面草图

Step14. 至此,钣金件模型创建完毕。选择下拉菜单 文件(F) ➡ 另存为(A)... 命令,将模型命名为 instance_sheetmetal,即可保存钣金件模型。

5.3 软驱托架

案例概述：

本案例介绍了软驱托架的设计过程，该设计过程较为复杂，应用的命令较多，重点要掌握成形工具的创建及应用方法；另外，要注意褶边的创建过程。软驱托架的钣金件模型如图5.3.1所示。

Task1. 创建成形工具1

成形工具1模型如图5.3.2所示。

Step1. 新建模型文件。选择下拉菜单 文件(F) ➡ 📄 新建(N)... 命令，在系统弹出的"新建SolidWorks文件"对话框中选择"零件"模块，单击 确定 按钮，进入建模环境。

Step2. 创建图5.3.3所示的零件基础特征——凸台-拉伸1。

（1）选择命令。选择下拉菜单 插入(I) ➡ 凸台/基体(B) ➡ 🗐 拉伸(E)... 命令。

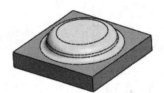

图5.3.1 软驱托架钣金件模型   图5.3.2 成形工具1模型

（2）定义特征的横断面草图。选取前视基准面作为草图基准面，在草图环境中绘制图5.3.4所示的横断面草图。

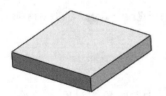

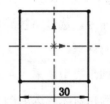

图5.3.3 凸台-拉伸1   图5.3.4 横断面草图（草图1）

（3）定义拉伸深度属性。采用系统默认的深度方向；在"凸台-拉伸"对话框的 方向1 区域的 ↗ 下拉列表中选择 给定深度 选项，在 🔟 文本框中输入深度值5.0。

（4）单击 ✔ 按钮，完成凸台-拉伸1的创建。

Step3. 创建图5.3.5所示的零件特征——凸台-拉伸2。

（1）选择下拉菜单 插入(I) ➡ 凸台/基体(B) ➡ 🗐 拉伸(E)... 命令。

（2）选取图5.3.6所示的模型表面为草图基准面，在草图环境中绘制图5.3.7所示的横断面草图。

（3）采用系统默认的深度方向；在"凸台-拉伸"对话框 **方向1** 区域的 下拉列表中选择 **给定深度** 选项，在 文本框中输入深度值 4.0。

（4）单击 按钮，完成凸台-拉伸 2 的创建。

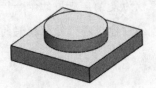

草图基准面

图 5.3.5　凸台-拉伸 2　　　　图 5.3.6　选取草图基准面

Step4. 创建图 5.3.8 所示的零件特征——拔模 1。

（1）选择命令。选择下拉菜单 **插入(I)** ➡ **特征(F)** ➡ **拔模(D)** ...命令（或单击"特征（F）"工具栏中的 **拔模** 按钮）。

（2）定义要拔模的项目。在 **要拔模的项目(I)** 区域 后的文本框中选取图 5.3.9 所示的拔模中性面和拔模面，在 后的文本框中输入拔模角度值 20。

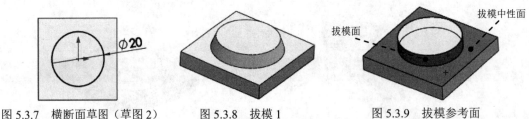

拔模面　　　　拔模中性面

图 5.3.7　横断面草图（草图 2）　　图 5.3.8　拔模 1　　　图 5.3.9　拔模参考面

说明：单击 按钮可以改变拔模方向。

（3）单击 按钮，完成拔模 1 的创建。

Step5. 创建图 5.3.10b 所示的圆角 1。

（1）选择命令。选择下拉菜单 **插入(I)** ➡ **特征(F)** ➡ 圆角 (U)...命令，系统弹出"圆角"对话框。

（2）定义圆角类型。采用系统默认的圆角类型。

（3）定义圆角对象。选取图 5.3.10a 所示的边线为要圆角的对象。

（4）定义圆角的半径。在 **圆角参数(P)** 区域的 文本框中输入圆角半径值 3.0。

（5）单击"圆角"对话框中的 按钮，完成圆角 1 的创建。

圆角边线

a）圆角前　　　　　　　　　　　　　　　b）圆角后

图 5.3.10　圆角 1

Step6. 创建图 5.3.11b 所示的圆角 2。选择下拉菜单 插入(I) ➡ 特征(F) ➡ 🔲 圆角(U)... 命令；选取图 5.3.11a 所示的边线为要圆角的对象，在 🔽 文本框中输入圆角半径值 2.0。单击 ✔ 按钮，完成圆角 2 的创建。

Step7. 创建图 5.3.12 所示的零件特征——成形工具 1。

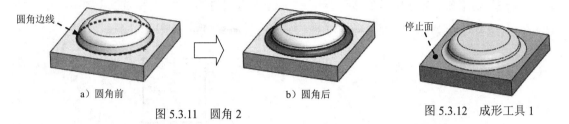

圆角边线

a）圆角前　　　　b）圆角后　　　　　　停止面

图 5.3.11　圆角 2　　　　　　　图 5.3.12　成形工具 1

（1）选择命令。选择下拉菜单 插入(I) ➡ 钣金(H) ➡ 🍄 成形工具 命令。

（2）定义成形工具属性。选取图 5.3.12 所示的模型表面为成形工具的停止面。

（3）单击 ✔ 按钮，完成成形工具 1 的创建。

Step8. 至此，成形工具模型创建完毕。选择下拉菜单 文件(F) ➡ 🔳 另存为(A)... 命令，把模型保存于 D:\swal18\work\ch05.03 文件夹中，并命名为 clamp_shaped_tool_01。

Step9. 将成形工具调入设计库。

（1）单击任务窗格中的"设计库"按钮 🗊，打开"设计库"对话框。

（2）在"设计库"对话框中单击"添加文件位置"按钮 🗊，弹出"选取文件夹"对话框，在 查找范围(I): 下拉列表中找到 D:\swal18\work\ch05.03 文件夹后，单击 确定 按钮。

（3）此时在设计库中出现"ch05.03"节点，右击该节点，在系统弹出的快捷菜单中选择 成形工具文件夹 命令，完成成形工具调入设计库的设置。

Task2. 创建成形工具 2

成形工具 2 模型如图 5.3.13 所示。

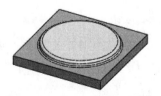

图 5.3.13　成形工具 2 模型

Step1. 新建模型文件。选择下拉菜单 文件(F) ➡ 🔲 新建(N)... 命令，在系统弹出的"新建 SolidWorks 文件"对话框中选择"零件"模块，单击 确定 按钮，进入建模环境。

Step2. 创建图 5.3.14 所示的零件特征——凸台-拉伸 1。

（1）选择命令。选择下拉菜单 插入(I) ➡ 凸台/基体(B) ➡ 🗐 拉伸(E)... 命令。

（2）定义特征的横断面草图。选取前视基准面作为草图基准面，在草图环境中绘制图

5.3.15 所示的横断面草图。

（3）定义拉伸深度属性。采用系统默认的深度方向；在"凸台-拉伸"对话框 **方向1** 区域的 下拉列表中选择 **给定深度** 选项，在 文本框中输入深度值 10.0。

（4）单击 按钮，完成凸台-拉伸 1 的创建。

Step3. 创建图 5.3.16 所示的零件特征——凸台-拉伸 2。

（1）选择下拉菜单 **插入(I)** ➡ **凸台/基体 (B)** ➡ 拉伸(E)...命令。

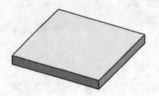

| 图 5.3.14 凸台-拉伸 1 | 图 5.3.15 横断面草图（草图 1） |

（2）选取图 5.3.17 所示的模型表面为草图基准面，在草图环境中绘制图 5.3.18 所示的横断面草图。

（3）采用系统默认的深度方向；在"凸台-拉伸"对话框 **方向1** 区域的 下拉列表中选择 **给定深度** 选项，在 文本框中输入深度值 4.0。

（4）单击 按钮，完成凸台-拉伸 2 的创建。

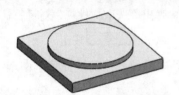

草图基准面

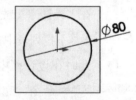

| 图 5.3.16 凸台-拉伸 2 | 图 5.3.17 选取草图基准面 | 图 5.3.18 横断面草图（草图 2） |

Step4. 创建图 5.3.19 所示的零件特征——拔模 1。

（1）选择命令。选择下拉菜单 **插入(I)** ➡ **特征(F)** ➡ **拔模 (D)** ...命令（或单击"特征（F）"工具栏中的 **拔模** 按钮）。

（2）定义要拔模的项目。在 **要拔模的项目(1)** 区域的 后的文本框中选取图 5.3.20 所示的拔模中性面和拔模面，在 后的文本框中输入拔模角度值 20。

说明：单击 按钮可以改变拔模方向。

（3）单击 按钮，完成拔模 1 的创建。

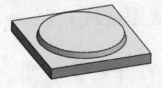

拔模中性面
拔模面

| 图 5.3.19 拔模 1 | 图 5.3.20 拔模参考面 |

Step5. 创建图 5.3.21b 所示的圆角 1。

（1）选择下拉菜单 插入(I) ➡ 特征(F) ➡ 🗔 圆角(U)... 命令。

（2）选取图 5.3.21a 所示的边线为要圆角的对象，在 🔧 文本框中输入圆角半径值 3.0。

（3）单击"圆角"对话框中的 ✅ 按钮，完成圆角 1 的创建。

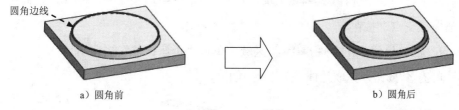

圆角边线

a）圆角前　　　　　　　　　　　　　　b）圆角后

图 5.3.21　圆角 1

Step6. 创建图 5.3.22b 所示的圆角 2。选择下拉菜单 插入(I) ➡ 特征(F) ➡ 🗔 圆角(U)... 命令；取图 5.3.22a 所示的边线为要圆角的对象，在 🔧 文本框中输入圆角半径值 2.0。单击 ✅ 按钮，完成圆角 2 的创建。

Step7. 创建图 5.3.23 所示的零件特征——成形工具 2。

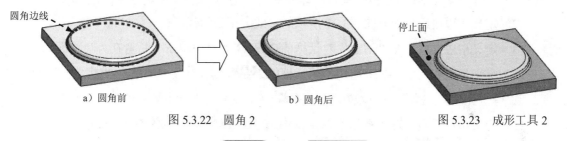

圆角边线　　　　　　　　　　　　　　　　　　　　　　　停止面

a）圆角前　　　　　　　　　b）圆角后

图 5.3.22　圆角 2　　　　　　　　　　　图 5.3.23　成形工具 2

（1）选择命令。选择下拉菜单 插入(I) ➡ 钣金(H) ➡ 🔨 成形工具 命令。

（2）定义成形工具属性。选取图 5.3.23 所示的模型表面为成形工具的停止面。

（3）单击 ✅ 按钮，完成成形工具 2 的创建。

Step8. 至此，成形工具 2 模型创建完毕。选择下拉菜单 文件(F) ➡ 🖫 另存为(A)... 命令，把模型保存于 D:\swal18\work\ch05.03 文件夹中，并命名为 clamp_shaped_tool_02。

Task3. 创建主体零件模型

说明： 本例前面的详细操作过程请参见学习资源中 video\ch05.03\reference\文件夹下的语音视频讲解文件 floppy_drive_bracket-r01.exe。

Step1. 打开文件 D:\swal18\work\ch05.03\floppy_drive_bracket_ex.SLDPRT。

Step2. 创建图 5.3.24 所示的钣金特征——边线-法兰 8。

（1）选择下拉菜单 插入(I) ➡ 钣金(H) ➡ 🗔 边线法兰(E)... 命令。

（2）选取图 5.3.25 所示的模型边线为生成的边线-法兰 8 的边线。

（3）取消选中 □使用默认半径(U) 复选框，在 ⌐ 文本框中输入圆角半径值 0.2。

（4）定义法兰参数。

① 定义法兰角度值。在 角度(G) 区域的 ⌐ᴿ 文本框中输入角度值 90.0。

② 定义长度类型和长度值。在"边线-法兰"对话框的 法兰长度(L) 区域单击 ↗ 按钮，并在其后的下拉列表中选择 给定深度 选项，在 ⟨⊓ 文本框中输入深度值 15.0，在此区域中单击"外部虚拟交点"按钮 ⌐ 。

③ 定义法兰位置。在 法兰位置(N) 区域中单击"折弯在外"按钮 ⌐ 。

（5）单击 ✓ 按钮，完成边线-法兰 8 的创建。

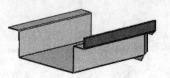
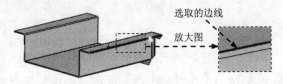

图 5.3.24　边线-法兰 8　　　　　　　　　　图 5.3.25　选取边线

Step3. 创建图 5.3.26 所示的钣金特征——褶边 1。

（1）选择命令。选择下拉菜单 插入(I) ➡ 钣金 (H) ➡ 褶边(H)... 命令。

（2）定义褶边边线。选取图 5.3.27 所示的边线为褶边边线。

（3）定义褶边位置。在"褶边"对话框的 边线(E) 区域中单击"折弯在外"按钮 ⌐ 。

（4）定义类型和大小。在"褶边"对话框的 类型和大小(T) 区域中单击"撕裂形"按钮 ⌐ ；在 ⌐ （角度）文本框中输入值 250，在 ⌐ （半径）文本框中输入值 1。

（5）定义折弯系数。在"褶边"对话框中选中 ☑自定义折弯系数(A) 复选框。在此区域的下拉列表中选择 K-因子 选项，并在 K 文本框中输入值 0.5。

（6）单击"褶边"对话框中的 ✓ 按钮，完成褶边操作。

图 5.3.26　褶边 1　　　　　　　　　　　图 5.3.27　褶边边线

Step4. 创建图 5.3.28 所示的钣金特征——边线-法兰 9。

（1）选择下拉菜单 插入(I) ➡ 钣金 (H) ➡ 边线法兰(E)... 命令。

（2）选取图 5.3.29 所示的模型边线为生成的边线-法兰 9 的边线。

图 5.3.28　边线-法兰 9　　　　　　　　　图 5.3.29　选取边线

（3）取消选中 □ 使用默认半径(U) 复选框，在 文本框中输入圆角半径值 0.2。

（4）定义法兰参数。

① 定义法兰角度值。在 角度(G) 区域的 文本框中输入角度值 90.0。

② 定义长度类型和长度值。在"边线-法兰"对话框的 法兰长度(L) 区域单击 按钮，并在其后的下拉列表中选择 给定深度 选项，在 文本框中输入深度值 8.0，在此区域中单击"外部虚拟交点"按钮 。

③ 定义法兰位置。在 法兰位置(N) 区域中单击"折弯在外"按钮 。

（5）单击 按钮，完成边线-法兰 9 的创建。

Step5. 创建图 5.3.30 所示的切除-拉伸 1。

（1）选择命令。选择下拉菜单 插入(I) ➡ 切除(C) ➡ 拉伸(E)... 命令。

（2）定义特征的横断面草图。选取图 5.3.31 所示的模型表面作为草图基准面，在草绘环境中绘制图 5.3.32 所示的横断面草图。

（3）定义切除深度属性。采用系统默认的拉伸方向，在"切除-拉伸"对话框 方向1 区域 后的下拉列表中选择 成形到下一面 选项，选中 ☑ 正交切除(N) 复选框；其他参数选择系统默认设置。

（4）单击对话框中的 按钮，完成切除-拉伸 1 的创建。

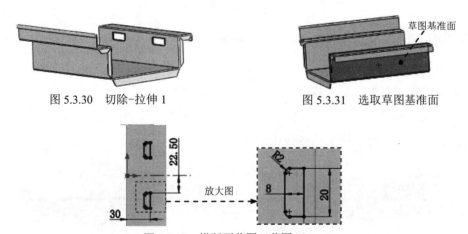

图 5.3.30 切除-拉伸 1　　　　图 5.3.31 选取草图基准面

图 5.3.32 横断面草图（草图 5）

Step6. 创建图 5.3.33 所示的钣金特征——边线-法兰 10。

（1）选择下拉菜单 插入(I) ➡ 钣金(H) ➡ 边线法兰(E)... 命令。

（2）选取图 5.3.34 所示的模型边线为生成的边线-法兰 10 的边线。

（3）取消选中 □ 使用默认半径(U) 复选框，在 文本框中输入圆角半径值 0.2。

（4）定义法兰参数。

① 定义法兰角度值。在 角度(G) 区域的 文本框中输入角度值 90.0。

② 定义长度类型和长度值。在"边线-法兰"对话框 **法兰长度(L)** 区域的下拉列表中选择 给定深度 选项，在 文本框中输入深度值 9.0，在此区域中单击"外部虚拟交点"按钮 。

③ 定义法兰位置。在 **法兰位置(N)** 区域中单击"折弯在外"按钮 。

④ 定义钣金折弯系数。在 **☑ 自定义折弯系数(A)** 区域的下拉列表中选择 K 因子 选项，把文本框中 **K** 的因子系数值改为 0.2。

（5）单击 按钮，完成边线-法兰 10 的创建。

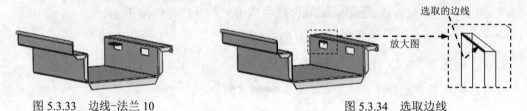

图 5.3.33 边线-法兰 10   图 5.3.34 选取边线

Step7. 创建图 5.3.35 所示的镜像 2。

a）镜像前   b）镜像后

图 5.3.35 镜像 2

（1）选择命令。选择下拉菜单 插入(I) —— 阵列/镜像(E) —— 镜向(M)... 命令。

（2）定义镜像基准面。选取上视基准面作为镜像基准面。

（3）定义镜像对象。选取边线-法兰 10 作为镜像源。

（4）单击该对话框中的 按钮，完成镜像 2 的创建。

Step8. 创建图 5.3.36 所示的镜像 3。

a）镜像前   b）镜像后

图 5.3.36 镜像 3

（1）选择命令。选择下拉菜单 插入(I) —— 阵列/镜像(E) —— 镜向(M)... 命令。

（2）定义镜像基准面。选取上视基准面作为镜像基准面。

（3）定义镜像对象。选取边线-法兰 10、切除-拉伸 1 和镜像 2 作为镜像源。

（4）单击该对话框中的 按钮，完成镜像 3 的创建。

Step9. 创建图 5.3.37 所示的切除-拉伸 2。

（1）选择命令。选择下拉菜单 插入(I) —— 切除(C) —— 拉伸(E)... 命令。

（2）定义特征的横断面草图。选取图 5.3.38 所示的模型表面作为草图基准面，在草绘环境中绘制图 5.3.39 所示的横断面草图。

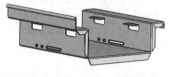 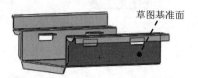

图 5.3.37 切除-拉伸 2　　　　　　　　图 5.3.38 选取草图基准面

（3）定义切除深度属性。采用系统默认的拉伸方向，在"切除-拉伸"对话框 方向1 区域 ↗ 后的下拉列表中选择 完全贯穿 选项，选中 ☑ 正交切除(N) 复选框。

（4）单击对话框中的 ✔ 按钮，完成切除-拉伸 2 的创建。

Step10. 创建图 5.3.40 所示的钣金特征——褶边 2。

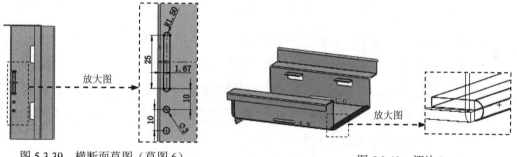

图 5.3.39 横断面草图（草图 6）　　　　　图 5.3.40 褶边 2

（1）选择命令。选择下拉菜单 插入(I) ➡ 钣金(H) ➡ 🥟 褶边 (H)... 命令。

（2）定义褶边边线。选取图 5.3.41 所示的边线为褶边边线。

（3）定义褶边位置。在"褶边"对话框的 边线(E) 区域中单击"折弯在外"按钮 🔄。

（4）定义类型和大小。在"褶边"对话框的 类型和大小(T) 区域中单击"闭合"按钮 🔄，在 🔄（长度）文本框中输入值 6.0。

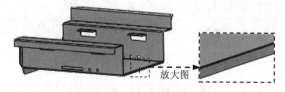

图 5.3.41 褶边边线

（5）单击"褶边"对话框中的 ✔ 按钮，完成褶边 2 的初步创建。

（6）编辑褶边 2 的轮廓草图。在设计树的 🥟 褶边2 上右击，在系统弹出的菜单上选择 🔄 按钮，在弹出的"褶边 2"对话框中单击 编辑褶边宽度 按钮，系统自动进入轮廓草图，编辑图 5.3.42 所示的草图。

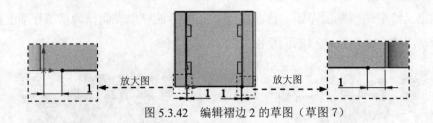

图 5.3.42　编辑褶边 2 的草图（草图 7）

（7）完成草图编辑后，单击 完成 按钮，此时系统自动完成褶边 2 的创建。

Step11. 创建图 5.3.43 所示的钣金特征——褶边 3。

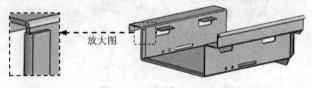

图 5.3.43　褶边 3

（1）选择命令。选择下拉菜单 插入(I) ➡ 钣金(H) ➡ 褶边(H)... 命令。

（2）定义褶边边线。选取图 5.3.44 所示的边线为褶边边线。

（3）定义褶边位置。在"褶边"对话框的 边线(E) 区域中单击"折弯在外"按钮。

（4）定义类型和大小。在"褶边"对话框 类型和大小(T) 区域中单击"闭合"按钮，在 （长度）文本框中输入值 6.0。

（5）单击"褶边"对话框中的 按钮，完成褶边 3 的初步创建。

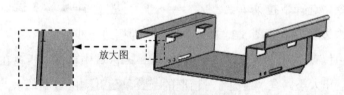

图 5.3.44　褶边边线

（6）编辑褶边 3 的轮廓草图。在设计树的 褶边3 上右击，在系统弹出的菜单上选择 按钮，在弹出的"褶边 3"对话框中单击 编辑褶边宽度 按钮，系统自动进入轮廓草图，编辑图 5.3.45 所示的草图。

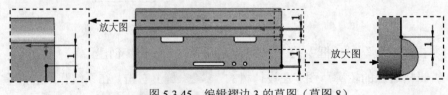

图 5.3.45　编辑褶边 3 的草图（草图 8）

（7）完成草图编辑后，单击 完成 按钮，此时系统自动完成褶边 3 的创建。

Step12. 创建图 5.3.46b 所示的镜像 4。

（1）选择下拉菜单 插入(I) ➡ 阵列/镜像(E) ➡ ▷◁ 镜向(M)... 命令。

（2）定义镜像基准面。选取右视基准面作为镜像基准面。

（3）定义镜像对象。选取褶边 3 作为镜像源。

（4）单击该对话框中的 ✓ 按钮，完成镜像 4 的创建。

a）镜像前   b）镜像后

图 5.3.46　镜像 4

Step13. 创建图 5.3.47 所示的钣金特征——褶边 4。

（1）选择命令。选择下拉菜单 插入(I) ➡ 钣金(H) ▶ ➡ ▷ 褶边(H)... 命令。

（2）定义褶边边线。选取图 5.3.48 所示的边线为褶边边线。

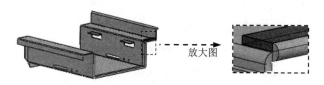

放大图

图 5.3.47　褶边 4

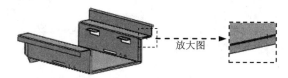

放大图

图 5.3.48　褶边边线

（3）定义褶边位置。在"褶边"对话框中的 边线(E) 区域中单击"折弯在外"按钮 🗗。

（4）定义类型和大小。在"褶边"对话框的 类型和大小(T) 区域中单击"闭合"按钮 🗗，在 🗗（长度）文本框中输入值 6.0。

（5）单击"褶边"对话框中的 ✓ 按钮，完成褶边 4 的创建。

Step14. 创建图 5.3.49 所示的钣金特征——褶边 5。

（1）选择命令。选择下拉菜单 插入(I) ➡ 钣金(H) ▶ ➡ ▷ 褶边(H)... 命令。

（2）定义褶边边线。选取图 5.3.50 所示的边线为褶边边线。

（3）定义褶边位置。在"褶边"对话框中的 边线(E) 区域中单击"折弯在外"按钮 🗗。

（4）定义类型和大小。在"褶边"对话框的 类型和大小(T) 区域中单击"闭合"按钮 🗗，在 🗗（长度）文本框中输入值 6.0。

（5）单击"褶边"对话框中的 ✓ 按钮，完成褶边 5 的初步创建。

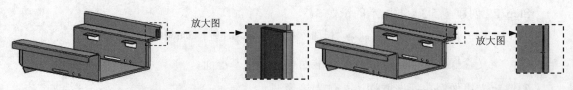

图 5.3.49　褶边 5　　　　　　　　　　　　　　　图 5.3.50　褶边边线

（6）编辑褶边 5 的轮廓草图。在设计树的 褶边5 上右击，在系统弹出的菜单上选择 按钮，在弹出的"褶边 5"对话框中单击 编辑褶边宽度 按钮，系统自动进入轮廓草图，编辑图 5.3.51 所示的草图。

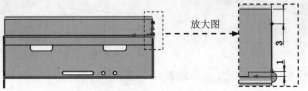

图 5.3.51　编辑褶边 5 的草图（草图 9）

（7）完成草图编辑后，单击 完成 按钮，此时系统自动完成褶边 5 的创建。

Step15. 创建图 5.3.52 所示的钣金特征——褶边 6。

（1）选择命令。选择下拉菜单 插入(I) → 钣金 (H) → 褶边 (H)...命令。

（2）定义褶边边线。选取图 5.3.53 所示的边线为褶边边线。

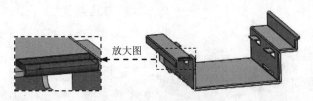

图 5.3.52　褶边 6

（3）定义褶边位置。在"褶边"对话框的 边线(E) 区域中单击"折弯在外"按钮 。

（4）定义类型和大小。在"褶边"对话框的 类型和大小(T) 区域中单击"闭合"按钮 ，在 （长度）文本框中输入值 6.0。

（5）单击"褶边"对话框中的 按钮，完成褶边 6 的初步创建。

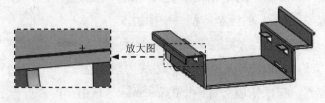

图 5.3.53　褶边边线

（6）编辑褶边 6 的轮廓草图。在设计树的 褶边6 上右击，在系统弹出的菜单上选择 按钮，在弹出的"褶边 6"对话框中单击 编辑褶边宽度 按钮，系统自动进入轮廓草图，编辑图 5.3.54 所示的草图。

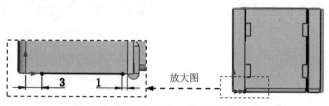

图 5.3.54 编辑褶边 6 的草图（草图 10）

（7）完成草图编辑后，单击 完成 按钮，此时系统自动完成褶边 6 的创建。

Step16. 创建图 5.3.55 所示的切除-拉伸 3。

（1）选择下拉菜单 插入(I) → 切除(C) → 拉伸(E)... 命令。

（2）选取图 5.3.56 所示的模型表面作为草图基准面，绘制图 5.3.57 所示的横断面草图。

（3）在 方向1 区域的 下拉列表中选择 完全贯穿 选项，选中 正交切除(N) 复选框。

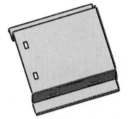

图 5.3.55 切除-拉伸 3

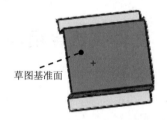

图 5.3.56 草图基准面

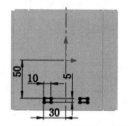

图 5.3.57 横断面草图（草图 11）

（4）单击 ✓ 按钮，完成切除-拉伸 3 的创建。

Step17. 创建图 5.3.58 所示的成形特征 1。

（1）单击任务窗格中的"设计库"按钮，打开"设计库"对话框。

（2）单击"设计库"对话框中的 ins47 节点，在设计库下部的列表框中选择"clamp_shaped_tool_01"文件，并拖动到图 5.3.59 所示的平面，在系统弹出的"成形工具特征"对话框中单击 ✓ 按钮。

（3）单击设计树中 clamp_shaped_tool_011 节点前的"+"号，右击 (-) 草图49 特征，在系统弹出的快捷菜单中单击 命令，进入草图环境。

（4）编辑草图，如图 5.3.60 所示。退出草图环境，完成成形特征 1 的创建。

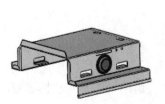

图 5.3.58 成形特征 1

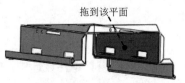

图 5.3.59 定义放置面

图 5.3.60 编辑草图（草图 12）

Step18. 创建图 5.3.61 所示的成形特征 2。详细步骤参照 Step17。选择 "clamp_shaped_tool_01" 文件作为成形工具，并拖动至图 5.3.62 所示的平面，编辑草图如图 5.3.63 所示。

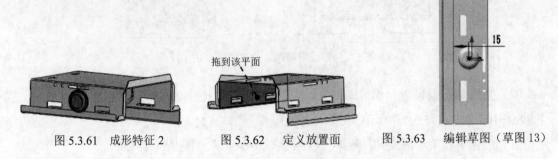

图 5.3.61　成形特征 2　　　图 5.3.62　定义放置面　　　图 5.3.63　编辑草图（草图 13）

Step19. 后面的详细操作过程请参见学习资源中 video\ch05.03\reference\文件夹下的语音视频讲解文件 floppy_drive_bracket-r02.exe。

5.4　文件夹钣金组件

5.4.1　案例概述

本案例详细介绍了一款文件夹钣金组件的设计过程。该钣金组件由 3 个钣金件组成（图 5.4.1），这 3 个零件在设计过程中应用了绘制的折弯、边线法兰及成形工具等命令，设计的大概思路是先创建基体法兰，之后再使用边线法兰、绘制的折弯等命令创建出最终模型。

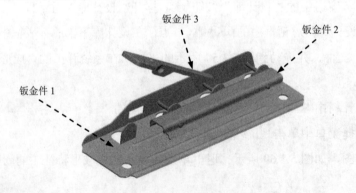

图 5.4.1　文件夹钣金组件

5.4.2　钣金件 1

Task1. 创建成形工具 1

成形工具用于创建模具成形特征，在该模具零件设计中，主要运用一些基本建模思想。下面就来创建用于成形特征的成形工具 1，成形工具 1 的零件模型如图 5.4.2 所示。

图 5.4.2　成形工具 1 零件模型

Step1. 新建模型文件。选择下拉菜单 文件(F) ➡ 新建(N)... 命令，在系统弹出的"新建 SolidWorks 文件"对话框中选择"零件"模块，单击 确定 按钮，进入建模环境。

Step2. 创建图 5.4.3 所示的零件基础特征——凸台-拉伸 1。选择下拉菜单 插入(I) ➡ 凸台/基体(B) ➡ 拉伸(E)... 命令；选取前视基准面作为草图基准面；在草图环境中绘制图 5.4.4 所示的横断面草图；采用系统默认的深度方向，在"凸台-拉伸"对话框 方向1 区域的下拉列表中选择 给定深度 选项，在 ↙D1 中输入深度值 10.0；单击 ✔ 按钮，完成凸台-拉伸 1 的创建。

Step3. 创建图 5.4.5 所示的草图 1。选取图 5.4.6 所示的表面作为草图基准面，在草图环境中绘制图 5.4.5 所示的草图 1。

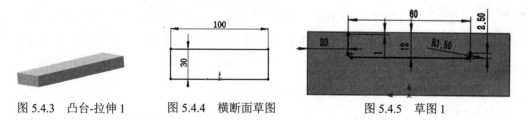

图 5.4.3　凸台-拉伸 1　　　图 5.4.4　横断面草图　　　图 5.4.5　草图 1

Step4. 创建图 5.4.7 所示的基准面 1。选择下拉菜单 插入(I) ➡ 参考几何体(G) ➡ 基准面(P)... 命令，系统弹出"基准面"对话框；选取图 5.4.8 所示的点和面为参考实体；单击 ✔ 按钮，完成基准面 1 的创建。

图 5.4.6　草图基准面　　　图 5.4.7　基准面 1　　　图 5.4.8　基准面参照

Step5. 创建图 5.4.9 所示的草图 2。选取基准面 1 作为草图基准面，在草图环境中绘制图 5.4.9 所示的草图 2。

Step6. 创建图 5.4.10 所示的扫描 1。选择下拉菜单 插入(I) ➡ 凸台/基体(B) ➡ 扫描(S)... 命令，系统弹出"扫描"对话框；选择草图 2 作为扫描 1 特征的轮廓；选择草图 1 作为扫描 1 特征的路径；单击 ✔ 按钮，完成扫描 1 的创建。

Step7. 创建图 5.4.11 所示的草图 3。选取草图 1 的基准面作为草图基准面，在草图环境中绘制图 5.4.11 所示的草图 3。

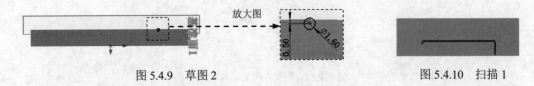

图 5.4.9 草图 2　　　　　　　　　　　　图 5.4.10 扫描 1

Step8. 创建图 5.4.12 所示的草图 4。选取基准面 1 作为草图基准面；在草图环境中绘制图 5.4.12 所示的草图 4。

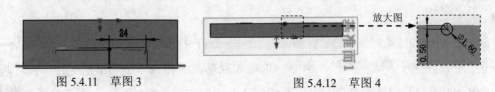

图 5.4.11 草图 3　　　　　　　　　　图 5.4.12 草图 4

Step9. 创建图 5.4.13 所示的扫描 2。选择下拉菜单 插入(I) ➡ 凸台/基体(B) ➡ 扫描(S)... 命令，系统弹出"扫描"对话框；选择草图 4 作为扫描 2 特征的轮廓；选择草图 3 作为扫描 2 特征的路径；单击 ✔ 按钮，完成扫描 2 的创建。

Step10. 创建图 5.4.14 所示的阵列（线性）1。选择下拉菜单 插入(I) ➡ 阵列/镜像(E) ➡ 线性阵列(L)... 命令；单击以激活 ☑ 特征和面(F) 选项组 区域中的文本框，选择扫描 2 作为要阵列的对象；选取图 5.4.14 所示的边线作为阵列引导边线；在 对话框中输入间距值 24.0，在 文本框中输入实例数值 2；单击 ✔ 按钮，完成阵列（线性）1 的创建。

说明： 通过 ↗ 按钮可以更改阵列方向。

图 5.4.13 扫描 2　　　　　　　　　图 5.4.14 阵列（线性）1

Step11. 创建图 5.4.15 所示的切除-拉伸 1。选择下拉菜单 插入(I) ➡ 切除(C) ➡ 拉伸(E)... 命令；选取图 5.4.16 所示的模型表面作为草图基准面，绘制图 5.4.17 所示的横断面草图；在"切除-拉伸"对话框的 方向 1 区域的 下拉列表中选择 完全贯穿 选项，其他采用系统默认设置；单击 ✔ 按钮，完成切除-拉伸 1 的创建。

图 5.4.15 切除-拉伸 1　　　　图 5.4.16 草图基准面　　　　图 5.4.17 横断面草图

Step12. 创建图 5.4.18 所示的零件特征——成形工具 1。选择下拉菜单 插入(I) ➡ 钣金(H) ➡ 成形工具 命令；激活"成形工具"对话框的 停止面 区域，选取图 5.4.18

所示的模型表面作为成形工具的停止面；单击 ✔ 按钮，完成成形工具 1 的创建。

图 5.4.18 成形工具 1

Step13. 至此，成形工具 1 模型创建完毕。选择下拉菜单 文件(F) ➡ 🔲 另存为(A)... 命令，把模型保存于 D:\swal18\work\ch05.04\文件夹中，并命名为 file_shaped_tool_01。

Step14. 将成形工具调入设计库。单击任务窗格中的"设计库"按钮 🔳，打开"设计库"对话框；在"设计库"对话框中单击"添加文件位置"按钮 🔳，系统弹出"选取文件夹"对话框，在 查找范围(I): 下拉列表中找到 D:\swal18\work\ch05.04 文件夹后，单击 确定 按钮；此时在设计库中出现"ch05.04"节点，右击该节点，在系统弹出的快捷菜单中单击 成形工具文件夹 命令，完成成形工具调入设计库的设置。

Task2. 创建成形工具 2

成形工具 2 的零件模型如图 5.4.19 所示。

图 5.4.19 成形工具 2 零件模型

Step1. 新建模型文件。选择下拉菜单 文件(F) ➡ 🔲 新建(N)... 命令，在系统弹出的"新建 SolidWorks 文件"对话框中选择"零件"模块，单击 确定 按钮，进入建模环境。

Step2. 创建图 5.4.20 所示的零件基础特征——凸台-拉伸 1。选择下拉菜单 插入(I) ➡ 凸台/基体(B) ➡ 🔲 拉伸(E)... 命令；选取前视基准面作为草图基准面，绘制图 5.4.21 所示的横断面草图；采用系统默认的深度方向；在 方向1 区域的下拉列表中选择 给定深度 选项，在 🔐 中输入深度值 10.0。单击 ✔ 按钮，完成凸台-拉伸 1 的创建。

Step3. 创建图 5.4.22 所示的基准面 1。选择下拉菜单 插入(I) ➡ 参考几何体(G) ➡ 🔲 基准面(P)... 命令；选取图 5.4.22 所示的模型表面为参考实体，在 🔲 文本框中输入等距距离值 22.0，并选中 ☑ 反转 复选框。单击 ✔ 按钮，完成基准面 1 的创建。

图 5.4.20 凸台-拉伸 1

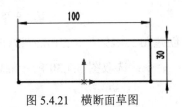

图 5.4.21 横断面草图

Step4. 创建图 5.4.23 所示的草图 1。选取基准面 1 作为草图基准面，绘制图 5.4.23 所示的草图 1。

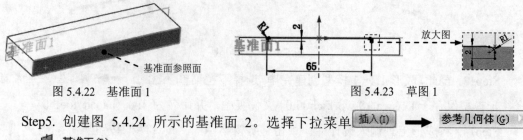

图 5.4.22 基准面 1   图 5.4.23 草图 1

Step5. 创建图 5.4.24 所示的基准面 2。选择下拉菜单 插入(I) ➡ 参考几何体(G) ▸

➡ 🔲 基准面(P)...命令，选取图 5.4.25 所示的点和面为参考实体。

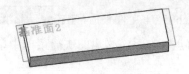

图 5.4.24 基准面 2   图 5.4.25 基准面参照实体

Step6. 创建图 5.4.26 所示的草图 2。选取基准面 2 作为草图基准面，绘制图 5.4.26 所示的草图 2。

Step7. 创建图 5.4.27 所示的扫描 1。选择下拉菜单 插入(I) ➡ 凸台/基体(B) ➡

🔩 扫描(S)...命令，系统弹出"扫描"对话框；选择草图 2 作为扫描 1 特征的轮廓；选择草图 1 作为扫描 1 特征的路径；单击 ✅ 按钮，完成扫描 1 的创建。

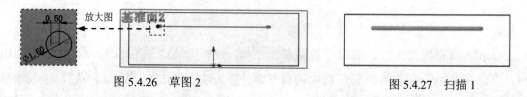

图 5.4.26 草图 2   图 5.4.27 扫描 1

Step8. 创建图 5.4.28b 所示的圆角 1。选择下拉菜单 插入(I) ➡ 特征(F) ▸ ➡

📦 圆角(U)...命令；选取图 5.4.28a 所示的边线为要圆角的对象，在 📐 文本框中输入圆角半径值 1。

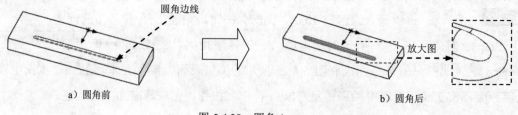

a）圆角前   b）圆角后

图 5.4.28 圆角 1

Step9. 创建图 5.4.29 所示的切除-拉伸 1。选择下拉菜单 插入(I) ➡ 切除(C) ▸ ➡

🗔 拉伸(E)...命令；选取图 5.4.30 所示的模型表面作为草图基准面，绘制图 5.4.31 所示的横断面草图；在"切除-拉伸"对话框的 方向1 区域的 ↗ 下拉列表中选择 完全贯穿 选项，其他采用系统默认设置；单击 ✔ 按钮，完成切除-拉伸 1 的创建。

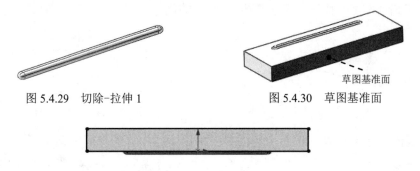

图 5.4.29 切除-拉伸 1   图 5.4.30 草图基准面

图 5.4.31 横断面草图

Step10. 创建图 5.4.32 所示的零件特征——成形工具 2。选择下拉菜单 插入(I) ➡ 钣金(H) ➡ 🔨 成形工具 命令；激活"成形工具"对话框的 停止面 区域，选取图 5.4.32 所示的模型表面作为成形工具的停止面；单击 ✔ 按钮，完成成形工具 2 的创建。

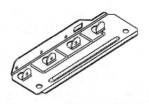

图 5.4.32 成形工具 2

Step11. 至此，成形工具 2 模型创建完毕。选择下拉菜单 文件(F) ➡ 🖫 另存为(A)... 命令，把模型保存于 D:\swal18\work\ch05.04\文件夹中，并命名为 file_shaped_tool_02。

Task3. 创建主体钣金件模型

主体钣金件的模型如图 5.4.33 所示。

图 5.4.33 主体钣金件模型

Step1. 新建模型文件。选择下拉菜单 文件(F) ➡ 🗋 新建(N)... 命令，在系统弹出的"新建 SolidWorks 文件"对话框中选择"零件"模块，单击 确定 按钮，进入建模环境。

Step2. 创建图 5.4.34 所示的钣金基础特征——基体-法兰 1。选择下拉菜单 插入(I) ➡ 钣金(H) ➡ 🜅 基体法兰(A)... 命令；选取前视基准面作为草图基准面，绘制图 5.4.35 所示的横断面草图；在 钣金参数(S) 区域的 ⟨T1 文本框中输入厚度值 0.5，在 ▽ 折弯系数(A) 区域的下拉列表中选择 K 因子 选项，把 K 文本框的因子系数值改为 0.4，在 ☑ 自动切释放槽(T) 区域的下拉列表中选择 矩形 选项，选中 ☑ 使用释放槽比例(A) 复选框，在 比例(T): 文本框中输入比例系数值 0.5；单击 ✓ 按钮，完成基体-法兰 1 的创建。

图 5.4.34　基体-法兰 1　　　　　　　　　图 5.4.35　横断面草图

Step3. 创建图 5.4.36 所示的钣金特征——断开-边角 1。选择下拉菜单 插入(I) ➡️ 钣金 (H) ▶ ➡️ 🐾 断裂边角 (K)... 命令（或在工具栏中选择 🐾 · ➡️ 🐾 断开边角/边角剪裁 命令）；激活 折断边角选项(B) 区域的 🐾，选取图 5.4.37 所示的断开边角线；在 折断类型: 文本框中选取"倒角"按钮 🔲，在 🔽 文本框中输入距离值 3.0；单击 ✓ 按钮，完成断开-边角 1 的创建。

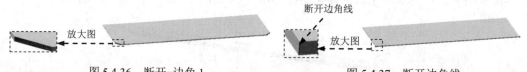

图 5.4.36　断开-边角 1　　　　　　　　　图 5.4.37　断开边角线

Step4. 创建图 5.4.38 所示的钣金特征——断开-边角 2。选择下拉菜单 插入(I) ➡️ 钣金 (H) ▶ ➡️ 🐾 断裂边角 (K)... 命令；激活 折断边角选项(B) 区域的 🐾，选取图 5.4.39 所示的边线；在 折断类型: 文本框中选取"倒角"按钮 🔲，在 🔽 文本框中输入距离值 5.0；单击 ✓ 按钮，完成断开-边角 2 的创建。

图 5.4.38　断开-边角 2　　　　　　　　　图 5.4.39　断开边角线

Step5. 创建图 5.4.40 所示的钣金特征——边线-法兰 1。选择下拉菜单 插入(I) ➡️ 钣金 (H) ▶ ➡️ 🐾 边线法兰 (E)... 命令；选取图 5.4.41 所示的模型边线为生成的边线法兰的边线；在 角度(G) 区域的 🔼 文本框中输入角度值 90.0，在"边线法兰"对话框 法兰长度(L) 区域的 ↗ 下拉列表中选择 给定深度 选项，在 🔽 文本框中输入深度值 4.0，在 法兰位置(N) 区域中单击"折弯在外"按钮 🔲；单击 ✓ 按钮，完成边线-法兰 1 的初步创建；在设计树的 ▸ 🐾 边线-法兰1 上右击，在系统弹出的快捷菜单中单击 📝 命令，系统进入草图环境，绘制图 5.4.42 所示的草图。退出草图环境，此时系统自动完成边线-法兰 1 的创建。

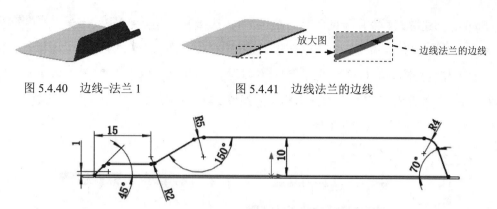

图 5.4.40　边线-法兰 1　　　　图 5.4.41　边线法兰的边线

图 5.4.42　边线-法兰 1 草图

Step6. 创建图 5.4.43 所示的成形特征 1。单击任务窗格中的"设计库"按钮 ，打开"设计库"对话框；单击"设计库"对话框中的"ch48"节点，在"设计库"下部的列表框中选择"file_shaped_tool_01"文件并拖动到图 5.4.43 所示的平面，在系统弹出的"成形工具特征"对话框中单击 按钮；单击设计树中 ⊞ 🢃 file_shaped_tool_011 节点前的"+"号，右击 ✍ (-) 草图7 特征，在系统弹出的快捷菜单中单击 命令，进入草图环境；编辑草图，如图 5.4.44 所示。退出草图环境，完成成形特征 1 的创建。

图 5.4.43　成形特征 1　　　　　　　图 5.4.44　编辑草图

Step7. 创建图 5.4.45 所示的成形特征 2。单击任务窗格中的"设计库"按钮 ，打开设计库对话框；单击"设计库"对话框中的"ch48"节点，在"设计库"下部的列表框中选择"file_shaped_tool_02"文件并拖动到图 5.4.45 所示的平面，在系统弹出的"成形工具特征"对话框中单击 按钮；单击设计树中 ⊞ 🢃 file_shaped_tool_021 节点前的"+"号，右击 ✍ (-) 草图9 特征，在系统弹出的快捷菜单中单击 命令，进入草图环境；编辑草图，如图 5.4.46 所示。退出草图环境，完成成形特征 2 的创建。

Step8. 创建图 5.4.47 所示的切除-拉伸 1。选择下拉菜单 插入(I) ➡ 切除(C) ➡ 拉伸(E)... 命令；选取图 5.4.47 所示的模型表面作为草图基准面，绘制图 5.4.48 所示的横断面草图；在"切除-拉伸"对话框 方向1 区域选中 ☑ 与厚度相等(L) 复选框与 ☑ 正交切除(N) 复选框；其他采用系统默认设置；单击 按钮，完成切除-拉伸 1 的创建。

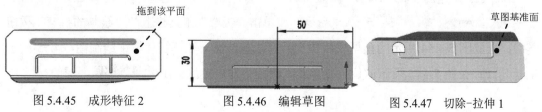

图 5.4.45　成形特征 2　　　　　图 5.4.46　编辑草图　　　　　图 5.4.47　切除-拉伸 1

Step9. 创建图 5.4.49 所示的阵列（线性）1。选择下拉菜单 插入(I) ➡ 阵列/镜像(E) ➡ ▒ 线性阵列(L)... 命令；单击以激活 ☑ 特征和面(F) 选项组 🔲 区域中的文本框，选取切除-拉伸 1 作为要阵列的对象；单击 方向1 区域的 ⚲ 后的文本框，选取图 5.4.49 所示的线作为阵列方向参考线；在 🔲 文本框中输入间距值 24.0，在 🔲 文本框中输入实例数值 4；单击 ✔ 按钮，完成阵列（线性）1 的创建。

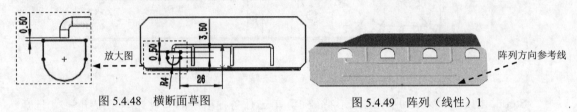

图 5.4.48　横断面草图　　　　　　　　　　图 5.4.49　阵列（线性）1

Step10. 创建图 5.4.50 所示的钣金特征——边线-法兰 2。选择下拉菜单 插入(I) ➡ 钣金(H) ▸ ➡ 📦 边线法兰 (E)... 命令（或单击"钣金"工具栏中的 📦 按钮）；选取图 5.4.51 所示的模型边线为生成的边线法兰的边线；在 角度(G) 区域的 🔲 文本框中输入角度值 90.0，在"边线法兰"对话框 法兰长度(L) 区域的 ⚲ 下拉列表中选择 给定深度 选项，在 🔲 文本框中输入深度值 1.0，在 法兰位置(N) 区域中单击"折弯在外"按钮 📐；单击 ✔ 按钮，完成边线法兰 2 的初步创建；在设计树的 ▸ 📦 边线-法兰2 上右击，在系统弹出的快捷菜单中单击 📝 命令，系统进入草图环境；绘制图 5.4.52 所示的草图。退出草图环境，此时系统自动完成边线-法兰 2 的创建。

Step11. 创建钣金特征——边线-法兰 3、边线-法兰 4、边线-法兰 5（图 5.4.53）。由于它们的创建过程与边线-法兰 2 类似，这里不再叙述。

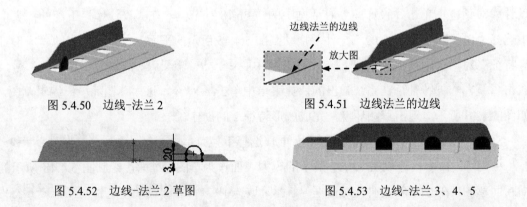

图 5.4.50　边线-法兰 2　　　　　　　　　图 5.4.51　边线法兰的边线

图 5.4.52　边线-法兰 2 草图　　　　　　　图 5.4.53　边线-法兰 3、4、5

Step12. 创建图 5.4.54 所示的钣金特征——绘制的折弯 1。选择下拉菜单 插入(I) ➡ 钣金(H) ▸ ➡ 📦 绘制的折弯(S)... 命令（或单击"钣金"工具栏上的"绘制的折弯"按钮 📦 ）；选取图 5.4.54 所示的模型表面作为折弯线基准面，在草图环境中绘制图 5.4.55 所示的折弯线；在图 5.4.55 所示的位置处单击，确定折弯固定侧；在 折弯参数(P) 区域的 🔲 文本框中输入折弯角度值 60.0，在 折弯位置: 区域中单击"折弯中心线"按钮 ▥，在 ⌐ 文本框中输入折弯半径值 0.2；单击 ✔ 按钮，完成绘制的折弯 1 的创建。

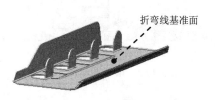
折弯线基准面

图 5.4.54　绘制的折弯 1

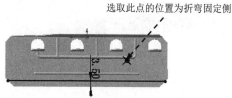
选取此点的位置为折弯固定侧

图 5.4.55　绘制的折弯线

Step13. 创建图 5.4.56 所示的钣金特征——绘制的折弯 2。选择下拉菜单 插入(I) ➡ 钣金(H) ▸ ➡ 📇 绘制的折弯(S)... 命令（或单击"钣金"工具栏上的"绘制的折弯"按钮 📇）；选取图 5.4.57 所示的模型表面作为折弯线基准面，在草图环境中绘制图 5.4.58 所示的折弯线；在图 5.4.58 所示的位置处单击，确定折弯固定侧；在 折弯参数(P) 区域的 ↗ 文本框中输入折弯角度值 120.0，在 折弯位置: 区域中单击"折弯在外"按钮 └，在 ⌐ 文本框中输入折弯半径值 1.0；单击 ✔ 按钮，完成绘制的折弯 2 的创建。

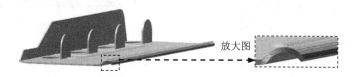
放大图

图 5.4.56　绘制的折弯 2

折弯线基准面

图 5.4.57　折弯线基准面

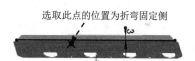
选取此点的位置为折弯固定侧

图 5.4.58　绘制的折弯线

Step14. 创建图 5.4.59 所示的切除-拉伸 2。选择下拉菜单 插入(I) ➡ 切除(C) ➡ 🗔 拉伸(E)... 命令；选取图 5.4.60 所示的表面作为草图基准面，绘制图 5.4.60 所示的横断面草图；在"切除-拉伸"对话框 方向1 区域的 ↗ 下拉列表中选择 完全贯穿 选项，选中 ☑ 正交切除(N) 复选框，其他采用系统默认设置；单击 ✔ 按钮，完成切除-拉伸 2 的创建。

图 5.4.59　切除-拉伸 2

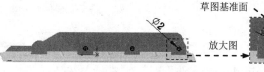
草图基准面
放大图

图 5.4.60　横断面草图

Step15. 创建图 5.4.61 所示的切除-拉伸 3。选择下拉菜单 插入(I) ➡ 切除(C) ➡ 🗔 拉伸(E)... 命令；选取图 5.4.61 所示的表面作为草图基准面，绘制图 5.4.62 所示的横断面草图；在"切除-拉伸"对话框 方向1 区域选中 ☑ 与厚度相等(L) 复选框与 ☑ 正交切除(N)

复选框；其他采用系统默认设置；单击 ✓ 按钮，完成切除-拉伸 3 的创建。

图 5.4.61　切除-拉伸 3　　　　　　　　图 5.4.62　横断面草图

Step16. 创建图 5.4.63 所示的切除-拉伸 4。选择下拉菜单 插入(I) ➡ 切除(C) ➡
🔲 拉伸(E)... 命令；选取图 5.4.63 所示的表面作为草图基准面，绘制图 5.4.64 所示的横断面草图；在"切除-拉伸"对话框 方向1 区域选中 ☑ 与厚度相等(L) 复选框与 ☑ 正交切除(N) 复选框；其他采用系统默认设置；单击 ✓ 按钮，完成切除-拉伸 4 的创建。

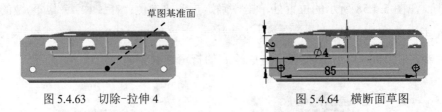

图 5.4.63　切除-拉伸 4　　　　　　　　图 5.4.64　横断面草图

Step17. 至此，钣金件 1 模型创建完毕。选择下拉菜单 文件(F) ➡ 📄 另存为(A)... 命令，将模型命名为 file_clamp_ 01，即可保存钣金件模型。

5.4.3　钣金件 2

钣金件 2 的模型如图 5.4.65 所示。

图 5.4.65　钣金件 2 模型

Step1. 新建模型文件。选择下拉菜单 文件(F) ➡ 📄 新建(N)... 命令，在系统弹出的"新建 SolidWorks 文件"对话框中选择"零件"模块，单击 确定 按钮，进入建模环境。

Step2. 创建图 5.4.66 所示的钣金基础特征——基体-法兰 1。选择下拉菜单 插入(I) ➡
钣金(H) ➡ ∪ 基体法兰(A)... 命令（或单击"钣金"工具栏上的"基体法兰/薄片"按钮 ∪)；选取前视基准面作为草图基准面，绘制图 5.4.67 所示的横断面草图；在 方向1 区域

的  下拉列表中选择 两侧对称 选项,在 文本框中输入深度值 65.0;在 钣金参数(S) 区域的 文本框中输入厚度值 0.15,在 文本框中输入折弯半径值 1.0;单击 按钮,完成基体-法兰 1 的创建。

图 5.4.66 基体-法兰 1

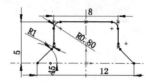

图 5.4.67 横断面草图

Step3. 创建图 5.4.68 所示的切除-拉伸 1。选择下拉菜单 插入(I) ➡ 切除(C) ➡ 拉伸(E)... 命令;选取右视基准面作为草图基准面,绘制图 5.4.69 所示的横断面草图;在"切除-拉伸"对话框 方向1 区域的 下拉列表中选择 完全贯穿 选项,选中 ☑ 正交切除(N) 复选框,选中 ☑ 方向2 复选框,其他采用系统默认设置;单击 按钮,完成切除-拉伸 1 的创建。

图 5.4.68 切除-拉伸 1

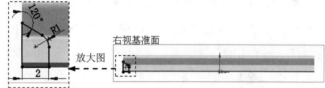

图 5.4.69 横断面草图

Step4. 创建图 5.4.70b 所示的镜像 1。选择下拉菜单 插入(I) ➡ 阵列/镜像(E) ➡ 镜向(M)... 命令;选取前视基准面作为镜像基准面;选择切除-拉伸 1 作为镜像 1 的对象;单击 按钮,完成镜像 1 的创建。

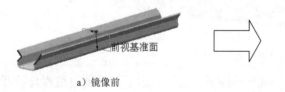

a) 镜像前

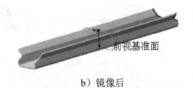

b) 镜像后

图 5.4.70 镜像 1

Step5. 创建图 5.4.71 所示的切除-拉伸 2。选择下拉菜单 插入(I) ➡ 切除(C) ➡ 拉伸(E)... 命令;选取图 5.4.71 所示的模型表面作为草图基准面,绘制图 5.4.72 所示的横断面草图;在 方向1 区域的 下拉列表中选择 完全贯穿 选项,选中 ☑ 正交切除(N) 复选框。单击 按钮,完成切除-拉伸 2 的创建。

Step6. 创建图 5.4.73 所示的切除-拉伸 3。选择下拉菜单 插入(I) ➡ 切除(C) ➡ 拉伸(E)... 命令;选取图 5.4.73 所示的模型表面作为草图基准面,绘制图 5.4.74 所示的横断面草图;在 方向1 区域的 下拉列表中选择 完全贯穿 选项,选中 ☑ 正交切除(N) 复选框。单击 ✓ 按钮，完成切除-拉伸 3 的创建。

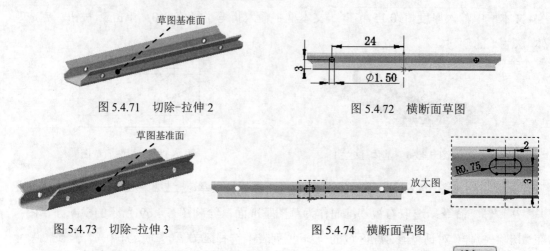

图 5.4.71　切除-拉伸 2

图 5.4.72　横断面草图

图 5.4.73　切除-拉伸 3

图 5.4.74　横断面草图

Step7. 创建图 5.4.75 所示的钣金特征——断开-边角 1。选择下拉菜单 插入(I) ➡
钣金 (H) ➡ 🗗 断裂边角 (K)... 命令（或在工具栏中选择 🗗 ▾ ➡ 🗗 断开边角/边角剪裁
命令）；激活 折断边角选项(B) 区域的 🗗 ，选取图 5.4.76 所示的各边线为断开边角线；在
折断类型: 文本框中单击"圆角"按钮 🗗 ，在 ⚡ 文本框中输入折弯半径值 1.0；单击 ✓ 按钮，
完成断开-边角 1 的创建。

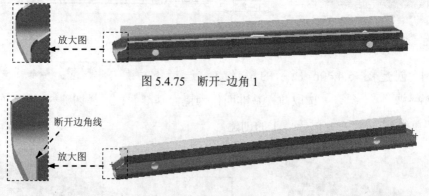

图 5.4.75　断开-边角 1

图 5.4.76　断开边角线

Step8. 创建图 5.4.77 所示的钣金特征——断开-边角 2。由于它的创建过程与断开-边角
1 类似，这里不再叙述。

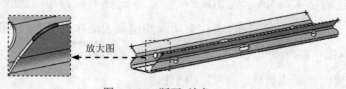

图 5.4.77　断开-边角 2

Step9. 至此，钣金件 2 模型创建完毕。选择下拉菜单 文件(F) ➡ 🖫 保存 (S) 命令，
将模型命名为 file_clamp_ 02，即可保存钣金件模型。

5.4.4 钣金件 3

Task1. 创建成形工具 3

成形工具 3 的零件模型如图 5.4.78 所示。

Step1. 新建模型文件。选择下拉菜单 文件(F) ➡ 新建(N)...命令，在系统弹出的"新建 SolidWorks 文件"对话框中选择"零件"模块，单击 确定 按钮，进入建模环境。

Step2. 创建图 5.4.79 所示的零件基础特征——凸台-拉伸 1。选择下拉菜单 插入(I) ➡ 凸台/基体(B) ➡ 拉伸(E)...命令；选取前视基准面作为草图基准面，绘制图 5.4.80 所示的横断面草图；采用系统默认的深度方向；在"凸台-拉伸"对话框 方向1 区域的 ↗ 下拉列表中选择 给定深度 选项，在 ⬚ 中输入深度值 0.7；单击 ✓ 按钮，完成凸台-拉伸 1 的创建。

Step3. 创建图 5.4.81b 所示的圆角 1。选择下拉菜单 插入(I) ➡ 特征(F) ➡ 圆角(U)...命令；选取图 5.4.81a 所示的边线为要圆角的对象，在 圆角参数(P) 区域的 ↗ 文本框中输入圆角半径值 1，选中 ☑ 切线延伸(G) 复选框。单击 ✓ 按钮，完成圆角 1 的创建。

Step4. 创建图 5.4.82 所示的零件特征——拔模 1。选择下拉菜单 插入(I) ➡ 特征(F) ➡ 拔模(D)...命令（或单击"特征（F）"工具栏中的 按钮）；选中 拔模类型(T) 区域的 ⊙ 中性面(E) 单选项；在 中性面(N) 区域的 ↗ 中选取图 5.4.83 所示的模型表面作为拔模中性面；在 拔模面(F) 区域的 ⬚ 中选取图 5.4.83 所示的模型表面作为拔模面，在 拔模沿面延伸(A): 中选取 沿切面 选项；在"拔模"对话框 拔模角度(G) 区域的 ⬚ 文本框后输入值 30.0；单击 ✓ 按钮，完成拔模 1 的创建。

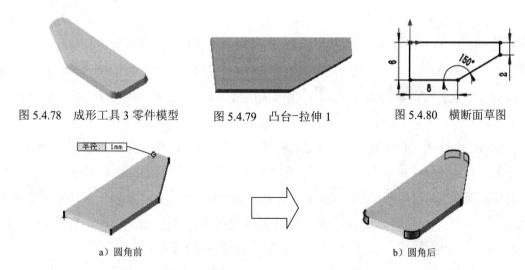

图 5.4.78 成形工具 3 零件模型　　图 5.4.79 凸台-拉伸 1　　图 5.4.80 横断面草图

a）圆角前　　　　　b）圆角后

图 5.4.81 圆角 1

说明：单击 ↗ 按钮可以改变拔模方向。

Step5. 创建图 5.4.84 所示的零件特征——成形工具 3。选择下拉菜单 `插入(I)` ➡ `钣金(H)` ➡ 🍄 `成形工具` 命令；激活"成形工具"对话框的 `停止面` 区域，选取图 5.4.84 所示的模型表面作为成形工具的停止面；单击 ✔ 按钮，完成成形工具 3 的创建。

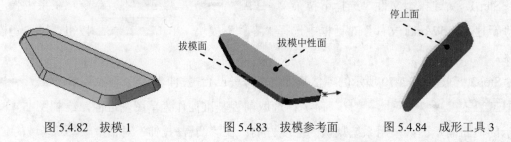

图 5.4.82 拔模 1   图 5.4.83 拔模参考面   图 5.4.84 成形工具 3

Step6. 至此，成形工具 3 模型创建完毕。选择下拉菜单 `文件(F)` ➡ 📧 `另存为(A)...` 命令，把模型保存于 D:\swal18\work\ch05.04\文件夹中，并命名为 file_shaped_tool_03。

Task2. 创建成形工具 4

成形工具 4 的零件模型如图 5.4.85 所示。

图 5.4.85 成形工具 4 零件模型

Step1. 新建模型文件。选择下拉菜单 `文件(F)` ➡ 📄 `新建(N)...` 命令，在系统弹出的 "新建 SolidWorks 文件"对话框中选择"零件"模块，单击 `确定` 按钮，进入建模环境。

Step2. 创建图 5.4.86 所示的零件基础特征——凸台-拉伸 1。选择下拉菜单 `插入(I)` ➡ `凸台/基体(B)` ➡ 🗐 `拉伸(E)...` 命令；选取前视基准面作为草图基准面，绘制图 5.4.87 所示的横断面草图；采用系统默认的深度方向；在"凸台-拉伸"对话框 `方向1` 区域的 ↗ 下拉列表中选择 `给定深度` 选项，在 ↗D1 中输入深度值 3.0；单击 ✔ 按钮，完成凸台-拉伸 1 的创建。

Step3. 创建图 5.4.88 所示的零件基础特征——旋转 1。选择下拉菜单 `插入(I)` ➡ `凸台/基体(B)` ➡ 🌀 `旋转(R)...` 命令；选取上视基准面作为草图基准面，绘制图 5.4.89 所示的横断面草图；采用图 5.4.89 所示的中心线作为旋转轴线；在"旋转"对话框 `方向1` 区域的 🔘 下拉列表中选择 `给定深度` 选项，采用系统默认的旋转方向；在 ↰R1 文本框中输入值 360，选中 ☑ `合并结果(M)` 复选框；单击 ✔ 按钮，完成旋转 1 的创建。

Step4. 创建图 5.4.90 所示的切除-拉伸 1。选择下拉菜单 `插入(I)` ➡ `切除(C)`

→  拉伸(E)... 命令；选取图 5.4.90 所示的表面作为草图基准面，绘制图 5.4.91 所示的横断面草图；单击 方向1 区域的 按钮，并在其下拉列表中选择 完全贯穿 选项，其他采用系统默认设置。单击 按钮，完成切除-拉伸 1 的创建。

图 5.4.86　凸台-拉伸 1

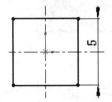

图 5.4.87　横断面草图

图 5.4.88　旋转 1

说明：单击 按钮可以改变切除-拉伸方向。

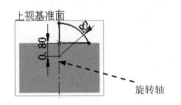

图 5.4.89　横断面草图

图 5.4.90　切除-拉伸 1

图 5.4.91　横断面草图

Step5. 创建图 5.4.92b 所示的圆角 1。选择下拉菜单 插入(I) ➡ 特征(F) ➡
圆角 (U)... 命令，系统弹出"圆角"对话框；采用系统默认的圆角类型；选取图 5.4.92a 所示的边线为要圆角的对象；在 圆角参数(P) 区域的 文本框中输入圆角半径值 0.5；单击 按钮，完成圆角 1 的创建。

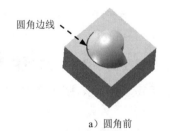

a）圆角前

b）圆角后

图 5.4.92　圆角 1

Step6. 创建图 5.4.93 所示的切除-拉伸 2。选择下拉菜单 插入(I) ➡ 切除(C) ➡
 拉伸(E)... 命令；选取图 5.4.94 所示的模型表面作为草图基准面，绘制图 5.4.94 所示的横断面草图；在 方向1 区域的 下拉列表中选择 完全贯穿 选项。单击 按钮，完成切除-拉伸 2 的创建。

Step7. 创建图 5.4.95 所示的零件特征——成形工具 4。选择下拉菜单 插入(I) ➡
钣金 (H) ➡ 成形工具 命令；激活"成形工具"对话框的 停止面 区域，选取图 5.4.95 所示的模型表面作为成形工具的停止面，激活"成形工具"对话框的 要移除的面 区域，选

取图 5.4.95 所示的模型表面作为成形工具的移除面；单击 按钮，完成成形工具 4 的创建。

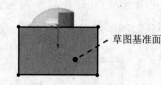

图 5.4.93　切除-拉伸 2　　　　图 5.4.94　横断面草图　　　　图 5.4.95　成形工具 4

Step8. 至此，成形工具 4 模型创建完毕。选择下拉菜单 文件(F) ➡ 另存为(A)... 命令，把模型保存于 D:\swal18\work\ch05.04\，并命名为 file_shaped_tool_04。

Task3．创建主体钣金件模型

主体钣金件的钣金件模型如图 5.4.96 所示。

图 5.4.96　主体钣金件模型

Step1. 新建模型文件。选择下拉菜单 文件(F) ➡ 新建(N)... 命令，在系统弹出的 "新建 SolidWorks 文件"对话框中选择"零件"模块，单击 确定 按钮，进入建模环境。

Step2. 创建图 5.4.97 所示的钣金基础特征——基体-法兰 1。选择下拉菜单 插入(I) ➡ 钣金(H) ➡ 基体法兰(A)... 命令（或单击"钣金"工具栏上的"基体法兰/薄片"按钮 ）；选取前视基准面作为草图基准面，绘制图 5.4.98 所示的横断面草图；在 钣金参数(S) 区域的 文本框中输入厚度值 0.5，其他采用系统默认设置；单击 按钮，完成基体-法兰 1 的创建。

　　　　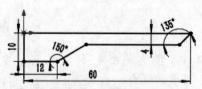

图 5.4.97　基体-法兰 1　　　　图 5.4.98　横断面草图

Step3 创建图 5.4.99 所示的钣金特征——断开-边角 1。选择下拉菜单 插入(I) ➡ 钣金(H) ➡ 断裂边角(X)... 命令；激活 折断边角选项(B) 区域的 ，选取图 5.4.100 所示的各边线；在 折断类型: 文本框中选取"圆角"按钮 ，在 文本框中输入圆角半径值 1.5；单击 按钮，完成断开-边角 1 的创建。

图 5.4.99 断开-边角 1

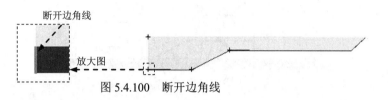

图 5.4.100 断开边角线

Step4. 创建图 5.4.101 所示的钣金特征——边线-法兰 1。选择下拉菜单 插入(I) ➡ 钣金(H) ➡ 边线法兰(E)... 命令，选取图 5.4.102 所示的模型边线作为生成的边线法兰的边线；取消选中 □ 使用默认半径(U) 复选框，在其下面的 文本框中输入半径值 0.6；在 角度(G) 区域的 文本框中输入角度值 90.0；在 法兰长度(L) 区域的 下拉列表中选择 给定深度 选项，在 文本框中输入深度值 2；在 法兰位置(N) 区域中单击"折弯在外"按钮 。单击 按钮，完成边线法兰的创建。

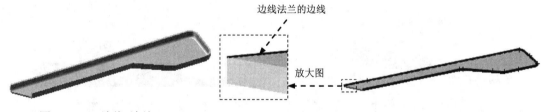

图 5.4.101 边线-法兰 1   图 5.4.102 边线法兰的边线

Step5. 创建图 5.4.103 所示的成形特征 1。单击任务窗格中的"设计库"按钮 ，打开"设计库"对话框；单击"设计库"对话框中的 ch12 节点，在设计库下部的列表框中选择"file_shaped_tool_03"文件并拖动到图 5.4.103 所示的平面，在弹出的"成形工具特征"对话框中单击 按钮；单击设计树中 file_shaped_tool_031 节点前的"+"号，右击 (-) 草图6 特征，在系统弹出的快捷菜单中单击 命令，进入草图环境；编辑草图，如图 5.4.104 所示。退出草图环境，完成成形特征 1 的创建。

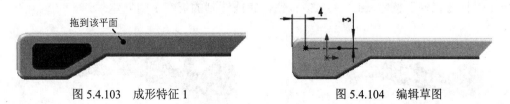

图 5.4.103 成形特征 1   图 5.4.104 编辑草图

Step6. 创建图 5.4.105 所示的钣金特征——薄片 1。选择下拉菜单 插入(I) ➡ 钣金(H) ➡ 基体法兰(A)... 命令；选取图 5.4.105 所示的表面作为草图基准面，在草图环境中绘制图 5.4.106 所示的横断面草图。

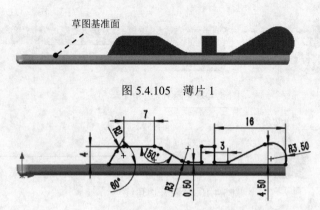

图 5.4.105　薄片 1

图 5.4.106　横断面草图

Step7. 创建图 5.4.107 所示的切除-拉伸 1。选择下拉菜单 插入(I) ➡ 切除(C) ▶ ➡ 拉伸(E)...命令；选取图 5.4.107 所示的表面作为草图基准面，在草图环境中绘制图 5.4.108 所示的横断面草图；在"切除-拉伸"对话框 方向 1 区域的 下拉列表中选择 给定深度 选项，选中 ☑ 与厚度相等(L) 复选框与 ☑ 正交切除(N) 复选框，其他采用系统默认设置；单击 按钮，完成切除-拉伸 1 的创建。

图 5.4.107　切除-拉伸 1　　　　　　　　　　　图 5.4.108　横断面草图

Step8. 创建图 5.4.109 所示的钣金特征——绘制的折弯 1。选择下拉菜单 插入(I) ➡ 钣金(H) ▶ ➡ 绘制的折弯(S)... 命令（或单击"钣金"工具栏上的"绘制的折弯"按钮 ）；选取图 5.4.110 所示的模型表面作为折弯线基准面，在草图环境中绘制图 5.4.111 所示的折弯线；选择下拉菜单 插入(I) ➡ 退出草图 命令，退出草图环境，此时系统弹出"绘制的折弯"对话框；在图 5.4.112 所示的位置处单击，确定折弯固定侧；在 折弯参数(P) 区域的 文本框中输入折弯角度值 130，在 文本框中输入折弯半径值 0.2；在 折弯位置: 区域中单击"折弯在外"按钮 ；单击 按钮，完成绘制的折弯 1 的创建。

图 5.4.109　绘制的折弯 1　　　　　　　　　　图 5.4.110　折弯线基准面

Step9. 创建图 5.4.113 所示的成形特征 2。单击任务窗格中的"设计库"按钮 ，打开"设计库"对话框；单击"设计库"对话框中的 ch12 节点，在设计库下部的列表框中选

择 "file_shaped_tool_04" 文件并拖动到图 5.4.113 所示的平面，在弹出的 "成形工具特征" 对话框中单击 ✔ 按钮；单击设计树中 ⊞ 🔩 file_shaped_tool_041 节点前的 "+" 号，右击 ✏ (-) 草图11 特征，在系统弹出的快捷菜单中单击 ✏ 命令，进入草图环境；编辑草图，如图 5.4.114 所示。退出草图环境，完成成形特征 2 的创建。

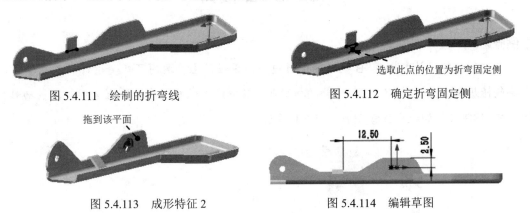

图 5.4.111　绘制的折弯线　　　　　　图 5.4.112　确定折弯固定侧

图 5.4.113　成形特征 2　　　　　　图 5.4.114　编辑草图

Step10. 创建图 5.4.115b 所示的圆角 1。选择下拉菜单 插入(I) ➡ 特征(F) ➡ ⬛ 圆角(U)… 命令，系统弹出 "圆角" 对话框；采用系统默认的圆角类型；选取图 5.4.115a 所示的边线为要圆角的对象；在 圆角参数(P) 区域的 🦕 文本框中输入圆角半径值 1.0；单击 ✔ 按钮，完成圆角 1 的创建。

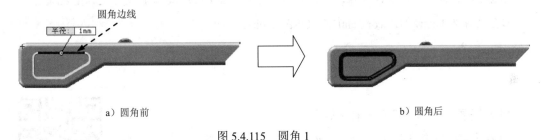

a）圆角前　　　　　　　　　　　　b）圆角后

图 5.4.115　圆角 1

Step11. 至此，钣金件 3 模型创建完毕。选择下拉菜单 文件(F) ➡ 💾 保存(S) 命令，将模型命名为 file_clamp_03，即可保存钣金件模型。

5.5　钣金支架

案例概述：

　　本案例介绍了钣金支架的设计过程，该设计过程分为创建成形工具和创建主体零件模型两个部分。成形工具的设计主要运用基本实体建模命令，重点是将模型转换成成形工具；主体零件模型是由一些钣金基本特征构成的，其中要注意绘制的折弯线和成形特征的创建方法。钣金支架模型如图 5.5.1 所示。

说明：本案例的详细操作过程请参见学习资源中 video\ch05.05\文件夹下的语音视频讲解文件。模型文件为 D:\swal18\work\ch05.05\printer_support_01。

5.6　USB 接口

案例概述：

本案例介绍了计算机 USB 接口的设计过程，该设计主要运用了钣金设计的基本命令，主要包括基本法兰、边线法兰和绘制的折弯等，其中绘制的折弯在造型上运用得比较巧妙。计算机 USB 接口的钣金件模型如图 5.6.1 所示。

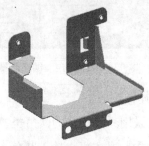

图 5.5.1　钣金支架模型

图 5.6.1　计算机 USB 接口模型

说明：本案例的详细操作过程请参见学习资源中 video\ch05.06\文件夹下的语音视频讲解文件。模型文件为 D:\swal18\work\ch05.06\USB_socket。

学习拓展：扫码学习更多视频讲解。

讲解内容：钣金设计实例精选，包含二十多个常见钣金件的设计全过程讲解，并对设计操作步骤做了详细的演示。

注意：

为了获得更好的学习效果，建议读者采用以下方法进行学习。

方法一：使用台式机或者笔记本电脑登录兆迪科技网校，开启高清视频模式学习。

方法二：下载兆迪网校 APP 并缓存课程视频至手机，可以免流量观看。具体操作请打开兆迪网校帮助页面 http://www.zalldy.com/page/bangzhu 查看（手机可以扫描右侧二维码打开），或者在兆迪网校咨询窗口联系在线老师，也可以直接拨打技术支持电话 010-82176248，010-82176249。

第 6 章　模型的外观设置与渲染案例

6.1　贴图贴画及渲染

案例概述：

本案例介绍了如何在模型表面进行贴图，如图 6.1.1 所示。

Task1．激活 PhotoView360 插件

Step1. 选择命令。选择下拉菜单 工具(T) ➡ 插件(D)...命令，系统弹出图 6.1.2 所示的"插件"对话框。

Step2. 在"插件"对话框中选中 ☑ PhotoView 360 ☑ 选项，如图 6.1.2 所示。

Step3. 单击 确定 按钮，完成 PhotoView360 插件的激活。

图 6.1.1　贴图贴画及渲染实例

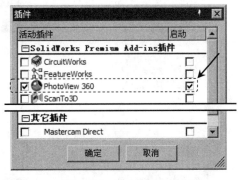

图 6.1.2　"插件"对话框

Task2．准备贴画图像文件

Step1. 在模型上贴图，首先要准备一个图形文件，这里准备了一个含有文字的图形文件 decal.bmp，如图 6.1.3 所示。

PICTURE

图 6.1.3　图形文件

Step2. 打开模型文件 D:\swal18\work\ch06.01\block.SLDPRT。

Task 3. 在模型的表面上设置贴画外观

Step1. 选择下拉菜单 PhotoView 360 ➡ 编辑贴图(D)...命令。

Step2. 设置图像属性（注：本步骤的详细操作过程请参见学习资源中video\ch06.01\reference\文件夹下的语音视频讲解文件 block-r01.exe）。

Task 4. 设置模型基本外观

Step1. 选择下拉菜单 编辑(E) ➡ 外观(A) ➡ 外观(A)...命令。

Step2. 单击 基本 标签，在 颜色 区域设置参数，如图 6.1.4 所示。

Step3. 单击"颜色"对话框中的 按钮。

Task 5. 预览渲染

Step1. 选择下拉菜单 PhotoView 360 ➡ 预览渲染(V)命令。效果如图 6.1.5 所示。

Step2. 单击"预览渲染"对话框中的 按钮。

图 6.1.4 "颜色"对话框

图 6.1.5 预览渲染图

Task 6. 保存模型

选择下拉菜单 文件(F) ➡ 保存(S)命令，保存模型。

6.2 钣金件外观设置与渲染

案例概述：

本案例介绍的是一个钣金件的外观设置与渲染过程。在渲染前，为模型添加外观、布景和外观颜色以及添加环境光源等。值得注意的是调节光源的颜色和光源的位置，它直接影响到渲染的效果，如图 6.2.1 所示。具体操作过程如下。

Task1. 设置模型外观

Step1. 打开模型文件 D:\swal18\work\ch06.02\flyco1.SLDPRT。

a)　图像文件

b)　模型

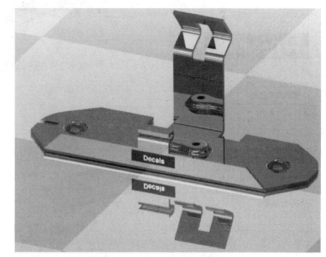

c)　最终渲染效果

图 6.2.1　钣金件的渲染

Step2. 设置模型外观（注：本步骤的详细操作过程请参见学习资源中 video\ch06.02\reference\文件夹下的语音视频讲解文件 flyco-r01.exe）。

Step3. 添加贴图。

（1）选择命令。选择下拉菜单 PhotoView 360 ➡ 编辑贴图(D)...命令，系统弹出"贴图"对话框和"外观、布景和贴图"任务窗口。

（2）选择贴图文件。在"外观、布景和贴图"任务窗口中单击 ⊞ 贴图 前的节点，然后单击 标志 文件夹，在贴图预览区域中双击"贴图标志"图案。此时，"贴图"对话框如图 6.2.2 所示。

（3）调整贴图。

① 设置贴图的映射。在"贴图"对话框中单击 映射 选项卡，在 所选几何体 区域激活 按钮，选取图 6.2.3 所示的面为贴图面；在 映射 区域下拉列表中选择 投影，在 ➡ 后的文本框中输入水平位置值 0.0，在 ↑ 后的文本框中输入竖直位置值 0.5。

② 设置贴图大小和方向。在 大小/方向 区域中选中 ☑ 固定高宽比例(F) 复选框，然后在 文本框中输入宽度值 7.00，在 ◇ 后的文本框中输入贴图旋转角度值 0.0，并选中 ☑ 水平镜向 和 ☑ 竖直镜向 复选框。

③ 设置照明度。在对话框中单击 照明度 选项卡，选中 ☑ 使用内在外观 复选框。

（4）单击 ✔ 按钮，完成贴图的添加，添加贴图后的模型如图 6.2.4 所示。

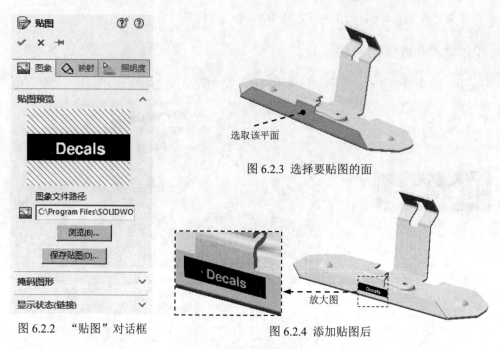

图 6.2.2 "贴图"对话框

图 6.2.3 选择要贴图的面

图 6.2.4 添加贴图后

Step4. 设置模型布景。选择下拉菜单 PhotoView 360 ➡ 编辑布景 (S)… 命令，系统弹出"编辑布景"对话框和"外观、布景和贴图"任务窗口；在"外观、布景和贴图"任务窗口中单击 ⊞ 布景 节点，选择该节点下的 工作间布景 文件夹，在布景预览区域双击 反射方格地板 ，即可将布景添加到模型中；在图 6.2.5 所示的"编辑布景"对话框的 楼板(F) 区域的 将楼板与此对齐 下拉列表中选择 所选基准面 选项，选取图 6.2.6 所示的面 1 为楼板基准面；单击 ✔ 按钮，完成布景的编辑。

Task2. 设置光源

Step1. 添加聚光源。选择下拉菜单 视图(V) ➡ 光源与相机 (L) ➡ 添加聚光源 (S) 命令，系统弹出"聚光源 1"对话框，同时在图形区显示一个聚光灯。

Step2. 编辑聚光源基本参数。在图 6.2.7 所示的"聚光源 1"对话框中单击 编辑颜色(E)… 按钮，系统弹出图 6.2.8 所示的"颜色"对话框，在对话框中选中图 6.2.7 所示的颜色，然后单击 SOLIDWORKS 选项卡，在 明暗度(B): 后的文本框中输入值 0.2。

Step3. 编辑聚光源的位置。单击 基本 选项卡，在图 6.2.7 所示的"聚光源 1"对话框的 光源位置(L) 区域选中 ⊙ 笛卡尔式(R) 单选项和 ☑ 锁定到模型(M) 复选框，在 ✗ 后的文本框中输入值-55，在 ✗ 后的文本框中输入值 60，在 ✗ 后的文本框中输入值-30，在 ✗ 后的文本框中输入值 0.55，在 ✗ 后的文本框中输入值 0.5，在 ✗ 后的文本框中输入值 0，在 ⌐ 后的文本框中输入锥角度数 20；单击 ✔ 按钮，完成聚光源 1 的设置，结果如图 6.2.9 所示。

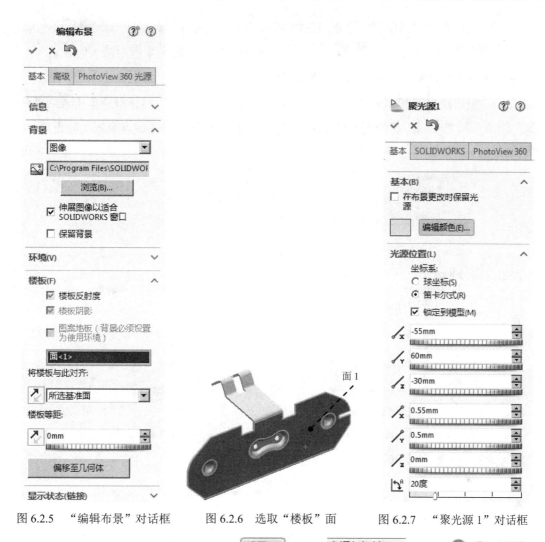

图 6.2.5 "编辑布景"对话框　图 6.2.6 选取"楼板"面　图 6.2.7 "聚光源 1"对话框

Step4. 添加点光源。选择下拉菜单 视图(V) ➡ 光源与相机(L) ➡ 💡 添加点光源(P) 命令，系统弹出"点光源 1"对话框，同时在图形区显示一个光源。

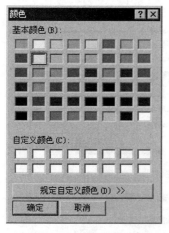

图 6.2.8 "颜色"对话框

图 6.2.9 添加聚光源

Step5. 编辑点光源的位置。在图 6.2.10 所示的"点光源 1"对话框的 光源位置(L) 区域中选中 ⊙ 笛卡尔式(R) 单选项和 ☑ 锁定到模型(M) 复选框,在 ∦x 后的文本框中输入值 5,在 ∦Y 后的文本框中输入值 0.8,在 ∦z 后的文本框中输入值 7。

Step6. 编辑点光源基本参数。在图 6.2.10 所示的"点光源 1"对话框中单击 SOLIDWORKS 选项卡,在 ● 明暗度(B): 后的文本框中输入值 0.1;单击 ✔ 按钮,完成点光源 1 的设置,结果如图 6.2.11 所示。

图 6.2.10   "点光源 1"对话框

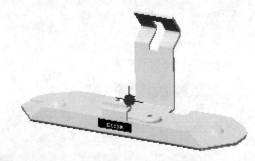

图 6.2.11   添加点光源

Task3. 设置渲染选项

Step1. 选择命令。选择下拉菜单 PhotoView 360 ➡ 🔧 选项(O)… 命令,系统弹出图 6.2.12 所示的"PhotoView 360 选项"对话框。

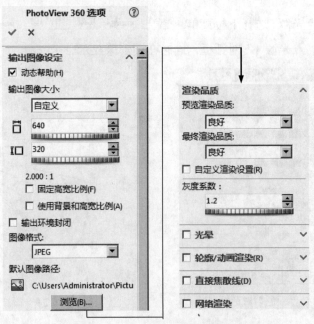

图 6.2.12   "PhotoView 360 选项"对话框

Step2. 参数设置。在 输出图像设定 区域中选中 ☑ 动态帮助(H) 复选框，在 输出图像大小 下拉列表中选择 自定义 选项，取消选中 ☐ 固定高宽比例(F) 复选框；在 ☐ 下的文本框中输入值 640，在 ☐ 下的文本框中输入值 320，在 渲染品质 区域的 灰度系 文本框中输入值 1.2。

Step3. 单击 ✅ 按钮，完成 PhotoView 360 系统选项的设置。

Task4. 设置相机

Step1. 选择命令。选择下拉菜单 视图(V) ➡ 光源与相机 (L) ➡ 📷 添加相机(C) 命令，系统弹出"相机 1"对话框，同时在图形区右侧弹出相机透视图窗口。

Step2. 选择相机类型。在"相机 1"对话框的 相机类型 区域中选择相机类型为 ⊙ 对准目标 ，选中 ☑ 显示数字控制 和 ☑ 锁定除编辑外的相机位置 复选框。

Step3. 定义目标点。在图 6.2.13 所示的模型中选取一点（大致在红点位置）。

Step4. 定义相机位置。设置图 6.2.14 所示的参数。

Step5. 设置相机旋转角度。在"相机 1"对话框的 相机旋转 区域设置相机的旋转角度：选中 ☑ 透视图 复选框，在其下的下拉列表中选择 自定义角度 选项，将角度值设置为 14.0。

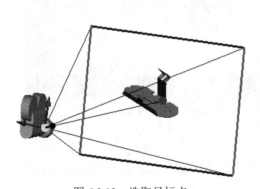

图 6.2.13　选取目标点

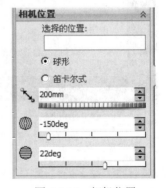

图 6.2.14　相机位置

Step6. 设置相机视野。在"相机 1"对话框 视野 区域的 l 文本框中输入值 350，在 h 文本框中输入值 86。

Step7. 设置景深。在"相机 1"对话框中选中 ☑ 景深 复选框，☑ 景深 区域将被展开，激活 选择的锁焦 下的文本框后，在模型中选取图 6.2.15 所示的边线为锁焦边线，在 % 文本框中输入值 50，在 f 文本框中输入值 20。

Step8. 单击 ✅ 按钮，完成相机的添加。

Task5. 渲染

Step1. 选择命令。选择下拉菜单 PhotoView 360 ➡ 🔘 最终渲染(F) 命令，系统弹出图 6.2.16 所示的"最终渲染"窗口。

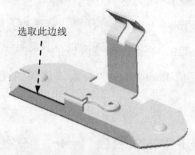

选取此边线

图 6.2.15　选取锁焦边线

图 6.2.16　"最终渲染"窗口

Step2. 设置渲染后图形文件的属性。单击窗口中的 保存图像 按钮，系统弹出"保存图像"对话框，在 文件名(N): 后的文本框中设置图像文件名为 flyco，在 保存类型(T): 后的下拉列表中选择 Windows BMP (*.BMP) 选项，单击 保存(S) 按钮，最终渲染效果如图 6.2.1 所示。

Step3. 单击 ✕ 按钮，关闭"最终渲染"窗口，即可保存文件。

Step4. 保存文件。选择下拉菜单 文件(F) ➡ 📄 另存为(A)... 命令，将模型命名为 flyco_ok。

学习拓展：扫码学习更多视频讲解。

讲解内容：渲染布景精讲。渲染布景是产品渲染的重要步骤，本部分对渲染布景做了详细讲解。

第7章 运动仿真及动画案例

7.1 齿轮机构仿真

案例概述:

齿轮运动机构通过两个元件进行定义,需要注意的是两个元件上并不一定需要真实的齿形。要定义齿轮运动机构,必须先进入"机构"环境,然后还需定义"运动轴"。齿轮机构的传动比是通过两个分度圆的直径来决定的。

下面举例说明一个齿轮运动机构的创建过程。

Step1. 新建一个装配文件,进入装配环境。

Step2. 将"打开""开始装配体"对话框关闭,创建图 7.1.1 所示的基准轴 1。选择下拉菜单 插入(I) ➡ 参考几何体(G) ➡ 基准轴(A)... 命令;单击 选择(S) 区域中的 两平面(T) 按钮,选取装配体的前视基准面与右视基准面作为参考实体。确认 视图(V) ➡ 隐藏/显示(H) 下拉菜单中的 基准轴(A)命令前的 按钮被按下。

Step3. 创建图 7.1.2 所示的基准面 1。选择下拉菜单 插入(I) ➡ 参考几何体(G) ➡ 基准面(P)...命令;选取右视基准面作为所要创建的基准面的参考实体,在 后的文本框中输入值 232.5。确认 视图(V) 下拉菜单中的 基准面(P)...命令前的 按钮被按下。

Step4. 创建图 7.1.3 所示的基准轴 2。选择下拉菜单 插入(I) ➡ 参考几何体(G) ➡ 基准轴(A)命令;单击 选择(S) 区域中的 两平面(T) 按钮,选取装配体的前视基准面与基准面 1 作为参考实体。

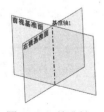

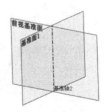

图 7.1.1 基准轴 1 　　　　 图 7.1.2 基准面 1 　　　　 图 7.1.3 基准轴 2

Step5. 添加图 7.1.4 所示的大齿轮零件并定位。

(1) 引入零件。

① 选择命令。选择下拉菜单 插入(I) ➡ 零部件(O) ➡ 现有零件/装配体(E)...命令,系统弹出"插入零部件""打开"对话框。

② 在"打开"对话框中选取 D:\swal18\work\ch07.01\gearwheel.SLDPRT,单击 打开 ▼

按钮。

③ 将零件放置在合适的位置。

（2）添加配合（注：本步骤的详细操作过程请参见学习资源中 video\ch07.01\reference\ 文件夹下的语音视频讲解文件 gearwheel-r01.exe）。

Step6. 添加图 7.1.5 所示的小齿轮零件并定位。

（1）选择命令。选择下拉菜单 插入(I) ➡ 零部件(O) ➡ 🔧 现有零件/装配体(E)... 命令，系统弹出"插入零部件""打开"对话框。

（2）在"打开"对话框中选取 D:\swal18\work\ch07.01\pinion.SLDPRT，单击 打开 ▾ 按钮。

（3）将零件放置在合适的位置。

① 选择下拉菜单 插入(I) ➡ 📎 配合 (M)... 命令，系统弹出"配合"对话框。

② 添加"同轴心"配合。单击"配合"对话框中的 ◎ 按钮，选取图 7.1.6 所示的一个面 与一个轴为同轴心，在快捷工具条中单击 ✓ 按钮。

③ 添加"重合"配合。在设计树中分别选取零件"pinion"的"右视基准面"和装配体的 "上视基准面"，单击快捷工具条中的 ✓ 按钮。

④ 添加"齿轮"配合。选择 机械配合(A) 区域下的 ⊙ 齿轮(G)。依次选取图 7.1.7 所示的面 1 与面 2。输入比率值为 312.5:150。

⑤ 单击"配合"对话框中的 ✓ 按钮，完成零件的定位。

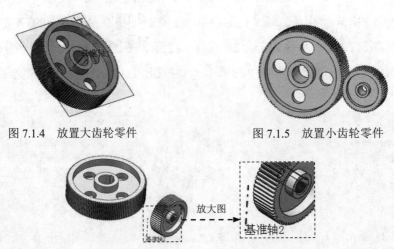

图 7.1.4　放置大齿轮零件　　　　　　图 7.1.5　放置小齿轮零件

图 7.1.6　添加"重合"配合

Step7. 展开运动算例界面。在运动算例工具栏后单击 🔄 按钮，在"马达"对话框的 零部件/方向(D) 区域中激活 🗆 后的文本框，然后在图像区选取图 7.1.8 所示的模型表面，在 运动(M) 区域的类型下拉列表中选择 等速 选项，调整转速为 100RPM（r/min），其他参数采用系统默认设置，在"马达"对话框中单击 ✓ 按钮，完成马达的添加。

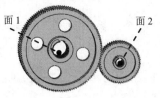

图 7.1.7　添加"齿轮"配合

图 7.1.8　选取旋转方向

Step8. 在运动算例界面的工具栏中单击 ▷ 按钮，可以观察动画，在工具栏中单击 按钮，命名为 gearwheel.avi，保存动画。

Step9. 运动算例完毕。选择下拉菜单 文件(F) ➡ 另存为(A)... 命令，命名为 gearwheel，即可保存模型。

7.2　凸轮运动仿真

案例概述：

凸轮运动机构通过两个关键元件（凸轮和滑滚）进行定义，需要注意的是凸轮和滑滚两个元件必须有真实的形状和尺寸。下面讲述一个凸轮运动机构的创建过程。

Step1. 新建一个装配文件，进入装配环境。

Step2. 添加固定挡板模型。

（1）引入零件。在"打开"对话框中选择 D:\swal18\work\ch07.02\fixed-plate.SLDPRT，单击 打开(0) 按钮。

（2）单击 ✓ 按钮，将模型固定在原点位置，如图 7.2.1 所示。

Step3. 添加图 7.2.2 所示的连杆零件并定位。

图 7.2.1　添加固定挡板零件

图 7.2.2　添加连杆零件

（1）引入零件。

① 选择命令。选择下拉菜单 插入(I) ➡ 零部件(0) ▷ ➡ 现有零件/装配体(E)... 命令，系统弹出"插入零部件""打开"对话框。

② 在系统弹出的"打开"对话框中选取 rod.SLDPRT，单击 打开 ▾ 按钮。

③ 将零件放置在合适的位置。

（2）添加配合。

① 选择下拉菜单 插入(I) ➡ 📎 配合(M)... 命令，系统弹出"配合"对话框。

② 添加"同轴心"配合。单击"配合"对话框中的 ◎ 按钮，选取图 7.2.3 所示的两个面为同轴心面，单击快捷工具条中的 ✔ 按钮（若方向不同可单击 ↗ 按钮）。完成后如图 7.2.4 所示。

③ 添加"平行"配合。单击 标准配合(A) 区域中的 ╲ 按钮，选取图 7.2.5 所示的面 1 与面 2 为平行面，单击快捷工具条中的 ✔ 按钮。

图 7.2.3 添加"同轴心"配合

图 7.2.4 添加"同轴心"配合后

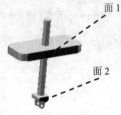
图 7.2.5 添加"平行"配合

④ 单击"配合"对话框中的 ✔ 按钮，完成零件的定位。

Step4. 添加图 7.2.6 所示的销零件并定位。

（1）引入零件。

① 选择命令。选择下拉菜单 插入(I) ➡ 零部件(O) ▶ ➡ 🐾 现有零件/装配体(E)... 命令，系统弹出"插入零部件""打开"对话框。

② 在系统弹出的"打开"对话框中选取 pin.SLDPRT，单击 打开 ▾ 按钮。

③ 将零件放置在合适的位置。

（2）添加配合。

① 选择下拉菜单 插入(I) ➡ 📎 配合(M)... 命令，系统弹出"配合"对话框。

② 添加"同轴心"配合。单击"配合"对话框中的 ◎ 按钮，选取图 7.2.7 所示的两个面为同轴心面，单击快捷工具条中的 ✔ 按钮。

③ 添加"重合"配合。在设计树中分别选取零件"pin"的"右视基准面"和零件"rod"的"上视基准面"，单击快捷工具条中的 ✔ 按钮。

④ 单击"配合"对话框中的 ✔ 按钮，完成零件的定位。

Step5. 添加图 7.2.8 所示的滑滚零件并定位。

（1）引入零件。

① 选择命令。选择下拉菜单 插入(I) ➡ 零部件(O) ▶ ➡ 🐾 现有零件/装配体(E)... 命令，系统弹出"插入零部件""打开"对话框。

② 在系统弹出的"打开"对话框中选取 wheel.SLDPRT，单击 打开 ▾ 按钮。

③ 将零件放置在合适的位置。

图 7.2.6 添加销零件

放大图
图 7.2.7 添加"同轴心"配合

图 7.2.8 添加滑滚零件

（2）添加配合。

① 选择下拉菜单 插入(I) ➡ 配合(M)... 命令，系统弹出"配合"对话框。

② 添加"同轴心"配合。单击"配合"对话框中的 ◎ 按钮，选取图 7.2.9 所示的两个面为同轴心面，在快捷工具条中单击 ✔ 按钮。

③ 添加"重合"配合。在设计树中分别选取零件"wheel"的"上视基准面"和零件"pin"的"右视基准面"单击快捷工具条中的 ✔ 按钮。

④ 单击"配合"对话框中的 ✔ 按钮，完成零件的定位。

Step6. 创建图 7.2.10 所示的基准面 1。选择下拉菜单 插入(I) ➡ 参考几何体(G) ➡ 基准面(P)... 命令。选取图 7.2.10 所示平面为参考实体，采用系统默认的偏移方向，输入偏移距离值 240.0。单击 ✔ 按钮，完成基准面 1 的创建。

Step7. 创建基准轴 1。（注：本步骤的详细操作过程请参见学习资源中 video\ch07.02\reference\文件夹下的语音视频讲解文件 fixed-plate-r01.exe）。

Step8. 添加图 7.2.11 所示的凸轮零件并定位。

（1）引入零件。

① 选择命令。选择下拉菜单 插入(I) ➡ 零部件(O) ➡ 现有零件/装配体(E)... 命令，系统弹出"插入零部件""打开"对话框。

② 在系统弹出的"打开"对话框中选取 cam.SLDPRT，单击 打开 按钮。

③ 将零件放置在合适的位置。

（2）添加配合。

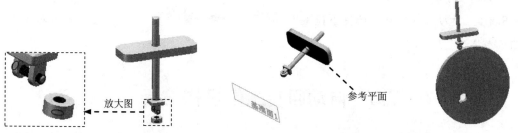
放大图
参考平面
基准面1
图 7.2.9 添加"同轴心"配合　　图 7.2.10 基准面 1　　图 7.2.11 添加凸轮零件

① 选择下拉菜单 插入(I) ➡ 配合(M)... 命令，系统弹出"配合"对话框。

② 添加 "重合" 配合。在设计树中分别选取图 7.2.12 所示的两个基准轴，单击快捷工具条中的 ✓ 按钮。

③ 添加 "重合" 配合。在设计树中分别选取零件 "cam" 的 "前视基准面" 和装配体的 "前视基准面"，单击快捷工具条中的 ✓ 按钮。

④ 添加 "相切" 配合。单击 "配合" 对话框中的 ⟨◯ 相切(T) 按钮，选取图 7.2.13 所示的两个面为相切面，在快捷工具条中单击 ✓ 按钮。

⑤ 单击 "配合" 对话框中的 ✓ 按钮，完成零件的定位。

Step9. 展开运动算例界面。在运动算例工具栏后单击 ⟲ 按钮，在 "马达" 对话框的 零部件/方向(D) 区域中激活 ⟲ 后的文本框，然后在图像区选取图 7.2.14 所示的模型表面，在 运动(M) 区域的类型下拉列表中选择 等速 选项，调整转速值为 30RPM（r/min），其他参数采用系统默认设置。在 "马达" 对话框中单击 ✓ 按钮，完成马达的添加。

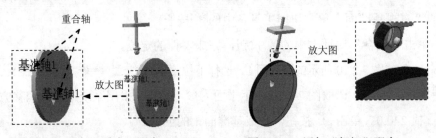

图 7.2.12　添加 "重合" 配合　　　　图 7.2.13　添加 "相切" 配合

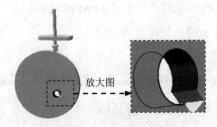

图 7.2.14　选取旋转方向

Step10. 在运动算例界面的工具栏中单击 ▷ 按钮，可以观察动画，在工具栏中单击 🎞 按钮，命名为 cam.avi，保存动画。

Step11. 运动算例完毕。选择下拉菜单 文件(F) ➡ 📄 另存为 (A)... 命令，命名为 cam，即可保存模型。

7.3　自动回转工位机构仿真

案例概述：

本案例介绍的是一个自动回转工位机构装置的仿真动画，这个机构用来自动切换加工工位，其基本原理是运用间歇机构作为驱动。

如图 7.3.1 所示，要加工的是圆盘零件上 4 个均匀分布的小圆孔，可以用该装置实现加工工位的自动切换。通过本实例的学习，使读者能够熟练掌握 SolidWorks 2018 中仿真和动画的一些常用知识。

Task1. 装配模型

Step1. 新建一个装配文件，进入装配环境。

Step2. 添加底座模型。在弹出的"打开"对话框中选择 D:\swa18\work\ch07.03\BASE_FRAME.SLDPRT，单击 打开 按钮；单击 ✔ 按钮，将模型固定在原点位置，如图 7.3.2 所示。

Step3. 添加图 7.3.3 所示的驱动轮模型。

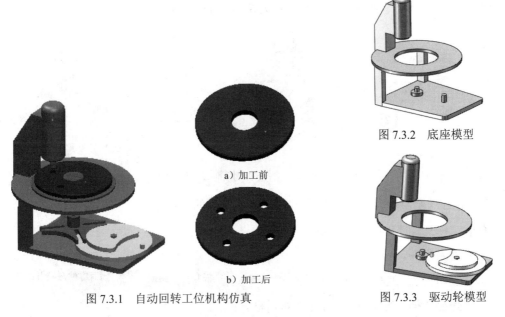

图 7.3.2 底座模型

a) 加工前

b) 加工后

图 7.3.1 自动回转工位机构仿真

图 7.3.3 驱动轮模型

（1）引入零件。

① 选择命令，选择下拉菜单 插入(I) ➡ 零部件(O) ➡ 现有零件/装配体(E)... 命令，系统弹出"插入零部件""打开"对话框。

② 在弹出的"打开"对话框中选择 GENEVA_DRIVER.SLDPRT，单击 打开 按钮。

③ 将零件放置到图 7.3.4 所示的位置。

（2）添加重合配合。

① 选择命令。选择下拉菜单 插入(I) ➡ 配合(M)... 命令，系统弹出"配合"对话框。

② 添加"重合"配合。单击 标准配合(A) 对话框中的"重合"按钮 ⊼，分别选取图 7.3.5

所示的重合面，单击快捷工具条中的按钮。

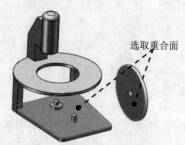

图 7.3.4　放置零件　　　　　　图 7.3.5　添加"重合"配合

③ 添加"同轴心"配合。选取图 7.3.6 所示的两个圆柱为同轴心面，在快捷工具条中单击按钮。

注意： 此处添加一个"重合"约束和一个"同轴心"约束就足够了，不需要将零件完全约束，完全约束的零件在仿真过程中是无法运动的。

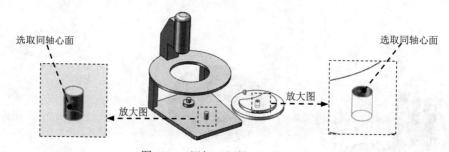

图 7.3.6　添加"同轴心"配合

④ 单击"配合"对话框中的按钮，完成零件的定位。

Step4. 添加图 7.3.7 所示的间歇轮模型。

（1）引入零件。

① 选择命令。选择下拉菜单 插入(I) ➡ 零部件(O) ➡ 现有零件/装配体(E)... 命令，系统弹出"插入零部件""打开"对话框。

② 在弹出的"打开"对话框中选取 GENEVA_GEAR.SLDPRT，单击 打开 按钮。

③ 将零件放置在合适的位置（图 7.3.8）。

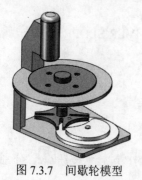
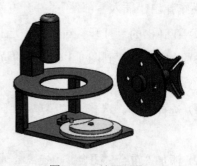

图 7.3.7　间歇轮模型　　　　　　图 7.3.8　放置零件

（2）添加重合配合。

① 选择命令。选择下拉菜单 插入(I) ➡ 配合 (M)... 命令，系统弹出"配合"对话框。

② 添加"重合"配合。单击 标准配合(A) 对话框中的 按钮，分别选取图 7.3.9 所示的重合面，单击快捷工具条中的 按钮。

③ 添加"同轴心"配合。选取图 7.3.10 所示的两个圆柱面为同轴心面，在快捷工具条中单击 按钮。

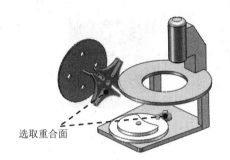

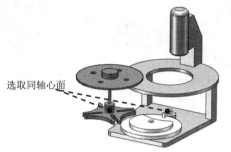

图 7.3.9　添加"重合"配合　　　　　图 7.3.10　添加"同轴心"配合

④ 单击"配合"对话框中的 按钮，完成零件的定位。

Step5. 添加图 7.3.11 所示的零件并定位。

（1）引入零件。

① 选择命令。选择下拉菜单 插入(I) ➡ 零部件 (Q) ➡ 现有零件/装配体 (E)... 命令，系统弹出"插入零部件""打开"对话框。

② 在弹出的"打开"对话框中选取 CAST.SLDPRT，单击 打开 按钮。

③ 将零件放置在合适的位置（图 7.3.12）。

（2）添加重合配合。

① 选择命令。选择下拉菜单 插入(I) ➡ 配合 (M)... 命令，系统弹出"配合"对话框。

② 添加"重合"配合。单击 标准配合(A) 对话框中的 按钮，分别选取图 7.3.13 所示的重合面，单击快捷工具条中的 按钮，然后单击 按钮，完成重合配合的定位。

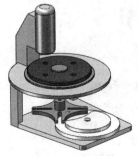

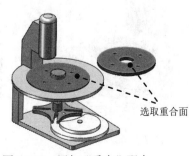

图 7.3.11　添加零件　　　　图 7.3.12　放置零件　　　　图 7.3.13　添加"重合"配合

③ 添加"同轴心"配合。选取图 7.3.14 所示的两个圆柱面为同轴心面,在快捷工具条中单击☑按钮。

④ 添加"同轴心"配合。选取图 7.3.15 所示的两个圆柱面为同轴心面,在快捷工具条中单击☑按钮。

说明:此处添加"同轴心"约束,目的是为了使圆盘零件能够和间歇轮零件一起运动,模拟在仿真过程中间歇轮"带动"工件运动。

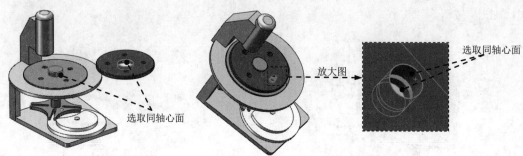

图 7.3.14 添加"同轴心"配合 1 　　　　　图 7.3.15 添加"同轴心"配合 2

⑤ 单击"配合"对话框中的☑按钮,完成零件的定位。

Step6. 添加图 7.3.16 所示的零件并定位。

(1)引入零件。

① 选择命令。选择下拉菜单 插入(I) ➡ 零部件 (D) ➡ 🖱️ 现有零件/装配体 (E)... 命令,系统弹出"插入零部件""打开"对话框。

② 在弹出的"打开"对话框中选取 ROD.SLDPRT,单击 打开 ▾ 按钮。

③ 将零件放置在合适的位置(图 7.3.17)。

(2)添加同轴心配合。

① 选择命令。选择下拉菜单 插入(I) ➡ 🔗 配合 (M)... 命令,系统弹出"配合"对话框。

② 添加"同轴心"配合。单击 标准配合(A) 对话框中的◎按钮,选取图 7.3.18 所示的两个圆柱面为同轴心面,在快捷工具条中单击☑按钮。

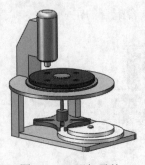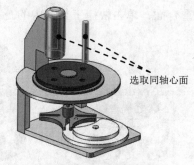

　图 7.3.16 添加零件　　　　　图 7.3.17 放置零件　　　　图 7.3.18 添加"同轴心"配合

③ 单击"配合"对话框中的 按钮，完成零件的定位。

注意：此处只需添加一个"同轴心"约束，不需要将零件完全约束，完全约束的零件在仿真过程中是无法运动的。

Step7. 添加图 7.3.19 所示的零件并定位。

（1）引入零件。

① 选择命令。选择下拉菜单 插入(I) ➡ 零部件(O) ➡ 现有零件/装配体(E)... 命令，系统弹出"插入零部件""打开"对话框。

② 在弹出的"打开"对话框中选取 PART.SLDPRT，单击 打开 按钮。

③ 将零件放置在合适的位置。

（2）添加重合配合。

① 选择命令。选择下拉菜单 插入(I) ➡ 配合(M)... 命令，系统弹出"配合"对话框。

② 添加"重合"配合。单击 标准配合(A) 对话框中的 按钮，分别选取图 7.3.20 所示的重合面，单击快捷工具条中的 按钮。

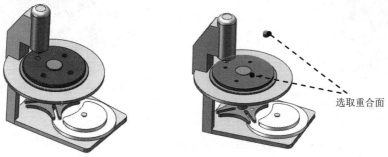

图 7.3.19　添加零件　　　　　　　　图 7.3.20　添加"重合"配合

③ 添加"同轴心"配合。选取图 7.3.21 所示的两个圆柱面为同轴心面，在快捷工具条中单击 按钮。

④ 单击"配合"对话框中的 按钮，完成零件的定位。

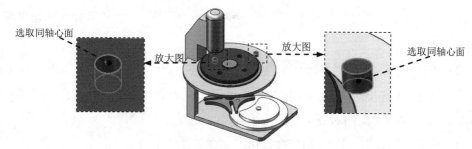

图 7.3.21　添加"同轴心"配合

Step8. 参照 Step7 添加剩余的三个圆柱零件（图 7.3.22）。

注意：此处在装配 4 个圆柱零件时，要注意装配的顺序，本例采用逆时针顺序（圆孔"加工"顺序）装配 4 个圆柱零件，具体操作请参看学习资源视频文件。

Task2. 调整初始位置

装配完成后，要调试机构的初始位置，初始位置的调整直接关系到机构能否按照预期设想进行运动。

Step1. 添加角度配合 1。

（1）选择命令。选择下拉菜单 插入(I) ➡ 配合(M)... 命令，系统弹出"配合"对话框。

（2）添加"角度"配合。激活 配合选择(S) 区域的文本框，分别选取图 7.3.23 所示的平面，单击工具条中的 按钮，在弹出的文本框中输入值 45，单击快捷工具条中的 按钮。

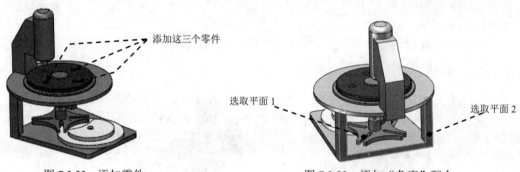

图 7.3.22　添加零件　　　　　　　　图 7.3.23　添加"角度"配合

（3）单击"配合"对话框中的 按钮，完成零件的定位。

Step2. 在设计树中单击 配合 选项前的"+"号，选取 角度1 选项，右击，选取 删除(E) 选项，在系统弹出的"确认删除"对话框中单击 是(Y) 按钮。

注意：此处添加一个"角度"约束后，一定要将其删除，否则间歇轮零件是完全约束的，完全约束的零件在仿真过程中无法运动，下同。

Step3. 添加角度配合 2。

（1）选择命令。选择下拉菜单 插入(I) ➡ 配合(M)... 命令，系统弹出"配合"对话框。

（2）添加"角度"配合。激活 配合选择(S) 区域的文本框，在设计树中选取 GENEVA_DRIVER 零件的上视基准面和图 7.3.24 所示的平面，单击工具条中的 按钮，在弹出的文本框中输入值 90，然后单击"反向对齐"按钮 ，单击 按钮。

（3）单击"配合"对话框中的 按钮，完成零件的定位。

Step4. 在设计树中单击 配合 选项前的"+"号，选取 角度2 选项，右击，选取 删除(E) 选项，然后单击对话框中的 是(Y) 按钮。

Step5. 添加距离配合。

（1）选择命令。选择下拉菜单 [插入(I)] ➡ [配合 (M)...] 命令，系统弹出"配合"对话框。

（2）添加"距离"配合。激活 [配合选择(S)] 区域的文本框，分别选取图 7.3.25 所示的两个平面，单击工具条中的 ⊨ 按钮，在弹出的文本框中输入值 20，单击 ✓ 按钮。

（3）单击"配合"对话框中的 ✓ 按钮，完成零件的定位。

图 7.3.24 添加"角度"配合

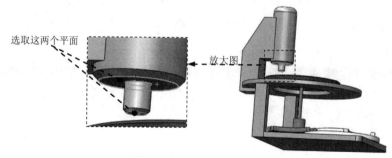

图 7.3.25 添加"距离"配合

Step6. 在设计树中单击 [配合] 选项前的"+"号，选取 [距离1] 选项，右击，选取 [✕ 删除 (F)] 选项，然后单击对话框中的 [是(Y)] 按钮。

Task3. 添加仿真条件

Step1. 激活插件。选择下拉菜单 [工具(T)] ➡ [插件 (D)...] 命令，在"插件"对话框中选中 [SolidWorks Motion] 选项，单击 [确定] 按钮，完成插件的激活。

Step2. 展开运动算例界面。单击 [运动算例1] 按钮，展开运动算例界面。

Step3. 添加旋转马达。在运动算例工具栏后单击"马达"按钮 ⚙，系统弹出图 7.3.26 所示的"马达"对话框。

（1）定义马达类型。在 [马达类型(T)] 区域中单击"旋转马达"按钮 ⟲，然后选取图 7.3.27 所示的圆柱面放置马达。

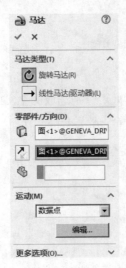

图 7.3.26　"马达"对话框

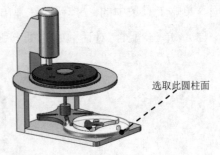

选取此圆柱面

图 7.3.27　马达放置面

（2）定义马达运动参数。在 运动(M) 区域的下拉列表中选择 数据点 选项，系统弹出图 7.3.28 所示的"函数编制程序"对话框，单击 数据点 选项卡，在 值(y): 的下拉列表中选择 位移（度） 选项，在 自变量(x): 下拉列表中选取 时间（秒） 选项，在 插值类型: 下拉列表中选取 立方样条曲线 选项；单击 输入数据... 下方表格中的 单击以添加行 选项，在表格中输入图 7.3.29 所示的数据，同时在 显示图表: 区域中显示出图 7.3.30 所示的"位移（度）"图表。单击 确定 按钮，完成马达运动参数的设置。

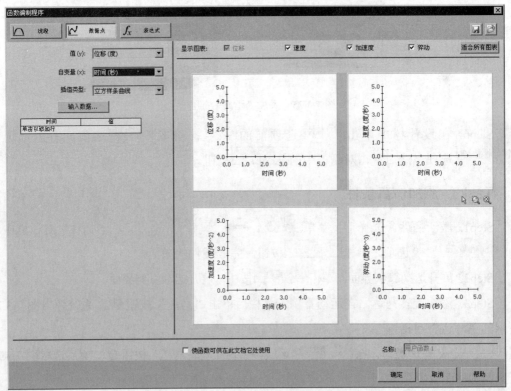

图 7.3.28　"函数编制程序"对话框

时间	值
0s	0.00度
4s	180.00度
8s	360.00度
12s	540.00度
16s	720.00度
20s	900.00度
24s	1080.00度
单击以添加行	

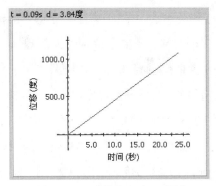

图 7.3.29 定义参数　　　　　　　图 7.3.30 "位移（度）"图表

（3）在"马达"对话框中单击 ✔ 按钮，完成马达的添加。

Step4. 调整时间栏。选中时间栏中的键码，将其拖动到图 7.3.31 所示的位置（24s 位置），并单击运动算例界面右下角的 🔍 或 🔍 按钮，控制标准界面网格线之间的距离至合适位置。

Step5. 添加线性马达。在运动算例工具栏后单击"马达"按钮 ⌁，系统弹出"马达"对话框，如图 7.3.32 所示。

（1）定义马达类型和放置。在 **马达类型(T)** 区域中单击"线性马达"按钮 ➡，在"马达"对话框的 **零部件/方向(D)** 区域中单击 ▢ 文本框，选取图 7.3.33 所示的平面；选取图 7.3.33 所示的圆柱面，单击 ↗ 按钮调整马达方向；单击 ▨ 文本框，选取图 7.3.33 所示的实体。

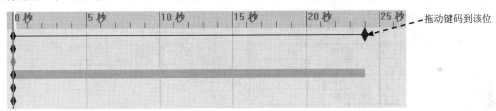

图 7.3.31 调整时间栏

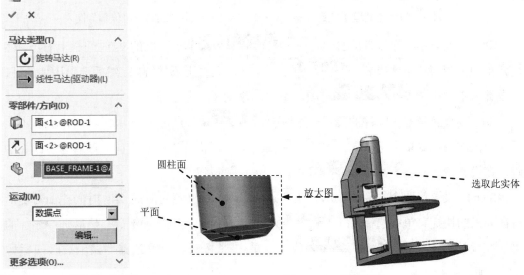

图 7.3.32 "马达"对话框　　　　　　　图 7.3.33 编辑马达

（2）定义参数。在 运动(M) 区域的下拉列表中选取 数据点 选项，系统弹出"函数编制程序"对话框，单击 ～ 数据点 选项卡，在 值(y): 的下拉列表中选取 位移(mm) 选项，在 自变量(x): 下拉列表中选取 时间(秒) 选项，在 插值类型: 下拉列表中选取 立方样条曲线 选项；单击 输入数据... 下方表格中的 单击以添加行 选项，在表格中输入图 7.3.34 所示的数据，同时在 显示图表: 区域中显示出图 7.3.35 所示的"位移"图表。单击 确定 按钮，完成参数的设置。

（3） 在"马达"对话框中单击 ✔ 按钮，完成马达的添加。

Step6. 添加接触条件（注： 本步骤的详细操作过程请参见学习资源中 video\ch07.03\reference\文件夹下的语音视频讲解文件 BASE_FRAME-r01.exe）。

Task4. 设置动画显示

Step1. 设置第一个零件的显示。在 (-) PART<1>-? 节点对应的 2s 时间栏上右击，然后在弹出的快捷菜单中选择 ♦⁺ 放置键码(K) 命令，在时间栏上添加键码。然后选中添加的键码，在设计树中右击 (-) PART<1>-? 选项，单击 按钮。

时间（秒）	值
0s	0.00mm
2s	15.00mm
3s	0.00mm
6s	0.00mm
8s	15.00mm
9s	0.00mm
14s	0.00mm
16s	15.00mm
17s	0.00mm
22s	0.00mm
23s	15.00mm
24s	0.00mm
单击以添加行	

图 7.3.34 定义运动参数

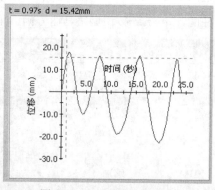

图 7.3.35 "位移"图表

Step2. 设置第二个零件的显示。在 (-) PART<2>-? 节点对应的 9s 时间栏上右击，然后在弹出的快捷菜单中选择 ♦⁺ 放置键码(K) 命令，在时间栏上添加键码。然后选中添加的键码，在设计树中右击 (-) PART<2>-? 选项，单击 按钮。

Step3. 设置第三个零件的显示。在 (-) PART<3>-? 节点对应的 17s 时间栏上右击，然后在弹出的快捷菜单中选择 ♦⁺ 放置键码(K) 命令，在时间栏上添加键码。然后选中添加的键码，在设计树中右击 (-) PART<3>-? 选项，单击 按钮。

Step4. 设置第四个零件的显示。在 (-) PART<4>-? 节点对应的 24s 时间栏上右击，然后在弹出的快捷菜单中选择 ♦⁺ 放置键码(K) 命令，在时间栏上添加键码。然后选中添加的键码，在设计树中右击 (-) PART<4>-? 选项，单击 按钮。设置各零件显示后时间栏如图 7.3.36 所示。

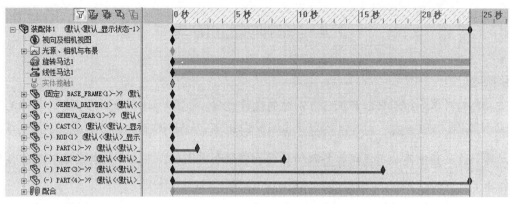

图 7.3.36 时间栏

Task5. 仿真并保存动画

Step1. 在运动算例工具栏后单击 ![]按钮，开始仿真。

Step2. 保存动画。在工具栏中单击 ![]按钮，系统弹出图 7.3.37 所示的"保存动画到文件"对话框，输入文件名称 AUTO_MOTION，单击 [保存(S)] 按钮，系统弹出图 7.3.38 所示的"视频压缩"对话框。单击 [确定] 按钮，即可保存动画。

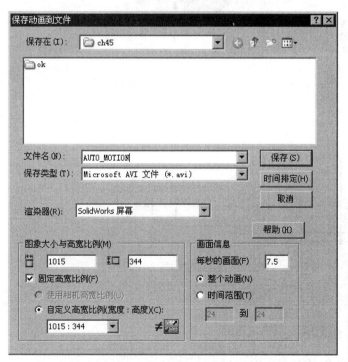

图 7.3.37 "保存动画到文件"对话框

图 7.3.38 "视频压缩"对话框

Step3. 保存模型文件。选择下拉菜单 [文件(F)] ➡ [![] 保存(S)] 命令，命名为 AUTO_MOTION，即可保存模型。

7.4 车削加工仿真

案例概述：

　　本案例简单介绍了车削加工仿真动画的设计过程，如图 7.4.1 所示，将左边的工件毛坯加工成右边所示的零件。对于这种涉及模型变形的仿真需要灵活使用 SolidWorks 提供的一些工具，该案例中是使用装配体特征的拉伸切削命令完成的。下面介绍其用法以及该类型仿真的实现方法。

Task1．车削加工过程

　　基于工程图 7.4.2 所示的零件，可通过拉伸切削命令将零件加工过程简单地分为以下步骤来完成。

a）车削前　　　　　　　　　　b）车削后

图 7.4.1　车削加工

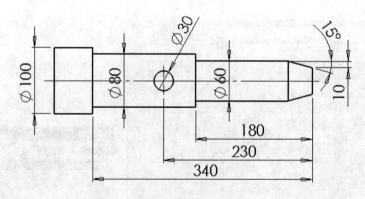

图 7.4.2　零件工程图

（1）第一次：如图 7.4.3 所示进行外圆车削 1。

（2）第二次：如图 7.4.4 所示进行外圆车削 2。

（3）第三次：如图 7.4.5 所示进行倒角车削。

（4）第四次：如图 7.4.6 所示进行钻孔。

图 7.4.3 外圆车削 1　　　　图 7.4.4 外圆车削 2　　　　图 7.4.5 倒角车削

Task2. 车削加工仿真过程

Step1. 新建一个装配模型文件。进入装配体环境，系统弹出"开始装配体"对话框。

Step2. 首先将工件装配到机床的夹具上，夹具和工件间完全约束，保证夹具的转动能够带动工件的转动（图 7.4.7），具体操作过程如下。

（1）添加基座模型。在系统弹出的"打开"对话框中选择 D:\swal18\ch07.04\base，单击 打开(0) 按钮，单击 ✔ 按钮，将模型固定在原点位置，如图 7.4.8 所示。

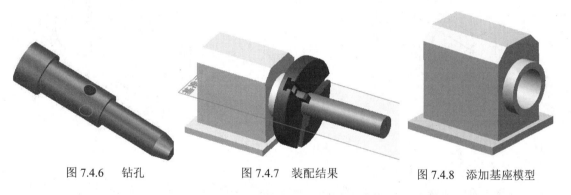

图 7.4.6 钻孔　　　　图 7.4.7 装配结果　　　　图 7.4.8 添加基座模型

（2）添加零件卡盘。选择下拉菜单 插入(I) ➡ 零部件(0) ➡ 现有零件/装配体(E)...命令，在弹出的"打开"对话框中选取 fix_part.SLDPRT，单击 打开(0) 按钮，将零件放置在合适的位置。

（3）添加配合，使卡盘零件不完全定位。

① 选择命令。选择下拉菜单 插入(I) ➡ 配合(M)...命令，系统弹出"配合"对话框。

② 添加"同轴心"配合。单击 标准配合(A) 区域中的 ◎ 按钮，选取图 7.4.9a 所示的两个面为同轴心面，单击快捷工具条中的 ✔ 按钮。

③ 添加"重合"配合。单击 标准配合(A) 区域中的 ⼈ 按钮，选取图 7.4.10a 所示的两个面为重合面，单击快捷工具条中的 ✔ 按钮。

④ 单击"配合"对话框中的 ✔ 按钮，完成零件的定位。

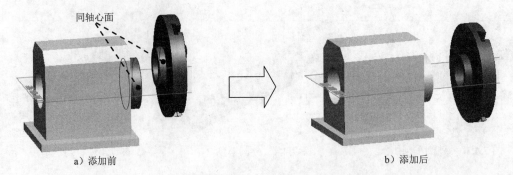

图 7.4.9　添加"同轴心"配合

（4）添加工件模型。选择下拉菜单 插入(I) ➡ 零部件(Q) ➡ 现有零件/装配体(E) 命令，在弹出的"打开"对话框中选取 cast_part.SLDPRT，单击 打开(Q) 按钮，将零件放置在合适的位置。

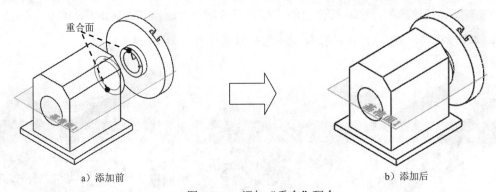

图 7.4.10　添加"重合"配合

（5）添加配合，使工件完全定位。

① 选择命令。选择下拉菜单 插入(I) ➡ 配合(M)... 命令，系统弹出"配合"对话框。

② 添加"同轴心"配合。单击 标准配合(A) 区域中的 ◎ 按钮，选取图 7.4.11a 所示的两个面为同轴心面，单击快捷工具条中的 ✔ 按钮。

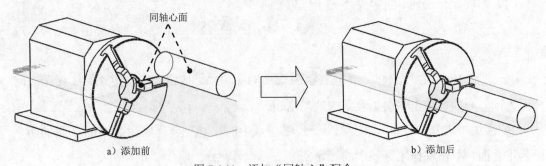

图 7.4.11　添加"同轴心"配合

③ 添加"重合"配合。单击 标准配合(A) 区域中的 人 按钮，选取图 7.4.12a 所示的两个

面为重合面，单击快捷工具条中的 ✅ 按钮。

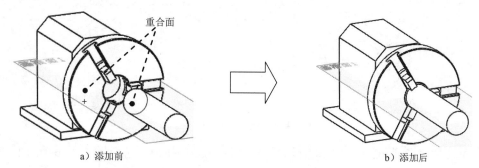

a）添加前   b）添加后

图 7.4.12 添加"重合"配合

④ 添加"重合"配合。单击 **标准配合(A)** 区域中的 ⟨ 按钮，选取工件零件的上视基准面和卡盘零件的右视基准面为重合面，单击快捷工具条中的 ✅ 按钮。

⑤ 单击"配合"对话框中的 ✅ 按钮，完成零件的定位。

（6）至此，完成工件装配到机床夹具上的创建。

Step3. 添加图 7.4.13 所示的第一把车刀。

（1）引入零件。

① 选择命令。选择下拉菜单 **插入(I)** ➡ **零部件(O)** ➡ **现有零件/装配体(E)...** 命令，系统弹出"插入零部件"对话框。

② 在弹出的"打开"对话框中选取 knife01.SLDPRT，单击 **打开** 按钮。

③ 将零件放置于合适的位置。

（2）添加配合，使零件完全定位。

① 选择命令。选择下拉菜单 **插入(I)** ➡ **配合(M)...** 命令，系统弹出"配合"对话框。

② 添加"重合"配合。单击 **标准配合(A)** 区域中的 ⟨ 按钮，选取图 7.4.14 所示的面与基准面 1 为重合面，然后单击"同向对齐"按钮 ⊞，单击快捷工具条中的 ✅ 按钮。

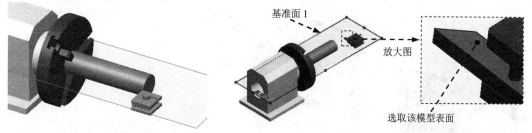

图 7.4.13 添加第一把车刀   图 7.4.14 添加"重合"配合

③ 添加"距离"配合。单击"配合"对话框中的 ⊟ 按钮，选取图 7.4.15 所示的两个面为相距面，输入距离值 0，单击快捷工具条中的 ✅ 按钮。

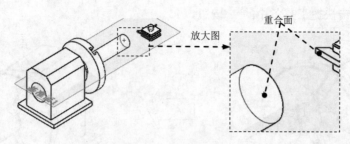

图 7.4.15　选取相距面

④ 添加"距离"配合。单击"配合"对话框中的 ⊟ 按钮，选取图 7.4.16 所示的两个面为相距面，输入距离值 58，单击快捷工具条中的 ✅ 按钮。

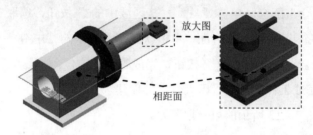

图 7.4.16　选取相距面

⑤ 单击"配合"对话框中的 ✅ 按钮，完成零件的定位。

Step4. 使用装配拉伸切除命令创建第一处车削。选择下拉菜单 插入(I) ➡ 装配体特征(S) ➡ 切除(C) ➡ 🔲 拉伸(E)... 命令；选取图 7.4.17 所示的车刀表面作为草图基准面，绘制图 7.4.18 所示的横断面草图；在"切除-拉伸"对话框 方向1 区域的下拉列表中选择 给定深度 选项，深度值为 400.00（图 7.4.19）；在 特征范围(F) 区域中取消选中 ☐ 自动选择(O) 复选框，并在其下面系统弹出的文本框中单击，选取工件作为切除对象；单击对话框中的 ✅ 按钮，完成切除-拉伸 1 的创建。

Step5. 添加图 7.4.20 所示的第二把车刀（将第一把车刀隐藏）。由于与第一把车刀位置重合，这里不再赘述，具体操作参照 Step3 进行。

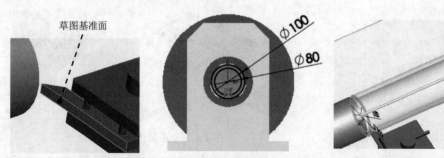

图 7.4.17　选取草图基准面　　图 7.4.18　横断面草图（草图 1）　　图 7.4.19　定义切除深度属性

Step6. 使用装配拉伸切除命令创建第二处车削。选择下拉菜单 插入(I) ➡

装配体特征(S) ➡ 切除(C) ➡ 🔳 拉伸(E)...命令；选取图 7.4.21 所示的车刀表面作为草图基准面，绘制图 7.4.22 所示的横断面草图；在"切除-拉伸"对话框 方向1 区域的下拉列表中选择 给定深度 选项，深度值为 400.00；在 特征范围(F) 区域中取消选中 □ 自动选择(O) 复选框，并在其下面系统弹出的文本框中单击，选取工件作为切除对象；单击 ✔ 按钮，完成切除-拉伸 2 的创建。

Step7. 添加第三把车刀（将第二把车刀隐藏）。由于与前两把车刀位置重合，这里不再赘述，具体操作参照 Step3 进行。

Step8. 使用装配拉伸切除命令创建第三处车削（注：本步骤的详细操作过程请参见学习资源中 video\ch07.04\reference\文件夹下的语音视频讲解文件 base-r01.exe）。

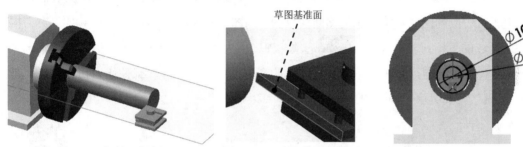

图 7.4.20 添加第二把车刀　　图 7.4.21 选取草图基准面　图 7.4.22 横断面草图（草图 2）

Step9. 添加图 7.4.23 所示的刀具（钻头）。

（1）引入零件。

① 选择命令。选择下拉菜单 插入(I) ➡ 零部件(O) ➡ 🖐 现有零件/装配体(E)... 命令，系统弹出"插入零部件"对话框。

② 在弹出的"打开"对话框中选取 hole_tool.SLDPRT，单击 打开(O) 按钮。

③ 将零件放置于合适的位置。

（2）添加配合，使零件完全定位。

① 选择命令。选择下拉菜单 插入(I) ➡ 🖇 配合(M)...命令，系统弹出"配合"对话框。

② 添加"平行"配合。单击 标准配合(A) 区域中的 🢖 按钮，选取图 7.4.24 所示的两个面为平行面，单击 ⚡ 按钮调整方向，单击快捷工具条中的 ✔ 按钮。

③ 添加"重合"配合。单击 标准配合(A) 区域中的 🥢 按钮，选取基座的右视基准面与钻头的右视基准面为重合面；单击快捷工具条中的 ✔ 按钮。

④ 添加"距离"配合。单击"配合"对话框中的 🖽 按钮，选取图 7.4.25 所示面与钻头的前视基准面为相距面，输入距离值 230，单击快捷工具条中的 ✔ 按钮。

⑤ 单击"配合"对话框中的 ✔ 按钮，完成零件的定位。

图 7.4.23　添加刀具（钻头）

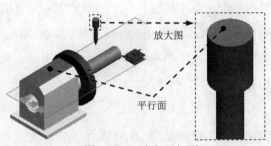

图 7.4.24　选取平行面

Step10. 使用装配拉伸切除命令创建第四处车削。选择下拉菜单 插入(I) ➡ 装配体特征(S) ➡ 切除(C) ➡ 拉伸(E)... 命令；选取图 7.4.26 所示的车刀表面作为草图基准面，绘制图 7.4.27 所示的横断面草图；如图 7.4.28 所示，在"切除-拉伸"对话框 方向1 区域的下拉列表中选择 给定深度 选项，深度值为 170；在 特征范围(F) 区域中取消选中 □ 自动选择(O) 复选框，并在其下面系统弹出的文本框中单击，选取工件作为切除对象；单击 ✓ 按钮，完成切除-拉伸 4 的创建。

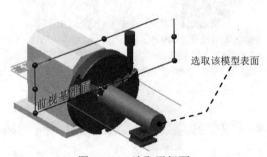

图 7.4.25　选取平行面

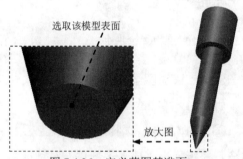

图 7.4.26　定义草图基准面

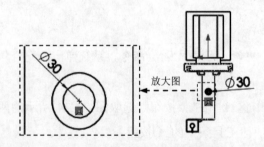

图 7.4.27　横断面草图（草图 4）

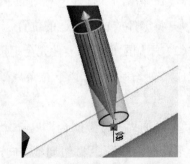

图 7.4.28　定义切除深度属性

Step11. 添加马达。在机床主轴上面添加马达，使其带动机床夹具运动。在图形区将模型调整到合适的角度并显示隐藏的元件。单击 运动算例1 按钮，展开运动算例界面；在运动算例工具栏中选择运动算例类型为 动画，然后单击 按钮，系统弹出"马达"对话框；在"马达"对话框的 零部件/方向(D) 区域中激活马达方向，然后在图形区选取图 7.4.29 所示的模

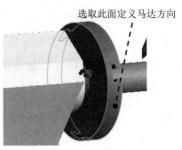

型表面，系统显示的方向如图 7.4.29 所示；在 运动(M) 区域的类型下拉列表中选择 等速 选项，调整转速值为 100.0，其他参数采用系统默认设置。在"马达"对话框中单击 ✓ 按钮，完成马达的设置。

选取此面定义马达方向

图 7.4.29 定义马达方向

Step12. 前三把车刀的运动使用配合动画模式（图 7.4.30）。

（1）选中键码调整结束时间至 25s，并单击运动算例界面右下角的 🔍 或 🔍 按钮，控制标准界面网格线之间的距离至合适位置。

（2）添加键码。在运动算例界面特征设计树中选择 配合 节点下的 距离1 子节点对应的 5s 时间栏并右击，在系统弹出的快捷菜单中选择 放置键码(K) 命令，在时间栏上添加键码。

（3）修改距离。双击新添加的键码，系统弹出"修改"对话框，在"修改"对话框中输入尺寸值 340，然后单击 ✓ 按钮，完成尺寸的修改。

说明：若刀具不是向工件一侧进行移动，可反转距离约束中的尺寸方向。

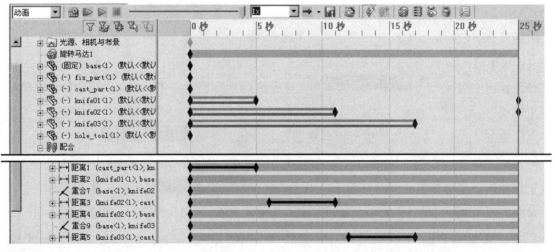

图 7.4.30 运动算例界面

（4）隐藏刀具。在运动算例界面特征设计树中选择 (-) knife01<1> 节点对应的 5s 时间栏并右击，在系统弹出的快捷菜单中选择 放置键码(K) 命令，将第一把刀隐藏。

（5）验证动画。在运动算例界面的工具栏中单击 按钮，可以观察到外圆车削 1 的过

239

程。

（6）复制键码。在运动算例界面特征设计树中选择 配合 节点下的 距离3 子节点对应的 0s 时间栏并右击，在系统弹出的快捷菜单中选择 复制(C) 命令，在其对应的 6s 时间栏上右击，在系统弹出的快捷菜单中选择 粘帖(P) 命令。

（7）添加键码。在运动算例界面特征设计树中选择 配合 节点下的 距离3 子节点对应的 11s 时间栏并右击，在系统弹出的快捷菜单中选择 放置键码(K) 命令，在时间栏上添加键码。

（8）修改距离。双击新添加的键码，系统弹出"修改"对话框，在"修改"对话框中输入尺寸值 180，然后单击 按钮，完成尺寸的修改。

（9）隐藏刀具。在运动算例界面特征设计树中选择 (-) knife02<1> 节点对应的 11s 时间栏并右击，在系统弹出的快捷菜单中选择 放置键码(K) 命令，将第二把刀隐藏。

（10）复制键码。在运动算例界面特征设计树中选择 配合 节点下的 距离5 子节点对应的 0s 时间栏并右击，在系统弹出的快捷菜单中选择 复制(C) 命令，在其对应的 12s 时间栏并右击，在系统弹出的快捷菜单中选择 粘帖(P) 命令。

（11）添加键码。在运动算例界面特征设计树中选择 配合 节点下的 距离5 子节点对应的 17s 时间栏并右击，在系统弹出的快捷菜单中选择 放置键码(K) 命令，在时间栏上添加键码。

（12）修改距离。双击新添加的键码，系统弹出"修改"对话框，在"修改"对话框中输入尺寸值 28，然后单击 按钮，完成尺寸的修改。

（13）隐藏刀具。在运动算例界面特征设计树中选择 (-) knife03<1> 节点对应的 17s 时间栏并右击，在系统弹出的快捷菜单中选择 放置键码(K) 命令，将第三把刀隐藏。

Step13. 第四把车刀使用插值动画模式，4s 完成动作（图 7.4.31）。在运动算例界面特征设计树中选择 (-) hole_tool<1> 节点对应的 0s 时间栏并右击，在系统弹出的快捷菜单中选择 复制(C) 命令，并在其对应的 18s 时间栏上右击，在系统弹出的快捷菜单中选择 粘帖(P) 命令；在运动算例界面特征设计树中选择 (-) hole_tool<1> 节点对应的 22s 时间栏并单击，然后将 "hole_tool" 零件拖动到图 7.4.32b 所示的位置 B，即在时间栏上添加键码；在运动算例界面特征设计树中选择 (-) hole_tool<1> 节点对应的 23s 时间栏并单击，选中 22s 时间栏上对应的键码并隐藏刀具（钻头），即在时间栏上添加键码。

图 7.4.31　运动算例界面

a）调整位置前

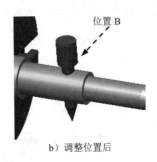
b）调整位置后

图 7.4.32　插值动画

Step14. 编辑各部件的属性动画。要求加工完成后机床隐藏起来(图 7.4.33)，只显示加工完成的零件。在运动算例界面特征设计树中选择 [旋转马达1] 节点对应的17s时间栏并右击，在系统弹出的快捷菜单中选择 [关闭] 命令；在运动算例界面特征设计树中选择 [(固定) base<1>] 节点对应的 17s 时间栏并右击，在系统弹出的快捷菜单中选择 [放置键码(K)] 命令，将基座隐藏；在运动算例界面特征设计树中选择 [(-) fix_part<1>] 节点对应的17s时间栏并右击，在系统弹出的快捷菜单中选择 [放置键码(K)] 命令，将卡盘隐藏。

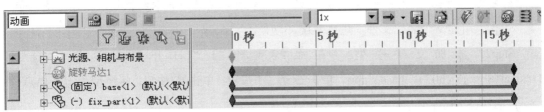

图 7.4.33　运动算例界面

Step15. 编辑工件的定向视图动画（图 7.4.34）。在运动算例界面特征设计树中选择 [视向及相机视图] 节点对应的 0s 时间栏并右击，在系统弹出的快捷菜单中选择 [复制(C)] 命令，在其对应的 22s 时间栏上右击，在系统弹出的快捷菜单中选择 [粘帖(P)] 命令；在运动算例界面特征设计树中选择 [视向及相机视图] 节点对应的 25s 时间栏并右击，在系统弹出的快捷菜单中选择 [放置键码(K)] 命令，在时间栏上添加键码；在新添加的键码上右击，在弹出的快捷菜单中选择 [视图定向] ➡ [等轴测 (G)] 命令，将视图调整到等轴测视图（图 7.4.35）。

图 7.4.34　运动算例界面

Step16. 保存动画。在运动算例界面的工具栏中单击 [▷] 按钮，可以观察装配件视图的旋转，在工具栏中单击按钮，命名为 machining_motion，保存动画。

Step17. 保存零件模型。

图 7.4.35　最终结果

7.5　自动化机构仿真

案例概述：

在一些企业的车间里，经常会看到各种各样的自动化设备，代替工人运送一些比较危险或是比较沉重的机械零部件。下面就是一个简单的自动化设备上面的一个典型机构，主要用来运送机械零部件，红色零件为取物杆，下端可以安装各种取物机构，比如机械手等。

Step1. 新建一个装配文件，进入装配环境。

Step2. 添加支架模型。在系统弹出的"打开"对话框中选择 D:\swal18\work\ch07.05\base.sldprt，单击 打开 按钮；单击 ✔ 按钮，将模型固定在原点位置，如图 7.5.1 所示。

Step3. 添加图 7.5.2 所示的气缸零件并定位。

（1）引入零件。选择下拉菜单 插入(I) ➡ 零部件(0) ▶ 🦾 现有零件/装配体 (E)...命令，在系统弹出的"打开"对话框中选择 link01.sldprt，单击 打开 按钮，将零件放置到图 7.5.3 所示的位置。

图 7.5.1　放置支架模型

图 7.5.2　添加气缸零件

图 7.5.3　放置气缸零件

（2）添加配合，使零件定位。

① 选择下拉菜单 插入(I) ➡ 🔗 配合 (M)... 命令，系统弹出"配合"对话框。

② 添加"同轴心"配合。单击 **标准配合(A)** 对话框中的 ◎ 按钮，分别选取图 7.5.4 所示的同轴心面，单击快捷工具条中的 ✓ 按钮。

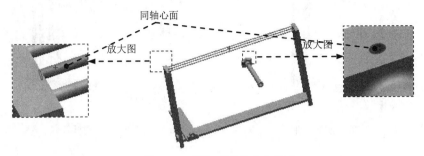

图 7.5.4　添加"同轴心"配合

③ 添加"平行"配合。单击 **标准配合(A)** 对话框中的 ⟍ 平行(R) 按钮，分别选取图 7.5.5 所示的平行面，并单击 ⤢ 按钮，单击快捷工具条中的 ✓ 按钮。

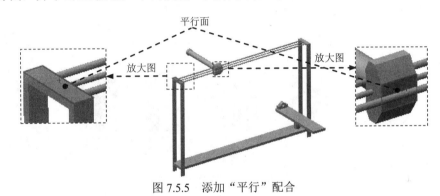

图 7.5.5　添加"平行"配合

④ 添加"距离"配合。单击"配合"对话框中的 ↤↦ 按钮，选取图 7.5.6 所示面与气缸零件的上视基准面为相距面，输入距离值 200，单击快捷工具条中的 ✓ 按钮。

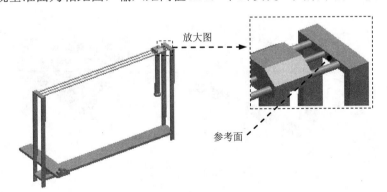

图 7.5.6　添加"距离"配合

Step4. 添加图 7.5.7 所示的取物杆零件并定位。

（1）引入零件。选择下拉菜单 插入(I) ➡ 零部件(O) ➡ 🐾 现有零件/装配体(E)... 命令，在系统弹出的"打开"对话框中选择 link02.sldprt，单击 打开 ▾ 按钮，将零件放置到

图 7.5.8 所示的位置。

图 7.5.7 添加取物杆零件

图 7.5.8 放置取物杆零件

（2）添加配合，使零件定位。

① 选择下拉菜单 插入(I) ➡ 配合(M)... 命令，系统弹出"配合"对话框。

② 添加"同轴心"配合。单击 标准配合(A) 对话框中的 ◎ 按钮，分别选取图 7.5.9 所示的同轴心面，单击快捷工具条中的 ✓ 按钮。

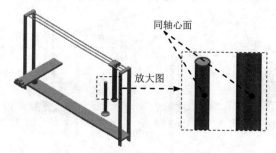
图 7.5.9 添加"同轴心"配合

③ 添加"距离"配合。单击"配合"对话框中的 ↔ 按钮，选取图 7.5.10 所示的两个面为相距面，输入距离值 100，单击快捷工具条中的 ✓ 按钮。

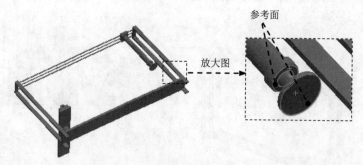
图 7.5.10 添加"距离"配合

Step5. 添加图 7.5.11 所示的推杆零件并定位。

（1）引入零件。选择下拉菜单 插入(I) ➡ 零部件(O) ▶ 现有零件/装配体 (E)... 命令，在系统弹出的"打开"对话框中选择 push_part.sldprt，单击 打开 ▼ 按钮，将零件放置到图 7.5.12 所示的位置。

（2）添加配合，使零件定位。

① 选择下拉菜单 插入(I) ➡ ⊘ 配合(M)... 命令，系统弹出"配合"对话框。

② 添加"同轴心"配合。单击 标准配合(A) 对话框中的 ◎ 按钮，分别选取图 7.5.13 所示的同轴心面，单击 ↗ 按钮。单击快捷工具条中的 ✓ 按钮。

图 7.5.11　添加推杆零件

图 7.5.12　放置推杆零件

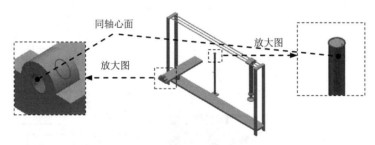

图 7.5.13　添加"同轴心"配合

③ 添加"平行"配合。单击 标准配合(A) 对话框中的 ⊗ 平行(R) 按钮，分别选取图 7.5.14 所示的平行面，并单击 ↗ 按钮，单击快捷工具条中的 ✓ 按钮。

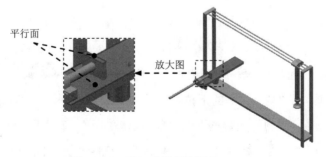

图 7.5.14　添加"平行"配合

④ 添加"距离"配合。单击"配合"对话框中的 ⊢⊣ 按钮，选取图 7.5.15 所示的两个面为相距面，输入距离值 110，单击快捷工具条中的 ✓ 按钮。

Step6. 展开设计树中的配合节点，将"距离1""距离2""距离3"进行压缩。

Step7. 展开运动算例界面。单击 运动算例1 按钮，展开运动算例界面。

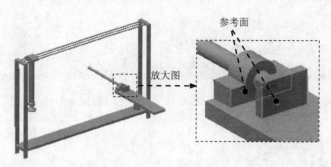

图 7.5.15　添加"距离"配合

Step8. 在运动算例工具栏后单击 按钮，在"马达"对话框的 马达类型(T) 区域中选择 线性马达(驱动器)(L) 选项。在 零部件/方向(D) 区域中激活 后的文本框，然后在图像区选取图 7.5.16 所示的模型表面，单击 按钮。在 运动(M) 区域的类型下拉列表中选择 数据点 选项，系统弹出 "函数编制程序"对话框。在"值"区域的下拉列表中选择 位移 选项，在"插值类型"区域 的下拉列表中选择 线性 选项。单击输入数据下的"单击以添加行"，输入图 7.5.17 所示的数据。单击 确定 按钮，在"马达"对话框中单击 按钮，完成马达 1 的添加。

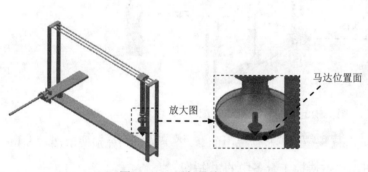

图 7.5.16　添加马达 1

时间	值
0s	0.00mm
1s	0.00mm
2s	0.00mm
3s	620.00mm
4s	620.00mm
5s	0.00mm
6s	0.00mm
7s	400.00mm
8s	400.00mm
9s	0.00mm
10s	0.00mm
11s	0.00mm
12s	0.00mm
单击以添加行	

图 7.5.17　输入数据

Step9. 在运动算例工具栏后再次单击 按钮，在"马达"对话框的 马达类型(T) 区域中 选择 线性马达(驱动器)(L) 选项。在 零部件/方向(D) 区域中激活 后的文本框，然后在图像区选取图 7.5.18 所示的模型表面。在 运动(M) 区域的类型下拉列表中选择 数据点 选项，系统弹出"函数 编制程序"对话框。在"值"区域的下拉列表中选择 位移 选项，在"插值类型"区域的下拉 列表中选择 线性 选项。单击输入数据下的"单击以添加行"，输入图 7.5.19 所示的数据。单 击 确定 按钮，在"马达"对话框中单击 按钮，完成马达 2 的添加。

Step10. 在运动算例工具栏后再次单击 按钮，在"马达"对话框的 马达类型(T) 区域 中选择 线性马达(驱动器)(L) 选项。在 零部件/方向(D) 区域中激活 后的文本框，然后在图像区选取 图 7.5.20 所示的模型表面,并单击 按钮。在 运动(M) 区域的类型下拉列表中选择 数据点 选项， 系统弹出"函数编制程序"对话框。在"值"区域的下拉列表中选择 位移 选项，在"插值 类型"区域的下拉列表中选择 线性 选项。单击输入数据下的"单击以添加行"，输入图 7.5.21

所示的数据。单击 确定 按钮，在"马达"对话框中单击 ✔ 按钮，完成马达 3 的添加。

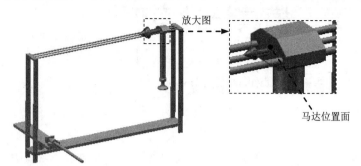

图 7.5.18 添加马达 2

时间（秒）	值
0s	0.00mm
5s	0.00mm
6s	2500.00mm
7s	2500.00mm
8s	2500.00mm
9s	2500.00mm
10s	2500.00mm
12s	0.00mm
单击以添加行	

图 7.5.19 输入数据

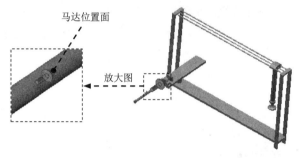

图 7.5.20 添加马达 3

时间（秒）	值
0s	0.00mm
9s	0.00mm
10s	920.00mm
11s	920.00mm
12s	0.00mm
单击以添加行	

图 7.5.21 输入数据

Step11. 拖动键码至 12s。如图 7.5.22 所示。

Step12. 在运动算例界面的工具栏中单击 🖫 按钮，观察机械手的运动，在工具栏中单击 🖫 按钮，命名为 auto_motion.avi 保存动画。

Step13. 运动算例完毕。选择下拉菜单 文件(F) ➡ 另存为(A)... 命令，命名为 auto_motion，即可保存模型。

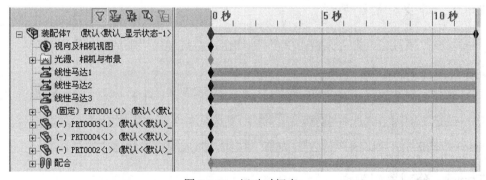

图 7.5.22 运动时间表

学习拓展：扫码学习更多视频讲解。

讲解内容：主要包含产品动画与机构运动仿真的背景知识，概念及作用，一般方法和流程等，特别是对机构运动仿真中的连杆、运动副、驱动等基本概念讲解得非常详细。

第8章　模具设计案例

8.1　带型芯的模具设计

案例概述：

　　本案例将介绍一个杯子的模具设计过程（图 8.1.1）。在设计该杯子的模具时，如果将模具的开模方向定义为竖直方向，那么杯子中不通孔的轴线方向就与开模方向垂直，这就需要设计型芯模具元件才能构建该孔。下面介绍该模具的设计过程。

Task1.　导入零件模型

打开文件 D:\swal18\work\ch08.01\CUP.SLDPRT，如图 8.1.2 所示。

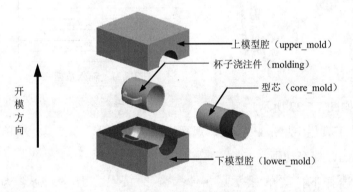

图 8.1.1　杯子的模具设计

图 8.1.2　零件模型

Task2.　定义缩放比例

Step1. 在"模具工具"工具栏中单击 按钮，系统弹出"缩放比例"对话框。

Step2. 设定比例参数。

（1）选择比例缩放点。在 比例参数(P) 区域的 比例缩放点(S): 下拉列表中选择 重心 选项。

（2）设定比例因子。选中 统一比例缩放(U) 复选框，在其文本框中输入值 1.05。

Step3. 单击"缩放比例"对话框中的 按钮，完成模型比例缩放的设置。

Task3.　分割模型表面

Step1. 在"模具工具"工具栏中单击 按钮，系统弹出"分割线"对话框。

Step2. 设定参数。在 分割类型(T) 区域选中 交叉点(I) 单选项。

Step3. 选择分割基准面。激活 选择(E) 区域中的第一个 按钮后的区域，选择上视基准面为分割曲面。

Step4. 选择被分割曲面。激活第二个 ⬜ 按钮后的区域，选择图 8.1.3 所示的曲面为要分割的曲面。

Step5. 单击"分割线"对话框中的 ✅ 按钮，完成模型分割线的创建。

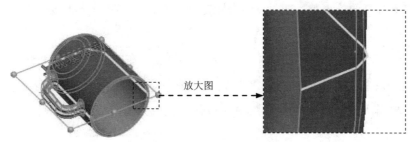

图 8.1.3　横断面草图（草图 1）

Task4. 创建分型线

Step1. 在"模具工具"工具栏中单击 ⬡ 按钮，系统弹出"分型线"对话框。

Step2. 设定模具参数。

（1）选取拔模方向。选取上视基准面作为拔模方向。

（2）定义拔模角度。在拔模角度 🔼ᴬ 文本框中输入值 1.0。

（3）定义分型线。选中 ☑ 用于型心/型腔分割(U) 复选框，单击 拔模分析(D) 按钮。

Step3. 定义分型线。选取图 8.1.4 所示的边线作为分型线。

Step4. 单击"分型线"对话框中的 ✅ 按钮，完成分型线的创建。

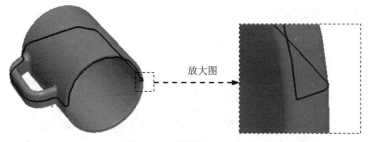

图 8.1.4　分型线

Task5. 关闭曲面

Step1. 在"模具工具"工具栏中单击 🔘 按钮，系统弹出"关闭曲面"对话框。

Step2. 选取边链。手动选取图 8.1.5a 所示的边链。取消选中 ☐ 缝合(K) 复选框。

Step3. 单击"关闭曲面"对话框中的 ✅ 按钮，完成图 8.1.5b 所示的关闭曲面的创建。

Task6. 创建分型面

Step1. 在"模具工具"工具栏中单击 🔘 按钮，系统弹出"分型面"对话框。

Step2. 设定分型面。

（1）定义分型面类型。在 模具参数(M) 区域中选中 ⦿ 垂直于拔模(P) 单选项。

（2）选取分型线。在设计树中选取分型线 1。

（3）定义分型面的大小。在"反转等距方向"按钮 ↗ 的文本框中输入值 60.0，并单击 ↗ 按钮。

（4）定义平滑类型和大小。单击"平滑"按钮 ▼，在距离 ⟨⋗D1 文本框中输入值 1.50，其他选项采用系统默认设置。在 选项(O) 区域选中 ☑ 手工模式 复选框。

Step3. 单击"分型面"对话框中的 ✔ 按钮，完成分型面的创建，如图 8.1.6 所示。

a）创建前　　　　　　　　　b）创建后

图 8.1.5　关闭曲面　　　　　　　　　　　图 8.1.6　创建分型面

Task7. 切削分割

Stage1. 绘制分割轮廓

Step1. 选择命令。选择下拉菜单 插入(I) ➡ ⬛ 草图绘制 命令，系统弹出"编辑草图"对话框。

Step2. 绘制草图。选取上视基准面为草图基准面，绘制图 8.1.7 所示的横断面草图。

Step3. 选择下拉菜单 插入(I) ➡ ⬛ 退出草图 命令，完成横断面草图的绘制。

Stage2. 切削分割

Step1. 在"模具工具"工具栏中单击 ▨ 按钮，系统弹出"信息"对话框。

Step2. 定义草图。选择 Stage1 中绘制的横断面草图，系统弹出"切削分割"对话框。

Step3. 定义块的大小。在 块大小(B) 区域的方向 1 深度 ⟨⋏ 文本框中输入值 60.0，在方向 2 深度 ⟨⋏ 文本框中输入值 30.0。

说明：系统会自动在 型心(C) 区域中出现生成的型芯曲面实体，在 型腔(A) 区域中出现生成的型腔曲面实体，在 分型面(P) 区域中出现生成的分型面曲面实体。

Step4. 单击"切削分割"对话框中的 ✔ 按钮，完成切削分割的创建。

Task8. 创建侧型芯

Stage1. 绘制侧型芯草图

Step1. 选择命令。选择下拉菜单 插入(I) ➡ ▢ 草图绘制 命令，系统弹出"编辑草图"对话框。

Step2. 选取草图基准面。选取图 8.1.8 所示的模型表面为草图基准面。

Step3. 绘制草图。绘制图 8.1.9 所示的横断面草图。

Step4. 选择下拉菜单 插入(I) ➡ ▢ 退出草图 命令，完成横断面草图的绘制。

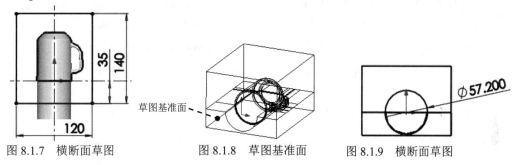

图 8.1.7　横断面草图　　　　图 8.1.8　草图基准面　　　　图 8.1.9　横断面草图

Stage2. 创建侧型芯

Step1. 在"模具工具"工具栏中单击 按钮，系统弹出"信息"对话框。

Step2. 选择草图。选择 Stage1 中绘制的横断面草图，此时系统弹出"型芯"对话框。

Step3. 选择从中抽取的实体。在设计树中选择 ▶ 实体⑶ 节点下的 切削分割1[2] 作为从中抽取的实体。在 参数(P) 区域的方向 1 深度 文本框中输入值 31.0，在方向 2 深度 文本框中输入值 90.0。取消选中 □ 顶端加盖(C) 复选框。

Step4. 单击"型芯"对话框中的 按钮，完成侧型芯的创建。

Task9. 创建模具零件

Stage1. 将曲面实体隐藏

将模型中的型腔曲面实体、型芯曲面实体和分型面实体隐藏后，则工作区模具模型中的这些元素将不显示，这样可使屏幕简洁，方便后面的模具开启操作。

Step1. 隐藏曲面实体。在设计树中右击 曲面实体(23) 节点下的 型腔曲面实体(2)，从系统弹出的快捷菜单中选择 命令；同样操作步骤，把 型心曲面实体(2) 和 分型面实体(19) 隐藏。

Step2. 显示上色状态。单击"视图"工具栏中的"上色"按钮，即可将模型的虚线框显示方式切换到上色状态。

Stage2. 开模步骤 1：移动滑块 1

Step1. 选择命令。选择下拉菜单 插入(I) ➡ 特征(F) ▶ ➡ 移动/复制(V)... 命令，系统弹出"移动/复制实体"对话框。

Step2. 选取移动的实体。单击 平移/旋转(R) 按钮，选取滑块作为移动的实体。

Step3. 定义移动距离。在 平移 区域的 ΔZ 文本框中输入值 100.0。

Step4. 单击"移动/复制实体"对话框中的 ✓ 按钮，完成滑块的移动。

Stage3. 开模步骤 2：移动型腔

Step1. 选择命令。选择下拉菜单 插入(I) ➡ 特征(F) ➡ 🔧 移动/复制(V)... 命令，系统弹出"移动/复制实体"对话框。

Step2. 选取移动的实体。选取图 8.1.10 所示的型腔作为移动的实体。

Step3. 定义移动距离。在 平移 区域的 ΔY 文本框中输入值 100.0。

Step4. 单击"移动/复制实体"对话框中的 ✓ 按钮，完成图 8.1.11 所示的型腔移动。

Stage4. 开模步骤 3：移动型芯

参考开模步骤 2，选取型芯，在 平移 区域的 ΔY 文本框中输入值-100.0，完成图 8.1.12 所示的型芯的移动。

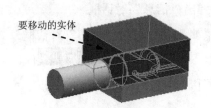
要移动的实体

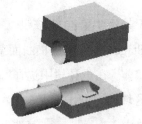

图 8.1.10　要移动的实体　　　　图 8.1.11　移动型腔　　　　图 8.1.12　移动型芯

Stage5. 保存模具元件

Step1. 保存滑块 1。在设计树中右击 ⊞ 🗇 实体(4) 节点下的 🗇 实体-移动/复制1，从系统弹出的快捷菜单中选择 插入到新零件... (G) 命令，在"另存为"对话框中命名文件名称为"CUP_slider"，然后关闭此文件。

Step2. 保存型腔。单击 窗口(W) 下拉菜单，在列表中选择 1 CUP.SLDPRT，返回总文件。在设计树中右击 ⊞ 🗇 实体(4) 节点下的 🗇 实体-移动/复制2，从系统弹出的快捷菜单中选择 插入到新零件... (G) 命令，在"另存为"对话框中命名文件名称为"CUP_cavity.sldprt"，然后关闭此文件。

Step3. 保存型芯。单击 窗口(W) 下拉菜单，在列表中选择 1 CUP.SLDPRT，返回总文件。单击 ⊞ 🗇 实体(4) 节点下的 🗇 实体-移动/复制3 （型芯实体），从系统弹出的快捷菜单中选择 插入到新零件... (G) 命令，在"另存为"对话框中命名文件名称为"CUP_core.sldprt"，然后关闭此文件。

Step4. 保存设计结果。单击 窗口(W) 下拉菜单，在列表中选择 1 CUP.SLDPRT ，返回总文件。选择下拉菜单 文件(F) ➡ 💾 保存(S) 命令，即可保存模具设计结果。

8.2　具有复杂外形的模具设计

案例概述：

图 8.2.1 所示为一个下盖（DOWN_COVER）的模型，该模型的表面有多个破孔，要使其能够顺利分出上、下模，必须将破孔填补才能完成，本例将详细介绍如何来设计该模具。图 8.2.2 所示为下盖的模具开模。

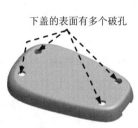

下盖的表面有多个破孔

图 8.2.1　下盖零件模型

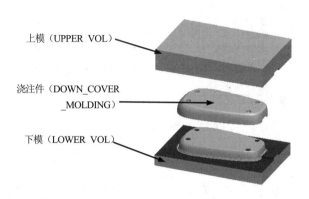

上模（UPPER VOL）

浇注件（DOWN_COVER
_MOLDING）

下模（LOWER VOL）

图 8.2.2　下盖的模具开模

Task1.　导入零件模型

打开文件 D:\swal18\work\ch08.02\DOWN_COVER.SLDPRT。

Task2.　拔模分析

Step1. 在"模具工具"工具栏中单击 🔲 按钮，系统弹出"拔模分析"对话框。

Step2. 设定分析参数。选取前视基准面作为拔模方向。单击 🔲 按钮；在拔模角度 🔲 文本框中输入值 1.0；在 分析参数 区域中选中 ☑ 面分类 和 ☑ 查找陡面 复选框，在 颜色设定 区域中显示各类拔模面的个数，同时，模型中对应显示不同的拔模面。

Step3. 单击"拔模分析"对话框中的 ✅ 按钮，单击"模具工具"工具栏中的 🔲 按钮，完成拔模分析。

Task3.　定义缩放比例

Step1. 在"模具工具"工具栏中单击 🔲 按钮，系统弹出"缩放比例"对话框。

Step2. 设定比例参数。在 比例参数(P) 区域的 比例缩放点(S): 下拉列表中选择 重心 选项；选中 ☑ 统一比例缩放(U) 复选框，在其文本框中输入值 1.05，如图 8.2.3 所示。

Step3. 单击"缩放比例"对话框中的 ✅ 按钮，完成模型比例缩放的设置。

Task4. 创建分型线

Step1. 在"模具工具"工具栏中单击 按钮，系统弹出"分型线"对话框。

Step2. 设定模具参数。选取前视基准面作为拔模方向。单击 按钮；在拔模角度 文本框中输入值 1.0；选中 ☑ 用于型心/型腔分割(U) 复选框，单击 拔模分析(D) 按钮。

Step3. 定义分型线。选取图 8.2.4 所示的边线作为分型线。

Step4. 单击"分型线"对话框中的 ✅ 按钮，完成分型线的创建。

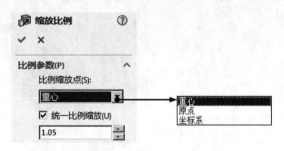

图 8.2.3 "缩放比例"对话框

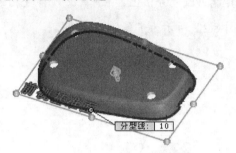

图 8.2.4 定义分型线

Task5. 关闭曲面

Step1. 在"模具工具"工具栏中单击 按钮，系统弹出"关闭曲面"对话框。

Step2. 单击"关闭曲面"对话框中的 ✅ 按钮，完成图 8.2.5 所示的关闭曲面的创建。

Task6. 创建分型面

Step1. 在"模具工具"工具栏中单击 按钮，系统弹出"分型面"对话框。

Step2. 设定分型面。

（1）定义分型面类型。在 模具参数(M) 区域中选中 ⦿ 垂直于拔模(P) 单选项。

（2）选取分型线。在设计树中选取分型线 1。

（3）定义分型面的大小。在"反转等距方向"按钮 的文本框中输入值 40.0，并单击 按钮。

（4）定义平滑类型和大小。单击"平滑"按钮 ，在距离 文本框中输入值 1.50，其他选项采用系统默认设置。在 选项(O) 区域选中 ☑ 手工模式 复选框。

Step3. 单击"分型面"对话框中的 ✅ 按钮，完成分型面的创建，如图 8.2.6 所示。

Task7. 切削分割

Stage1. 绘制分割轮廓

Step1. 选择命令。选择下拉菜单 插入(I) ➡ 草图绘制 命令，系统弹出"编辑草图"对话框。

Step2. 绘制草图。选取前视基准面为草图基准面，绘制图 8.2.7 所示的横断面草图。

Step3. 选择下拉菜单 插入(I) ➡ □ 退出草图 命令，完成横断面草图的绘制。

Stage2. 切削分割

Step1. 在"模具工具"工具栏中单击 按钮，系统弹出"信息"对话框。

Step2. 定义草图。选择 Stage1 中绘制的横断面草图，系统弹出"切削分割"对话框。

Step3. 定义块的大小。在 块大小(B) 区域的方向 1 深度 文本框中输入值 25.0，在方向 2 深度 文本框中输入值 8.0。

说明：系统会自动在 型心(C) 区域中出现生成的型芯曲面实体，在 型腔(A) 区域中出现生成的型腔曲面实体，在 分型面(P) 区域中出现生成的分型面曲面实体。

Step4. 单击"切削分割"对话框中的 按钮，完成切削分割的创建。

  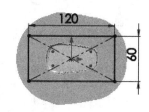

图 8.2.5 关闭曲面   图 8.2.6 创建分型面   图 8.2.7 横断面草图（草图 1）

Task8. 创建模具零件

Stage1. 将曲面实体隐藏

将模型中的型腔曲面实体、型芯曲面实体和分型面实体隐藏后，则工作区模具模型中的这些元素将不显示，这样可使屏幕简洁，方便后面的模具开启操作。

Step1. 隐藏曲面实体。在设计树中右击 ▸ 曲面实体(3) 节点下的 型腔曲面实体(5)，从系统弹出的快捷菜单中选择 命令；同样操作步骤，把 型心曲面实体(5) 和 分型面实体(1) 隐藏。

Step2. 显示上色状态。单击"视图"工具栏中的"上色"按钮 ，即可将模型的虚线框显示方式切换到上色状态。

Stage2. 开模步骤 1：移动型腔

Step1. 选择命令。选择下拉菜单 插入(I) ➡ 特征(F) ▸ ➡ 移动/复制(V)... 命令，系统弹出"移动/复制实体"对话框。

Step2. 选取移动的实体。选取图 8.2.8 所示的型腔作为移动的实体。

Step3. 定义移动距离。在 平移 区域的 ΔZ 文本框中输入值 -50.0。

Step4. 单击"移动/复制实体"对话框中的 ✅ 按钮，完成图 8.2.9 所示的型腔的移动。

Stage3. 开模步骤 2: 移动主型芯

Step1. 同开模步骤 1，选取主型芯作为移动的实体，在 平移 区域的 ΔZ 文本框中输入值 50.0。

Step2. 单击"移动/复制实体"对话框中的 ✅ 按钮，完成图 8.2.10 所示的主型芯的移动。

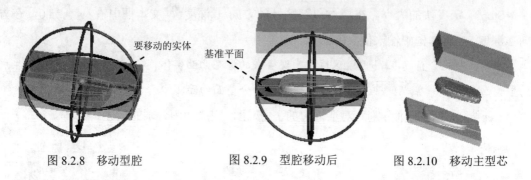

要移动的实体　　　　　　基准平面

图 8.2.8　移动型腔　　　　图 8.2.9　型腔移动后　　　　图 8.2.10　移动主型芯

Stage4. 保存模具元件

Step1. 保存型腔。右击 ⊞ 🗔 实体 (3) 节点下的 🔲 实体-移动/复制1 （即型腔实体），从系统弹出的快捷菜单中选择 插入到新零件... (G) 命令，在"另存为"对话框中命名文件名称为"down_cover _cavity.sldprt"，然后关闭文件。

Step2. 保存主型芯。右击 ⊞ 🗔 实体 (3) 节点下的 🔲 实体-移动/复制2 （即主型芯实体），从系统弹出的快捷菜单中选择 插入到新零件... (G) 命令，在"另存为"对话框中命名文件名称为"down_cover-core.SLDPRT"，然后关闭此文件。

Step3. 保存设计结果。选择下拉菜单 文件(F) ➡ 🖫 保存(S) 命令，即可保存模具设计结果。

8.3　带破孔的模具设计

案例概述:

本节将介绍一款香皂盒盖（SOAP_BOX）的模具设计过程（图 8.3.1）。由于设计原件中有破孔，在模具设计时必须要填补这一破孔，才可以顺利地分出上、下模，使其顺利脱模。下面介绍该模具的主要设计过程。

Task1. 导入零件模型

打开文件 D:\swal18\work\ch08.03\soap_box.SLDPRT，如图 8.3.2 所示。

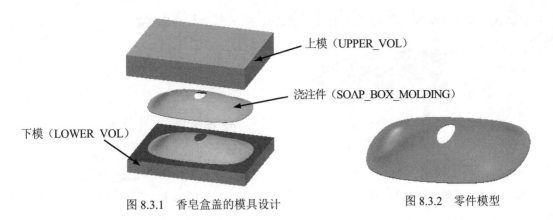

上模（UPPER_VOL）

浇注件（SOAP_BOX_MOLDING）

下模（LOWER_VOL）

图 8.3.1　香皂盒盖的模具设计　　　　图 8.3.2　零件模型

Task2. 拔模分析

Step1. 在"模具工具"工具栏中单击 按钮，系统弹出"拔模分析"对话框。

Step2. 定义拔模参数。

（1）选取拔模方向。选取前视基准面为拔模方向。单击 按钮。

（2）定义拔模角度。在拔模角度 文本框中输入值 1.0。

（3）显示计算结果。选中 面分类 复选框，在 颜色设定 区域中显示出各类拔模面的个数，同时，模型中对应显示不同的拔模面，如图 8.3.3 所示。

Step3. 单击"拔模分析"对话框中的 按钮，单击"模具工具"工具栏中的 按钮，完成拔模分析。

Task3. 设置缩放比例

Step1. 在"模具工具"工具栏中单击 按钮，系统弹出"缩放比例"对话框。

Step2. 定义比例参数。

（1）选择比例缩放点。在 比例参数(P) 区域的 比例缩放点(S): 下拉列表中选择 重心 选项。

（2）设定比例因子。选中 统一比例缩放(U) 复选框，在其文本框中输入值 1.05。

Step3. 单击"缩放比例"对话框中的 按钮。完成比例缩放的设置。

Task4. 创建分型线

Step1. 在"模具工具"工具栏中单击 按钮，系统弹出"分型线"对话框。

Step2. 设定模具参数。

（1）选取拔模方向。选取前视基准面作为拔模方向，单击 按钮。

（2）定义拔模角度。在拔模角度 文本框中输入值 1。

（3）定义分型线。选中 用于型心/型腔分割(U) 复选框。

（4）单击 拔模分析(D) 按钮，系统自动选取图 8.3.4 所示的边线作为分型线。

Step3. 单击"分型线"对话框中的 ✅ 按钮，完成分型线的创建。

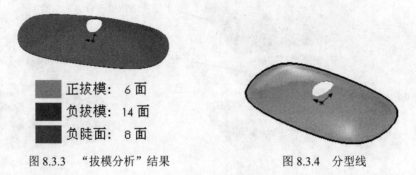

正拔模：6面
负拔模：14面
负陡面：8面

图 8.3.3　"拔模分析"结果　　　　　　　图 8.3.4　分型线

Task5. 关闭曲面

Step1. 在"模具工具"工具栏中单击 🖐 按钮，系统弹出"关闭曲面"对话框。

Step2. 选取边链。系统自动选取图 8.3.5a 所示的边链。取消选中 □ 缝合(K) 复选框。

Step3. 单击"关闭曲面"对话框中的 ✅ 按钮，完成图 8.3.5b 所示的关闭曲面的创建。

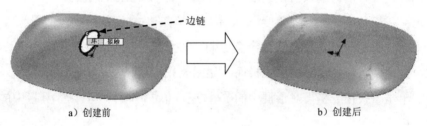

a）创建前　　　　　　　　　　　　　　　b）创建后

图 8.3.5　关闭曲面

Task6. 创建分型面

Step1. 在"模具工具"工具栏中单击 👝 按钮，系统弹出"分型面"对话框。

Step2. 设定分型面。

（1）定义分型面类型。在 模具参数(M) 区域中选中 ⊙ 垂直于拔模(P) 单选项。

（2）选取分型线。系统自动选取分型线 1。

（3）定义分型面的大小。在"反转等距方向"按钮 ↗ 的文本框中输入值 60.0，并单击 ↗ 按钮。

（4）定义平滑类型和大小。单击"平滑"按钮 🔲，在距离 ↖D1 文本框中输入值 1.50，其他选项采用系统默认设置。在 选项(O) 区域选中 ☑ 手工模式 复选框。

Step3. 单击"分型面"对话框中的 ✅ 按钮，完成分型面的创建，如图 8.3.6 所示。

Task7. 切削分割

Stage1. 绘制分割轮廓

Step1. 选择命令。选择下拉菜单 插入(I) ➡ 🔲 草图绘制 命令，系统弹出"编辑草图"对话框。

Step2. 绘制草图。选取前视基准面为草图基准面，绘制图 8.3.7 所示的横断面草图。

Step3. 选择下拉菜单 插入(I) ➡ □ 退出草图 命令，完成横断面草图的绘制。

Stage2. 切削分割

Step1. 在"模具工具"工具栏中单击 按钮，系统弹出"信息"对话框。

Step2. 定义草图。选择 Stage1 中绘制的横断面草图，系统弹出"切削分割"对话框。

Step3. 定义块的大小。在 块大小(B) 区域的方向 1 深度 文本框中输入值 30.0，在方向 2 深度 文本框中输入值 10.0。

说明：系统会自动在 型心(C) 区域中出现生成的型芯曲面实体，在 型腔(A) 区域中出现生成的型腔曲面实体，在 分型面(P) 区域中出现生成的分型面曲面实体。

Step4. 单击"切削分割"对话框中的 按钮，完成切削分割的创建。

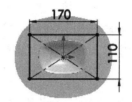

图 8.3.6　创建分型面　　　　图 8.3.7　横断面草图（草图 1）

Task8. 创建模具零件

Stage1. 将曲面实体隐藏

将模型中的型腔曲面实体、型芯曲面实体和分型面实体隐藏后，则工作区模具模型中的这些元素将不显示，这样可使屏幕简洁，方便后面的模具开启操作。

Step1. 隐藏曲面实体。在设计树中右击 ⊞ 曲面实体 (5) 节点下的 ⊞ 型腔曲面实体 (2)，从系统弹出的快捷菜单中选择 命令；同样操作步骤，隐藏 ⊞ 型心曲面实体 (2) 和 ⊞ 分型面实体 (1)。

Step2. 显示上色状态。单击"视图"工具栏中的"上色"按钮 ，即可将模型的虚线框显示方式切换到上色状态。

Stage2. 开模步骤 1：移动型腔（注：本步的详细操作过程请参见学习资源中 video\ch08.03\reference\文件夹下的语音视频讲解文件 soap_box-r01.exe）

Stage3. 开模步骤 2：移动型芯（注：本步的详细操作过程请参见学习资源中 video\ch08.03\reference\文件夹下的语音视频讲解文件 soap_box-r02.exe）

Stage4. 保存模具元件（注：本步的详细操作过程请参见学习资源中 video\ch08.03\reference\文件夹下的语音视频讲解文件 soap_box-r03.exe）

8.4　烟灰缸的模具设计

案例概述：

　　本案例将介绍一个烟灰缸的模具设计，如图8.4.1所示。在此烟灰缸模具的设计过程中，将采用"裙边法"对模具分型面进行设计。通过本案例的学习，希望读者能够对"裙边法"这一设计方法有一定的了解。下面介绍该模具的设计过程。

Task1. 导入模具模型

打开文件 D:\swal18\work\ch08.04\ashtray.SLDPRT，如图8.4.2所示。

Task2. 拔模分析

Step1. 在"模具工具"工具栏中单击 🔲 按钮，系统弹出"拔模分析"对话框。

Step2. 设定分析参数。选取上视基准面作为拔模方向；在拔模角度 🔲 文本框中输入值1.0；在 分析参数 区域中选中 ☑ 面分类 和 ☑ 查找陡面 复选框，在 颜色设定 区域中显示各类拔模面的个数，同时，模型中对应显示不同的拔模面。

Step3. 单击"拔模分析"对话框中的 ✅ 按钮，单击"模具工具"工具栏中的 🔲 按钮，完成拔模分析。

Task3. 定义缩放比例

Step1. 在"模具工具"工具栏中单击 🔲 按钮，系统弹出"缩放比例"对话框。

Step2. 设定比例参数。在 比例参数(P) 区域的 比例缩放点(S): 下拉列表中选择 重心 选项；选中 ☑ 统一比例缩放(U) 复选框，在其文本框中输入值1.05。

Step3. 单击"缩放比例"对话框中的 ✅ 按钮，完成模型比例缩放的设置。

Task4. 创建分型线

Step1. 在"模具工具"工具栏中单击 🔲 按钮，系统弹出"分型线"对话框。

Step2. 设定模具参数。选取上视基准面作为拔模方向；在拔模角度 🔲 文本框中输入值1.0；选中 ☑ 用于型心/型腔分割(U) 复选框，单击 拔模分析(D) 按钮。

Step3. 定义分型线。选取图8.4.3所示的边线作为分型线。

Step4. 单击"分型线"对话框中的 ✅ 按钮，完成分型线的创建。

Task5. 创建分型面

Step1. 在"模具工具"工具栏中单击 🔲 按钮，系统弹出"分型面"对话框。

Step2. 设定分型面。在 模具参数(M) 区域中选中 ⊙ 垂直于拔模(P) 单选项；在设计树中选取分型线 1；在"反转等距方向"按钮 的文本框中输入值 80.0，并单击 按钮；单击"平滑"按钮 ，在距离 文本框中输入值 1.50，其他选项采用系统默认设置。

Step3. 单击"分型面"对话框中的 按钮，完成分型面的创建，如图 8.4.4 所示。

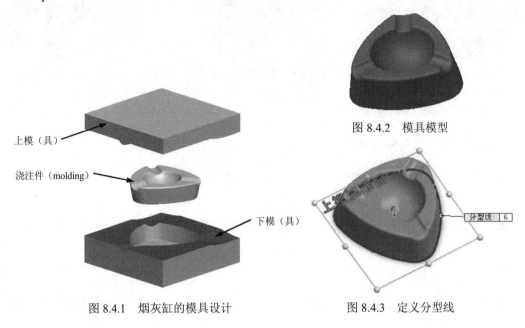

图 8.4.2　模具模型

上模（具）

浇注件（molding）

下模（具）

分型线：　6

图 8.4.1　烟灰缸的模具设计

图 8.4.3　定义分型线

Task6. 切削分割

Stage1. 绘制分割轮廓

Step1. 选择命令。选择下拉菜单 插入(I) ➡ 草图绘制 命令，系统弹出"编辑草图"对话框。

Step2. 绘制草图。选取上视基准面为草图基准面，绘制图 8.4.5 所示的横断面草图。

Step3. 选择下拉菜单 插入(I) ➡ 退出草图 命令，完成横断面草图的绘制。

Stage2. 切削分割

Step1. 在"模具工具"工具栏中单击 按钮，系统弹出"信息"对话框。

Step2. 定义草图。选择 Stage1 中绘制的横断面草图，系统弹出"切削分割"对话框。

Step3. 定义块的大小。在 块大小(B) 区域的方向 1 深度 文本框中输入值 60.0，在方向 2 深度 文本框中输入值 30.0。

说明：系统会自动在 型心(C) 区域中出现生成的型芯曲面实体，在 型腔(A) 区域中出现生成的型腔曲面实体，在 分型面(P) 区域中出现生成的分型面曲面实体。

Step4. 单击"切削分割"对话框中的 按钮，完成图 8.4.6 所示的切削分割的创建。

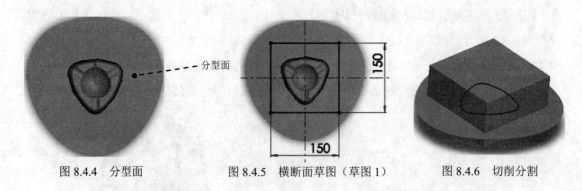

图 8.4.4　分型面　　　　　图 8.4.5　横断面草图（草图 1）　　　　图 8.4.6　切削分割

Task7.　创建模具零件

Stage1.　将曲面实体隐藏

将模型中的型腔曲面实体、型芯曲面实体和分型面实体隐藏后，则工作区模具模型中的这些元素将不显示，这样可使屏幕简洁，方便后面的模具开启操作。

Step1. 隐藏曲面实体。在设计树中右击 ▸ 🔲曲面实体(3)节点下的 ▸ 🔲型腔曲面实体(1)，从系统弹出的快捷菜单中选择 🔲 命令；同样操作步骤，把 ▸ 🔲型心曲面实体(1) 和 ▸ 🔲分型面实体(1)隐藏。

Step2. 显示上色状态。单击"视图"工具栏中的"上色"按钮 🔲，即可将模型的虚线框显示方式切换到上色状态。

Stage2.　开模步骤 1：移动型腔（注：本步的详细操作过程请参见学习资源中 video\ch08.04\reference\文件夹下的语音视频讲解文件 ashtray-r01.exe）

Stage3.　开模步骤 2：移动主型芯（注：本步的详细操作过程请参见学习资源中 video\ch08.04\reference\文件夹下的语音视频讲解文件 ashtray-r02.exe）

Stage4.　保存模具元件（注：本步的详细操作过程请参见学习资源中 video\ch08.04\reference\文件夹下的语音视频讲解文件 ashtray-r03.exe）

8.5　带滑块的模具设计

案例概述：

本案例将介绍一个带滑块的模具设计过程（图 8.5.1），希望读者能够熟练掌握带斜抽机构模具设计的方法和技巧。下面介绍该模具的设计过程。

Task1.　导入模具模型

打开文件 D:\swal18\work\ch08.05\CAP.SLDPRT，如图 8.5.2 所示。

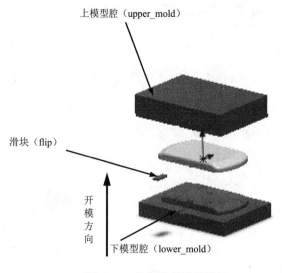

上模型腔（upper_mold）

滑块（flip）

开模方向

下模型腔（lower_mold）

图 8.5.1　带滑块的模具设计

图 8.5.2　模具模型

Task2.　拔模分析

Step1. 在"模具工具"工具栏中单击 按钮，系统弹出"拔模分析"对话框。

Step2. 定义拔模参数。

（1）选取拔模方向。选取上视基准面为拔模方向。

（2）定义拔模角度。在拔模角度 文本框中输入值 1.0。

（3）显示计算结果。选中 面分类 复选框，在 颜色设定 区域中显示出各类拔模面的个数，同时，模型中对应显示不同的拔模面，如图 8.5.3 所示。

Step3. 单击"拔模分析"对话框中的 按钮，单击"模具工具"工具栏中的 按钮，完成拔模分析。

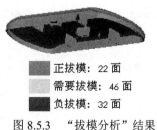

正拔模：22 面
需要拔模：46 面
负拔模：32 面

图 8.5.3　"拔模分析"结果

Task3.　设置缩放比例

Step1. 在"模具工具"工具栏中单击 按钮，系统弹出"缩放比例"对话框。

Step2. 定义比例参数。

（1）选择比例缩放点。在 比例参数(P) 区域的 比例缩放点(S) 下拉列表中选择 重心 选项。

（2）设定比例因子。选中 统一比例缩放(U) 复选框，在其文本框中输入值 1.05。

Step3. 单击"缩放比例"对话框中的 ✓ 按钮。完成比例缩放的设置。

Task4. 创建分型线

Step1. 在"模具工具"工具栏中单击 ⊖ 按钮，系统弹出"分型线"对话框。

Step2. 设定模具参数。

（1）选取拔模方向。选取上视基准面作为拔模方向。

（2）定义拔模角度。在拔模角度 △ 文本框中输入值 1。

（3）定义分型线。选中 ☑ 用于型心/型腔分割(U) 复选框。

（4）单击 拔模分析(D) 按钮，手动选取分型线，如图 8.5.4 所示，在 分型线(P) 区域中显示出所有的分型线段。

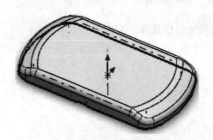

图 8.5.4　分型线

Step3. 单击"分型线"对话框中的 ✓ 按钮，完成分型线的创建。

Task5. 创建分型面

Step1. 在"模具工具"工具栏中单击 ⊖ 按钮，系统弹出"分型面"对话框。

Step2. 定义分型面。

（1）定义分型面类型。在 模具参数(M) 区域中选中 ⊙ 垂直于拔模(P) 单选项。

（2）定义分型线。系统默认选取"分型线 1"。

（3）定义分型面的大小。在"反转等距方向"按钮 ↗ 的文本框中输入值 100.0，其他选项采用系统默认设置值。

Step3. 单击"分型面"对话框中的 ✓ 按钮，完成分型面的创建，如图 8.5.5 所示。

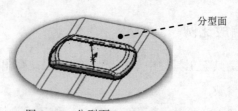

图 8.5.5　分型面

Task6. 切削分割

Stage1. 定义切削分割块轮廓

Step1. 选择命令。选择下拉菜单 插入(I) ➡ ▢ 草图绘制 命令，系统弹出"编辑草图"对话框。

Step2. 绘制草图。选取上视基准面为草图基准面，绘制图 8.5.6 所示的横断面草图。

Step3. 选择下拉菜单 插入(I) ➡ ▢ 退出草图 命令，完成横断面草图的绘制。

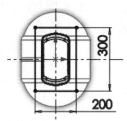

图 8.5.6　横断面草图（草图 1）

Stage2. 定义切削分割块

Step1. 在"模具工具"工具栏中单击 按钮，系统弹出"信息"对话框。

Step2. 选择草图。选择 Stage1 中绘制的横断面草图，系统弹出"切削分割"对话框。

Step3. 定义块的大小。在 块大小(B) 区域的方向 1 深度 文本框中输入值 60.0，在方向 2 深度 文本框中输入值 40.0。

说明：在"切削分割"对话框中，系统会自动在 型心(C) 区域中显示型芯曲面实体，在 型腔(A) 区域中显示型腔曲面实体，在 分型面(P) 区域中显示分型面曲面实体。

Step4. 单击"切削分割"对话框中的 ✔ 按钮，完成图 8.5.7 和图 8.5.8 所示的切削分割块的创建。

图 8.5.7　切削分割块 1

图 8.5.8　切削分割块 2

Task7. 创建侧型芯

Stage1. 绘制侧型芯草图

Step1. 选择命令。选择下拉菜单 插入(I) ➡ ▢ 草图绘制 命令，系统弹出"编辑草图"对话框。

Step2. 选取草图基准面。选取图 8.5.9 所示的模型表面为草图基准面。

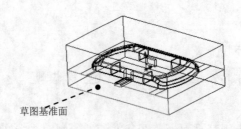

草图基准面

图 8.5.9　草图基准面

Step3. 绘制草图。绘制图 8.5.10 所示的横断面草图。

Step4. 选择下拉菜单 插入(I) ➡ 退出草图 命令，完成横断面草图的绘制。

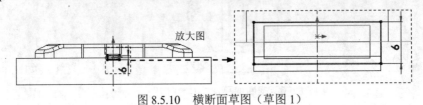

放大图

图 8.5.10　横断面草图（草图 1）

Stage2. 创建侧型芯

Step1. 在"模具工具"工具栏中单击 按钮，系统弹出"信息"对话框。

Step2. 选择草图。选择 Stage1 中绘制的横断面草图，此时系统弹出"型芯"对话框。

Step3. 选择从中抽取的实体。在设计树中选择 实体(3)节点下的 切削分割1[1] 作为从中抽取的实体。

Step4. 定义抽取实体深度和方向。在 选择(S) 区域中单击 按钮，在 参数(P) 区域的深度限制下拉列表中选择 成形到下一面 选项。

Step5. 单击"型芯"对话框中的 按钮，完成图 8.5.11 所示的侧型芯的创建。

图 8.5.11　侧型芯

Task8. 创建模具零件

Stage1. 隐藏曲面实体（注：本步的详细操作过程请参见学习资源中 video\ch08.05\reference\文件夹下的语音视频讲解文件 CAP-r01.exe）

Stage2. 开模步骤 1：移动型腔（注：本步的详细操作过程请参见学习资源中 video\ch08.05\reference\文件夹下的语音视频讲解文件 CAP-r02.exe）

Stage3. 开模步骤 2：移动型芯（注：本步的详细操作过程请参见学习资源中 video\
ch08.05\reference\文件夹下的语音视频讲解文件 CAP-r03.exe）

Stage4. 开模步骤 3：移动滑块（注：本步的详细操作过程请参见学习资源中 video\
ch08.05\reference\文件夹下的语音视频讲解文件 CAP-r04.exe）

Stage5. 保存模具元件（注：本步的详细操作过程请参见学习资源中 video\
ch08.05\reference\文件夹下的语音视频讲解文件 CAP-r05.exe）

学习拓展：扫码学习更多视频讲解。

讲解内容：主要包含钣金加工工艺的背景知识、冲压成形理论、冲
压模具结构详解等内容。对冲压模、成型模等五金模具有兴趣的读者可
以作为参考学习。

第 **9** 章　管道与电缆设计

9.1　车间管道布线

案例概述:

　　本案例详细介绍了管道的设计全过程。在设计过程中，要注意 3D 草图的创建方法和步路点的选择顺序，不同的选择顺序会导致生成不同的管道路径。车间管道布线如图 9.1.1 所示。

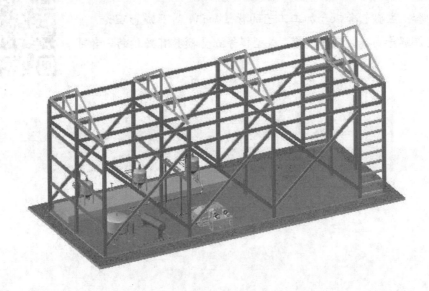

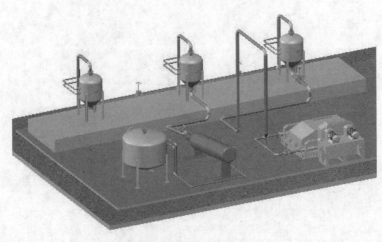

图 9.1.1　车间管道布线

Task1. 激活 Routing 插件

选择下拉菜单 工具(T) ➡ 插件(D)... 命令，系统弹出图 9.1.2 所示的"插件"对话框，在"插件"对话框中选中 ☑ SOLIDWORKS Routing ☑ 复选框，单击 确定 按钮，完成 Routing 插件的激活。

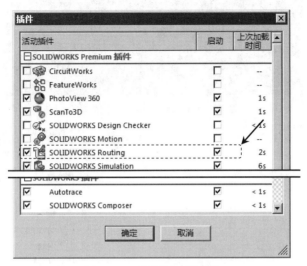

图 9.1.2 "插件"对话框

Task2. 创建管道线路

打开装配体文件 D:\swal18\work\ch09.01\tubing_system_design.SLDASM，如图 9.1.3 所示。

图 9.1.3 装配体

Stage1. 创建图 9.1.4 所示的第一条管道线路

Step1. 选择命令。选择下拉菜单 工具(T) ➡ 步路 ➡ 管道设计 ▸ ➡ 通过拖/放来开始(D) 命令，系统弹出图 9.1.5 所示的"信息"对话框和"设计库"窗口（图 9.1.6）。

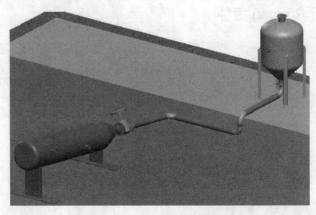

图 9.1.4　第一条管道线路

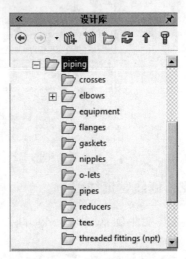

图 9.1.6　"设计库"窗口

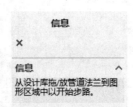

图 9.1.5　"信息"对话框

Step2. 定义拖放对象。

（1）打开设计库中的 routing\piping\ flanges 文件夹。

（2）在预览区域选择图 9.1.7 所示的 "slip on weld flange" 法兰为拖放对象，将法兰拖放到图 9.1.8 所示的位置。

Step3. 定义配置和线路属性。

（1）完成拖放后，系统弹出图 9.1.9 所示的"选择配置"对话框，在对话框中选择 Slip On Flange 150-NPS5 配置，单击 确定(O) 按钮。

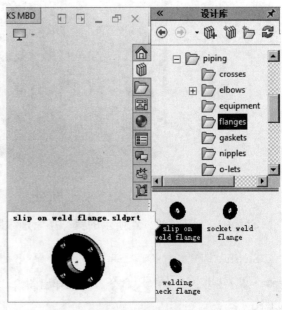

图 9.1.7　选取拖放对象

图 9.1.8　拖放位置 1

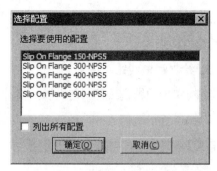

图 9.1.9　"选择配置"对话框

（2）系统弹出图 9.1.10 所示的"线路属性"对话框，直接单击"线路属性"对话框中的 ✔ 按钮，完成线路属性的定义，结果如图 9.1.11 所示。

图 9.1.10　"线路属性"对话框

图 9.1.11　第一条管道线路起点

Step4. 参照 Step2、Step3 步骤。

（1）拖放另外一个法兰到图 9.1.12 所示的位置，系统弹出图 9.1.13 所示的"选择配置"对话框，在对话框中选择 Slip On Flange 150-NPS5 配置，单击 确定(O) 按钮。

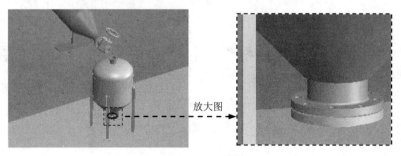

图 9.1.12　拖放位置 2

（2）系统弹出图 9.1.14 所示的"插入零部件"对话框，单击对话框中的  按钮，完成第一条管道终点的定义。

Step5. 绘制管道线路。

（1）绘制初步的管道线路。完成以上操作后，系统自动进入 3D 草图环境，绘制图 9.1.15 所示的初步 3D 管道线路。

图 9.1.13　"选择配置"对话框　　　　图 9.1.14　"插入零部件"对话框

注意：

● 在绘制管道线路时，各拐角处尽量绘制成直角，方便后面添加标准直角管接头。

● 在绘制 3D 直线时，按键盘的 Tab 键切换坐标轴。

（2）编辑管道线路。按住 Ctrl 键，选择图 9.1.15 所示的两点，系统弹出图 9.1.16 所示的"属性"对话框，在对话框中单击 ☑ 合并(G) 按钮，添加图 9.1.17 所示的尺寸标注。

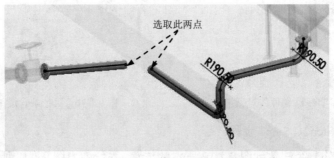

图 9.1.15　绘制初步管道线路

图 9.1.16　"属性"对话框

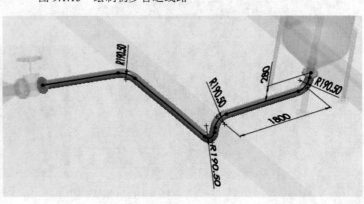

图 9.1.17　标注尺寸

Step6. 在图形区单击 ⌐⤵ 按钮退出草图环境，然后单击 🔧 按钮，退出编辑环境，完成第一条管道线路的创建。

Stage2. 创建图 9.1.18 所示的第二条管道线路

图 9.1.18　创建第二条管道线路

Step1. 选择命令。选择下拉菜单 工具(T) ➡ 步路 ➡ 管道设计 ▸ ➡ 🔧 通过拖/放来开始(D) 命令，系统弹出"信息"对话框和"设计库"窗口。

Step2. 定义拖放对象。打开设计库中的 routing\piping\flanges 文件夹，选择"slip on weld flange"法兰为拖放对象，将法兰拖放到图 9.1.19 所示的位置。

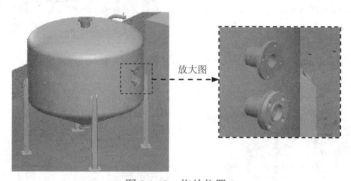

放大图

图 9.1.19　拖放位置 3

Step3. 定义配置和线路属性。

（1）完成拖放后，系统弹出图 9.1.20 所示的"选择配置"对话框，在对话框中选择 Slip On Flange 150-NPS2 配置，单击 确定(O) 按钮。

（2）单击"线路属性"对话框中的 ✔ 按钮，完成线路属性的定义，结果如图 9.1.21 所示。

图 9.1.20　"选择配置"对话框

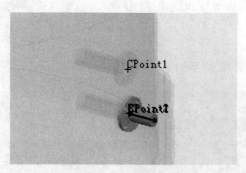

图 9.1.21　拖放结果

Step4. 参照 Step2，拖放另外一个法兰到图 9.1.22 所示的位置，系统弹出图 9.1.23 的"选择配置"对话框，选中 ☑列出所有配置 复选框，然后在对话框中选择 Slip On Flange 150-NPS2 配置，单击 确定(O) 按钮。系统弹出"插入零部件"对话框，单击对话框中的 ✖ 按钮。

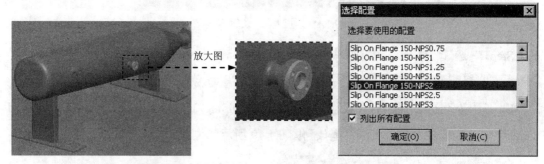

图 9.1.22　拖放位置　　　　　　　　图 9.1.23　"选择配置"对话框

Step5. 绘制管道线路。绘制图 9.1.24 所示的初步 3D 管道线路。

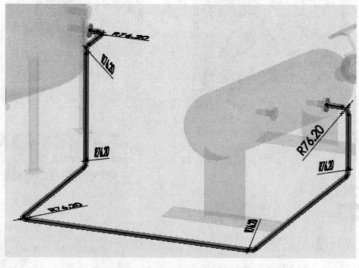

图 9.1.24　绘制初步的管道线路

Step6. 添加第三个法兰。参照 Step2，拖放第三个法兰到图 9.1.25 所示的位置，选择 `Slip On Flange 150-NPS2` 配置。

Step7. 添加第四个法兰。参照 Step2，拖放第四个法兰到图 9.1.26 所示的位置，选择 `Slip On Flange 150-NPS2` 配置。

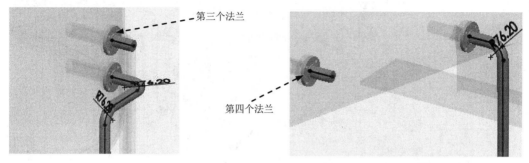

图 9.1.25　添加第三个法兰　　　　　图 9.1.26　添加第四个法兰

Step8. 添加管道线路。绘制图 9.1.27 所示的初步 3D 管道线路。

Step9. 编辑管道线路。

（1）分割管道线路。选择下拉菜单 `工具(T)` ➡ 步路 ➡ `Routing 工具` ▶ ➡ `分割线路(S)` 命令，在图 9.1.27 所示的分割点 1 和分割点 2 位置单击以确定两分割点位置。

（2）合并管道线路。按住 Ctrl 键，分别选择图 9.1.27 所示的点 1 和分割点 1、点 2 和分割点 2，在系统弹出的"属性"对话框中单击 `合并(G)` 按钮。

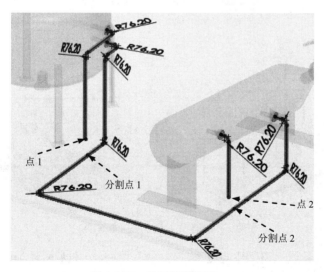

图 9.1.27　绘制管道线路

（3）标注线路尺寸。标注管道线路尺寸，结果如图 9.1.28 所示。

Step10. 添加三通管。打开设计库中的 routing\piping\tees 文件夹，选择"straight tee inch"为拖放对象，将其分别拖放至分割点 1 和分割点 2 位置处。系统弹出图 9.1.29 所示的"选择配置"对话框，选择 `Tee Inch 2 Sch40` 配置，单击 `确定(O)` 按钮。结果如图 9.1.30 所示。

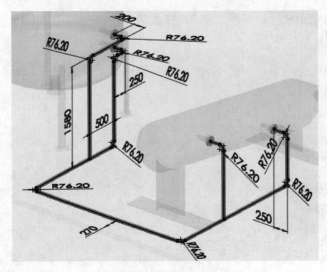

图 9.1.28　标注尺寸

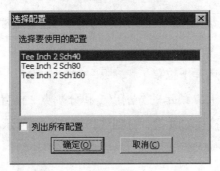

图 9.1.29　"选择配置"对话框

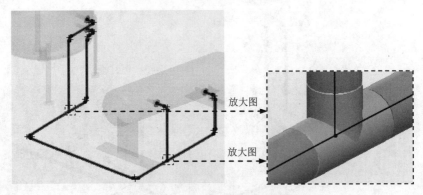

图 9.1.30　添加三通管配件

　　Step11. 在四条管道线路的中点处添加球阀配件（注：本步的详细操作过程请参见学习资源中 video\ch09.01\reference\文件夹下的语音视频讲解文件 tubing_system_design-r01.exe）。

　　注意：四个分割点位置分别是四条管道线路中点。

　　Step12. 在图形区单击 按钮退出草图环境，然后单击 按钮，退出编辑环境，完成第二条管道线路的创建。

Stage3. 创建图 9.1.31 所示的第三条管道线路

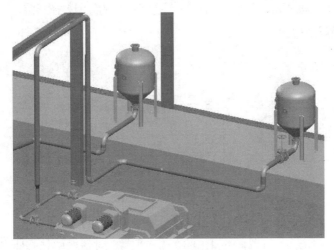

图 9.1.31　创建第三条管道线路

Step1. 选择命令。选择下拉菜单 工具(T) ➡ 步路 ➡ 管道设计 ▸ ➡ 通过拖/放来开始 (D) 命令，系统弹出"信息"对话框和"设计库"窗口。

Step2. 定义拖放对象。打开设计库中的 routing\piping\flanges 文件夹，选择"slip on weld flange"法兰为拖放对象，将法兰拖放到图 9.1.32 所示的位置。

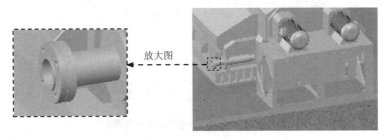

放大图

图 9.1.32　拖放位置 4

Step3. 定义配置和线路属性。完成拖放后，此时系统弹出图 9.1.33 所示的"选择配置"对话框，确认选中 ☑ 列出所有配置 复选框。选择选项 Slip On Flange 150-NPS3 为法兰的配置，单击"线路属性"对话框中的 ✓ 按钮，完成线路属性的定义。

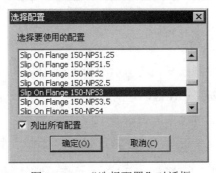

图 9.1.33　"选择配置"对话框

Step4. 添加第二个法兰。在设计库中选择"slip on weld flange"法兰为拖放对象,将法兰拖放到图 9.1.34 所示的位置,在系统弹出的"选择配置"对话框中选择 `Slip On Flange 150-NPS3` 配置。

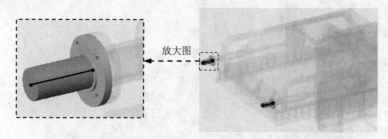

图 9.1.34 添加第二个法兰

Step5. 添加第三个法兰。在设计库中选择"slip on weld flange"法兰为拖放对象,将法兰拖放到图 9.1.35 所示的位置,在弹出的"选择配置"对话框中选择 `Slip On Flange 150-NPS5` 配置,如图 9.1.36 所示。单击"插入零部件"对话框中的 按钮,完成第三个法兰的添加。

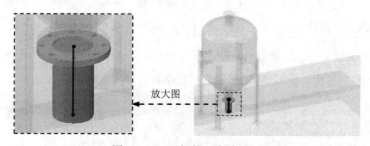

图 9.1.35 添加第三个法兰

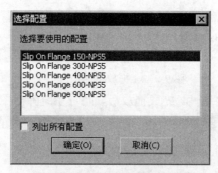

图 9.1.36 "选择配置"对话框

Step6. 绘制初步管道线路 1。

(1)绘制管道线路。绘制图 9.1.37 所示的初步管道线路 1。

(2)合并管道线路。按住 Ctrl 键,分别选择图 9.1.37 所示的两点,在系统弹出的"属性"对话框中单击 合并(G) 按钮。

(3)分割线路。选择下拉菜单 工具(T) ➡ 步路 ➡ Routing 工具 ➡ 分割线路(S) 命令,在模型中单击图 9.1.38 所示点作为要分割的点。

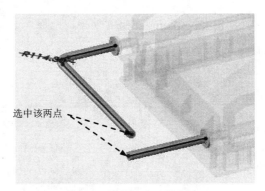

图 9.1.37 绘制初步管道线路 1

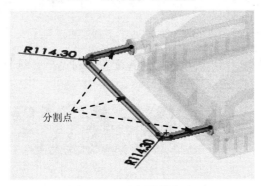

图 9.1.38 分割管道线路

注意：三个分割点位置分别是三段管道线路中点。

Step7. 绘制初步管道线路 2。

（1）绘制管道线路。绘制图 9.1.39 所示的初步管道线路 2。

（2）分割线路。选择下拉菜单 工具(T) ➡ 步路 ➡ Routing 工具 ▶ ➡ 分割线路(S) 命令，在模型中单击图 9.1.39 所示点作为要分割的点。

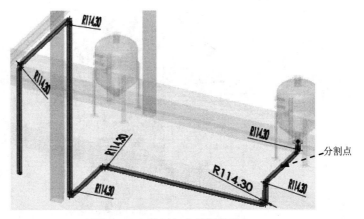

图 9.1.39 绘制初步管道线路 2

注意：该分割点位置为该段管道线路中点。

Step8. 添加三通管配件。

（1）打开设计库中的 routing\piping\tees 文件夹，选择"straight tee inch"为拖放对象，将其拖放至图 9.1.40 所示的相交点位置。

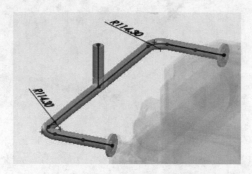

图 9.1.40　添加三通管

（2）系统弹出图 9.1.41 所示的"选择配置"对话框，选择 Tee Inch 3 Sch40 配置，单击 确定(O) 按钮。

图 9.1.41　"选择配置"对话框

Step9. 合并管道线路。按住 Ctrl 键，选择图 9.1.42 所示的两点，在系统弹出的"属性"对话框中单击 ✓ 合并(G) 按钮。

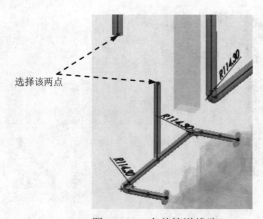

图 9.1.42　合并管道线路

说明：此处在进行管道合并时，为了方便操作，在合并之前，可以在其中某一条管道上添加一段辅助管道，具体操作请参看学习资源视频。

Step10. 添加变径管配件。

（1）打开设计库中的 routing\piping\reducer 文件夹，选择"reducer"为拖放对象，将其拖放至图 9.1.43 所示的位置（上一步合并点位置）。

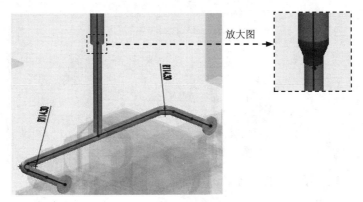

图 9.1.43　添加变径管配件

（2）系统弹出图 9.1.44 所示的"选择配置"对话框，选择 REDUCER 5 x 3 SCH 160 配置，单击 确定(O) 按钮。

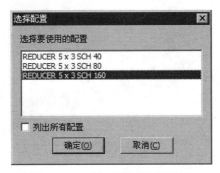

图 9.1.44　"选择配置"对话框

Step11. 添加阀配件。

（1）打开设计库中的\routing\piping\valves 文件夹，选择"globe valve (asme b16.34) fl - 150-2500"为拖放对象，将其拖放到图 9.1.45 所示分割点位置。

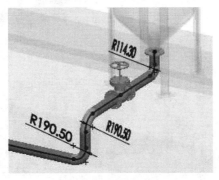

图 9.1.45　添加配件

（2）此时系统弹出图 9.1.46 所示的"选择配置"对话框，选择默认的配置选项，单击 确定(O) 按钮。单击"插入零部件"对话框中的 ✕ 按钮。完成阀配件的添加。

图 9.1.46　"选择配置"对话框

Step12. 添加法兰配件。打开设计库中的 routing\piping\flanges 文件夹，选择"slip on weld flange"法兰为拖放对象，将法兰拖放到图 9.1.47 所示的位置，系统弹出图 9.1.48 所示的"选择配置"对话框，选择 Slip On Flange 150-NPS5 配置，单击"插入零部件"对话框中的 ✕ 按钮。

图 9.1.47　添加法兰配件

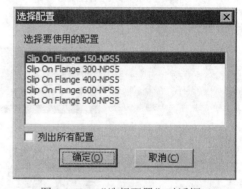

图 9.1.48　"选择配置"对话框

Step13. 参照 Step11 和 Step12，在图 9.1.49 所示位置添加剩余管道配件（两个阀配件和四个法兰配件），采用系统默认配置。

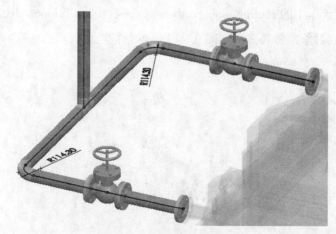

图 9.1.49　添加剩余管道配件

Step14. 标注管道线路尺寸，结果如图 9.1.50 所示。

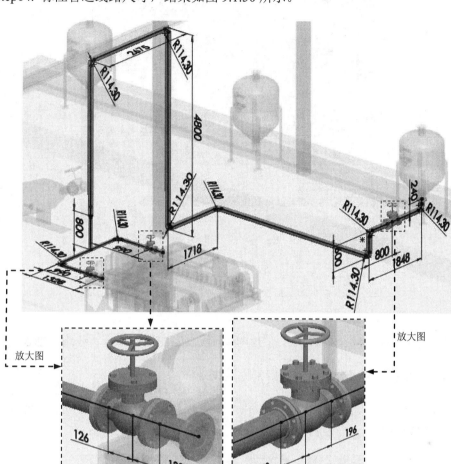

图 9.1.50　标注管道线路尺寸

Step15. 在图形区单击 ↰ 按钮退出草图环境，系统弹出图 9.1.51 所示的"SolidWorks"对话框，单击 确定 按钮，系统弹出图 9.1.52 所示的"折弯-弯管"对话框，采用系统默认的配置，单击对话框中的 确定 按钮。

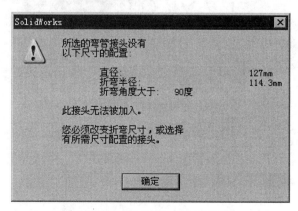

图 9.1.51　"SolidWorks"对话框

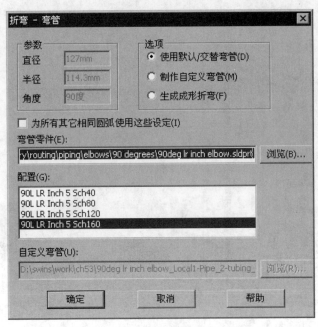

图 9.1.52 "折弯-弯管"对话框

Step16. 在图形区单击 按钮,退出编辑环境,完成第三条管道线路的创建。

Stage4. 创建图 9.1.53 所示的第四条管道线路

Step1. 选择命令。选择下拉菜单 工具(T) ➡ 步路 ➡ 管道设计 ▶ ➡

通过拖/放来开始(D) 命令,系统弹出"信息"对话框和"设计库"窗口。

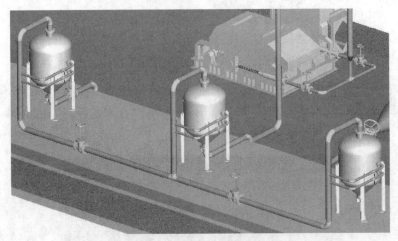

图 9.1.53 创建第四条管道线路

Step2. 定义拖放对象。打开设计库中的 routing\piping\flanges 文件夹,选择"slip on weld flange"法兰为拖放对象。将法兰拖放到图 9.1.54 所示的位置,系统弹出图 9.1.55 所示的"选择配置"对话框,选择 Slip On Flange 150-NPS5 配置,单击 确定(O) 按钮。单击"线路属性"对话框中的 ✔ 按钮。

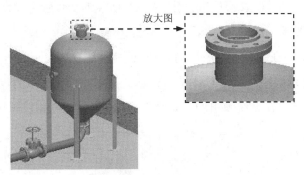

图 9.1.54 定义拖放位置

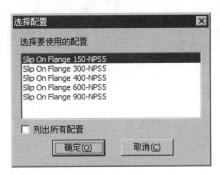

图 9.1.55 "选择配置"对话框

Step3. 参照 Step2，在图 9.1.56 所示的位置添加法兰，选择图 9.1.57 所示的配置，单击"插入零部件"对话框中的 ✖ 按钮。

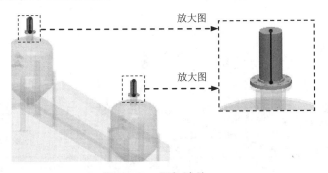

图 9.1.56 添加法兰

图 9.1.57 "选择配置"对话框

Step4. 绘制初步的管道线路。绘制图 9.1.58 所示的初步管道线路。

Step5. 分割线路。选择下拉菜单 工具(T) ➡ 步路 ➡ Routing 工具 ▸ ➡
⚙ 分割线路(S) 命令，在图 9.1.58 所示的分割点位置单击以创建分割点。

Step6. 合并管道线路。按住 Ctrl 键，分别选择图 9.1.58 所示的点 1 和分割点，以及点
2 和点 3 为合并对象，在系统弹出的"属性"对话框中单击 ✓ 合并(G) 按钮。

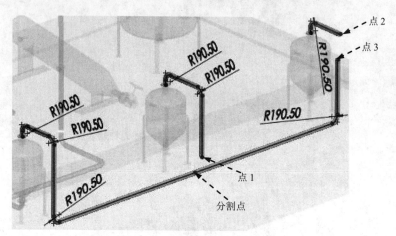

图 9.1.58　分割与合并线路

Step7. 添加三通管配件。

（1）打开设计库中的 routing\piping\tees 文件夹，选择"straight tee inch"为拖放对象，
将其拖放到图 9.1.59 所示的分割点位置。

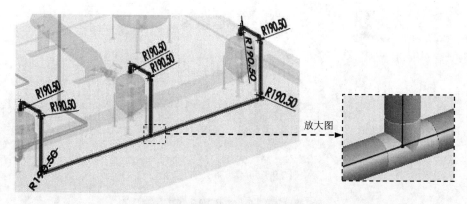

图 9.1.59　添加三通管配件

（2）系统弹出图 9.1.60 所示的"选择配置"对话框，选择 Tee Inch 5 Sch40 配置，单击
确定(O) 按钮。单击"插入零部件"对话框中的 ✕ 按钮。

Step8. 分割线路。选择下拉菜单 工具(T) ➡ 步路 ➡ Routing 工具 ▸ ➡
⚙ 分割线路(S) 命令，在图 9.1.61 所示的位置单击创建分割点 1 和分割点 2。

注意：此处分割点 1 和分割点 2 分别为两段管道线路的中点。

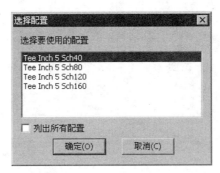

图 9.1.60　"选择配置"对话框

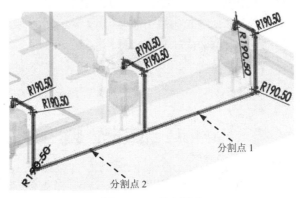

分割点 1

分割点 2

图 9.1.61　分割线路

Step9. 添加阀配件。

（1）打开设计库中的 routing\piping\valves 文件夹，选择"gate valve (asme b16.34) fl -150-2500"为拖放对象，将其拖放至 Step8 创建的两个分割点处。此时系统弹出图 9.1.62 所示的"选择配置"对话框，选择默认的配置，单击 确定(O) 按钮。

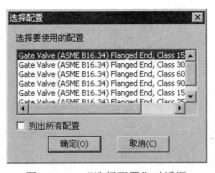

图 9.1.62　"选择配置"对话框

（2）单击"插入零部件"对话框中的 ✖ 按钮。结果如图 9.1.63 所示。

Step10. 添加法兰配件。打开设计库中的 routing\piping\flanges 文件夹，选择"slip on weld flange"法兰为拖放对象。将法兰拖放到图 9.1.64 所示的位置（上一步添加的阀配件两段），系统弹出图 9.1.65 所示的"选择配置"对话框，选择 Slip On Flange 150-NPS5 配置，单击 确定(O) 按钮，单击"插入零部件"对话框中的 ✖ 按钮，结果如图 9.1.64 所示。

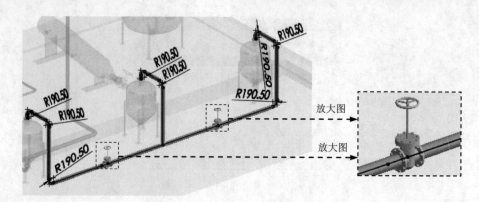

图 9.1.63 添加阀配件

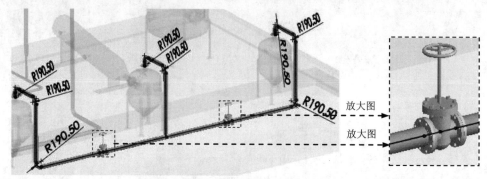

图 9.1.64 添加法兰配件

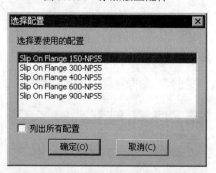

图 9.1.65 "选择配置"对话框

Step11. 添加法兰。打开设计库中的 routing\piping\flanges 文件夹，选择 "slip on weld flange" 法兰为拖放对象。将法兰拖放到图 9.1.66 所示的位置，此时系统弹出图 9.1.67 所示的 "选择配置"对话框，选择 Slip On Flange 150-NPS2 配置，单击 确定(O) 按钮。单击"插入零部件"对话框中的 ✖ 按钮。

Step12. 绘制管道线路。绘制图 9.1.68 所示的管道线路。

Step13. 分割线路。选择下拉菜单 工具(T) ➡ 步路 ➡ Routing 工具 ▶ ➡ 🔀 分割线路(S) 命令，在图 9.1.68 所示的位置单击创建分割点 1 和分割点 2。

Step14. 合并点。按住 Ctrl 键，分别选择图 9.1.68 所示的点 1 和分割点 1，点 2 和分割点 2 为合并对象，在系统弹出的"属性"对话框中单击 ✅合并(G) 按钮，结果如图 9.1.69

所示。

Step15. 分割线路。选择下拉菜单 工具(T) ➡ 步路 ➡ Routing 工具 ▸ ➡

🔧 分割线路(S) 命令，在图 9.1.69 所示的位置单击以创建分割点 3 和分割点 4。

注意：此处分割点 3 和分割点 4 分别为两段管道线路的中点。

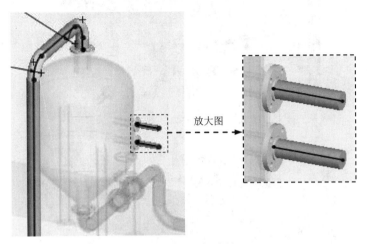

图 9.1.66　添加法兰

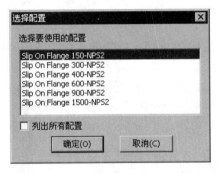

图 9.1.67　"选择配置"对话框

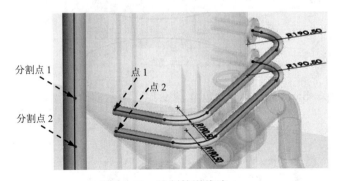

图 9.1.68　绘制管道线路

Step16. 添加球阀配件。打开设计库中的 routing\piping\valaves 文件夹，选择"sw3dps-1_2 in ball valveflange"法兰为拖放对象，将其拖放至 Step15 所创建的分割点 3 和分割点 4 位置，结果如图 9.1.70 所示。单击"插入零部件"对话框中的 ✖ 按钮。

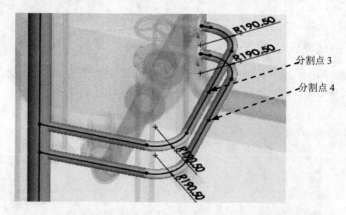

图 9.1.69　合并与分割线路

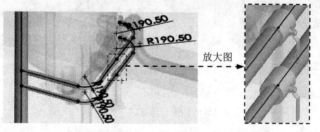

图 9.1.70　添加球阀配件

Step17. 参照 Step11~Step16 的步骤，创建图 9.1.71 所示的管道支路 1。

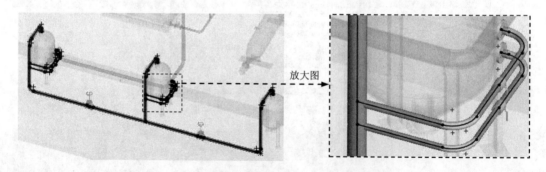

图 9.1.71　管道支路 1

Step18. 参照 Step8~Step13 的步骤，创建图 9.1.72 所示的管道支路 2。

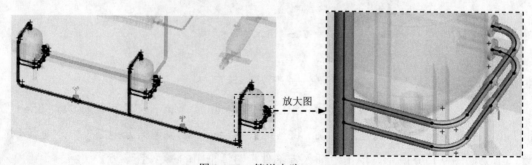

图 9.1.72　管道支路 2

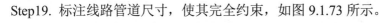

Step19. 标注线路管道尺寸，使其完全约束，如图 9.1.73 所示。

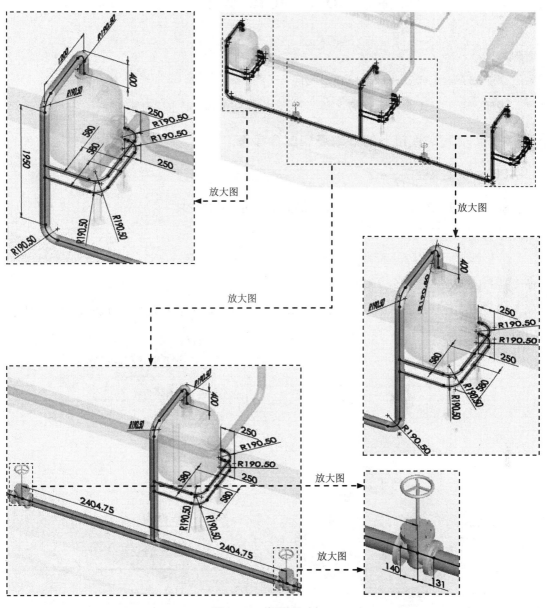

图 9.1.73　标注尺寸

Step20. 在图形区单击 按钮退出草图环境，系统弹出 "SolidWorks" 对话框，单击 确定 按钮，在系统弹出的"折弯-弯管"对话框中单击 确定 按钮。

Step21. 在图形区单击 按钮，退出编辑环境，完成第四条管道线路的创建。

Step22. 选择下拉菜单 文件(F) ➡ Pack and Go(K)... 命令，系统弹出"Pack and Go"对话框，单击 保存(S) 按钮，保存文件。

9.2　电缆设计

案例概述：

本案例介绍电缆设计过程，模型如图 9.2.1 所示。

说明：在开始本案例的练习之前，请激活 SolidWorks 的 Routing 插件。

Task1. 定义连接器的接入点和配合参考

Stage1. 定义连接器 port1

Step1. 打开文件 D:\swal18\work\ch09.02\ex\port1.SLDPRT。

Step2. 创建连接点 1。

（1）选择下拉菜单 工具(T) ➡ 步路 ➡ Routing 工具 ▶ ➡ 生成连接点(C) 命令，系统弹出"连接点"对话框。

（2）在"连接点"对话框中设置图 9.2.2 所示的参数，选取图 9.2.3 所示的面为连接点设置参考。

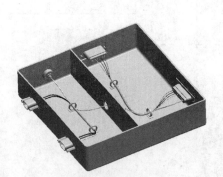

图 9.2.1　电缆设计模型

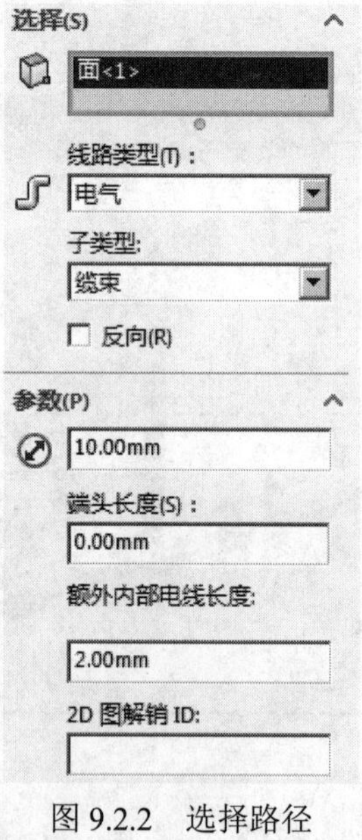

图 9.2.2　选择路径

（3）单击对话框中的 ✔ 按钮，完成图 9.2.3 所示的连接点的创建。

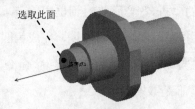

图 9.2.3　创建连接点

Step3. 定义配合参考（注：本步的详细操作过程请参见学习资源中 video\ch09.02\refe rence\文件夹下的语音视频讲解文件 routing_electric-r01.exe）。

Step4. 保存模型，然后关闭模型。

Stage2. 定义连接器 port2

Step1. 打开文件 D:\swal18\work\ch09.02\ex\port2.SLDPRT。

Step2. 创建连接点。参考 Stage1 中的操作步骤，分别选取图 9.2.4 所示的边线 1 和边线 2 为参考，创建连接点 1 和连接点 2。

Step3. 定义配合参考。选取图 9.2.5 所示的边线为主要配合参考。

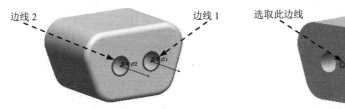

图 9.2.4 创建连接点　　　　　图 9.2.5 定义配合参考

Step4. 保存模型，然后关闭模型。

Stage3. 定义连接器 port3

Step1. 打开文件 D:\swal18\work\ch09.02\ex\port3.SLDPRT。

Step2. 创建连接点。参考 Stage1 中的操作步骤，分别选取图 9.2.6 所示的 3 条边线为参考，创建 3 个连接点。

Step3. 定义配合参考。选取图 9.2.7 所示的边线为主要配合参考。

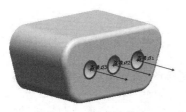

图 9.2.6 创建连接点　　　　　图 9.2.7 定义配合参考

Step4. 保存模型，然后关闭模型。

Task2. 布置线束 1

Stage1. 装配接头 port1

Step1. 选择命令。打开文件 D:\swal18\work\ch09.02\ex\routing_electric.SLDASM，选择下拉菜单 插入(I) ➡ 零部件(O) ➡ 现有零件/装配体(E) 命令，系统弹出"插入零部件"

和"打开"对话框。

Step2. 选择要添加的模型。在 D:\swal18\work\ch09.02\ex\下选择模型文件 port1. SLDPRT，再单击 打开 按钮。

Step3. 在图形区中图 9.2.8 所示的位置单击放置零件。

说明： 由于连接器中预先定义了配合参考，在放置零件时会自动捕捉装配约束。

Step4. 定义线路属性。

（1）在设计树中右击 port1<1> 选项，然后在弹出的快捷菜单中选择 开始步路 (B) 命令，系统弹出"线路属性"对话框。

（2）在"线路属性"对话框中设置图 9.2.9 所示的参数，单击对话框中的 按钮。

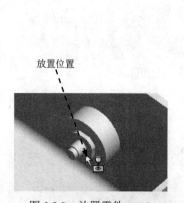

放置位置

图 9.2.8　放置零件 port1

图 9.2.9　"线路属性"对话框

Step5. 此时系统弹出"自动步路"对话框，直接单击该对话框中的 按钮。

Stage2. 引入接头 port2 和 port3

Step1. 选择命令。选择下拉菜单 工具(T) ➡ 步路 ➡ 电气 ▶ ➡ 插入接头(C)命令，系统弹出"插入接头""打开"对话框。

Step2. 选择要添加的模型。在 D:\swal18\work\ch09.02\ex\下选择模型文件 port2.SLDPRT，再单击 打开 按钮。

Step3. 在图形区中图 9.2.10 所示的位置单击放置零件 port2。

Step4. 选择模型文件 port3.SLDPRT，在图形区中图 9.2.11 所示的位置单击放置零件

port3。

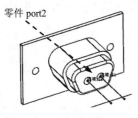

图 9.2.10　放置零件 port2

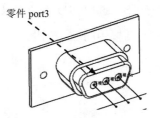

图 9.2.11　放置零件 port3

注意：在放置模型时应将显示样式先调整到"消除隐藏线"的显示状态，在放置 port2 时可以将模型局部尽量放大显示，鼠标移动到图 9.2.12 所示的边线附近，以便自动捕捉配合参考，放置 port3 时可以将鼠标移动到图 9.2.13 所示的边线附近。

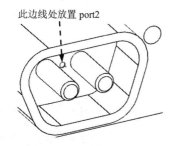

图 9.2.12　port2 的放置位置

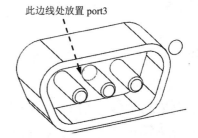

图 9.2.13　port3 的放置位置

Step5. 单击"插入接头"对话框中的 ✔ 按钮，此时模型局部如图 9.2.14 所示。

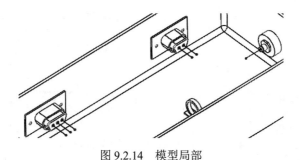

图 9.2.14　模型局部

Stage3. 定义路径 1

Step1. 定义初步的路径 1。

（1）选择下拉菜单 工具(T) ➡ 草图绘制实体(K) ➡ ∿ 样条曲线(S) 命令。

（2）在模型中选取图 9.2.15 所示的点 1 和点 2 为参考点，单击"样条曲线"对话框中的 ✔ 按钮。

Step2. 定义通过线夹。

（1）选择命令。选择下拉菜单 工具(T) ➡ 步路 ➡ Routing 工具 ▸ ➡

步路/编辑穿过线夹 (T) 命令，系统弹出"步路/编辑穿过线夹"对话框。

（2）选取线路。选取初步路径 1 以及图 9.2.16 所示的线夹 1 的轴线和线夹 2 的轴线。

（3）单击对话框中的 ✔ 按钮。

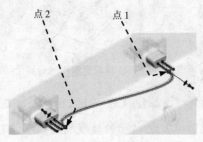

图 9.2.15　定义初步的路径 1

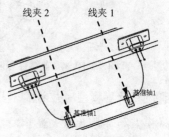

图 9.2.16　定义通过线夹

Stage4. 定义路径 2

Step1. 定义初步的路径 2。选择下拉菜单 工具(T) ➡ 草图绘制实体 (K) ➡ 样条曲线 (S) 命令；在模型中选取图 9.2.17 所示的点 3 和点 4 为参考点，单击"样条曲线"对话框中的 ✔ 按钮。

Step2. 定义通过线夹。选择下拉菜单 工具(T) ➡ 步路 ➡ Routing 工具 ▸ ➡ 步路/编辑穿过线夹 (T) 命令；选取初步路径 2 以及线夹 1 和线夹 2 的轴线；单击对话框中的 ✔ 按钮，如图 9.2.18 所示。

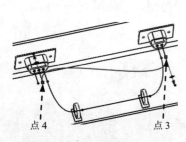

图 9.2.17　定义初步的路径 2

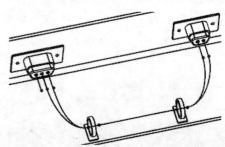

图 9.2.18　定义通过线夹

Stage5. 定义路径 3

Step1. 定义初步的路径 3。利用样条曲线绘制工具在模型中选取图 9.2.19 所示的点 5 和点 6 为参考点，绘制初步的路径 3。

Step2. 定义通过线夹。定义初步路径 3 通过线夹 1 和线夹 2 的轴线，如图 9.2.20 所示。

Stage6. 编辑电线

Step1. 编辑电线。

（1）选择命令。选择 电气 功能选项卡中的"编辑电线"按钮 ，系统弹出"编辑电线"对话框。

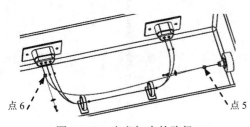
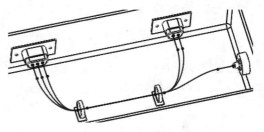

图 9.2.19　定义初步的路径 3　　　　　图 9.2.20　定义通过线夹

（2）选择电力库。单击"编辑电线"对话框中的"添加电线"按钮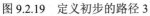，系统弹出"电力库"对话框，按住 Ctrl 键，在 选择电线 下拉列表中选择 20g blue 选项、20g red 选项和 20g white 选项，单击 添加 按钮，然后单击 确定 按钮。

（3）定义电线 1。选中 20g blue，单击"编辑电线"对话框中的 选择路径(S) 按钮，选取路径 1（图9.2.21 所示的 5 条分段）为定义对象，单击对话框中的 ✔ 按钮。

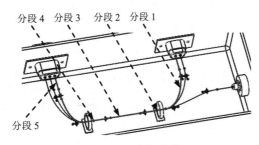

图 9.2.21　定义电线 1

（4）定义电线 2。选中 20g red，单击"编辑电线"对话框中的 选择路径(S) 按钮，选取路径 2（5 条分段）为定义对象，单击对话框中的 ✔ 按钮。

（5）定义电线 3。选中 20g white，单击"编辑电线"对话框中的 选择路径(S) 按钮，选取路径 3（5 条分段）为定义对象，单击对话框中的 ✔ 按钮。

（6）完成电线编辑。单击"编辑电线"对话框中的 ✔ 按钮。

Step2. 单击退出草图按钮 ↙，退出 3D 草图环境。

Step3. 退出装配体的编辑状态，此时模型局部如图 9.2.22 所示。

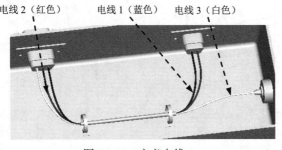

图 9.2.22　定义电线 1

Stage7. 保存模型

选择下拉菜单 文件(F) ➡ 📳 保存(S) 命令，在"保存修改的文档"对话框中单击 保存所有(S) 按钮，在"另存为"对话框中选中 ⦿ 外部保存(指定路径)(E) 单选项，选择 🔌 电缆 选项，单击 与装配体相同(S) 按钮，单击 确定(K) 按钮。

Task3. 布置线束2

Stage1. 定义线路点

Step1. 定义起始点。

（1）选择命令。选择 电气 功能选项卡中的 💉 启始于点(P) 命令，系统弹出"连接点"对话框。

（2）在模型中选取图 9.2.23 所示的边线，选中 选择(S) 区域中的 ☑ 反向(R) 复选框；然后设置图 9.2.24 所示的参数，单击对话框中的 ✔ 按钮。

（3）将外径定义为 4.0，然后单击"线路属性"对话框中的 ✔ 按钮，单击"自动步路"对话框中的 ✖ 按钮。

Step2. 定义终点。选择下拉菜单 工具(T) ➡ 步路 ➡ 电气 ▶ ➡ 💉 添加点(T) 命令，系统弹出"连接点"对话框；在模型中选取图 9.2.25 所示的边线为参考，参数设置参考 Step1；单击对话框中的 ✔ 按钮。

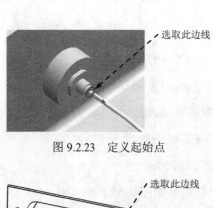

图 9.2.23 定义起始点

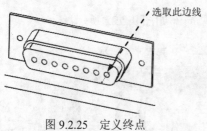

图 9.2.25 定义终点

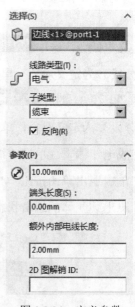

图 9.2.24 定义参数

Stage2. 定义路径

Step1. 定义初步的路径。选择下拉菜单 工具(T) ➡ 草图绘制实体(K) ➡

[样条曲线(S)] 命令，选取图 9.2.26 所示的点 1 和点 2 为参考点。

Step2. 定义通过线夹。选择下拉菜单 [工具(T)] ➡ 步路 ➡ Routing 工具 ▶ ➡

[步路/编辑穿过线夹(T)] 命令，选取初步路径以及图 9.2.27 所示的线夹 1 的轴线、孔 1 的轴线和线夹 3 的轴线为参考。

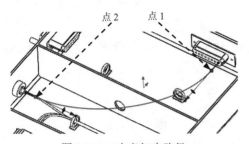
图 9.2.26　定义初步路径

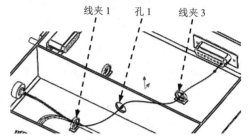
图 9.2.27　定义通过线夹

Stage3. 编辑电线

Step1. 编辑电线。选择 [电气] 功能选项卡中的"编辑电线"按钮，系统弹出"编辑电线"对话框；单击"编辑电线"对话框中的"添加电线"按钮，系统弹出"电力库"对话框，在 [选择电线] 下拉列表中选择 [20g yellow] 选项，单击 [添加] 按钮，然后单击 [确定] 按钮；选中 [20g yellow]，单击"编辑电线"对话框中的 [选择路径(S)] 按钮，选取 Stage2 创建的路径为定义对象，单击对话框中的 按钮。

Step2. 单击"编辑电线"对话框中的 按钮。

Step3. 单击退出草图按钮，退出 3D 草图环境。

Step4. 退出装配体的编辑状态，此时模型局部如图 9.2.28 所示。

图 9.2.28　编辑电线

Stage4. 保存模型

选择下拉菜单 [文件(F)] ➡ [保存(S)] 命令，在"保存修改的文档"对话框中单击 [保存所有(S)] 按钮，在"另存为"对话框中选中 ⊙ 外部保存(指定路径)(E) 单选项，单击 [电缆] 选项两次，将名称修改为"电缆 1"，按 Enter 键确认，单击 [与装配体相同(S)] 按钮，单击 [确定(K)] 按钮。

Task4. 布置线束 3

Stage1. 定义线路点

Step1. 定义起始点。

（1）选择命令。选择 电气 功能选项卡中的 启始于点(P) 命令，系统弹出"连接点"对话框。

（2）在模型"jack6"中选取图 9.2.29 所示的边线为参考，在 端头长度(S): 文本框中输入值 12，其他参数参考上一条线束。

（3）单击对话框中的 ✓ 按钮。

（4）单击"线路属性"对话框中的 ✓ 按钮，单击"自动步路"对话框中的 ✖ 按钮。

Step2. 定义其他点。选择下拉菜单 工具(T) ➡ 步路 ➡ 电气 ▸ ➡ 添加点(T) 命令，系统弹出"连接点"对话框；在模型"jack6"中选取图 9.2.30 所示的边线为参考，在 端头长度(S): 文本框中输入值 8；单击对话框中的 ✓ 按钮。

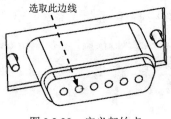

图 9.2.29　定义起始点

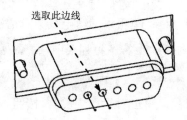

图 9.2.30　定义其他点

Step3. 参考 Step2 的操作步骤，在零件"jack6"中创建其他 2 个线路点，如图 9.2.31 所示。

Step4. 参考 Step2 的操作步骤，在零件"jack8"中创建其他 4 个线路点，如图 9.2.32 所示。

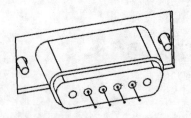

图 9.2.31　定义"jack6"中的其他点

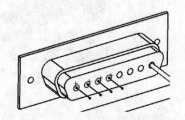

图 9.2.32　定义"jack8"中的其他点

Stage2. 定义路径

Step1. 定义中间路径。利用直线（两端直线分别与线夹的基准轴重合)与样条曲线命令创建图 9.2.33 所示的路径。

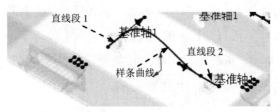

图 9.2.33　定义中间路径

Step2. 定义两段初步路径。利用样条曲线命令创建图 9.2.34 所示的路径（连接处均须添加相切约束）。

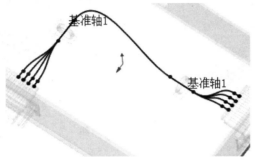

图 9.2.34　定义两段初步路径

Stage3. 编辑电线

Step1. 编辑电线。

（1）选择 电气 功能选项卡中的 "编辑电线" 按钮 ，系统弹出 "编辑电线" 对话框；单击 "编辑电线" 对话框中的 "添加电线" 按钮 ，系统弹出 "电力库" 对话框，在 选择电线 下拉列表中选择 "C1" 选项，单击 添加 按钮，然后单击 确定 按钮。

（2）选中 "C1_1"，单击 "编辑电线" 对话框中的 选择路径(S) 按钮，选取图 9.2.33 所示的中间路径为参考，单击对话框中的 按钮。

（3）选中 "W1"，单击 "编辑电线" 对话框中的 选择路径(S) 按钮，选取图 9.2.35 所示的路径 1 中的段 1、中间路径和段 5 为参考，单击对话框中的 按钮。

图 9.2.35　定义通过线夹

（4）选中 "W2"，单击 "编辑电线" 对话框中的 选择路径(S) 按钮，选取路径 2 中的段 1、中间路径和段 5 为参考，单击对话框中的 按钮。

（5）选中"W3"，单击"编辑电线"对话框中的 选择路径(S) 按钮，选取路径 3 中的段 1、中间路径和段 5 为参考，单击对话框中的 ✓ 按钮。

（6）选中"W4"，单击"编辑电线"对话框中的 选择路径(S) 按钮，选取路径 4 中的段 1、中间路径和段 5 为参考，单击对话框中的 ✓ 按钮。

说明：如果线路出现问题可通过修复路径的方式进行修复。

Step2. 单击"编辑电线"对话框中的 ✓ 按钮。

Step3. 单击退出草图按钮 ↴，退出 3D 草图环境。

Step4. 退出装配体的编辑状态，此时模型局部如图 9.2.36 所示。

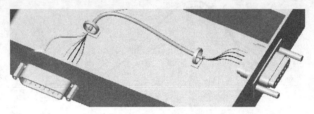

图 9.2.36　编辑电线

Stage4. 保存模型

选择下拉菜单 文件(F) ➡ 💾 保存(S) 命令，在"保存修改的文档"对话框中单击 保存所有(S) 按钮，在"另存为"对话框中选中 ⊙ 外部保存(指定路径)(E) 单选项，单击 🔵电缆 选项两次，将名称修改为"电缆 2"，按 Enter 键确认，单击 与装配体相同(S) 按钮，单击 确定(K) 按钮。

学习拓展：扫码学习更多视频讲解。

讲解内容：主要包含管道设计基础、原理方法、工作界面以及设计流程等内容。石化、环保、液压、船舶及非标机械等方面应用广泛。读者若想了解管道设计，本部分内容可作为参考。

学习拓展：扫码学习更多视频讲解。

讲解内容：主要包含电气线束设计基础、原理方法、工作界面以及设计流程等内容。机柜中一般有大量的线束，如果读者想了解线束设计，本部分内容可以作为参考。

第 **10** 章　有限元结构分析及振动分析案例

10.1　零件结构分析

下面以图 10.1.1 所示的零件模型为例，介绍有限元分析的一般过程。

图 10.1.1　分析对象

Task1. 激活 SolidWorks Simulation 插件

Step1. 选择命令。选择下拉菜单 工具(T) ——➤ 插件(D)... 命令，系统弹出图 10.1.2 所示的"插件"对话框。

Step2. 在"插件"对话框中选中 ☑ 🥼 SOLIDWORKS Simulation 复选框，如图 10.1.2 所示。

Step3. 单击 确定 按钮，完成 SolidWorks Simulation 插件的激活。

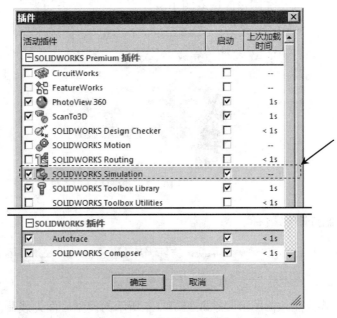

图 10.1.2　"插件"对话框

Task2. 打开模型文件，新建分析算例

Step1. 打开文件 D:\swal18\work\ch10.01\anlysis_part.SLDPRT。

Step2. 新建一个算例。选择下拉菜单 Simulation ➡️ 🔍 算例(S)… 命令。

Step3. 定义算例类型。在"算例"对话框中输入算例名称"study"，在"算例"对话框的 类型 区域中单击"静应力分析"按钮 🔍。

Step4. 单击对话框中的 ✅ 按钮，完成算例新建。

Task3. 应用材料

Step1. 选择下拉菜单 Simulation ➡️ 材料(T) ➡️ 🔢 应用材料到所有(Y)… 命令，系统弹出"材料"对话框。

Step2. 在对话框的材料列表中依次单击 🔢 solidworks materials ➡️ 🔢 钢 前的节点，然后在展开列表中选择 🔢 铸造合金钢 材料。

Step3. 单击对话框中的 应用(A) 按钮，将材料应用到模型中。

Step4. 单击对话框中的 关闭(C) 按钮，关闭"材料"对话框。

Task4. 添加夹具

Step1. 选择下拉菜单 Simulation ➡️ 载荷/夹具(L) ➡️ 🔲 夹具(I)… 命令，系统弹出"夹具"对话框。

Step2. 定义夹具类型。在对话框的 标准（固定几何体） 区域中单击 🔲 固定几何体 按钮，即添加固定几何体约束。

Step3. 定义约束面。在图形区选取图 10.1.3 所示的 3 个表面为约束面，即将该面完全固定。

Step4. 单击对话框中的 ✅ 按钮，完成夹具添加。

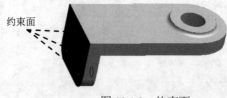

图 10.1.3　约束面

Task5. 添加外部载荷

Step1. 选择下拉菜单 Simulation ➡️ 载荷/夹具(L) ➡️ ⊥ 力(F)… 命令，系统弹出"力/扭矩"对话框。

Step2. 定义载荷面。在图形区选取图 10.1.4 所示的模型表面为载荷面。

Step3. 定义力参数。在对话框的 **力/扭矩** 区域的 ⬇ 文本框中输入力的大小值 1000N，选中 ⦿ **法向** 单选项，其他选项采用系统默认设置。

Step4. 单击对话框中的 ✅ 按钮，完成外部载荷力的添加。

图 10.1.4　载荷面

Task6. 生成网格

Step1. 选择下拉菜单 Simulation ➡ **网格(M)** ➡ 🟦 **生成(C)···** 命令，系统弹出"网格"对话框，选中 ☑**网格参数** 复选框，在其区域的 ↔ 下输入值 4.0。选中 ☑ **自动过渡** 复选框。

Step2. 单击对话框中的 ✅ 按钮，系统弹出图 10.1.5 所示的"网格进展"对话框，显示网格划分进展。

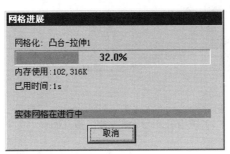

图 10.1.5　"网格进展"对话框

Step3. 完成网格划分，结果如图 10.1.6 所示。

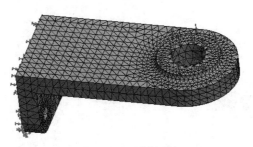

图 10.1.6　划分网格

Task7. 运行算例

Step1. 选择下拉菜单 Simulation ➡ 运行(R) ➡ 🟦 运行(U)命令，系统弹出图

10.1.7 所示的"求解"对话框，显示求解进程。

Step2. 求解结束之后，在算例树的结果下面生成应力、位移和应变图解。

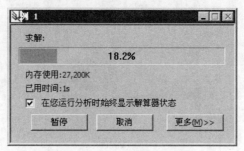

图 10.1.7 "求解"对话框

Task8. 结果查看与评估

Step1. 在算例树中右击 位移1 (-合位移-)，在弹出的快捷菜单中选择 显示(S) 命令，系统显示图 10.1.8 所示的位移（合位移）图解。

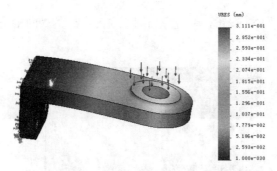

图 10.1.8 位移（合位移）图解

Step2. 在算例树中右击 应变1 (-等量-)，在弹出的快捷菜单中选择 显示(S) 命令，系统显示图 10.1.9 所示的应变（等量）图解。

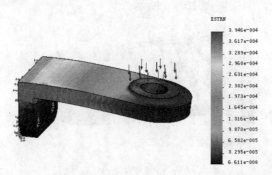

图 10.1.9 应变（等量）图解

Step3. 在算例树中右击 应力1 (-vonMises-)，在弹出的快捷菜单中选择 显示(S) 命令，系统显示图 10.1.10 所示的应力（vonMises）图解。

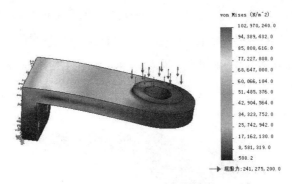

图 10.1.10　应力图解

10.2　装配件结构分析

下面以图 10.2.1 所示的装配件模型为例，介绍有限元分析的一般过程。

图 10.2.1　分析对象

Step1. 打开文件 D:\swal18\work\ch10.02\anlysis_asm_ex.SLDASM。选择下拉菜单 Simulation ➡️ 🔍 算例(S)… 命令，采用系统默认的算例名称，在"算例"对话框的 类型 区域中单击"静应力分析"按钮 🔍 ，单击对话框中的 ✔️ 按钮，完成算例新建。

Step2. 选择下拉菜单 Simulation ➡️ 材料(T) ➡️ ⫶▤ 应用材料到所有(Y)… 命令，在对话框的材料列表中依次单击 ⫶▤ solidworks materials ➡️ ⫶▤ 钢 前的节点，然后在展开的列表中选择 ⫶▤ 合金钢 材料。单击对话框中的 应用(A) 按钮。

Step3. 定义接触（注：本步的详细操作过程请参见学习资源中 video\ch10.02\reference\文件夹下的语音视频讲解文件 anlysis_asm-r01.exe）。

Step4. 定义约束。选择下拉菜单 Simulation ➡️ 载荷/夹具(L) ➡️ 🪧 夹具(I)… 命令，在对话框中的 标准(固定几何体) 区域下单击 ⫶ 固定几何体 按钮，在图形区选取图 10.2.2 所示的两个面为约束面，单击对话框中的 ✔️ 按钮。

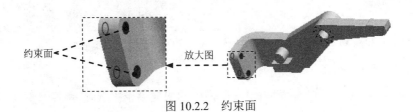

约束面　　　放大图

图 10.2.2　约束面

Step5. 定义载荷。选择下拉菜单 Simulation ➡ 载荷/夹具(L) ▶ ⬇ 力(F)…命令，在图形区选取图 10.2.3 所示的模型表面为载荷面。在对话框的 力/扭矩 区域的 ⬇ 文本框中输入力的大小值 200N，选中 ⊙ 法向 单选项，其他选项采用系统默认设置。单击对话框中的 ✅ 按钮。

图 10.2.3　载荷面

Step6. 划分网格。

（1）选择下拉菜单 Simulation ➡ 网格(M) ▶ 🔲 生成(C)… 命令，选中 ☑网格参数 复选框，在其区域的 △ 下输入值 2.0。选中 ☑ 自动过渡 复选框。单击对话框中的 ✅ 按钮，系统弹出图 10.2.4 所示的"网格进展"对话框，显示网格划分进展。

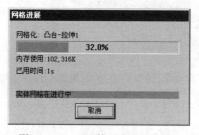

图 10.2.4　"网格进展"对话框

（2）完成网格划分，结果如图 10.2.5 所示。

Step7. 求解。选择下拉菜单 Simulation ➡ 运行(R) ▶ 🔲 运行(U)… 命令，系统弹出图 10.2.6 所示的"求解"对话框，显示求解进程。求解结束之后，在算例树的结果下面生成应力、位移和应变图解。

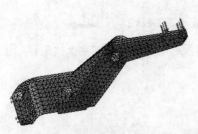

图 10.2.5　划分网格

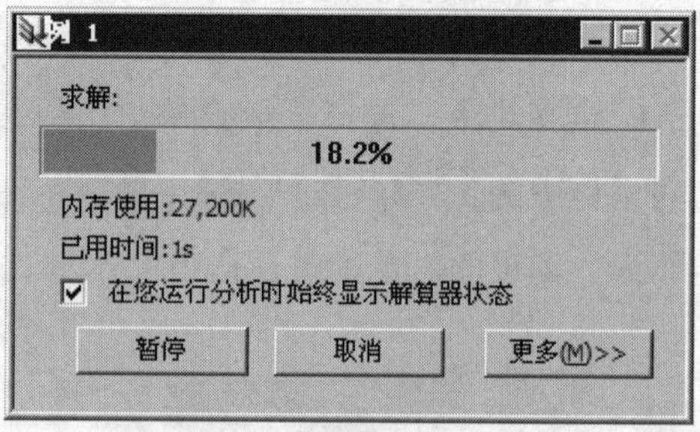

图 10.2.6　"求解"对话框

Step8. 结果查看与评估。

① 在算例树中右击 🔲 位移1 (-合位移-)，在弹出的快捷菜单中选择 🔲 显示(S) 命令，系统

显示图 10.2.7 所示的位移（合位移）图解。

图 10.2.7　位移（合位移）图解

② 在算例树中右击 应变1(-等量-)，在弹出的快捷菜单中选择 显示(S) 命令，系统显示图 10.2.8 所示的应变（等量）图解。

图 10.2.8　应变（等量）图解

③ 在算例树中右击 应力1(-vonMises-)，在弹出的快捷菜单中选择 显示(S) 命令，系统显示图 10.2.9 所示的应力（vonMises）图解。

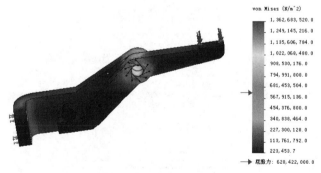

图 10.2.9　应力图解

10.3　振动分析

案例概述：

本案例为图 10.3.1 所示的弹性板零件，材料为合金钢，其左端部位完全固定约束，右端边线位置承受一个大小为 50N 的瞬态载荷，分析此时的动态响应。

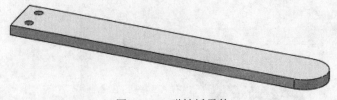

图 10.3.1　弹性板零件

在运行动态分析之前，首先要运行一次静态算例，以验证静态应力是低于材料屈服强度的。然后逐渐增大载荷，研究在不同情况下的结果。如果载荷加载足够慢，静态算例的结果能够很好地体现模型的性能，然而，如果载荷加载非常突然，则静态算例的结果会有很大不同。下面介绍具体的操作过程。

Task1. 静力分析

下面使用线性静态分析求解该问题，假定作用力加载十分缓慢，所有惯性和阻力效应都可以忽略。

Step1. 打开文件 D:\swal18\work\ch10.03\vibration_analysis.SLDPRT。

Step2. 新建一个静态分析算例。选择下拉菜单 Simulation ➡ 算例(S)… 命令，系统弹出图 10.3.2 所示的"算例"对话框，输入算例名称"算例 1"，在"算例"对话框的 类型 区域中单击"静应力分析"按钮 ，即新建一个静态分析算例。

图 10.3.2　"算例"对话框

Step3. 定义材料属性。选择下拉菜单 Simulation ➡ 材料(T) ➡ 应用材料到所有(Y)… 命令，系统弹出图 10.3.3 所示的"材料"对话框。在对话框的材料列表中依次单击 solidworks materials ➡ 钢 前的节点，然后在展开列表中选择 合金钢 材料，单击对话框中的 应用(A) 按钮，将材料应用到模型中；单击 关闭(C) 按钮，关闭"材料"对话框。

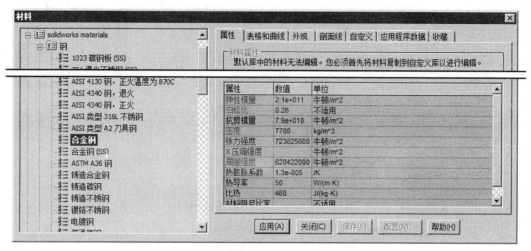

图 10.3.3　"材料"对话框

Step4. 定义夹具。选择下拉菜单 Simulation ➞ 载荷/夹具(L) ➞ 夹具(I)... 命令，系统弹出图 10.3.4 所示的"夹具"对话框。在对话框中的 标准(固定几何体) 区域下单击"固定几何体"按钮 ，在图形区选取图 10.3.5 所示的圆柱面为约束面，单击对话框中的 按钮，完成夹具定义。

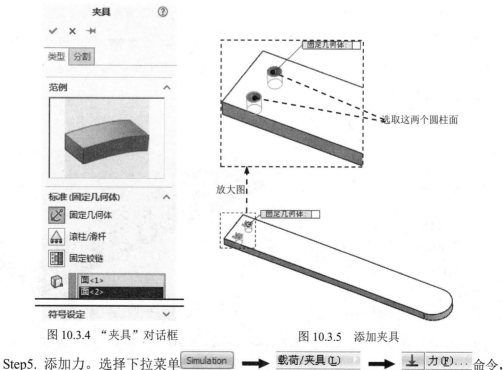

图 10.3.4　"夹具"对话框　　　　　图 10.3.5　添加夹具

Step5. 添加力。选择下拉菜单 Simulation ➞ 载荷/夹具(L) ➞ 力(F)... 命令，系统弹出图 10.3.6 所示的"力/扭矩"对话框。在图形区选取图 10.3.7 所示的模型边线为载荷对象，在对话框的 **力/扭矩** 区域单击"力"按钮 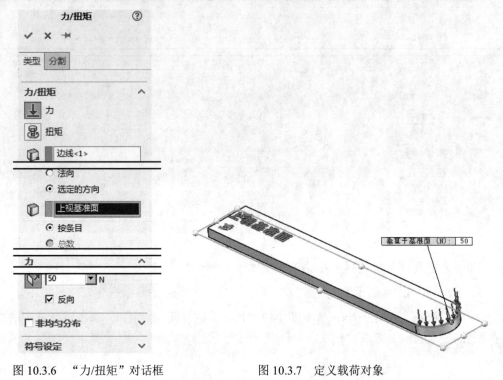，选中 ⊙ 选定的方向 单选项，选取上视基准面为方向参考；在 **力** 区域中单击"垂直于基准面"按钮 ，在其后的文本框中输入力的大小值 50N，选中 ☑ 反向 复选框。单击对话框中的 ✓ 按钮，完成外部载荷力的添加。

图 10.3.6　"力/扭矩"对话框　　　　图 10.3.7　定义载荷对象

Step6. 划分网格。选择下拉菜单 Simulation ➡ 网格(M) ▶ ➡ 🪨 生成(C)… 命令，系统弹出图 10.3.8 所示的"网格"对话框，在对话框中采用系统默认参数设置；单击 ✓ 按钮，系统弹出"网格进展"对话框，结果如图 10.3.9 所示。

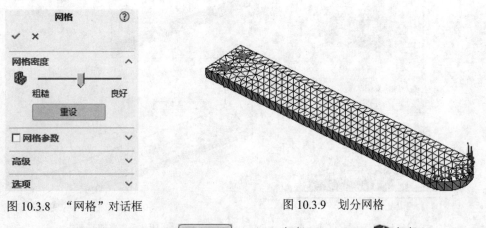

图 10.3.8　"网格"对话框　　　　图 10.3.9　划分网格

Step7. 运行算例。选择下拉菜单 Simulation ➡ 运行(R) ➡ 🪨 运行(U)… 命令，系统弹出图 10.3.10 所示的对话框，显示求解进程。

Step8. 查看应力结果图解。在算例树中右击 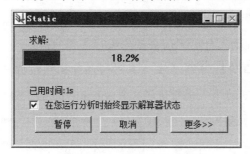 应力1 (-vonMises-)，在系统弹出的快捷菜单中选择 显示(S) 命令，系统显示图 10.3.11 所示的应力（vonMises）图解。

图 10.3.10　"Static"对话框

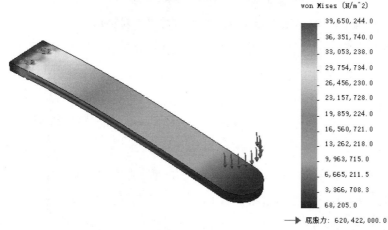

图 10.3.11　应力（vonMises）图解

Step9. 查看位移图解。在算例树中右击 位移1 (-合位移-)，在弹出的快捷菜单中选择 显示(S) 命令，系统显示图 10.3.12 所示的位移（合位移）图解。

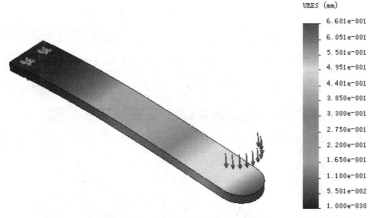

图 10.3.12　位移（合位移）图解

Task2. 频率分析

一般而言，在尝试动态分析之前，首先需要先运行一次频率分析。自然频率和振动模式在结构特征中是非常重要的，它们可以提供一些预见性的信息，如一个结构件如何发生摆动，以及载荷是否会激发某些重要模式。

线性动态分析使用模态分析的方法进行求解，由于这个方法需要用到结构的自然频率模式，在进行实际的线性动态分析之前需要先进行频率分析。

Step1. 新建一个频率分析算例（注：本步的详细操作过程请参见学习资源中 video\ch10.03\reference\文件夹下的语音视频讲解文件 vibration_analysis-r01.exe）。

Step2. 定义材料属性。选择下拉菜单 Simulation ➡ 材料(T) ➡ 应用材料到所有(Y)…命令，系统弹出"材料"对话框。在对话框的材料列表中依次单击 solidworks materials ➡ 钢 前的节点，然后在展开列表中选择 合金钢 材料，单击对话框中的 应用(A) 按钮，将材料应用到模型中；单击 关闭(C) 按钮，关闭"材料"对话框。

Step3. 因为完成该频率算例所需要的夹具和网格与 Task1 中的静态算例相同，使用复制粘贴的方法将静态算例中的夹具和网格分别复制到新建的频率算例中（具体操作请参看学习资源视频）。

Step4. 选择下拉菜单 Simulation ➡ 运行(R) ➡ 运行(U)… 命令，运行频率算例。

Step5. 查看频率结果。在算例树中右击 结果 选项，在弹出的快捷菜单中选择 Hz 列举共振频率… 命令，系统弹出图 10.3.13 所示的"列举模式"对话框，在对话框中列举出该零件的前 5 个自然频率。

注意：从"列举模式"对话框中可以看到，最大周期大约为 0.01s，下面查看的图解分别是这些频率下的变形。

Step6. 查看结果图解。在算例树中右击 位移1(-合成振幅-模式形状1-)，在弹出的快捷菜单中选择 显示(S) 命令，系统显示图 10.3.14 所示的位移 1 图解。

说明：设置叠加样式显示的操作方法是，在算例树中右击 位移1(-合成振幅-模式形状1-)，在弹出的快捷菜单中选择 设定(T)… 命令，系统弹出图 10.3.15 所示的"设定"对话框，在该对话框中选中 将模型叠加于变形形状上 复选框，在其下的文本框中输入透明度值 0.28。

列举模式 — 算例名称：算例 2

模式号	频率(弧度/秒)	频率(赫兹)	周期(秒)
1	724.83	115.36	0.0086685
2	3441.7	547.77	0.0018256
3	4509.2	717.67	0.0013934
4	8144.3	1296.2	0.00077148
5	12515	1991.8	0.00050207

图 10.3.13　"列举模式"对话框

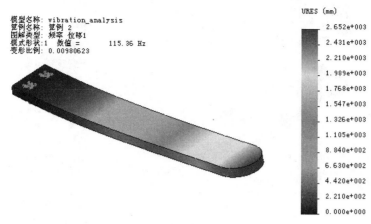

图 10.3.14　位移 1 结果图解

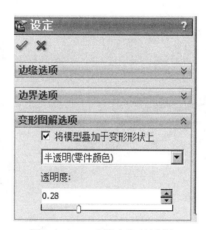

图 10.3.15　"设定"对话框

Step7. 参照 Step6 步骤，查看其余位移结果图解，如图 10.3.16～图 10.3.19 所示。

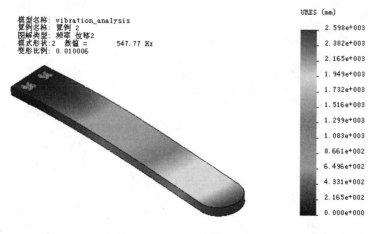

图 10.3.16　位移 2 结果图解

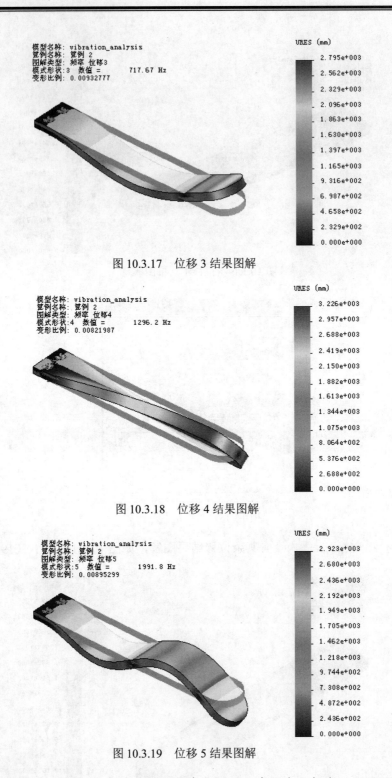

图 10.3.17　位移 3 结果图解

图 10.3.18　位移 4 结果图解

图 10.3.19　位移 5 结果图解

　　说明：位移的大小并不代表振动结构的真实位移。在频率分析中，如果结构件在给定模式下发生振动，位移大小可以确定该结构上特定位置相对于其他位置的位移。

第11章 自顶向下设计案例（一）：无绳电话的设计

11.1 案 例 概 述

本案例详细讲解了一款无绳电话的设计过程，该设计过程中采用了较为先进的设计方法——自顶向下（Top-Down Design）的设计方法。采用这种方法不仅可以获得较好的整体造型，并且能够大大缩短产品的上市时间。许多家用电器（如计算机机箱、吹风机、计算机鼠标）都可以采用这种方法进行设计。无绳电话的设计流程如图11.1.1所示。

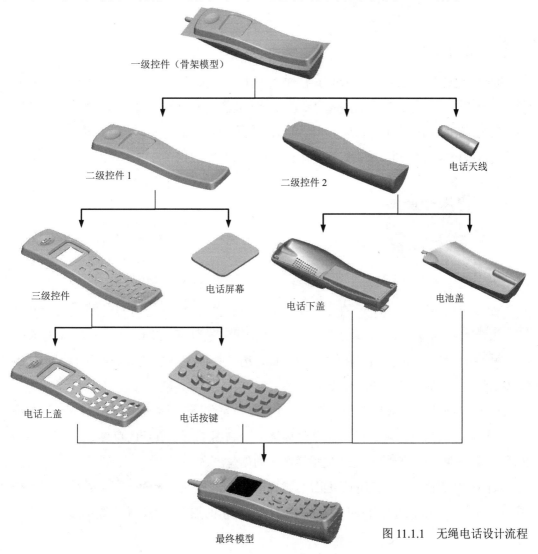

图 11.1.1 无绳电话设计流程

11.2 创建一级结构

Step1. 新建一个零件模型文件，进入建模环境。

Step2. 创建图 11.2.1 所示的曲面-拉伸 1。选择下拉菜单 插入(I) ➡ 曲面(S) ➡ 拉伸曲面(E)... 命令；选取上视基准面为草图基准面，绘制图 11.2.2 所示的横断面草图；采用系统默认的拉伸方向；在"拉伸"对话框 方向1 区域的下拉列表中选择 两侧对称 选项，在 文本框中输入值 30；单击对话框中的 ✅ 按钮，完成曲面-拉伸 1 的创建。

图 11.2.1 曲面-拉伸 1

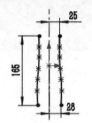

图 11.2.2 横断面草图（草图 1）

Step3. 创建图 11.2.3 所示的曲面-拉伸 2。选择下拉菜单 插入(I) ➡ 曲面(S) ➡ 拉伸曲面(E)... 命令；选取右视基准面为草图基准面，绘制图 11.2.4 所示的横断面草图；采用系统默认的拉伸方向；在"拉伸"对话框 方向1 区域的下拉列表中选择 两侧对称 选项，在 文本框中输入值 70；单击对话框中的 ✅ 按钮，完成曲面-拉伸 2 的创建。

图 11.2.3 曲面-拉伸 2

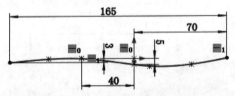

图 11.2.4 横断面草图（草图 2）

Step4. 创建图 11.2.5 所示的分割线。选择下拉菜单 插入(I) ➡ 曲线(U) ➡ 分割线(S)... 命令；在"分割线"对话框中的 分割类型(T) 区域选中 ⦿ 交叉点(I) 单选项，然后在 选择(E) 区域中选取曲面-拉伸 2 为分割面，选取曲面-拉伸 1 为要分割的面；单击对话框中的 ✅ 按钮，完成分割线的创建。

Step5. 创建图 11.2.6 所示的草图 3。选择下拉菜单 插入(I) ➡ 🗌 草图绘制 命令；选取右视基准面为草图基准面；在草绘环境中绘制图 11.2.6 所示的草图 3；选择下拉菜单 插入(I) ➡ 🗌 退出草图 命令，完成草图 3 的创建。

Step6. 创建图 11.2.7 所示的基准面 1。选择下拉菜单 插入(I) ➡ 参考几何体(G) ➡ 基准面(P)... 命令；选取前视基准面和图 11.2.8 所示的点 1 作为基准面 1 的参考实体；单击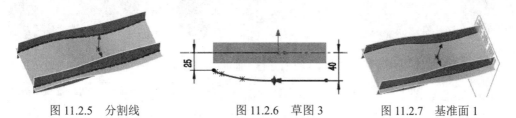按钮，完成基准面1的创建。

图 11.2.5　分割线　　　　图 11.2.6　草图3　　　　图 11.2.7　基准面1

Step7. 创建图 11.2.9 所示的草图 4。选择下拉菜单 插入(I) ➡ ⬜ 草图绘制 命令；选取基准面 1 为草图基准面，绘制图 11.2.9 所示的草图 4。

Step8. 创建图 11.2.10 所示的草图 5。选择下拉菜单 插入(I) ➡ ⬜ 草图绘制 命令；选取前视基准面为草图基准面，绘制图 11.2.10 所示的草图 5。

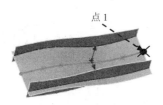
图 11.2.8　定义参考点

图 11.2.9　草图4

图 11.2.10　草图5

Step9. 创建图 11.2.11 所示的基准面 2。选择下拉菜单 插入(I) ➡ 参考几何体(G) ➡ ⬜ 基准面(P)... 命令；选取前视基准面和图 11.2.12 所示的点 1 作为基准面 2 的参考实体；单击 ✔ 按钮，完成基准面 2 的创建。

Step10. 创建图 11.2.13 所示的草图 6。选择下拉菜单 插入(I) ➡ ⬜ 草图绘制 命令；选取基准面 2 为草图基准面，绘制图 11.2.13 所示的草图 6。

Step11. 创建图 11.2.14 所示的边界-曲面 1。选择下拉菜单 插入(I) ➡ 曲面(S) ➡ ◈ 边界曲面(B)... 命令，系统弹出"边界-曲面"对话框；依次选择草图 4、草图 5 和草图 6 为 方向1 的边界曲线；分别选择分割线中的两条曲线和草图 3 为 方向2 的边界曲线；单击对话框中的 ✔ 按钮，完成边界-曲面 1 的创建。

图 11.2.11　基准面2

图 11.2.12　定义参考点

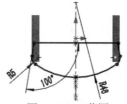
图 11.2.13　草图6

Step12. 创建图 11.2.15 所示的曲面-基准面 1。选择下拉菜单 插入(I) ➡ 曲面(S) ➡ ⬜ 平面区域(P)... 命令，系统弹出"平面"对话框；依次选取图 11.2.16 所示的边界曲线；单击对话框中的 ✔ 按钮，完成曲面-基准面 1 的创建。

图 11.2.14 边界-曲面 1

图 11.2.15 曲面-基准面 1

图 11.2.16 选取边线

Step13. 创建图 11.2.17 所示的曲面-基准面 2。选择下拉菜单 插入(I) ➡️ 曲面(S) ➡️ 平面区域(P)... 命令；依次选取图 11.2.18 所示的边界曲线；单击对话框中的 ✅ 按钮，完成曲面-基准面 2 的创建。

Step14. 创建图 11.2.19 所示的曲面-缝合 1。选择下拉菜单 插入(I) ➡️ 曲面(S) ➡️ 缝合曲面(K)... 命令；选择边界-曲面 1、曲面-基准面 1 和曲面-基准面 2 作为要缝合的面；选中 ☑ 尝试形成实体(T) 复选项；单击对话框中的 ✅ 按钮，完成曲面-缝合 1 的创建。

图 11.2.17 曲面-基准面 2

图 11.2.18 选取边线

图 11.2.19 曲面-缝合 1

Step15. 创建图 11.2.20 所示的切除-拉伸 1。选择下拉菜单 插入(I) ➡️ 切除(C) ➡️ 拉伸(E)... 命令；选取上视基准面作为草图基准面，绘制图 11.2.21 所示的横断面草图；在"切除-拉伸"对话框 方向1 区域的下拉列表中选择 完全贯穿 选项；单击对话框中的 ✅ 按钮，完成切除-拉伸 1 的创建。

图 11.2.20 切除-拉伸 1

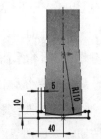

图 11.2.21 横断面草图（草图 7）

Step16. 创建图 11.2.22b 所示的圆角 1。选择下拉菜单 插入(I) ➡️ 特征(E) ➡️ 圆角(U)... 命令；选取图 11.2.22a 所示的边线为要圆角的对象，输入半径值 6.0；单击"圆角"对话框中的 ✅ 按钮，完成圆角 1 的创建。

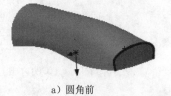

a) 圆角前

b) 圆角后

图 11.2.22 圆角 1

Step17. 创建图 11.2.23 所示的基准面 3。选择下拉菜单 插入(I) ➡ 参考几何体(G) ➡ 基准面(P)... 命令；选取右视基准面作为基准面 3 的参考实体；选中 ☑ 反转 复选框，输入偏移距离值 15；单击 ✔ 按钮，完成基准面 3 的创建。

Step18. 创建图 11.2.24 所示的基准面 4。选择下拉菜单 插入(I) ➡ 参考几何体(G) ➡ 基准面(P)... 命令；选取上视基准面作为基准面 4 的参考实体；选中 ☑ 反转 复选框，输入偏移距离值 22；单击 ✔ 按钮，完成基准面 4 的创建。

图 11.2.23 基准面 3

图 11.2.24 基准面 4

Step19. 创建图 11.2.25 所示的旋转 1。选择下拉菜单 插入(I) ➡ 凸台/基体(B) ➡ 旋转(R)... 命令；选取基准面 3 作为草图基准面，绘制图 11.2.26 所示的横断面草图；采用草图中绘制的中心线作为旋转轴线（此时旋转对话框中显示所选中心线的名称）；在"旋转"对话框的 方向1 区域的下拉列表中选择 给定深度 选项，在 文本框中输入值 360.0；单击对话框中的 ✔ 按钮，完成旋转 1 的创建。

图 11.2.25 旋转 1

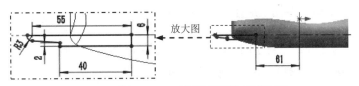

图 11.2.26 横断面草图（草图 8）

Step20. 创建图 11.2.27b 所示的圆角 2。选择下拉菜单 插入(I) ➡ 特征(F) ➡ 圆角(U)... 命令，选取图 11.2.27a 所示的边线为要圆角的对象，输入半径值 2.0。

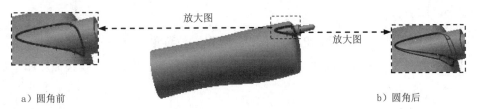

a）圆角前   b）圆角后

图 11.2.27 圆角 2

Step21. 创建图 11.2.28 所示的草图 9。选择下拉菜单 插入(I) ➡ 草图绘制 命令，选取图 11.2.29 所示的模型表面为草图基准面，绘制图 11.2.28 所示的草图 9。

Step22. 创建图 11.2.30 所示的草图 10。选择下拉菜单 插入(I) ➡ 草图绘制 命令，选取上视基准面为草图基准面，绘制图 11.2.30 所示的草图 10。

图 11.2.28 草图 9

草图基准面

图 11.2.29 定义草图基准面

图 11.2.30 草图 10

Step23. 创建图 11.2.31 所示的边界-曲面 2。选择下拉菜单 插入(I) ➡ 曲面(S) ➡ 边界曲面(B)... 命令；依次选择草图 9 和草图 10 为 方向1 的边界曲线；单击对话框中的 ✔ 按钮，完成边界-曲面 2 的创建。

Step24. 创建图 11.2.32 所示的使用面切除 1。选择下拉菜单 插入(I) ➡ 切除(C) ➡ 使用曲面(W)... 命令；单击激活 曲面切除参数(P) 区域中的文本框，选取边界-曲面 2 为切除工具；单击对话框中的 ✔ 按钮，完成使用面切除 1 的创建。

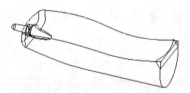

图 11.2.31 边界-曲面 2

图 11.2.32 使用面切除 1

Step25. 创建图 11.2.33 所示的基准面 5。选择下拉菜单 插入(I) ➡ 参考几何体(G) ➡ 基准面(P)... 命令，选取上视基准面作为基准面 5 的参考实体，输入偏移距离值 5。

Step26. 创建图 11.2.34 所示的基准面 6。选择下拉菜单 插入(I) ➡ 参考几何体(G) ➡ 基准面(P)... 命令，选取上视基准面作为基准面 6 的参考实体，输入偏移距离值 1.5，并选中 ☑ 反转 复选框。

Step27. 创建图 11.2.35 所示的基准面 7。选择下拉菜单 插入(I) ➡ 参考几何体(G) ➡ 基准面(P)... 命令，选取基准面 5 作为基准面 7 的参考实体，输入偏移距离值 35。

图 11.2.33 基准面 5

图 11.2.34 基准面 6

图 11.2.35 基准面 7

Step28. 创建图 11.2.36 所示的切除-旋转 1。选择下拉菜单 插入(I) ➡ 切除(C) ➡

...命令；选取右视基准面作为草图基准面，绘制图 11.2.37 所示的横断面草图（包括中心线）；采用图 11.2.37 中绘制的中心线作为旋转轴线；在 **方向1** 区域的 下拉列表中选择 **给定深度** 选项，在 文本框中输入值 360.0；单击 按钮，完成切除-旋转 1 的创建。

Step29. 创建图 11.2.38 所示的切除-拉伸 2。选择下拉菜单 **插入(I)** ➡ **切除(C)** ➡ **拉伸(E)**...命令；选取基准面 5 作为草图基准面，绘制图 11.2.39 所示的横断面草图；在"凸台-拉伸"对话框的 **方向1** 区域的 下拉列表中选择 **成形到一面** 选项，然后选取基准面 6 为终止面；单击 按钮，完成切除-拉伸 2 的创建。

 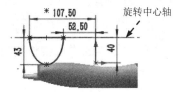 

图 11.2.36　切除-旋转 1　　　图 11.2.37　横断面草图（草图 11）　　　图 11.2.38　切除-拉伸 2

Step30. 创建图 11.2.40 所示的拔模 1。选择下拉菜单 **插入(I)** ➡ **特征(F)** ➡ **拔模(D)** 命令；在"拔模"对话框 **拔模类型(T)** 区域中选中 中性面(E) 单选项；单击激活 **拔模面(F)** 区域中的文本框，选择图 11.2.41 所示的模型表面 2 为中性面；单击激活 **中性面(N)** 区域中的文本框，选择图 11.2.41 所示的模型表面 1 为拔模面；拔模方向如图 11.2.41 所示，在 **拔模角度(G)** 区域的 文本框中输入角度值 30.0；单击 按钮，完成拔模 1 的创建。

图 11.2.39　横断面草图（草图 12）　　　图 11.2.40　拔模 1　　　图 11.2.41　定义拔模面

Step31. 创建图 11.2.42b 所示的圆角 3。选择下拉菜单 **插入(I)** ➡ **特征(F)** ➡ **圆角(U)**...命令，选取图 11.2.42a 所示的边线为要圆角的对象，输入半径值 1.0。

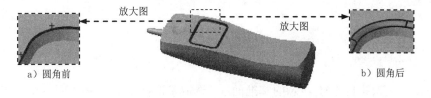

a）圆角前　　　　　b）圆角后

图 11.2.42　圆角 3

Step32. 创建图 11.2.43 所示的曲面-拉伸 3。选择下拉菜单 **插入(I)** ➡ **曲面(S)**

➡ 🗇 拉伸曲面(E)...命令；选取右视基准面为草图基准面，绘制图 11.2.44 所示的横断面草图；在"拉伸"对话框 方向1 区域的下拉列表中选择 两侧对称 选项，在 🔾₁ 文本框中输入值 100；单击对话框中的 ✔ 按钮，完成曲面-拉伸 3 的创建。

图 11.2.43　曲面-拉伸 3

图 11.2.44　横断面草图（草图 13）

Step33. 创建图 11.2.45 所示的切除-旋转 2 。选择下拉菜单 插入(I) ➡ 切除(C)

➡ 🗇 旋转(R)...命令；选取右视基准面作为草图基准面，绘制图 11.2.46 所示的横断面草图（包括中心线）；采用图 11.2.46 中绘制的中心线作为旋转轴线；在 方向1 区域的 🔄 下拉列表中选择 给定深度 选项，在 🗔 文本框中输入值 360.0；单击 ✔ 按钮，完成切除-旋转 2 的创建。

图 11.2.45　切除-旋转 2

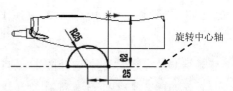

图 11.2.46　横断面草图（草图 14）

Step34. 创建图 11.2.47 所示的基准面 8。选择下拉菜单 插入(I) ➡ 参考几何体(G)

➡ 🗋 基准面(P)...命令，选取上视基准面作为基准面 8 的参考实体，输入偏移距离值 47，并选中 ☑反转 复选框。

Step35. 创建图 11.2.48 所示的曲面-拉伸 4。选择下拉菜单 插入(I) ➡ 曲面(S)

➡ 🗇 拉伸曲面(E)...命令；选取图 11.2.49 所示平面作为草图基准面，绘制图 11.2.50 所示的横断面草图；在 方向1 区域中单击 ↗ 按钮，并在其后的下拉列表中选择 给定深度 选项，在 🔾₁ 文本框中输入值 5；单击对话框中的 ✔ 按钮，完成曲面-拉伸 4 的创建。

图 11.2.47　基准面 8

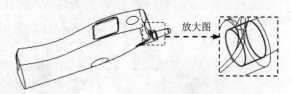

图 11.2.48　曲面-拉伸 4

Step36. 创建图 11.2.51 所示的基准面 9。选取基准面 2 作为基准面 9 的参考实体，输入偏移距离值 3。

图 11.2.49　草图基准面　　图 11.2.50　横断面草图（草图 15）　　图 11.2.51　基准面 9

Step37. 创建图 11.2.52 所示的曲面-拉伸 5。选择下拉菜单 插入(I) ➡ 曲面(S) ➡ 拉伸曲面(E)...命令；选取基准面 4 为草图基准面，绘制图 11.2.53 所示的横断面草图；在"拉伸"对话框 方向1 区域的下拉列表中选择 两侧对称 选项，在 文本框中输入值 30；单击对话框中的 ✔ 按钮，完成曲面-拉伸 5 的创建。

图 11.2.52　曲面-拉伸 5　　　　　　图 11.2.53　横断面草图（草图 16）

Step38. 创建图 11.2.54 所示的曲面-剪裁 1。选择下拉菜单 插入(I) ➡ 曲面(S) ➡ 剪裁曲面(T)...命令；在对话框的 剪裁类型(T) 区域中选中 ⦿ 相互(M) 单选项；在设计树中选取曲面-拉伸 4 和曲面-拉伸 5 为剪裁曲面，选中 ⦿ 保留选择(K) 单选项，然后选取图 11.2.54 所示的曲面为需要保留的部分；单击对话框中的 ✔ 按钮，完成曲面-剪裁 1 的创建。

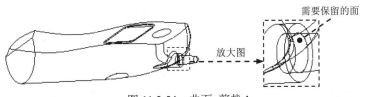

图 11.2.54　曲面-剪裁 1

Step39. 创建图 11.2.55b 所示的圆角 4。选取图 11.2.55a 所示的边线为圆角对象，在 文本框中输入值 6。

a）圆角前　　　　　　　　　　b）圆角后

图 11.2.55　圆角 4

Step40. 创建图 11.2.56b 所示的圆角 5。选取图 11.2.56a 所示的边线为圆角对象，在文本框中输入值 2.5。

a）圆角前　　　　　　　　　　　　　　　　　　　b）圆角后

图 11.2.56　圆角 5

Step41. 创建图 11.2.57b 所示的圆角 6。选取图 11.2.57a 所示的边线为圆角对象，在 文本框中输入值 3。

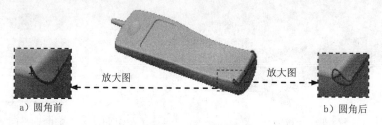

放大图　　　　　　　　放大图

a）圆角前　　　　　　　　　　　　　　　　　　　b）圆角后

图 11.2.57　圆角 6

Step42. 创建图 11.2.58 所示的基准面 10。选择下拉菜单 插入(I) ➡ 参考几何体(G) ➡ 🚪 基准面(P)... 命令，选取前视基准面作为基准面 10 的参考实体，输入偏移距离 值 64，并选中 ☑反转 复选框。

Step43. 创建图 11.2.59 所示的基准面 11。选取右视基准面作为基准面 11 的参考实体，输入偏移距离值 20。

Step44. 创建图 11.2.60 所示的基准面 12。选取前视基准面作为基准面 12 的参考实体，输入偏移距离值 87。

图 11.2.58　基准面 10　　　　　图 11.2.59　基准面 11　　　　　图 11.2.60　基准面 12

Step45. 创建图 11.2.61 所示的基准面 13。选取右视基准面作为基准面 13 的参考实体，输入偏移距离值 20，并选中 ☑反转 复选框。

图 11.2.61　基准面 13

Step46. 创建基准轴 1（注：本步的详细操作过程请参见学习资源中 video\ch11.02\reference\文件夹下的语音视频讲解文件 first-02-r01.exe）。

Step47. 创建基准轴 2（注：本步的详细操作过程请参见学习资源中 video\ch11.02\reference\文件夹下的语音视频讲解文件 first-02-r02.exe）。

Step48. 创建基准轴 3（注：本步的详细操作过程请参见学习资源中 video\ch11.02\reference\文件夹下的语音视频讲解文件 first-02-r03.exe）。

Step49. 保存模型文件。选择下拉菜单 文件(F) ➡ 📁 保存(S) 命令，将模型文件命名为 first.SLDPRT，然后关闭模型。

11.3　创建二级控件 1

二级控件 1 模型如图 11.3.1 所示。

图 11.3.1　二级控件 1 模型

Step1. 新建一个装配文件。选择下拉菜单 文件(F) ➡ 📄 新建(N)... 命令，在弹出的 "新建 SolidWorks 文件" 对话框中选择 "装配体" 选项，单击 确定 按钮，进入装配环境。

Step2. 添加 first 零件。进入装配环境后，系统会自动弹出 "开始装配体" "打开" 对话框，在弹出的 "打开" 对话框中选取 first.SLDPRT，单击 打开 ▾ 按钮；单击对话框中的 ✔ 按钮，将零件固定在系统默认位置。

Step3. 保存装配体。选择下拉菜单 文件(F) ➡ 📁 保存(S) 命令，将装配体文件命名为 handset.SLDASM。

Step4. 在装配中创建新零件。选择下拉菜单 插入(I) ➡ 零部件(O) ▸ ➡ 🔧 新零件(N)... 命令，设计树中会增加一个固定的零件，如图 11.3.2 所示。

Step5. 在设计树中右击刚才新建的零件，从弹出的快捷菜单中选择 📝 命令，系统进入空白界面。选择下拉菜单 文件(F) ➡ 📁 另存为(A)... 命令，系统弹出图 11.3.2 所示的 "SolidWorks" 对话框，单击 确定 按钮。将新的零件命名为 second_01.SLDPRT。

Step6. 引入零件，如图 11.3.3 所示。选择下拉菜单 插入(I) ➡ 🔧 零件(A)… 命令；

在系统弹出的"打开"对话框中选择 first.sldprt 文件，单击 打开(0) 按钮；在系统弹出的 "插入零件"对话框中的 转移(T) 区域选中 ☑ 实体(D) 、☑ 曲面实体(S) 、☑ 基准轴(A) 和 ☑ 基准面(P) 复选框；单击"插入零件"对话框中的 ✔ 按钮，完成 first 的引入。

图 11.3.2　设计树新增零件及"SolidWorks"对话框

Step7. 创建图 11.3.4 所示的使用面切除 1。选择下拉菜单 插入(I) ➡ 切除(C) ➡ 使用曲面(W)... 命令；单击激活 曲面切除参数(P) 区域中的文本框，选取图 11.3.5 所示的曲面为切除工具；单击对话框中的 ✔ 按钮，完成使用面切除 1 的创建。

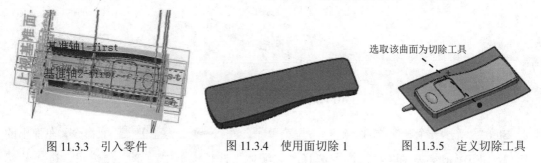

图 11.3.3　引入零件　　　　图 11.3.4　使用面切除 1　　　　图 11.3.5　定义切除工具

Step8. 创建图 11.3.6b 所示的圆角 1。选取图 11.3.6a 所示的边线为圆角对象，在 文本框中输入值 5。

a）圆角前　　　　　　　　　　　　　　　　　b）圆角后

图 11.3.6　圆角 1

Step9. 创建图 11.3.7 所示的草图 1。选择下拉菜单 插入(I) ➡ 草图绘制 命令；选取上视基准面为草图基准面，绘制图 11.3.7 所示的草图 1。

Step10. 创建图 11.3.8 所示的投影曲线 1。选择下拉菜单 插入(I) ➡ 曲线(U) ➡ 投影曲线(P)... 命令；在 选择(S) 区域中选中 ⦿ 面上草图(K) 单选项，然后选取草图 1 为要投影的对象，选取图 11.3.8 所示的模型表面为投影面，并选中 ☑ 反转投影(R) 复选框；单

击对话框中的 ✔ 按钮，完成投影曲线 1 的创建。

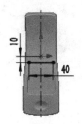

图 11.3.7　草图 1

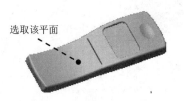

图 11.3.8　投影曲线 1

Step11. 创建图 11.3.9b 所示的抽壳 1。选择下拉菜单 插入(I) ➡ 特征(F) ➡
🔲 抽壳(S)... 命令；选取图 11.3.9a 所示的模型表面为要移除的面，输入壁厚值 1.0；单击对话框中的 ✔ 按钮，完成抽壳 1 的创建。

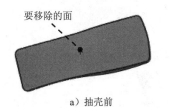

a）抽壳前

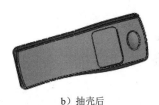

b）抽壳后

图 11.3.9　抽壳 1

Step12. 创建图 11.3.10 所示的曲面-拉伸 1。选择下拉菜单 插入(I) ➡ 曲面(S)
➡ 🗲 拉伸曲面(E)... 命令；选取右视基准面为草图基准面，绘制图 11.3.11 所示的横断面草图；在 方向1 区域的下拉列表中选择 两侧对称 选项，在 🗠D1 文本框中输入值 52；单击对话框中的 ✔ 按钮，完成曲面-拉伸 1 的创建。

图 11.3.10　曲面-拉伸 1

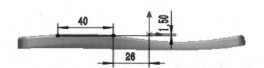

图 11.3.11　横断面草图（草图 2）

Step13. 创建图 11.3.12 所示的曲面-拉伸 2。选择下拉菜单 插入(I) ➡ 曲面(S)
➡ 🗲 拉伸曲面(E)... 命令；选取图 11.3.12 所示的模型表面为草图基准面，绘制图 11.3.13 所示的横断面草图；在 方向1 区域的下拉列表中选择 给定深度 选项，在 🗠D1 文本框中输入值 5；单击对话框中的 ✔ 按钮，完成曲面-拉伸 2 的创建。

Step14. 创建图 11.3.14 所示的曲面-剪裁 1。选择下拉菜单 插入(I) ➡ 曲面(S)
➡ 🗲 剪裁曲面(T)... 命令；在对话框的 剪裁类型(T) 区域中选中 ⦿ 相互(M) 单选项；选择曲面-拉伸 1 和曲面-拉伸 2 为剪裁工具，选中 ⦿ 保留选择(K) 单选项，然后选取图 11.3.14 所示的曲面为需要保留的部分；单击对话框中的 ✔ 按钮，完成曲面-剪裁 1 的创建。

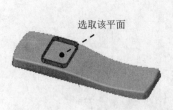

图 11.3.12　曲面-拉伸 2　　　图 11.3.13　横断面草图（草图 3）　　　图 11.3.14　曲面-剪裁 1

Step15. 保存模型文件。选择下拉菜单 文件(F) ➡ 保存(S) 命令，保存模型文件。

11.4　创建二级控件 2

二级控件 2 模型如图 11.4.1 所示。

图 11.4.1　二级控件 2 模型

Step1. 在装配中创建新零件。选择下拉菜单 插入(I) ➡ 零部件(0) ➡ 新零件(N)... 命令，设计树中会增加一个固定的零件，如图 11.4.2 所示。

Step2. 在设计树中右击刚才新建的零件，从弹出的快捷菜单中选择 命令，系统进入空白界面。选择下拉菜单 文件(F) ➡ 另存为(A)... 命令，系统弹出图 11.4.2 所示的"SolidWorks"对话框，单击该对话框中的 确定 按钮，将新的零件命名为 second_02.SLDPRT，并保存模型。

Step3. 引入零件，如图 11.4.3 所示。选择下拉菜单 插入(I) ➡ 零件(A)... 命令；在系统弹出的"打开"对话框中选择 first.sldprt 文件，单击 打开(0) 按钮；在系统弹出的"插入零件"对话框中的 转移(T) 区域选中 ☑ 实体(D)、☑ 曲面实体(S)、☑ 基准轴(A) 和 ☑ 基准面(P) 复选框；单击"插入零件"对话框中的 ✔ 按钮，完成 first 的引入。

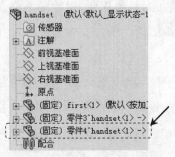

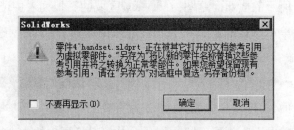

图 11.4.2　设计树新增零件及"SolidWorks"对话框

Step4. 创建图 11.4.4 所示的使用面切除 1。选择下拉菜单 插入(I) ➡ 切除(C)

➡ 🔾 使用曲面(U)... 命令；单击 🗝 按钮，并激活 曲面切除参数(P) 区域中的文本框，选取

图 11.4.5 所示的曲面为切除工具；单击对话框中的 ✔ 按钮，完成使用面切除 1 的创建。

图 11.4.3 引入零件　　　　图 11.4.4 使用面切除 1　　　　图 11.4.5 定义切除工具

Step5. 创建图 11.4.6 所示的使用面切除 2。选择下拉菜单 插入(I) ➡ 切除(C)

➡ 🔾 使用曲面(U)... 命令；单击 🗝 按钮，并激活 曲面切除参数(P) 区域中的文本框，选取

曲面-裁剪 1（引入的 first.sldprt 文件）为切除工具；单击对话框中的 ✔ 按钮，完成使用面

切除 2 的创建。

图 11.4.6 使用面切除 2

Step6. 创建图 11.4.7 所示的切除-拉伸 1。选择下拉菜单 插入(I) ➡ 切除(C) ➡

📦 拉伸(E)... 命令；选取基准面 1 作为草图基准面，绘制图 11.4.8 所示的横断面草图；在

方向1 区域中单击 🗝 按钮，并在其后的下拉列表中选择 给定深度 选项，在 🔾 文本框中输入

深度值 30；单击对话框中的 ✔ 按钮，完成切除-拉伸 1 的创建。

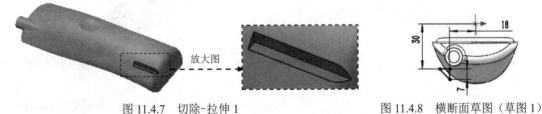

图 11.4.7 切除-拉伸 1　　　　图 11.4.8 横断面草图（草图 1）

Step7. 创建图 11.4.9b 所示的圆角 1。选择下拉菜单 插入(I) ➡ 特征(E) ➡

🔲 圆角(U)... 命令，选取图 11.4.9a 所示的边线为圆角对象，在 🔾 文本框中输入值 1.0。

a）圆角前　　　　　　　　　　　　　　　　　　　　b）圆角后

图 11.4.9 圆角 1

Step8. 创建图 11.4.10b 所示的圆角 2。选择下拉菜单 插入(I) ➡ 特征(F) ➡

🎁 圆角 (U)... 命令，选取图 11.4.10a 所示的边线为圆角对象，在 🔽 文本框中输入值 0.5。

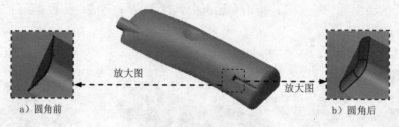

a）圆角前　　　　　放大图　　　　　放大图　　　　　b）圆角后

图 11.4.10　圆角 2

Step9. 创建图 11.4.11b 所示的圆角 3。选择下拉菜单 插入(I) ➡ 特征(F) ➡

🎁 圆角 (U)... 命令，选取图 11.4.11a 所示的边线为圆角对象，在 🔽 文本框中输入值 2.0。

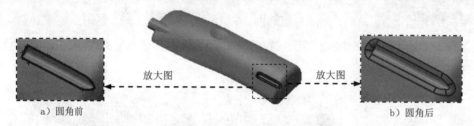

a）圆角前　　　　　放大图　　　　　放大图　　　　　b）圆角后

图 11.4.11　圆角 3

Step10. 创建图 11.4.12b 所示的镜像 1。选择下拉菜单 插入(I) ➡ 阵列/镜像 (E) ➡

🕮 镜向 (M)... 命令；在设计树中选择 ◇ 右视基准面-first 为镜像基准面；在设计树中选择切除 -拉伸 1、圆角 1、圆角 2 和圆角 3 为镜像 1 的对象；单击对话框中的 ✔ 按钮，完成镜像 1 的创建。

a）镜像前　　　　　　　　　　　　b）镜像后

图 11.4.12　镜像 1

Step11. 创建图 11.4.13b 所示的抽壳 1。选择下拉菜单 插入(I) ➡ 特征(F) ➡

🗔 抽壳 (S)... 命令；选取图 11.4.13a 所示的面为要移除的面，输入壁厚值 1.0；单击对话框中的 ✔ 按钮，完成抽壳 1 的创建。

要移除的面

a）抽壳前　　　　　　　　　　　　b）抽壳后

图 11.4.13　抽壳 1

Step12. 创建图 11.4.14 所示的曲面-拉伸 1。选择下拉菜单 `插入(I)` ➜ `曲面(S)` ➜ `拉伸曲面(E)...` 命令；在设计树中选取 `右视基准面-first` 为草图基准面，绘制图 11.4.15 草图（绘制的草图模型大致相同即可）；在"拉伸"对话框 `方向1` 区域的下拉列表中选择 `两侧对称` 选项，在 文本框中输入值 70；单击对话框中的 按钮，完成曲面-拉伸 1 的创建。

Step13. 创建图 11.4.16 所示的草图 3。选择下拉菜单 `插入(I)` ➜ `草图绘制` 命令；在设计树中选取 `上视基准面-first` 为草图基准面，绘制图 11.4.16 所示的草图 3。

Step14. 创建图 11.4.17 所示的投影曲线 1。选择下拉菜单 `插入(I)` ➜ `曲线(U)` ➜ `投影曲线(P)...` 命令；在 `选择(S)` 区域中选中 `⊙ 面上草图(K)` 单选项，然后选取草图 3 为要投影的对象，选取图 11.4.17 所示的模型表面为投影面，并选中 `☑ 反转投影(R)` 复选框；单击对话框中的 按钮，完成投影曲线 1 的创建。

图 11.4.14 曲面-拉伸 1

图 11.4.15 横断面草图（草图 2）

图 11.4.16 草图 3

Step15. 创建图 11.4.18 所示的草图 4。选择下拉菜单 `插入(I)` ➜ `3D 草图(3)` 命令，在草绘环境中，绘制图 11.4.18 所示的草图 4。

Step16. 创建图 11.4.19 所示的草图 5。选择下拉菜单 `插入(I)` ➜ `草图绘制` 命令；在设计树中选取 `上视基准面-first` 为草图基准面，绘制图 11.4.19 所示的草图 5。

Step17. 创建图 11.4.20 所示的投影曲线 2。选择下拉菜单 `插入(I)` ➜ `曲线(U)` ➜ `投影曲线(P)...` 命令；在 `选择(S)` 区域中选中 `⊙ 面上草图(K)` 单选项，然后选取草图 5 为要投影的对象，选取图 11.4.20 所示的曲面-拉伸 1 为投影面，并选中 `☑ 反转投影(R)` 复选框；单击对话框中的 按钮，完成投影曲线 2 的创建。

图 11.4.17 投影曲线 1

图 11.4.18 草图 4

图 11.4.19 草图 5

Step18. 创建图 11.4.21 所示的边界-曲面 1。选择下拉菜单 `插入(I)` ➜ `曲面(S)` ➜ `边界曲面(B)...` 命令，系统弹出"边界-曲面"对话框；依次选择投影曲线 1 和投影曲线 2 为 方向1 的边界曲线；单击对话框中的 ✔ 按钮，完成边界-曲面 1 的创建。

Step19. 创建图 11.4.22 所示的曲面-剪裁 1。选择下拉菜单 插入(I) ➡ 曲面(S)

➡ 剪裁曲面(T)... 命令；在对话框中的 剪裁类型(T) 区域中选中 ⊙ 相互(M) 单选项；在设计树中选取曲面-拉伸 1 和边界-曲面 1 为剪裁曲面，选中 ⊙ 保留选择(K) 单选项，然后选取图 11.4.22 所示的曲面为需要保留的部分；单击对话框中的 ✔ 按钮，完成曲面-剪裁 1 的创建。

选取该曲面

需要保留的面

图 11.4.20　投影曲线 2　　　　图 11.4.21　边界-曲面 1　　　　图 11.4.22　曲面-剪裁 1

Step20. 创建图 11.4.23b 所示的圆角 4。选取图 11.4.23a 所示的边线为圆角对象，在 ↖ 文本框中输入值 1.0。

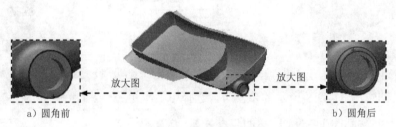

放大图　　　　放大图

a）圆角前　　　　　　　　　　　　　　　　b）圆角后

图 11.4.23　圆角 4

Step21. 创建图 11.4.24 所示的曲面-等距 1。选择下拉菜单 插入(I) ➡ 曲面(S)

➡ 等距曲面(O)... 命令；单击激活 等距参数(O) 区域中的文本框，选取图 11.4.24 所示的模型表面为参考面，并输入偏移距离值 0；单击对话框中的 ✔ 按钮，完成曲面-等距 1 的创建。

Step22. 创建图 11.4.25 所示的曲面-剪裁 2。选择下拉菜单 插入(I) ➡ 曲面(S)

➡ 剪裁曲面(T)... 命令；在对话框的 剪裁类型(T) 区域中选中 ⊙ 相互(M) 单选项；在设计树中选取曲面-剪裁 1 和曲面-等距 1 为剪裁曲面，选中 ⊙ 保留选择(K) 单选项，然后选取图 11.4.25 所示的曲面为需要保留的部分；单击对话框中的 ✔ 按钮，完成曲面-剪裁 2 的创建。

选取该平面

需要保留的面

图 11.4.24　曲面-等距 1　　　　　　　　图 11.4.25　曲面-剪裁 2

Step23. 保存模型文件。选择下拉菜单 `文件(F)` ➡ `保存(S)` 命令，保存模型文件。

11.5 创建电话天线

下面讲解电话天线（ANTENNA）的创建过程，其零件模型如图11.5.1所示。

Step1. 在装配中创建新零件。选择下拉菜单 `插入(I)` ➡ `零部件(O)` ➡ `新零件(N)...` 命令，设计树中会增加一个固定的零件。

Step2. 在设计树中右击新建的零件，从弹出的快捷菜单中选择 命令，系统进入空白界面。选择下拉菜单 `文件(F)` ➡ `另存为(A)...` 命令，系统弹出"SolidWorks"对话框，单击该对话框中的 `确定` 按钮，将新的零件命名为 Antenna.SLDPRT，并保存模型。

Step3. 引入零件。选择下拉菜单 `插入(I)` ➡ `零件(A)...` 命令；在系统弹出的"打开"对话框中选择 first.sldprt 文件，单击 `打开(O)` 按钮；在系统弹出的"插入零件"对话框中的 `转移(T)` 区域选中 `☑ 实体(D)`、`☑ 曲面实体(S)`、`☑ 基准轴(A)` 和 `☑ 基准面(P)` 复选框；单击"插入零件"对话框中的 按钮，完成 first 的引入。

Step4. 创建图11.5.2所示的使用面切除1。选择下拉菜单 `插入(I)` ➡ `切除(C)` ➡ `使用曲面(W)...` 命令；单击激活 `曲面切除参数(P)` 区域中的文本框，在设计树中选取 `<first><曲面-剪裁1>` 为切除工具；单击对话框中的 按钮，完成使用面切除1的创建。

图 11.5.1 电话天线零件模型

图 11.5.2 使用面切除1

11.6 创建电话下盖

下面讲解电话下盖（DOWN_COVER）的创建过程，其零件模型如图11.6.1所示。

Step1. 在装配中创建新零件。选择下拉菜单 `插入(I)` ➡ `零部件(O)` ➡ `新零件(N)...` 命令，设计树中会增加一个固定的零件。

Step2. 在设计树中右击新建的零件，从弹出的快捷菜单中选择 命令，系统进入空白界面。选择下拉菜单 `文件(F)` ➡ `另存为(A)...` 命令，系统弹出"SolidWorks"对话框，单击该对话框中的 `确定` 按钮，将新的零件命名为 down_cover.sldprt，并保存模型。

图 11.6.1　零件模型

Step3. 引入零件。选择下拉菜单 插入(I) ➡️ 零件(A)… 命令；在系统弹出的"打开"对话框中选择 second_02.SLDPRT 文件，单击 打开(O) 按钮；在系统弹出的"插入零件"对话框中的 转移(T) 区域选中 ☑ 实体(D)、☑ 曲面实体(S)、☑ 基准轴(A) 和 ☑ 基准面(P) 复选框；单击"插入零件"对话框中的 ✔ 按钮，完成 second_02 的引入。

Step4. 创建图 11.6.2 所示的使用面切除 1。选择下拉菜单 插入(I) ➡️ 切除(C) ➡️ 使用曲面(W)… 命令；单击激活 曲面切除参数(P) 区域中的文本框，选取图 11.6.3 所示的曲面为切除工具；单击对话框中的 ✔ 按钮，完成使用面切除 1 的创建。

Step5. 创建图 11.6.4 所示的草图 1。选择下拉菜单 插入(I) ➡️ ▢ 草图绘制 命令；在设计树中选取 ◇ 上视基准面-second_02 为草图基准面，绘制图 11.6.4 所示的草图 1。

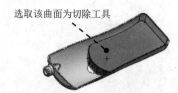

图 11.6.2　使用面切除 1　　图 11.6.3　定义切除工具　　图 11.6.4　草图 1

Step6. 创建图 11.6.5 所示的填充阵列。选择下拉菜单 插入(I) ➡️ 阵列/镜像(E) ➡️ 填充阵列(F)… 命令；在 ☑ 特征和面(F) 区域中选中 ◉ 生成源切(C) 单选项，然后单击"圆"按钮 ⊙，并在 ⊘ 文本框中输入值 2.0；激活 填充边界(L) 区域中的文本框，在设计树中选择 ⌐ (-) 草图1 为阵列的填充边界；在对话框的 阵列布局(O) 区域中单击 ▦ 按钮，在 阵列布局(O) 区域的 ⸬ 文本框输入值 3.0，在 ↖ 后的文本框中输入值 0.0，选中 ☑ 反转形状方向(F) 复选框；单击对话框中的 ✔ 按钮，完成填充阵列的创建。

Step7. 创建图 11.6.6 所示的基准面 21。选择下拉菜单 插入(I) ➡️ 参考几何体(G) ➡️ ▯ 基准面(P)… 命令；在设计树中选取 ◇ 上视基准面-first-second_02 作为基准面 21 的参考实体；选中 ☑ 反转 复选框，输入偏移距离值 35；单击 ✔ 按钮，完成基准面 21 的创建。

Step8. 创建图 11.6.7 所示的基准面 22。选择下拉菜单 插入(I) ➡ 参考几何体(G) ➡ 🚪 基准面(P)... 命令；在设计树中选取 ◇ 上视基准面-first-second_02 作为基准面 22 的参考实体；选中 ☑反转 复选框，输入偏移距离值 30；单击 ✔ 按钮，完成基准面 22 的创建。

图 11.6.5 填充阵列

图 11.6.6 基准面 21

图 11.6.7 基准面 22

Step9. 创建图 11.6.8 所示的曲面-拉伸 1。选择下拉菜单 插入(I) ➡ 曲面(S) ➡ 🧷 拉伸曲面(E)... 命令；选取基准面 22 为草图基准面，绘制图 11.6.9 所示的横断面草图；在 方向1 区域的下拉列表中选择 给定深度 选项，在 ◇DI 文本框中输入值 15；单击对话框中的 ✔ 按钮，完成曲面-拉伸 1 的创建。

Step10. 创建图 11.6.10 所示的曲面-剪裁 1。选择下拉菜单 插入(I) ➡ 曲面(S) ➡ 📎 剪裁曲面(T)... 命令；在对话框的 剪裁类型(T) 区域中选中 ⊙ 相互(M) 单选项；选取图 11.6.11 所示的曲面为剪裁曲面，选中 ⊙ 保留选择(K) 单选项，然后选取图 11.6.10 所示的曲面为需要保留的部分；单击对话框中的 ✔ 按钮，完成曲面-剪裁 1 的创建。

图 11.6.8 曲面-拉伸 1

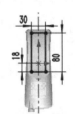

图 11.6.9 横断面草图（草图 2）

图 11.6.10 曲面-剪裁 1

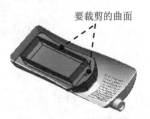

图 11.6.11 剪裁对象

Step11. 创建图 11.6.12 所示的曲面-基准面 1。选择下拉菜单 插入(I) ➡ 曲面(S) ➡ ▭ 平面区域(P)... 命令；依次选取图 11.6.13 所示的边界曲线；单击对话框中的 ✔ 按钮，完成曲面-基准面 1 的创建。

Step12. 创建图 11.6.14 所示的曲面-缝合 1。选择下拉菜单 插入(I) ➡ 曲面(S) ➡

➡️ 🗜️ 缝合曲面(K)...命令；在设计树中选择曲面-剪裁 1 和曲面-基准面 1 作为要缝合的面；单击对话框中的 ✅ 按钮，完成曲面-缝合 1 的创建。

图 11.6.12 曲面-基准面 1

图 11.6.13 选取边线

图 11.6.14 曲面-缝合 1

Step13. 创建图 11.6.15b 所示的圆角 1。选择下拉菜单 插入(I) ➡️ 特征(F) ➡️
🧊 圆角(U)...命令，选取图 11.6.15a 所示的 8 条边线为要圆角的对象，输入半径值 1.0。

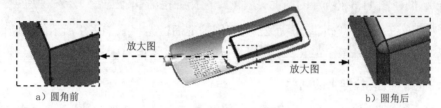

a）圆角前　　　　　　　　　　　　　　　　　　　b）圆角后

图 11.6.15 圆角 1

Step14. 创建图 11.6.16 所示的加厚 1。选择下拉菜单 插入(I) ➡️ 凸台/基体(B) ➡️
🗐 加厚(T)... 命令；在"加厚"对话框中选取图 11.6.16 所示的面为加厚对象，在 🔧 文本框中输入厚度值 1.0；单击对话框中的 ✅ 按钮，完成加厚 1 的创建。

Step15. 创建图 11.6.17 所示的使用面切除 2。选择下拉菜单 插入(I) ➡️ 切除(C)
➡️ 🗇 使用曲面(W)...命令；在 曲面切除参数(P) 区域中单击 🔩 按钮，并在设计树中选取
◇ <second_02>-<曲面-等距1> 为切除工具；单击对话框中的 ✅ 按钮，完成使用面切除 2 的创建。

加厚曲面

图 11.6.16 加厚 1

图 11.6.17 使用面切除 2

Step16. 创建图 11.6.18 所示的凸台-拉伸 1。选择下拉菜单 插入(I) ➡️ 凸台/基体(B)
➡️ 🗐 拉伸(E)...命令；选取基准面 2 作为草图基准面，绘制图 11.6.19 所示的横断面草图；在 方向1 区域的下拉列表中选择 成形到一面 选项，然后选择图 11.6.18 所示的面为终止面；单击 ✅ 按钮，完成凸台-拉伸 1 的创建。

Step17. 创建图 11.6.20 所示的切除-拉伸 1。选择下拉菜单 插入(I) ➡️ 切除(C)
➡️ 🗐 拉伸(E)...命令；选取图 11.6.20 所示的面作为草图基准面，绘制图 11.6.21 所示

的横断面草图；在"切除-拉伸"对话框的 方向1 区域的下拉列表中选择 成形到下一面 选项；
单击对话框中的 ✓ 按钮，完成切除-拉伸 1 的创建。

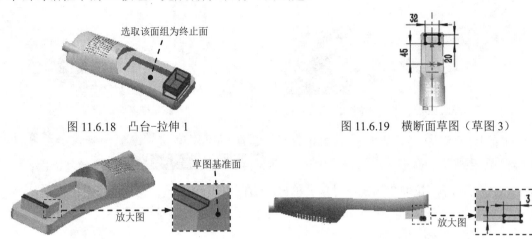

图 11.6.18　凸台-拉伸 1　　　　　　　　　　　　　图 11.6.19　横断面草图（草图 3）

图 11.6.20　切除-拉伸 1　　　　　　　　　　　　　图 11.6.21　横断面草图（草图 4）

Step18. 创建图 11.6.22 所示的凸台-拉伸 2。选择下拉菜单 插入(I) ➡ 凸台/基体(B)
➡ 🔲 拉伸(E)… 命令；在设计树中选取 ◈ 右视基准面-first-second_02 作为草图基准面，
绘制图 11.6.23 所示的横断面草图；在 方向1 区域的下拉列表中选择 两侧对称 选项，输入深
度值 15.0；单击 ✓ 按钮，完成凸台-拉伸 2 的创建。

图 11.6.22　凸台-拉伸 2　　　　　　　　　　　　　图 11.6.23　横断面草图（草图 5）

Step19. 创建图 11.6.24b 所示的圆角 2。选取图 11.6.24a 所示的边线为圆角对象，在 ↗
文本框中输入值 0.5。

a）圆角前　　　　　　　　　　　　　　　　　　　　b）圆角后
图 11.6.24　圆角 2

Step20. 创建图 11.6.25 所示的切除-拉伸 2。选择下拉菜单 插入(I) ➡ 切除(C)
➡ 🔲 拉伸(E)… 命令；选取图 11.6.25 所示的面作为草图基准面，绘制图 11.6.26 所示的
横断面草图；在 方向1 区域的下拉列表中选择 成形到一面 选项，然后选择图 11.6.25 所示的面

为终止面；单击对话框中的 按钮，完成切除-拉伸 2 的创建。

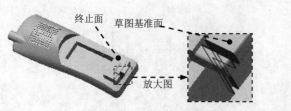
图 11.6.25　切除-拉伸 2

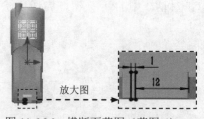
图 11.6.26　横断面草图（草图 6）

Step21. 创建图 11.6.27b 所示的镜像 1。选择下拉菜单 插入(I) ➡ 阵列/镜像 (E) ➡ ⤙⤚镜向(M)… 命令；在设计树中选择 ◇ 右视基准面-first-second_02 为镜像基准面；在设计树中选择切除-拉伸 2 为镜像对象；单击对话框中的 ✔ 按钮，完成镜像 1 的创建。

a）镜像前　　　　　　　　b）镜像后
图 11.6.27　镜像 1

Step22. 创建图 11.6.28b 所示的圆角 3。选取图 11.6.28a 所示的边线为圆角对象，在 ⤒ 文本框中输入值 3.0。

a）圆角前　　　　　　　　b）圆角后
图 11.6.28　圆角 3

Step23. 创建图 11.6.29 所示的凸台-拉伸 3。选择下拉菜单 插入(I) ➡ 凸台/基体 (B) ➡ 🗊 拉伸(E)… 命令；在设计树中选取 ◇ 基准面22 作为草图基准面，绘制图 11.6.30 所示的横断面草图；在 方向1 区域的下拉列表中选择 成形到一面 选项，然后选择图 11.6.29 所示的面为终止面；单击 ✔ 按钮，完成凸台-拉伸 3 的创建。

Step24. 创建图 11.6.31 所示的凸台-拉伸 4。选择下拉菜单 插入(I) ➡ 凸台/基体 (B) ➡ 🗊 拉伸(E)… 命令；在设计树中选取 ◇ 前视基准面-first01-second02 作为草图基准面，绘制图 11.6.32 所示的横断面草图；在 方向1 区域的下拉列表中选择 给定深度 选项，输入深度值 5.0；单击 ✔ 按钮，完成凸台-拉伸 4 的创建。

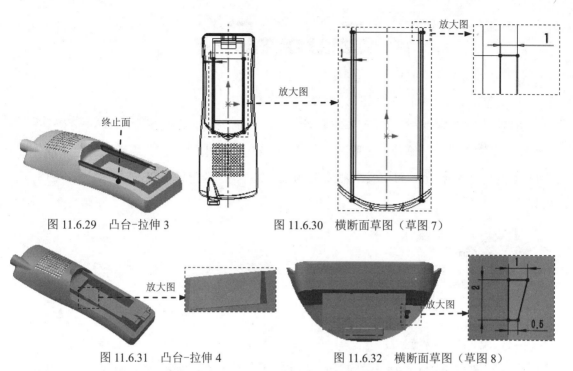

图 11.6.29 凸台-拉伸 3   图 11.6.30 横断面草图（草图 7）

图 11.6.31 凸台-拉伸 4   图 11.6.32 横断面草图（草图 8）

Step25. 创建图 11.6.33b 所示的圆角 4。选取图 11.6.33a 所示的边线为圆角对象，在 $\nwarrow$ 文本框中输入值 0.5。

Step26. 创建图 11.6.34b 所示的镜像 2。

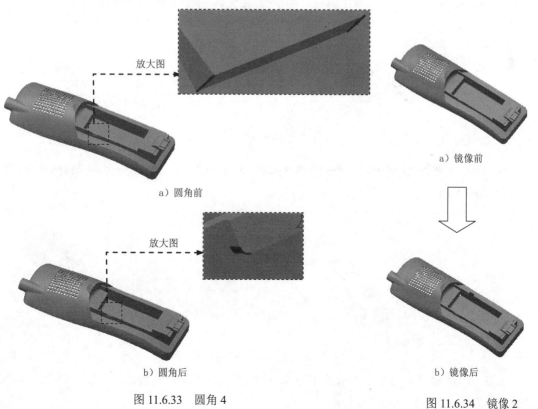

a）圆角前

a）镜像前

b）圆角后

b）镜像后

图 11.6.33 圆角 4   图 11.6.34 镜像 2

（1）选择下拉菜单 插入(I) ➡ 阵列/镜像(E) ➡ ▶|◀ 镜向(M)...命令。

（2）在设计树中选择 ◇ 右视基准面-first-second_02 为镜像基准面。

（3）在设计树中选择凸台-拉伸4与圆角4为镜像对象。

（4）单击对话框中的 ✔ 按钮，完成镜像2的创建。

Step27. 创建图 11.6.35 所示的阵列（线性）1。选择下拉菜单 插入(I) ➡ 阵列/镜像(E)

➡ ▒▒ 线性阵列(L)... 命令；选取凸台-拉伸4、镜像2与圆角4作为要阵列的对象，在图

形区选取图 11.6.36 所示的边线作为 方向1 的参考实体，在窗口中输入间距值 30，输入实

例数值 2。

图 11.6.35　阵列（线性）1

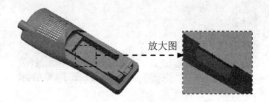

图 11.6.36　阵列方向边线

Step28. 创建图 11.6.37 所示的切除-拉伸3。选择下拉菜单 插入(I) ➡ 切除(C)

➡ 🔲 拉伸(E)... 命令；在设计树中选取 ◇ 前视基准面-first01-second02 作为草图基准面，

绘制图 11.6.38 所示的横断面草图；在 方向1 区域的下拉列表中选择 给定深度 选项，输入深

度值 35.0，并单击 ↗ 按钮；单击对话框中的 ✔ 按钮，完成切除-拉伸3的创建。

图 11.6.37　切除-拉伸3

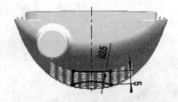

图 11.6.38　横断面草图（草图9）

Step29. 创建图 11.6.39b 所示的圆角5。选取图 11.6.39a 所示的边线为圆角对象，在 ↖

文本框中输入值 1.0。

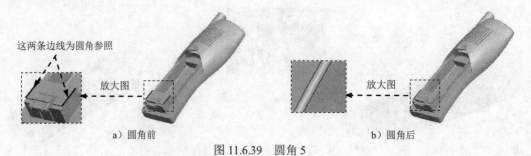

a）圆角前　　　　　　　　　　　　　b）圆角后

图 11.6.39　圆角5

Step30. 创建图 11.6.40b 所示的圆角6。选取图 11.6.40a 所示的边线为圆角对象，在 ↖

文本框中输入值 1.0。

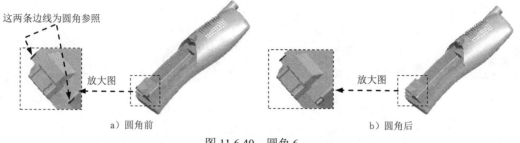

a）圆角前　　　　　　　b）圆角后

图 11.6.40　圆角 6

Step31. 创建图 11.6.41b 所示的圆角 7。选取图 11.6.41a 所示的边线为圆角对象，在 文本框中输入值 1.0。

a）圆角前　　　　　　　b）圆角后

图 11.6.41　圆角 7

Step32. 创建图 11.6.42b 所示的倒角 1。选取图 11.6.42a 所示的边线为要倒角的对象，在"倒角"窗口中选中 距离-距离(D) 单选项，然后在 D1 文本框中输入值 0.5，在 D2 文本框中输入值 2.5。

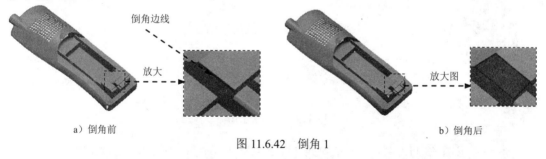

a）倒角前　　　　　　　b）倒角后

图 11.6.42　倒角 1

Step33. 创建图 11.6.43b 所示的倒角 2。选取图 11.6.43a 所示的边线为要倒角的对象，在"倒角"窗口中选中 距离-距离(D) 单选项，然后在 D1 文本框中输入值 2.5，在 D2 文本框中输入值 0.5。

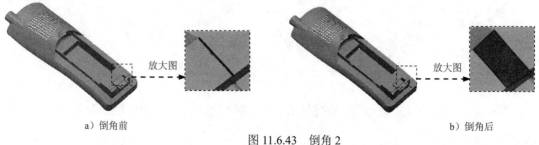

a）倒角前　　　　　　　b）倒角后

图 11.6.43　倒角 2

Step34. 创建图 11.6.44b 所示的圆角 8。选取图 11.6.44a 所示的边线为圆角对象,在 ↖ 文本框中输入值 0.5。

图 11.6.44　圆角 8

Step35. 创建图 11.6.45b 所示的圆角 9。选取图 11.6.45a 所示的边线为圆角对象,在 ↖ 文本框中输入值 1.0。

图 11.6.45　圆角 9

Step36. 创建图 11.6.46b 所示的圆角 10。选取图 11.6.46a 所示的边线为圆角对象,在 ↖ 文本框中输入值 1.0。

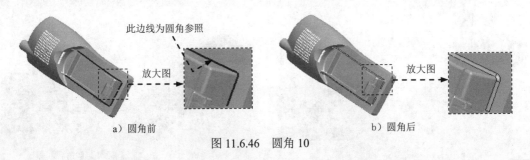

图 11.6.46　圆角 10

Step37. 创建图 11.6.47b 所示的圆角 11。选取图 11.6.47a 所示的边线为圆角对象,在 ↖ 文本框中输入值 0.2。

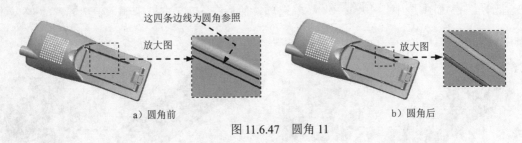

图 11.6.47　圆角 11

Step38. 创建图 11.6.48b 所示的圆角 12。选取图 11.6.48a 所示的边线为圆角对象,在 ↖ 文本框中输入值 0.5。

a）圆角前 b）圆角后

图 11.6.48 圆角 12

Step39. 创建图 11.6.49b 所示的倒角 3。选取图 11.6.49a 所示的边线为要倒角的对象，在"倒角"窗口中选中 ⊙ 角度距离(A) 单选项，然后在 文本框中输入值 0.2。

a）倒角前 b）倒角后

图 11.6.49 倒角 3

Step40. 创建图 11.6.50 所示的基准面 23。选择下拉菜单 插入(I) ➡ 参考几何体(G) ➡ 基准面(P)... 命令；在设计树中选取 上视基准面-first01-second02 作为基准面 23 的参考实体；选中 ☑ 反转 复选框，输入偏移距离值 12；单击 按钮，完成基准面 23 的创建。

Step41. 创建图 11.6.51 所示的凸台-拉伸 5。选择下拉菜单 插入(I) ➡ 凸台/基体(B) ➡ 拉伸(E)... 命令；在设计树中选取 基准面23 作为草图基准面，绘制图 11.6.52 所示的横断面草图；在 方向1 区域的下拉列表中选择 成形到一面 选项，然后选择图 11.6.51 所示的面为终止面；单击 按钮，完成凸台-拉伸 5 的创建。

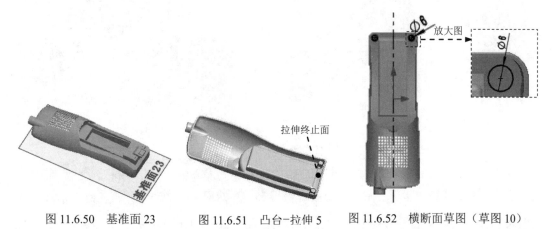

图 11.6.50 基准面 23　　图 11.6.51 凸台-拉伸 5　　图 11.6.52 横断面草图（草图 10）

Step42. 创建图 11.6.53 所示的凸台-拉伸 6。选择下拉菜单 插入(I) ➡ 凸台/基体(B)

➡️ 🗍 拉伸(E)...命令；在设计树中选取 ◇ 基准面23 作为草图基准面，绘制图 11.6.54 所示的横断面草图；在 方向1 区域的下拉列表中选择 成形到一面 选项，然后选择图 11.6.53 所示的面为终止面；单击 ✓ 按钮，完成凸台-拉伸 6 的创建。

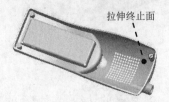

图 11.6.53　定义拉伸边界

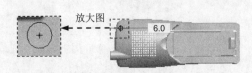

图 11.6.54　横断面草图（草图 11）

Step43. 创建图 11.6.55b 所示的圆角 13。选取图 11.6.55a 所示的边线为圆角对象，在 ⌐⌐ 文本框中输入值 0.5。

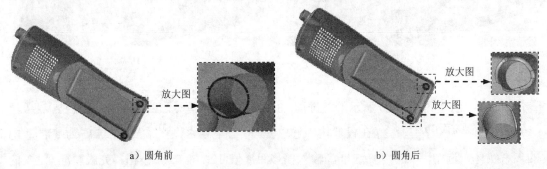

a）圆角前　　　　　　　　　　　　　b）圆角后

图 11.6.55　圆角 13

Step44. 创建图 11.6.56b 所示的圆角 14。选取图 11.6.56a 所示的边线为圆角对象，在 ⌐⌐ 文本框中输入值 0.5。

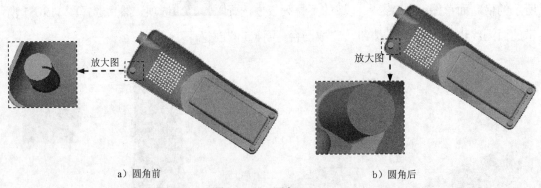

a）圆角前　　　　　　　　　　　　　b）圆角后

图 11.6.56　圆角 14

Step45. 创建图 11.6.57 所示的基准面 24。选择下拉菜单 插入(I) ➡️ 参考几何体(G) ➡️ 🗍 基准面(P)...命令；在设计树中选取 ◇ 上视基准面-first01-second02 作为基准面 24 的参考实体；选中 ☑ 反转 复选框，输入偏移距离值 26；单击 ✓ 按钮，完成基准面 24 的创建。

图 11.6.57　基准面 24

Step46. 创建图 11.6.58 所示的零件特征——M3 六角凹头螺钉的柱形沉头孔 1。选择下拉菜单 插入(I) ➞ 特征(F) ➞ 🔹 孔向导(W)... 命令；在"孔规格"窗口中单击 🔷 位置 选项卡，选取基准面 24 为孔的放置面，在鼠标单击处将出现孔的预览，在"草图（K）"工具栏中单击 🔷 按钮，建立图 11.6.59 所示的尺寸，并修改为目标尺寸；在"孔位置"窗口单击 🔷 类型 选项卡，在 孔类型(T) 区域选择孔"类型"为 🔹 （柱孔），标准为 Iso ，然后在 终止条件(C) 下拉列表中选择 完全贯穿 选项；在 孔规格 区域定义孔的大小为 M3 ，配合为 正常 ，选中 ☑ 显示自定义大小(Z) 复选项，在 🔷 后的文本框中输入值 2.5，在 🔷 后的文本框中输入值 4，在 🔷 后的文本框中输入值 2；单击 🗸 按钮，完成 M3 六角凹头螺钉的柱形沉头孔 1 的创建。

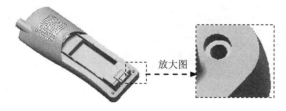

图 11.6.58　M3 六角凹头螺钉的柱形
沉头孔 1

图 11.6.59　孔位置尺寸

Step47. 创建图 11.6.60 所示的基准面 25。选择下拉菜单 插入(I) ➞ 参考几何体(G) ➞ 🔳 基准面(P)... 命令；在设计树中选取 🔷 基准面5 作为基准面 25 的参考实体；选中 ☑ 反转 复选框，输入偏移距离值 1.0；单击 🗸 按钮，完成基准面 25 的创建。

图 11.6.60　基准面 25

Step48. 创建图 11.6.61 所示的零件特征——M3 六角凹头螺钉的柱形沉头孔 2。选择下拉菜单 插入(I) ➞ 特征(F) ➞ 🔹 孔向导(W)... 命令；在"孔规格"窗口中单击 🔷 位置 选项卡，选取基准面 25 为孔的放置面，在鼠标单击处将出现孔的预览，在"草图（K）"

工具栏中单击 ✏ 按钮，建立图 11.6.62 所示的尺寸，并修改为目标尺寸；在"孔位置"窗口单击 📐 类型 选项卡，在 孔类型(T) 区域选择孔"类型"为 📷 （柱孔），标准为 Iso ，然后在 终止条件(C) 下拉列表中选择 完全贯穿 选项；在 孔规格 区域定义孔的大小为 M3 ，配合为 正常 ，选中 ☑ 显示自定义大小(Z) 复选项，在 ⤒ 后的文本框中输入值 2.5，在 ⤒ 后的文本框中输入值 4，在 ⤒ 后的文本框中输入值 4；单击 ✔ 按钮，完成 M3 六角凹头螺钉的柱形沉头孔 2 的创建。

Step49. 创建图 11.6.63 所示的基准面 26。选择下拉菜单 插入(I) ➡ 参考几何体(G) ➡ 📖 基准面(P)... 命令；选取图 11.6.63 所示的曲线及点为参考实体；单击 ✔ 按钮，完成基准面 26 的创建。

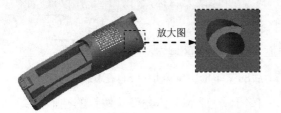

图 11.6.61　M3 六角凹头螺钉的柱形沉头孔 2

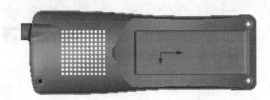

图 11.6.62　孔位置尺寸

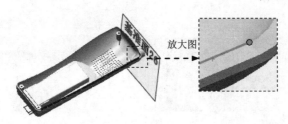

图 11.6.63　基准面 26

Step50. 创建图 11.6.64 所示的草图 12。选择下拉菜单 插入(I) ➡ ▭ 草图绘制 命令；选取基准面 26 为草图基准面，在草绘环境中绘制图 11.6.64 所示的草图 12；选择下拉菜单 插入(I) ➡ ▭ 退出草图 命令，完成草图 12 的创建。

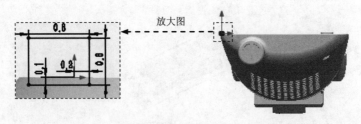

图 11.6.64　草图 12

Step51. 创建图 11.6.65 所示的组合曲线 1。选择下拉菜单 插入(I) ➡ 曲线(U) ➡ 🗠 组合曲线(C)... 命令；选择图 11.6.65 所示的曲线；单击 ✔ 按钮，完成组合曲线 1 的创建。

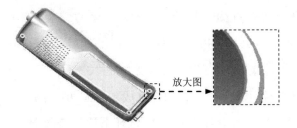

图 11.6.65　组合曲线 1

Step52. 创建图 11.6.66 所示的零件特征——扫描 1。选择下拉菜单 插入(I) ➡
凸台/基体(B) ➡ 🐛 扫描(S)... 命令，系统弹出"扫描"对话框。选取草图 12 作为扫描
轮廓，选取组合曲线 1 作为扫描路径。

图 11.6.66　扫描 1

Step53. 保存模型文件。选择下拉菜单 文件(F) ➡ 💾 保存(S) 命令，保存模型文件。

11.7　创建电话上盖

下面讲解电话上盖（UP_COVER）的创建过程，其零件模型如图 11.7.1 所示。

图 11.7.1　电话上盖零件模型

Step1. 在装配中创建新零件。选择下拉菜单 插入(I) ➡ 零部件(O) ▸ ➡
🔩 新零件(N)... 命令，设计树中会增加一个固定的零件。

Step2. 在设计树中右击新建的零件，从弹出的快捷菜单中选择 🖪 命令，系统进入空白
界面。选择下拉菜单 文件(F) ➡ 🖫 另存为(A)... 命令，系统弹出"SolidWorks"对话框，
单击该对话框中的 确定 按钮，将新的零件命名为 up_cover.sldprt，并保存模型。

Step3. 引入零件。选择下拉菜单 插入(I) ➡ 零件(A)… 命令；在系统弹出的"打开"对话框中选择 second_01.SLDPRT 文件，单击 打开(O) 按钮；在系统弹出的"插入零件"对话框中的 转移(T) 区域选中 ☑ 实体(D) 、 ☑ 曲面实体(S) 、 ☑ 基准轴(A) 和 ☑ 基准面(P) 复选框；单击"插入零件"对话框中的 ✔ 按钮，完成 second_01 的引入。

Step4. 创建图 11.7.2 所示的等距-曲面 1。选择下拉菜单 插入(I) ➡ 曲面(S) ➡ 等距曲面(O)… 命令，选取图 11.7.2 所示的曲面作为等距曲面。在"等距曲面"对话框的 等距参数(O) 区域的文本框中输入值 0。

Step5. 创建图 11.7.3 所示的切除-拉伸 1。选择下拉菜单 插入(I) ➡ 切除(C) ➡ 拉伸(E)… 命令；在设计树中选取 上视基准面-first01-second01 作为草图基准面，绘制图 11.7.4 所示的横断面草图；在 方向1 区域的下拉列表中选择 给定深度 选项，输入深度值 35.0；单击对话框中的 ✔ 按钮，完成切除-拉伸 1 的创建。

图 11.7.2 等距-曲面 1　　　　图 11.7.3 切除-拉伸 1　　　　图 11.7.4 横断面草图（草图 1）

Step6. 创建图 11.7.5 所示的基准轴 4。选择下拉菜单 插入(I) ➡ 参考几何体(G) ➡ 基准轴(A)… 命令；单击 选择(S) 区域中的 两平面(T) 按钮，在设计树中选取 前视基准面-first01-second01 与 上视基准面-first01-second01 。

Step7. 创建图 11.7.6 所示的阵列（线性）1。选择下拉菜单 插入(I) ➡ 阵列/镜像(E) ➡ 线性阵列(L)… 命令。选取切除-拉伸 1 作为要阵列的对象，在设计树中选取基准轴 4 作为 方向1 的阵列方向，并单击 ↗ 按钮。在窗口中输入间距值 15.0，输入实例数值 3。

图 11.7.5 基准轴 4

图 11.7.6 阵列（线性）1

Step8. 创建图 11.7.7b 所示的倒角 1。选取图 11.7.7a 所示的边线为要倒角的对象，在"倒角"窗口中选中 ⊙ 角度距离(A) 单选项，然后在 文本框中输入值 0.5，在 文本框中输入值 45.0。

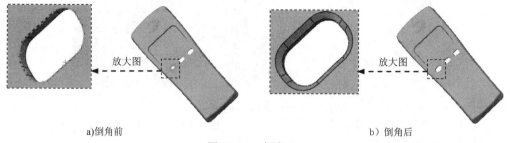

a)倒角前　　　　　　　　　　　b）倒角后

图 11.7.7　倒角 1

Step9. 创建图 11.7.8b 所示的倒角 2。选取图 11.7.8a 所示的边线为要倒角的对象,在"倒角"窗口中选中 ⊙ 角度距离(A) 单选项，然后在 文本框中输入值 0.5，在 文本框中输入值 45.0。

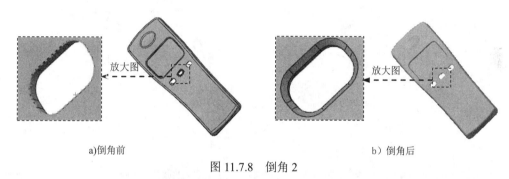

a)倒角前　　　　　　　　　　　b）倒角后

图 11.7.8　倒角 2

Step10. 创建图 11.7.9b 所示的倒角 3。选取图 11.7.9a 所示的边线为要倒角的对象，在"倒角"窗口中选中 ⊙ 角度距离(A) 单选项，然后在 文本框中输入值 0.5，在 文本框中输入值 45.0。

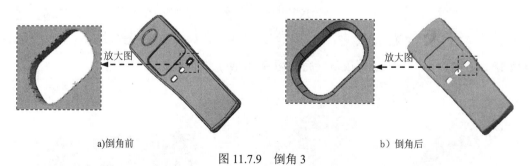

a)倒角前　　　　　　　　　　　b）倒角后

图 11.7.9　倒角 3

Step11. 创建图 11.7.10 所示的切除-拉伸 2。选择下拉菜单 插入(I) —— 切除(C) —— 拉伸(E)... 命令；在设计树中选取 上视基准面-first01-second01 作为草图基准面，绘制图 11.7.11 所示的横断面草图；在 方向 1 区域的下拉列表中选择 给定深度 选项，输入深度值 10.0；单击对话框中的 按钮，完成切除-拉伸 2 的创建。

图 11.7.10 切除-拉伸 2

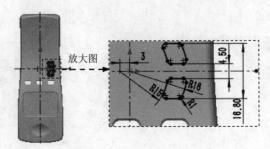

图 11.7.11 横断面草图（草图 2）

Step12. 创建图 11.7.12b 所示的倒角 4。选取图 11.7.12a 所示的边线为要倒角的对象，在"倒角"窗口中选中 ⊙ 角度距离(A) 单选项，然后在 文本框中输入值 0.5，在 文本框中输入值 45.0。

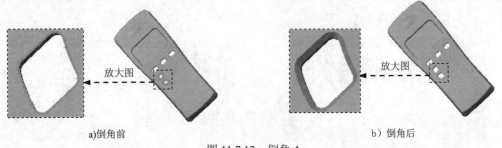

a)倒角前   b) 倒角后

图 11.7.12   倒角 4

Step13. 创建图 11.7.13 所示的镜像 1。选择下拉菜单 插入(I) ➡ 阵列/镜像 (E) ➡ 镜向(M)... 命令。选取 右视基准面-first01-second01 作为镜像基准面，选取切除-拉伸 2 与倒角 4 作为镜像 1 的对象。

Step14. 创建图 11.7.14 所示的切除-拉伸 3。选择下拉菜单 插入(I) ➡ 切除(C) ➡ 拉伸(E)... 命令；在设计树中选取 上视基准面-first01-second01 作为草图基准面，绘制图 11.7.15 所示的横断面草图；在 方向 1 区域的下拉列表中选择 给定深度 选项，输入深度值 10.0；单击对话框中的 按钮，完成切除-拉伸 3 的创建。

图 11.7.13   镜像 1   图 11.7.14   切除-拉伸 3   图 11.7.15   横断面草图（草图 3）

Step15. 创建图 11.7.16b 所示的倒角 5。选取图 11.7.16a 所示的边线为要倒角的对象，在"倒角"窗口中选中 ⊙ 角度距离(A) 单选项，然后在 文本框中输入值 0.5，在 文本框中输入值 45.0。

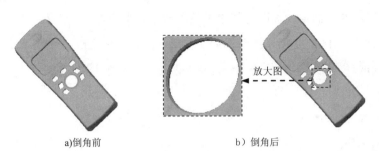

a)倒角前   b）倒角后

图 11.7.16 倒角 5

Step16. 创建图 11.7.17 所示的基准面 21。选择下拉菜单 插入(I) ➡ 参考几何体(G) ➡ 基准面(P)... 命令；在设计树中选取 前视基准面-first01-second01 作为基准面 21 的参考实体；选中 ☑反转 复选框，输入偏移距离值 17.0；单击 ✔ 按钮，完成基准面 21 的创建。

Step17. 创建图 11.7.18 所示的草图 4。选择下拉菜单 插入(I) ➡ □ 草图绘制 命令；选取基准面 21 作为草图基准面，绘制图 11.7.18 所示的草图 4。

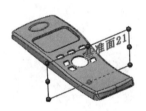

图 11.7.17 基准面 21

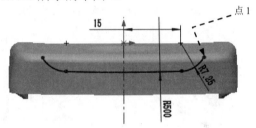

图 11.7.18 草图 4

Step18. 创建图 11.7.19 示的基准面 22。选择下拉菜单 插入(I) ➡ 参考几何体(G) ➡ 基准面(P)... 命令；选取草图 4 及图 11.7.18 所示的点 1；单击 ✔ 按钮，完成基准面 22 的创建。

Step19. 创建图 11.7.20 所示的草图 5。选择下拉菜单 插入(I) ➡ □ 草图绘制 命令；选取基准面 3 为草图基准面，绘制图 11.7.20 所示的草图 5。

图 11.7.19 基准面 22

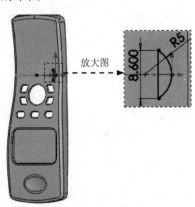

图 11.7.20 草图 5

Step20. 创建图 11.7.21 所示的切除-扫描 1。选择下拉菜单 插入(I) ➡️ 切除(C) ▶️ 🗔 扫描(S)... 命令。选取草图 5 为轮廓线，选取草图 4 为路径。

Step21. 创建图 11.7.22 所示的草图 6。选择下拉菜单 插入(I) ➡️ 🗀 草图绘制 命令；在设计树中选取 ◇ 右视基准面-first01-second01 为草图基准面，绘制图 11.7.22 所示的草图 6。

图 11.7.21　切除-扫描 1

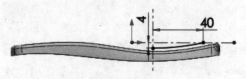

图 11.7.22　草图 6

Step22. 创建图 11.7.23 所示的切除-拉伸 4。选择下拉菜单 插入(I) ➡️ 切除(C) ▶️ 🗔 拉伸(E)... 命令；在设计树中选取 ◇ 上视基准面-first01-second01 作为草图基准面，绘制图 11.7.24 所示的横断面草图；在 方向1 区域的下拉列表中选择 给定深度 选项，输入深度值 10.0；单击对话框中的 ✅ 按钮，完成切除-拉伸 4 创建。

图 11.7.23　切除-拉伸 4

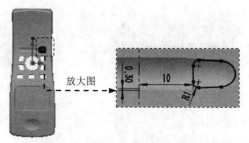

放大图

图 11.7.24　横断面草图（草图 7）

Step23. 创建图 11.7.25 所示的切除-拉伸 5。选择下拉菜单 插入(I) ➡️ 切除(C) ▶️ 🗔 拉伸(E)... 命令；在设计树中选取 ◇ 上视基准面-first01-second01 作为草图基准面，绘制图 11.7.26 所示的横断面草图；在 方向1 区域的下拉列表中选择 给定深度 选项，输入深度值 10.0；单击对话框中的 ✅ 按钮，完成切除-拉伸 5 创建。

图 11.7.25　切除-拉伸 5

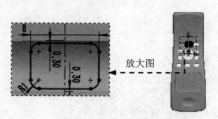

放大图

图 11.7.26　横断面草图（草图 8）

Step24. 创建图 11.7.27 所示的镜像 2。选择下拉菜单 插入(I) ➡️ 阵列/镜像(E) ➡️

|H|H| 镜向(M)… 命令。选取 ◇ 右视基准面-first01-second01 作为镜像基准面，选取切除-拉伸 4 作为镜像 2 的对象。

Step25. 创建图 11.7.28 所示的曲线阵列 1。选择下拉菜单 插入(I) ➡️ 阵列/镜像(E) ➡️ ✿ 曲线驱动的阵列(R)… 命令；选择草图 6 作为阵列方向边线；在 □°# 后输入实例数值 4，在 ✕D1 后的文本框中输入间距值 12.0；曲线方法选中 ⊙ 与曲线相切(T) 单选项，对齐方法选中 ⊙ 转换曲线(R) 单选项；选取切除-扫描 1 作为要阵列的对象。

Step26.创建图 11.7.29 所示的曲线阵列 2。选择下拉菜单 插入(I) ➡️ 阵列/镜像(E) ➡️ ✿ 曲线驱动的阵列(R)… 命令；选择草图 6 作为阵列方向边线；在 □°# 后的文本框中输入实例数值 4，在 ✕D1 后的文本框中输入间距值 12.0；曲线方法选中 ⊙ 与曲线相切(T) 单选项，对齐方法选中 ⊙ 转换曲线(R) 单选项；选取切除-拉伸 4、切除-拉伸 5 和镜像 2 作为要阵列的对象。

图 11.7.27　镜像 2　　　　图 11.7.28　曲线阵列 1　　　　图 11.7.29　曲线阵列 2

Step27. 创建图 11.7.30 所示的切除-拉伸 6。选择下拉菜单 插入(I) ➡️ 切除(C) ➡️ ▣ 拉伸(E)… 命令；在设计树中选取 ◇ 上视基准面-first01-second01 作为草图基准面，绘制图 11.7.31 所示的横断面草图；在 方向1 区域的下拉列表中选择 给定深度 选项，输入深度值 10.0；单击对话框中的 ✔️ 按钮，完成切除-拉伸 6 创建。

 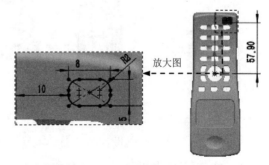

图 11.7.30　切除-拉伸 6　　　　　　图 11.7.31　横断面草图（草图 9）

Step28. 创建图 11.7.32 所示的倒角 6。选取图 11.7.32a 所示的边线为要倒角的对象，在"倒角"窗口中选中 ⊙ 角度距离(A) 单选项，然后在 ✕D 文本框中输入值 0.5，在 ▱ 文本框中输入值 45.0。

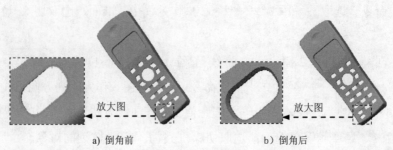

a) 倒角前　　　　　　　　　b) 倒角后

图 11.7.32　倒角 6

Step29. 创建图 11.7.33 所示的镜像 3。选择下拉菜单 插入(I) ➡ 阵列/镜像(E) ➡ ┠┨ 镜向(M)... 命令。选取 ◇ 右视基准面-first01-second01 作为镜像基准面，选取切除-拉伸 6 与倒角 4 作为镜像 3 的对象。

Step30. 创建图 11.7.34 所示的草图 10。选择下拉菜单 插入(I) ➡ ⊞ 草图绘制 命令；在设计树中选取 ◇ 上视基准面-first01-second01 作为草图基准面，绘制图 11.7.34 所示的草图 10。

Step31. 创建图 11.7.35 所示的填充阵列 1。选择下拉菜单 插入(I) ➡ 阵列/镜像(E) ➡ 📇 填充阵列(F)... 命令；在 ☑ 特征和面(F) 区域中选中 ◉ 生成源切(C) 单选项，然后单击"圆"按钮 ◙，并在 ⊘ 文本框中输入值 2.0；激活 填充边界(L) 区域中的文本框，在设计树中选择草图 5 为阵列的填充边界；在对话框的 阵列布局(O) 区域中单击 ▦ 按钮，在 阵列布局(O) 区域 ⠶ 的文本框中输入值 3.0，在 阵列布局(O) 区域 ⠶ 的文本框中输入值 3.0，在 ⠶ 后的文本框中输入值 0.0，选取草图 10 的中心线为阵列方向线；单击对话框中的 ✔ 按钮，完成填充阵列 1 的创建。

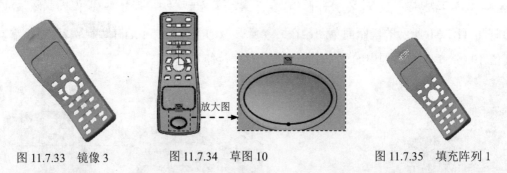

图 11.7.33　镜像 3　　　　图 11.7.34　草图 10　　　　图 11.7.35　填充阵列 1

Step32. 创建图 11.7.36 所示的切除-拉伸 7。选择下拉菜单 插入(I) ➡ 切除(C) ➡ 🗔 拉伸(E)... 命令；在设计树中选取 ◇ 上视基准面-first01-second01 作为草图基准面，绘制图 11.7.37 所示的横断面草图；在 方向1 区域的下拉列表中选择 给定深度 选项，输入深度值 10.0；单击对话框中的 ✔ 按钮，完成切除-拉伸 7 创建。

Step33. 创建图 11.7.38 所示的等距-曲面 2。选择下拉菜单 插入(I) ➡ 曲面(S) ➡ 📀 等距曲面(O)... 命令，选取图 11.7.38 所示的曲面作为等距曲面。在"等距曲面"对话框的 等距参数(O) 区域的文本框中输入值 0。

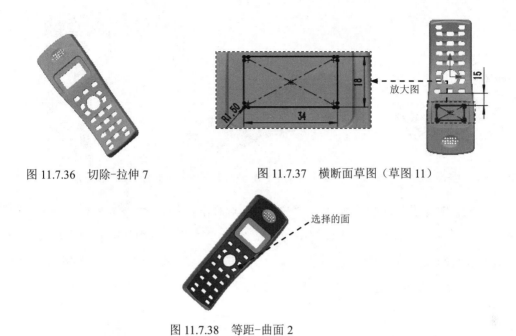

图 11.7.36　切除-拉伸 7　　　　　图 11.7.37　横断面草图（草图 11）

图 11.7.38　等距-曲面 2

Step34. 创建图 11.7.39b 所示的倒角 7。选取图 11.7.39a 所示的边线为要倒角的对象，在"倒角"窗口中选中 ⊙ 角度距离(A) 单选项，然后在 文本框中输入值 0.2，在 文本框中输入值 45.0。

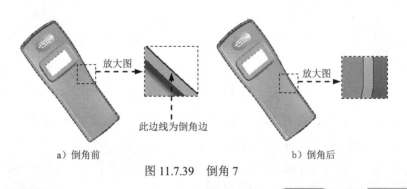

a）倒角前　　　　　　　　　　　　　　　　　b）倒角后

图 11.7.39　倒角 7

Step35. 创建图 11.7.40 所示的基准面 23。选择下拉菜单 插入(I) ➡ 参考几何体(G) ➡ 基准面(P)... 命令；在设计树中选取 上视基准面-first01-second01 作为基准面 23 的参考实体；选中 ☑反转 复选框，输入偏移距离值 2.8；单击 按钮，完成基准面 23 的创建。

Step36. 创建图 11.7.41 所示的凸台-拉伸 1。选择下拉菜单 插入(I) ➡ 凸台/基体(B) ➡ 拉伸(E)... 命令；在设计树中选取 基准面23 作为草图基准面，绘制图 11.7.42 所示的横断面草图；在 方向1 区域的下拉列表中选择 给定深度 选项，单击 按钮。输入深度值 9；单击 按钮，完成凸台-拉伸 1 的创建（注：两圆心分别与基准轴 1 和基准轴 2 重合）。

图 11.7.40　基准面 23

图 11.7.41　凸台-拉伸 1

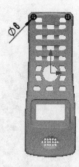

图 11.7.42　横断面草图（草图 12）

Step37. 创建图 11.7.43 所示的凸台-拉伸 2。选择下拉菜单 插入(I) ➡ 凸台/基体(B) ➡ 拉伸(E)... 命令；在设计树中选取 基准面23 作为草图基准面，绘制图 11.7.44 所示的横断面草图；在 方向1 区域的下拉列表中选择 给定深度 选项，单击 按钮，输入深度值 9；单击 按钮，完成凸台-拉伸 2 的创建（注；圆心与基准轴 3 重合）。

图 11.7.43　凸台-拉伸 2

图 11.7.44　横断面草图（草图 13）

Step38. 创建图 11.7.45 所示的零件特征——M3 螺纹孔的螺纹孔钻头 1。选择下拉菜单 插入(I) ➡ 特征(F) ➡ 孔向导(W)... 命令；在"孔规格"窗口中单击 位置 选项卡，选取基准面 23 为孔的放置面，在鼠标单击处将出现孔的预览，在"草图（K）"工具栏中单击 按钮，建立图 11.7.46 所示的尺寸，并修改为目标尺寸；在"孔位置"窗口单击 类型 选项卡，在 孔类型(T) 区域选择孔"类型"为 （孔），标准为 Gb ，类型为 螺纹钻孔 ，然后在 终止条件(C) 下拉列表中选择 给定深度 选项，输入深度值 5.0；在 孔规格 区域定义孔的大小为 M3 ；单击 按钮，完成 M3 螺纹孔的螺纹孔钻头 1 的创建。

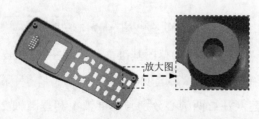

图 11.7.45　M3 螺纹孔的螺纹孔钻头 1

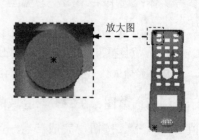

图 11.7.46　孔位置尺寸

Step39. 创建图 11.7.47 所示的基准面 24。选择下拉菜单 插入(I) ➡ 参考几何体(G) ➡ 📖 基准面(P)... 命令；选取图 11.7.48 所示的曲线及图 11.7.48 所示的点；单击 ✔ 按钮，完成基准面 24 的创建。

 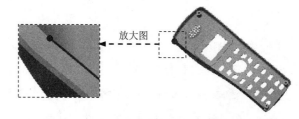

图 11.7.47　基准面 24　　　　　　　　　　图 11.7.48　基准面参照

Step40. 创建图 11.7.49 所示的草图 14。选择下拉菜单 插入(I) ➡ 📄 草图绘制 命令；选取基准面 24 作为草图基准面，绘制图 11.7.49 所示的草图 14。

图 11.7.49　草图 14

Step41. 创建图 11.7.50 所示的组合曲线 1。选择下拉菜单 插入(I) ➡ 曲线(U) ➡ 🔁 组合曲线(C)... 命令；选择图 11.7.50 所示的曲线；单击 ✔ 按钮，完成组合曲线 1 的创建。

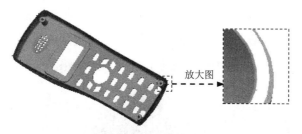

图 11.7.50　组合曲线 1

Step42. 创建图 11.7.51 所示的零件特征——切除-扫描 1。选择下拉菜单 插入(I) ➡ 切除(C) ➡ 📦 扫描(S)... 命令，选取草图 14 为轮廓线，选取组合曲线 1 为路径。

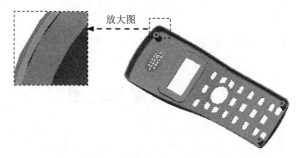

图 11.7.51　切除-扫描 1

Step43. 保存模型文件。选择下拉菜单 文件(F) ➡️ 🖫 保存(S) 命令，保存模型文件。

11.8 创建电话屏幕

下面讲解电话屏幕（SCREEN）的创建过程，其零件模型如图 11.8.1 所示。

Step1. 在装配中创建新零件。选择下拉菜单 插入(I) ➡️ 零部件(O) ➡️ 🐾 新零件(N)... 命令，设计树中会增加一个固定的零件。

Step2. 在设计树中右击新建的零件，从弹出的快捷菜单中选择 🗗 命令，系统进入空白界面。选择下拉菜单 文件(F) ➡️ 🖫 另存为(A)... 命令，系统弹出"SolidWorks"对话框，单击该对话框中的 确定 按钮，将新的零件命名为 screen.sldprt，并保存模型。

Step3. 引入零件。选择下拉菜单 插入(I) ➡️ 🐾 零件(A)··· 命令；在系统弹出的"打开"对话框中选择 second_01.SLDPRT 文件，单击 打开(O) 按钮；在系统弹出的"插入零件"对话框中的 转移(T) 区域选中 ☑ 实体(D)、☑ 曲面实体(S)、☑ 基准轴(A) 和 ☑ 基准面(P) 复选框；单击"插入零件"对话框中的 ✔ 按钮，完成 second_01 的引入。

Step4. 创建图 11.8.2 所示的曲面-等距 1。选择下拉菜单 插入(I) ➡️ 曲面(S) ➡️ 🐚 等距曲面(O)... 命令，选取图 11.8.2 所示的曲面作为等距曲面。在"等距曲面"对话框的 等距参数(O) 区域的文本框中输入值 0 (注：此时只显示 🐚 ⟨second01⟩-⟨曲面-剪裁1⟩，其余均隐藏)。

Step5. 创建图 11.8.3 所示的加厚 1。选择下拉菜单 插入(I) ➡️ 凸台/基体(B) ➡️ 🛠️ 加厚(T)... 命令；选择整个曲面-等距 1 作为加厚曲面；在 加厚参数(T) 区域中单击 ☰ 按钮，在 ⟨Tı 后的文本框中输入值 1.5 (注：此时隐藏 🐚 ⟨second01⟩-⟨曲面-剪裁1⟩)。

图 11.8.1 电话屏幕零件模型　　　图 11.8.2 曲面-等距 1　　　图 11.8.3 加厚 1

Step6. 保存模型文件。选择下拉菜单 文件(F) ➡️ 🖫 保存(S) 命令，保存模型文件。

11.9 创建电池盖

下面讲解电池盖（CELL_COVER）的创建过程，其零件模型如图 11.9.1 所示。

图 11.9.1　电池盖零件模型

Step1. 在装配中创建新零件。选择下拉菜单 插入(I) ➡ 零部件(O) ➡ 新零件(N)... 命令，设计树中会增加一个固定的零件。

Step2. 在设计树中右击新建的零件，从弹出的快捷菜单中选择 命令，系统进入空白界面。选择下拉菜单 文件(F) ➡ 另存为(A)...，系统弹出"SolidWorks"对话框，单击该对话框中的 确定 按钮，将新的零件命名为 cell-cover.sldprt，并保存模型。

Step3. 引入零件。选择下拉菜单 插入(I) ➡ 零件(A)... 命令；在系统弹出的"打开"对话框中选择 second_02.SLDPRT 文件，单击 打开(O) 按钮；在系统弹出的"插入零件"对话框中的 转移(T) 区域选中 ☑ 实体(D)、☑ 曲面实体(S)、☑ 基准轴(A) 和 ☑ 基准面(P) 复选框；单击"插入零件"对话框中的 ✔ 按钮，完成 second_02 的引入。

Step4. 创建图 11.9.2 所示的使用曲面切除 1。选择下拉菜单 插入(I) ➡ 切除(C) ➡ 使用曲面(W)... 命令；单击激活 曲面切除参数(P) 区域中的文本框，选取图 11.9.3 所示的曲面为切除工具，并单击 ⚥ 按钮；单击对话框中的 ✔ 按钮，完成使用曲面切除 1 的创建。

Step5. 创建图 11.9.4 所示的基准面 14。选择下拉菜单 插入(I) ➡ 参考几何体(G) ➡ 基准面(P)... 命令；在设计树中选取 ◈ 上视基准面-first01-second02 作为所要创建的基准面的参考实体，在 ⛶ 后的文本框中输入值 40，并选中 ☑ 反转 复选框。

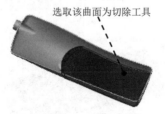

图 11.9.2　使用曲面切除 1　　　图 11.9.3　定义切除工具　　　图 11.9.4　基准面 14

Step6. 创建图 11.9.5 所示的零件特征——切除-拉伸 1。选择下拉菜单 插入(I) ➡ 切除(C) ➡ 拉伸(E)... 命令。选取基准面 14 作为草图基准面，绘制图 11.9.6 所示的横断面草图。在"切除-拉伸"窗口 方向1 区域的下拉列表中选择 给定深度 选项，输入深度值 6.0，并单击 ⚥ 按钮。

图 11.9.5　切除-拉伸 1　　　　　　　图 11.9.6　横断面草图（草图 1）

Step7. 创建图 11.9.7b 所示的变化圆角 1。选择下拉菜单 插入(I) ➡ 特征(E) ➡ 圆角(U)...命令。在"圆角"窗口 手工 选项卡的 圆角类型(Y) 选项组中单击 选项。选取图 11.9.7a 所示的边线为要圆角的对象。在 列表中选择"v1"（边线的下端点），然后在 文本框中输入值 2.0，按 Enter 键确定；在 列表中选择 "v2"（边线的上端点），然后在 文本框中输入半径值 1.0，在 列表中选择 "v3"（边线的下端点），然后在 文本框中输入值 2.0，按 Enter 键确定；在 列表中选择 "v4"（边线的上端点），然后在 文本框中输入半径值 1.0，再按 Enter 键确定。单击 按钮，完成变化圆角 1 的创建。

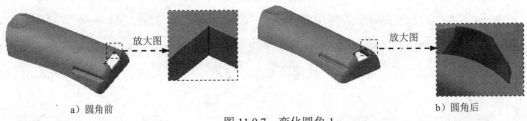

a）圆角前　　　　　　　　　　　　　　　　　　　b）圆角后

图 11.9.7　变化圆角 1

Step8. 创建图 11.9.8 所示的零件特征——凸台-拉伸 1。选择下拉菜单 插入(I) ➡ 凸台/基体(B) ➡ 拉伸(E)...命令。在设计树中选取 右视基准面-first01-second02 作为草图基准面，绘制图 11.9.9 所示的横断面草图；在"凸台-拉伸"窗口 方向1 区域的下拉列表中选择 两侧对称 选项，输入深度值 5.0。

图 11.9.8　凸台-拉伸 1

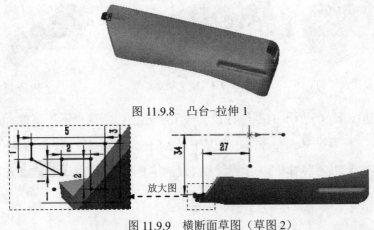

放大图

图 11.9.9　横断面草图（草图 2）

Step9. 创建图 11.9.10b 所示的圆角 1。选择下拉菜单 插入(I) ➡ 特征(F) ➡
圆角 (U)... 命令，选择图 11.9.10a 所示的边线为圆角对象，圆角半径值为 0.5。

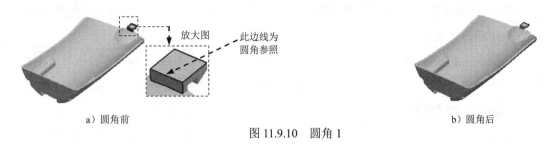

a）圆角前　　　　此边线为圆角参照　　　　b）圆角后

图 11.9.10　圆角 1

Step10. 创建图 11.9.11b 所示的圆角 2。选择下拉菜单 插入(I) ➡ 特征(F) ➡
圆角 (U)... 命令，选择图 11.9.11a 所示的边线为圆角对象，圆角半径值为 0.5。

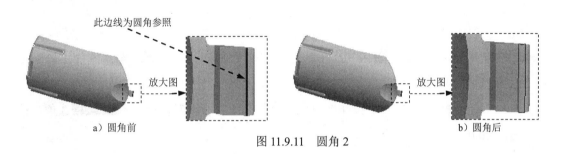

此边线为圆角参照　　放大图　　　　放大图

a）圆角前　　　　　　　　　　　　b）圆角后

图 11.9.11　圆角 2

Step11. 保存模型文件。选择下拉菜单 文件(F) ➡ 保存(S) 命令，保存模型文件。

11.10　创建电话按键

下面讲解电话按键（KEY_PRESS）的创建过程，其零件模型如图 11.10.1 所示。

图 11.10.1　电话按键零件模型

Step1. 在装配中创建新零件。选择下拉菜单 插入(I) ➡ 零部件(O) ➡
新零件(N)... 命令，设计树中会增加一个固定的零件。

Step2. 在设计树中右击新建的零件，从弹出的快捷菜单中选择 命令，系统进入空白界面。选择下拉菜单 文件(F) ➡ 另存为(A)... 命令，系统弹出"SolidWorks"对话框，单击该对话框中的 确定 按钮，将新的零件命名为 key_press.sldprt，并保存模型。

Step3. 引入零件。选择下拉菜单 插入(I) ➡ 🔧 零件(A)··· 命令；在系统弹出的"打开"对话框中选择 up-cover.SLDPRT 文件，单击 打开(O) 按钮；在系统弹出的"插入零件"对话框中的 转移(T) 区域选中 ☑ 曲面实体(S)、☑ 基准面(P) 复选框；单击"插入零件"对话框中的 ✔ 按钮，完成 up-cover 的引入。

Step4. 创建图 11.10.2 所示的曲面-等距 1。选择下拉菜单 插入(I) ➡ 曲面(S) ➡ 🔩 等距曲面(O)··· 命令，在设计树中选取 ◇ <up-cover>-<曲面-等距1> 作为等距曲面。在"等距曲面"对话框的 等距参数(O) 区域的文本框中输入值 3.5，单击 ⬄ 按钮。

Step5. 创建图 11.10.3 所示的基准面 14。选择下拉菜单 插入(I) ➡ 参考几何体(G) ➡ 🗐 基准面(P)··· 命令；在设计树中选取 ◇ 上视基准面-first01-second01-up-cover 作为基准面 14 的参考实体；选中 ☑ 反转 复选框，输入偏移距离值 8.0；单击 ✔ 按钮，完成基准面 14 的创建。

Step6. 创建图 11.10.4 所示的零件特征——凸台-拉伸 1。选择下拉菜单 插入(I) ➡ 凸台/基体(B) ➡ 🗐 拉伸(E)··· 命令。选取基准面 14 作为草图基准面，绘制图 11.10.5 所示的横断面草图(此草图通过转换引用实体命令制作而成)；在 所选轮廓(S) 区域下选择所有草图轮廓。在"凸台-拉伸"窗口 方向1 区域的下拉列表中选择 给定深度 选项，输入深度值 10.0。

图 11.10.2　曲面-等距 1

图 11.10.3　基准面 14

图 11.10.4　凸台-拉伸 1

Step7. 创建图 11.10.6 所示的使用曲面切除 1。选择下拉菜单 插入(I) ➡ 切除(C) ➡ 🗐 使用曲面(W) 命令；在设计树中选择曲面 - 等距 1 作为切除曲面；单击 ✔ 按钮，完成使用曲面切除 1 的创建。

Step8. 创建图 11.10.7 所示的使用曲面切除 2。选择下拉菜单 插入(I) ➡ 切除(C) ➡ 🗐 使用曲面(W) 命令；在设计树中选择 ◇ <up-cover>-<曲面-等距1> 作为切除曲面；单击"使用曲面切除"对话框中的 ⬄ 按钮；单击 ✔ 按钮，完成使用曲面切除 2 的创建。

Step9. 创建图 11.10.8 所示的加厚 1。选择下拉菜单 插入(I) ➡ 凸台/基体(B) ➡ 🗐 加厚(T)··· 命令；在设计树中选择 ◇ <up-cover>-<曲面-等距2> 作为加厚曲面；在 加厚参数(T) 区域中单击 🗏 按钮，在 ⤢T1 后的文本框中输入值 2.0。

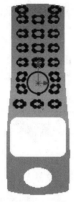

图 11.10.5 横截面草图（草图 1）　　图 11.10.6 使用曲面切除 1　　图 11.10.7 使用曲面切除 2

Step10. 创建图 11.10.9 所示的零件特征——切除-拉伸 1。选择下拉菜单 插入(I) ➡ 切除(C) ➡ 拉伸(E)... 命令。选取 上视基准面-first01-second01-up-cover 作为草图基准面，绘制图 11.10.10 所示的横断面草图。在"切除-拉伸"窗口 方向1 区域的下拉列表中选择 完全贯穿 选项。

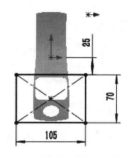

图 11.10.8 加厚 1　　　图 11.10.9 切除-拉伸 1　　　图 11.10.10 横断面草图（草图 2）

Step11. 创建图 11.10.11b 所示的圆角 1。选择下拉菜单 插入(I) ➡ 特征(F) ➡ 圆角(U)... 命令。选择图 11.10.11a 所示的边线为圆角对象，圆角半径值为 2.0。

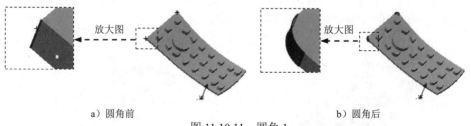

a）圆角前　　　　　　　　　b）圆角后

图 11.10.11 圆角 1

Step12. 创建图 11.10.12 所示的点 1。选择下拉菜单 插入(I) ➡ 参考几何体(G) ➡ 点(O)... 命令，系统弹出"点"对话框。选取图 11.10.12 所示的面作为点 1 的参考实体。

Step13. 创建图 11.10.13 所示的基准面 15。选择下拉菜单 插入(I) ➡ 参考几何体(G)

➡️ 🚪 基准面(P)...命令，选取图 11.10.12 所示的线与点 1 作为所要创建的基准面的参考实体。

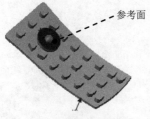

图 11.10.12　点 1

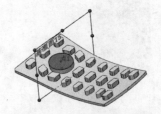

图 11.10.13　基准面 15

Step14. 创建图 11.10.14 所示的曲面 - 旋转 1。选择下拉菜单 插入(I) ➡️ 曲面(S) ➡️ 🌀 旋转曲面(R)...命令，选取基准面 15 作为草图基准面，绘制图 11.10.15 所示的横断面草图；采用草图中绘制的中心线作为旋转轴，在 方向1 区域 🔄 后的下拉列表中选择 给定深度 选项，在 后的文本框中输入角度值 360.0。

图 11.10.14　曲面-旋转 1

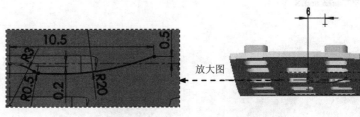

图 11.10.15　横断面草图（草图 3）

Step15. 创建图 11.10.16 所示的使用曲面切除 3。选择下拉菜单 插入(I) ➡️ 切除(C) ➡️ 🎁 使用曲面(W)命令；在设计树中选择曲面-旋转 1 作为切除曲面；单击"使用曲面切除"对话框中的 按钮；单击 ✔️ 按钮，完成使用曲面切除 3 的创建。

Step16. 创建图 11.10.17 所示的基准轴 1。选择下拉菜单 插入(I) ➡️ 参考几何体(G) ➡️ ✏️ 基准轴(A)... 命令；单击 选择(S) 区域中的 两平面(I) 按钮，在设计树中选取 🔶 基准面15 与 右视基准面-first01-second01-up-cover 作为参考实体。

图 11.10.16　使用曲面切除 3

图 11.10.17　基准轴 1

Step17. 创建图 11.10.18 所示的基准面 16。选择下拉菜单 插入(I) ➡️ 参考几何体(G) ➡️ 🚪 基准面(P)...命令；在设计树中选取基准轴 1 与 🔶 基准面15 作为所要创建的基准面的参考实体；在 后的文本框中输入角度值 45，并选中 ☑️ 反转 按钮。

Step18. 创建图 11.10.19 所示的基准面 17。选择下拉菜单 插入(I) ➡ 参考几何体(G) ➡ ▯ 基准面(P)... 命令；在设计树中选取 ◈ 基准面16 作为所要创建的基准面的参考实体，在 ⊢⊣ 后的文本框中输入值 8.5。

图 11.10.18　基准面 16

图 11.10.19　基准面 17

Step19. 创建图 11.10.20 所示的零件特征——切除-旋转 1。选择下拉菜单 插入(I) ➡ 切除(C) ➡ ⬚ 旋转(R)... 命令。选取基准面 17 作为草图基准面，绘制图 11.10.21 所示的横断面草图。采用草图中绘制的中心线作为旋转轴线。在"切除-旋转"窗口中输入旋转角度值 360.0。

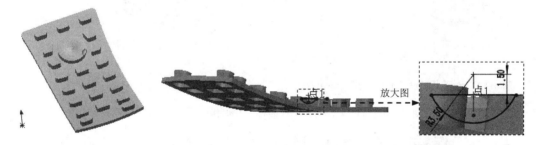

图 11.10.20　切除-旋转 1　　　　图 11.10.21　横断面草图（草图 4）

Step20. 创建图 11.10.22 所示的阵列（圆周）1。选择下拉菜单 插入(I) ➡ 阵列/镜像(E) ➡ ⬚ 圆周阵列(C)... 命令。选取切除-旋转 1 为阵列的源特征，在设计树中选取 ╱ 基准轴(A)... 为圆周阵列轴；在 参数(P) 区域的 ⬚ 后的文本框中输入角度值 90.0，在 ⬚ 后的文本框中输入值 4；单击 ✔ 按钮，完成圆周阵列的创建。

图 11.10.22　阵列（圆周）1

Step21. 创建图 11.10.23b 所示的圆角 2。选择下拉菜单 插入(I) ➡ 特征(F) ➡ ⬚ 圆角(U)... 命令。选择图 11.10.23a 所示的边线为圆角对象，圆角半径值为 0.5。

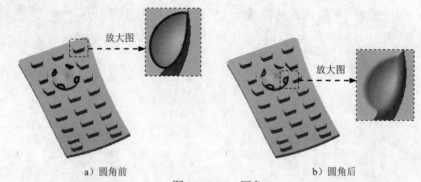

a）圆角前　　　　　　　　　　　　b）圆角后

图 11.10.23　圆角 2

Step22. 创建图 11.10.24b 所示的圆角 3。选择下拉菜单 插入(I) ➡ 特征(F) ➡

🗔 圆角 (U)…命令。选择图 11.10.24a 所示的边线为圆角对象，圆角半径值为 0.5。

a）圆角前　　　　　　　　　　　　b）圆角后

图 11.10.24　圆角 3

Step23. 创建图 11.10.25b 所示的圆角 4。选择下拉菜单 插入(I) ➡ 特征(F) ➡

🗔 圆角 (U)…命令。选择图 11.10.25a 所示的边线为圆角对象，圆角半径值为 0.5。

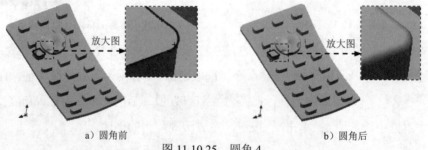

a）圆角前　　　　　　　　　　　　b）圆角后

图 11.10.25　圆角 4

Step24. 参照 Step23 的方法创建其余圆角。完成后如图 11.10.26 所示。

图 11.10.26　其余圆角

Step25. 保存模型文件。选择下拉菜单 文件(F) ➡ 🖫 保存(S)命令，保存模型文件。

第**12**章　自顶向下设计案例（二）：微波炉外壳的设计

12.1　案例概述

本案例详细介绍了采用自顶向下（Top_Down Design）设计方法创建图12.1.1所示微波炉外壳的设计过程，其设计过程是先确定微波炉内部原始文件的尺寸，然后根据该文件建立一个骨架模型，通过该骨架模型将设计意图传递给微波炉的各个外壳钣金零件后，再对其进行细节设计。其设计流程如图12.1.2所示。

骨架模型是根据装配体内各元件之间的关系而创建的一种特殊的零件模型，或者说它是一个装配体的3D布局，是自顶向下设计（Top_Down Design）的一个强有力的工具。

当微波炉外壳设计完成后，只需要更改内部原始文件的尺寸，微波炉的尺寸就随之更改。该设计方法可以加快产品的更新速度，非常适用于系列化的产品设计。

a) 方位 1

b) 方位 2

c) 方位 3

图 12.1.1　微波炉外壳

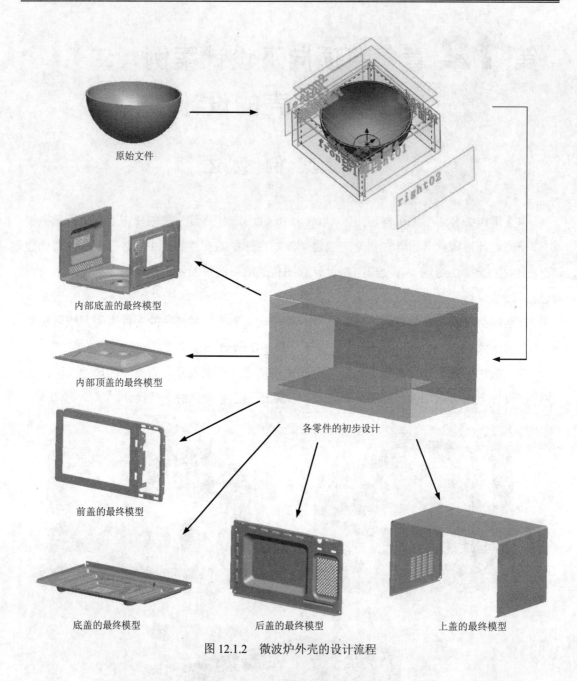

图 12.1.2　微波炉外壳的设计流程

12.2　准备原始文件

原始数据文件（图 12.2.1）是控制微波炉总体尺寸的一个模型文件，它是一个用于盛装需要加热食物的碗，该模型通常由上游设计部门提供。

Step1. 新建模型文件。选择下拉菜单 文件(F) ➡ 新建(N)... 命令，在系统弹出的"新建 SolidWorks 文件"对话框中选择"零件"模块，单击 确定 按钮，进入建模环境。

Step2. 创建图 12.2.2 所示的曲面-旋转 1。选择下拉菜单 插入(I) ➡ 曲面(S) ➡ 旋转曲面(R)...命令；选取前视基准面作为草图基准面，绘制图 12.2.3 所示的横断面草图；采用草图中绘制的中心线作为旋转轴，在 方向1 区域 后的下拉列表中选择 给定深度 选项，在 后的文本框中输入角度值 360.0。

图 12.2.1　原始文件

图 12.2.2　曲面-旋转 1

Step3. 创建图 12.2.4 所示的加厚 1。选择下拉菜单 插入(I) ➡ 凸台/基体(B) ➡ 加厚(T)... 命令；选择整个曲面作为加厚曲面；在 加厚参数(T) 区域中单击 按钮，在 后的文本框中输入值 5.0。

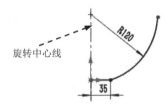
图 12.2.3　横断面草图（草图 1）

图 12.2.4　加厚 1

Step4. 保存模型。选择下拉菜单 文件(F) ➡ 保存(S) 命令，将模型命名为 DISH，保存模型。

12.3　构建微波炉外壳的总体骨架

微波炉外壳总体骨架的创建在整个微波炉的设计过程中是非常重要的，只有通过骨架文件才能把原始文件的数据传递给外壳中的每个零件。总体骨架如图 12.3.1 所示。

骨架中各基准面的作用如下。

● down01：用于确定微波炉内部底盖的位置。

● left01：用于确定微波炉内部底盖的位置。

● right01：用于确定微波炉内部底盖的位置。

● top01：用于确定微波炉内部顶盖的位置。

● front01：用于确定微波炉前盖的位置。

● back01：用于确定微波炉后盖的位置。

- down 02：用于确定微波炉下盖的位置。

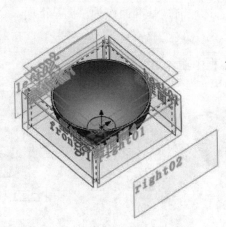

图 12.3.1　构建微波炉的总体骨架

- left 02：用于确定微波炉上盖的位置。
- right 02：用于确定微波炉上盖的位置。
- top 02：用于确定微波炉上盖的位置。

12.3.1　新建微波炉外壳总体装配文件

新建一个装配文件。选择下拉菜单 文件(F) → 新建(N)...命令，在弹出的"新建 SolidWorks 文件"对话框中选择"装配体"选项，单击 确定 按钮，进入装配环境。

12.3.2　导入原始文件

添加图 12.2.1 所示的原始零件模型。进入装配环境后，系统会自动弹出"开始装配体"和"打开"对话框，在系统弹出的"打开"对话框中选取 D:\swal18\work\ch12.03\DISH.SLDPRT，单击 打开 ▾按钮。单击 ✔ 按钮，零件固定在原点位置。

12.3.3　创建骨架模型

Step1. 打开骨架模型。在设计树中选择 🐧 (固定) dish<2>，然后右击，在弹出的快捷菜单中选择 📄 命令。

Step2. 创建图 12.3.2 所示的点 1。选择下拉菜单 插入(I) → 参考几何体(G) → 🔵 点(O)...命令，系统弹出"点"对话框。选取图 12.3.2 所示的曲线作为点 1 的参考实体。在"点"对话框中选中 🔘 百分比(G) 单选项，在 🔧 后的文本框中输入值 75。

Step3. 创建图 12.3.2 所示的点 2。选择下拉菜单 插入(I) → 参考几何体(G) →

● 点 (O)...命令, 系统弹出 "点" 对话框。选取图 12.3.2 所示的曲线作为点 2 的参考实体。在 "点" 对话框中选中 ⊙ 百分比(G) 单选项, 在 ⚙ 后的文本框中输入值 25。

Step4. 创建图 12.3.3 所示的基准面 1。选择下拉菜单 插入(I) ➜ 参考几何体(G) ➜ 🚪 基准面(P)...命令, 选取右视基准面与基准点 1 作为所要创建的基准面的参考实体。

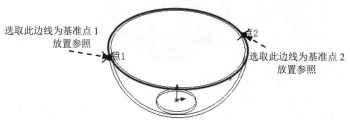
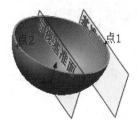

图 12.3.2 基准点 1 与基准点 2   图 12.3.3 基准面 1

Step5. 创建图 12.3.4 所示的基准面 2。选择下拉菜单 插入(I) ➜ 参考几何体(G) ➜ 🚪 基准面(P)...命令, 选取右视基准面与基准点 2 作为所要创建的基准面的参考实体。

Step6. 创建图 12.3.5 所示的基准面——front01。选择下拉菜单 插入(I) ➜ 参考几何体(G) ➜ 🚪 基准面(P)...命令; 选取基准面 1 作为所要创建的基准面的参考实体, 在 📐 后的文本框中输入值 20, 并选中 ☑ 反转 复选框, 单击 ✔ 按钮。在设计树中选中新建的基准面并右击, 选择 📋 属性... (R), 修改基准面名称为 front01。

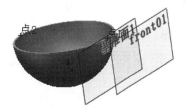

图 12.3.4 基准面 2   图 12.3.5 基准面 front01

Step7. 创建图 12.3.6 所示的基准面——back01。选择下拉菜单 插入(I) ➜ 参考几何体(G) ➜ 🚪 基准面(P)...命令; 选取基准面 2 作为所要创建的基准面的参考实体, 在 📐 后的文本框中输入值 20, 单击 ✔ 按钮。在设计树中选中新建的基准面并右击, 选择 📋 属性... (R), 修改基准面名称为 back01。

Step8. 创建图 12.3.7 所示的点 3。选择下拉菜单 插入(I) ➜ 参考几何体(G) ➜ ● 点 (O)...命令, 系统弹出 "点" 对话框。选取图 12.3.7 所示的曲线作为点 3 的参考实体。在 "点" 对话框中选中 ⊙ 百分比(G) 单选项, 在 ⚙ 后的文本框中输入值 0。

Step9. 创建图 12.3.7 所示的点 4。选择下拉菜单 插入(I) ➡ 参考几何体(G) ➡
⦿ 点(O)...命令，系统弹出"点"对话框。选取图 12.3.7 所示的曲线作为点 4 的参考实体。在"点"对话框中选中 ⦿ 百分比(G) 单选项，在 后的文本框中输入值 50。

图 12.3.6 基准面 back01   图 12.3.7 基准点 3 与基准点 4

Step10. 创建图 12.3.8 所示的基准面 3。选择下拉菜单 插入(I) ➡ 参考几何体(G) ➡
🚪 基准面(P)...命令，选取前视基准面与基准点 4 作为所要创建的基准面的参考实体。

Step11. 创建图 12.3.9 所示的基准面 left01。选择下拉菜单 插入(I) ➡ 参考几何体(G) ➡
🚪 基准面(P)...命令；选取基准面 3 作为所要创建的基准面的参考实体，在 后的文本框中输入值 20，并选中 ☑反转 复选框，单击 ✔ 按钮。在设计树中选中新建的基准面并右击，选择 📋 属性... (R)，修改基准面名称为 left01。

Step12. 创建图 12.3.10 所示的基准面 left02。选择下拉菜单 插入(I) ➡ 参考几何体(G) ➡
🚪 基准面(P)...命令；选取 left01 作为所要创建的基准面的参考实体，在 后的文本框中输入值 30，并选中 ☑反转 复选框，单击 ✔ 按钮。在设计树中选中新建的基准面并右击，选择 📋 属性... (R)，修改基准面名称为 left02。

Step13. 创建图 12.3.11 所示的基准面 4。选择下拉菜单 插入(I) ➡ 参考几何体(G) ➡
🚪 基准面(P)...命令，选取前视基准面与基准点 3 作为所要创建的基准面的参考实体。

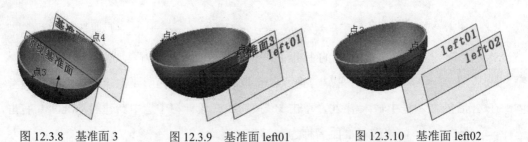

图 12.3.8 基准面 3   图 12.3.9 基准面 left01   图 12.3.10 基准面 left02

Step14. 创建图 12.3.12 所示的基准面 right01。选择下拉菜单 插入(I) ➡ 参考几何体(G) ➡
🚪 基准面(P)...命令；选取基准面 4 作为所要创建的基准面的参考实体，在 后的文本框中输入值 20，单击 ✔ 按钮。在设计树中选中新建的基准面并右击，选择属性... ⑧)，修改基准面名称为 right01。

Step15. 创建图 12.3.13 所示的基准面 right02。选择下拉菜单 插入(I) ➡ 参考几何体(G) ➡ 基准面(P)...命令；选取基准面 right01 作为所要创建的基准面的参考实体，在 后的文本框中输入值 140，单击 按钮。在设计树中选中新建的基准面并右击，选择 属性... ⑧)，修改基准面名称为 right02。

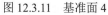

图 12.3.11　基准面 4

图 12.3.12　基准面 right01

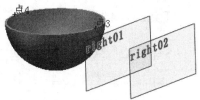

图 12.3.13　基准面 right02

Step16. 创建图 12.3.14 所示的基准面 5。选择下拉菜单 插入(I) ➡ 参考几何体(G) ➡ 基准面(P)...命令，选取上视基准面与基准点 3 作为所要创建的基准面的参考实体。

Step17. 创建图 12.3.15 所示的基准面 top01。选择下拉菜单 插入(I) ➡ 参考几何体(G) ➡ 基准面(P)...命令；选取基准面 5 作为所要创建的基准面的参考实体。在 后的文本框中输入值 60，单击 按钮。在设计树中选中新建的基准面并右击，选择 属性... ⑧)，修改基准面名称为 top01。

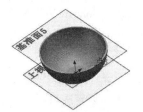

图 12.3.14　基准面 5

图 12.3.15　基准面 top01

Step18. 创建基准面 top02（注：本步骤的详细操作过程请参见学习资源中 video\ch12.03\reference\文件夹下的语音视频讲解文件 MICROWAVE_OVEN_CASE-03-r01.exe ）。

Step19. 创建基准面 down01 （注：本步骤的详细操作过程请参见学习资源中 video\ch12.03\reference\文件夹下的语音视频讲解文件 MICROWAVE_OVEN_CASE-03-r02.exe ）。

Step20. 创建基准面 down02（注：本步骤的详细操作过程请参见学习资源中 video\ch12.03\reference\文件夹下的语音视频讲解文件 MICROWAVE_OVEN_CASE-03-r03.exe ）。

Step21. 保存零件模型文件。

Step22. 保存总装配模型文件。将模型命名为 MICROWAVE_OVEN_CASE。

12.4　微波炉外壳各零件的初步设计

初步设计是通过骨架文件创建出每个零件的第一壁，设计出微波炉外壳的大致结构，经过验证数据传递无误后，再对每个零件进行具体细节的设计。

Task1．创建图 12.4.1 所示的微波炉外壳内部底盖初步模型

Step1. 返回到 MICROWAVE_OVEN_CASE。

Step2. 新建零件模型。选择下拉菜单 插入(I) ➡ 零部件(O) ▶ 新零件(N)... 命令，设计树中会增加一个固定的零件。

Step3. 在设计树中右击刚才新建的零件，从弹出的快捷菜单中选择 命令，系统进入空白界面。选择下拉菜单 文件(F) ➡ 另存为(A)... 命令，系统弹出图 12.4.2 所示的"SolidWorks"对话框，单击 确定 按钮。将新的零件命名为 INSIDE_COVER_01.SLDPRT。

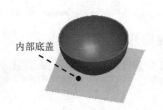

内部底盖

图 12.4.1　创建微波炉外壳内部底盖

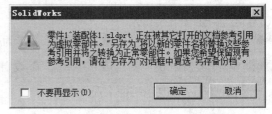

图 12.4.2　"SolidWorks"对话框

Step4. 引入零件，如图 12.4.3 所示。选择下拉菜单 插入(I) ➡ 零件(A)... 命令；在系统弹出的"打开"对话框中选择 DISH.sldprt 文件，单击 打开(O) 按钮；在系统弹出的"插入零件"对话框中的 转移(T) 区域选中 ☑ 实体(D)、☑ 基准面(P) 复选框；单击"插入零件"对话框中的 ✔ 按钮，完成骨架模型的引入。

Step5. 创建图 12.4.4 所示的钣金特征——基体-法兰 1。选择下拉菜单 插入(I) ➡ 钣金(H) ➡ 基体法兰(A)... 命令；选择 DOWN01 基准面作为草图基准面，绘制图 12.4.5 所示的横断面草图（注：此处只将 RIGHT01 基准面、FRONT01 基准面、LEFT01 基准面、BACK01 基准面和 DOWN01 基准面显示）；在 钣金参数(S) 区域的 文本框中输入厚度值 1.0，在 ☑ 折弯系数(A) 区域的下拉列表中选择 K 因子 选项，把文本框 K 的因子系数值设为 0.5，在 ☑ 自动切释放槽(T) 区域的下拉列表中选择 矩形 选项，选中 ☑ 使用释放槽比例(A) 复选框，在 比例(T): 文本框中输入比例系数值 0.5；单击 ✔ 按钮，完成基体-法兰 1 的创建。

Step6. 返回到 MICROWAVE_OVEN_CASE。

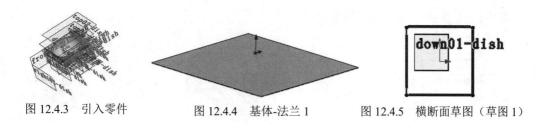

图 12.4.3　引入零件　　　　　图 12.4.4　基体-法兰 1　　　　图 12.4.5　横断面草图（草图 1）

Task2. 创建图 12.4.6 所示的微波炉外壳内部顶盖初步模型

Step1. 详细操作过程参见 Task1 的 Step1、Step2 和 Step3，创建微波炉外壳内部顶盖零件模型，文件名为 INSIDE_COVER_02.SLDPRT。

Step2. 引入零件，如图 12.4.7 所示。选择下拉菜单 插入(I) ➜ 零件(A)··· 命令。在系统弹出的"打开"对话框中选择 DISH.sldprt 文件，单击 打开(O) 按钮；在系统弹出的"插入零件"对话框中的 转移(T) 区域选中 ☑ 实体(D) 、☑ 基准面(P) 复选框；单击"插入零件"对话框中的 ✔ 按钮，完成骨架模型的引入。

Step3. 创建图 12.4.8 所示的钣金特征——基体-法兰 1。选择下拉菜单 插入(I) ➜ 钣金(H) ➜ 基体法兰(A)··· 命令；选择 TOP01 基准面作为草图基准面，绘制图 12.4.9 所示的横断面草图（注：此处只将 TOP01、FRONT01、BACK01、RIGHT01 和 LEFT01 基准面显示）；在 钣金参数(S) 区域的 ☜Ti 文本框中输入厚度值 1.0，选中 ☑ 反向(E) 复选框，在 ☑ 折弯系数(A) 区域的下拉列表中选择 K 因子 选项，把文本框 K 的因子系数值设为 0.5，在 ☑ 自动切释放槽(T) 区域的下拉列表中选择 矩形 选项，选中 ☑ 使用释放槽比例(A) 复选框，在 比例(T): 文本框中输入比例系数值 0.5；单击 ✔ 按钮，完成基体-法兰 1 的创建。

图 12.4.6　创建微波炉外壳内部顶盖　　　图 12.4.7　引入零件　　　图 12.4.8　基体-法兰 1

内部顶盖

Step4. 返回到 MICROWAVE_OVEN_CASE。

Task3. 创建图 12.4.10 所示的微波炉外壳前盖初步模型

Step1. 详细操作过程参见 Task1 的 Step1、Step2 和 Step3，创建微波炉外壳前盖零件模型，文件名为 FRONT_COVER.SLDPRT。

Step2. 引入零件，如图 12.4.11 所示。选择下拉菜单 插入(I) ➜ 零件(A)··· 命令；在系统弹出的"打开"对话框中选择 DISH.sldprt 文件，单击 打开(O) 按钮；在系统弹出的"插入零件"对话框中的 转移(T) 区域选中 ☑ 实体(D) 、☑ 基准面(P) 复选框；单击"插入零件"

对话框中的 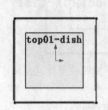 按钮，完成骨架模型的引入。

图 12.4.9　横断面草图（草图 2）

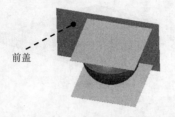

前盖

图 12.4.10　创建微波炉外壳前盖

图 12.4.11　引入零件

Step3. 创建图 12.4.12 所示的钣金特征——基体-法兰 1。选择下拉菜单 插入(I) ➡️ 钣金(H) ➡️ 🔧 基体法兰(A)... 命令；选择 FRONT01 基准面作为草图基准面，绘制图 12.4.13 所示的横断面草图（注：此处只将 RIGHT02、DOWN02、LEFT02、TOP02 和 FRONT01 基准面显示）；在 钣金参数(S) 区域的 文本框中输入厚度值 1.0，在 折弯系数(A) 区域的下拉列表中选择 K 因子 选项，把文本框 K 的因子系数值设为 0.5，在 自动切释放槽(T) 区域的下拉列表中选择 矩形 选项，选中 使用释放槽比例(A) 复选框，在 比例(T): 文本框中输入比例系数值 0.5；单击 按钮，完成基体-法兰 1 的创建。

Step4. 返回到 MICROWAVE_OVEN_CASE。

Task4．创建图 12.4.14 所示的微波炉外壳下盖初步模型

Step1. 详细操作过程参见 Task1 的 Step1 和 Step2，创建微波炉外壳下盖零件模型，文件名为 DOWN_COVER.SLDPRT。

Step2. 引入零件，如图 12.4.15 所示。选择下拉菜单 插入(I) ➡️ 🔧 零件 (A)··· 命令。在系统弹出的"打开"对话框中选择 DISH.sldprt 文件，单击 打开 (O) 按钮；在系统弹出的"插入零件"对话框中的 转移(T) 区域选中 ☑ 实体(D)、☑ 基准面(P) 复选框；单击"插入零件"对话框中的 按钮，完成骨架模型的引入。

图 12.4.12　基体-法兰 1

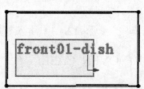

front01-dish

图 12.4.13　横断面草图（草图 3）

下盖

图 12.4.14　创建微波炉外壳下盖

Step3. 创建图 12.4.16 所示的钣金特征——基体-法兰 1。选择下拉菜单 插入(I) ➡️ 钣金 (H) ➡️ 🔧 基体法兰 (A)... 命令；选择 DOWN02 基准面作为草图基准面，绘制图 12.4.17 所示的横断面草图，（注：此处只将 BACK01 基准面、LEFT02 基准面、FORNT01 基准面、RIGHT02 基准面和 DOWN02 基准面显示）；在 钣金参数(S) 区域的 文本框中输入

厚度值 1.0，选中 ☑反向(E) 复选框，在 ☑折弯系数(A) 区域的下拉列表中选择 K因子 选项，把文本框 K 的因子系数值设为 0.5，在 ☑自动切释放槽(T) 区域的下拉列表中选择 矩形 选项，选中 ☑使用释放槽比例(A) 复选框，在 比例(T): 文本框中输入比例系数值 0.5；单击 ✔ 按钮，完成基体-法兰 1 的创建。

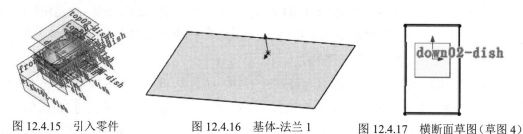

图 12.4.15　引入零件　　　　图 12.4.16　基体-法兰 1　　　　图 12.4.17　横断面草图（草图 4）

Step4. 返回到 MICROWAVE_OVEN_CASE。

Task5. 创建图 12.4.18 所示的微波炉外壳后盖初步模型

Step1. 详细操作过程参见 Task1 的 Step1 和 Step2，创建微波炉外壳后盖零件模型，文件名为 BACK_COVER.SLDPRT。

Step2. 引入零件，如图 12.4.19 所示。选择下拉菜单 插入(I) ➡ 🐾 零件(A)… 命令，在系统弹出的"打开"对话框中选择 DISH.sldprt 文件，单击 打开(O) 按钮；在系统弹出的"插入零件"对话框中的 转移(T) 区域选中 ☑实体(D) 、 ☑基准面(P) 复选框；单击"插入零件"对话框中的 ✔ 按钮，完成骨架模型的引入。

Step3. 创建图 12.4.20 所示的钣金特征——基体-法兰 1。选择下拉菜单 插入(I) ➡ 钣金(H) ➡ 🔩 基体法兰(A)… 命令；选择 BACK01 基准面作为草图基准面，绘制图 12.4.21 所示的横断面草图（注：此处只将 DOWN02 基准面、LEFT02 基准面、RIGHT02 基准面、TOP02 基准面和 BACK01 基准面显示）；在 钣金参数(S) 区域的 🔩T1 文本框中输入厚度值 1.0，选中 ☑反向(E) 复选框，在 ☑折弯系数(A) 区域的下拉列表中选择 K因子 选项，把文本框 K 的因子系数值设为 0.5，在 ☑自动切释放槽(T) 区域的下拉列表中选择 矩形 选项，选中 ☑使用释放槽比例(A) 复选框，在 比例(T): 文本框中输入比例系数值 0.5；单击 ✔ 按钮，完成基体-法兰 1 的创建。

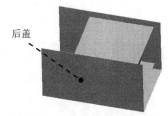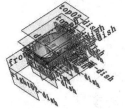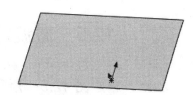

图 12.4.18　创建微波炉外壳后盖　　图 12.4.19　引入零件　　　图 12.4.20　基体-法兰 1

Step4. 返回到 MICROWAVE_OVEN_CASE。

Task6. 创建图 12.4.22 所示的微波炉外壳顶盖初步模型

Step1. 详细操作过程参见 Task1 的 Step1 和 Step2, 创建微波炉外壳顶盖零件模型, 文件名为 TOP_COVER.SLDPRT。

Step2. 引入零件, 如图 12.4.23 所示。选择下拉菜单 插入(I) ➡ 📷 零件 (A)··· 命令; 在系统弹出的"打开"对话框中选择 DISH.sldprt 文件, 单击 打开(O) 按钮; 在系统弹出的"插入零件"对话框中的 转移(T) 区域选中 ☑ 实体(D)、☑ 基准面(P) 复选框; 单击"插入零件"对话框中的 ✔ 按钮, 完成骨架模型的引入。

Step3. 创建图 12.4.24 所示的钣金特征——基体-法兰 1。选择下拉菜单 插入(I) ➡ 钣金 (H) ▸ ➡ ⩁ 基体法兰 (A)··· 命令; 选择 TOP02 作为草图基准面, 绘制图 12.4.25 所示的横断面草图 (注: 此处只将 TOP02 基准面、RIGHT02 基准面、LEFT02 基准面、BACK01 基准面和 FORNT01 基准面显示); 在 钣金参数(S) 区域的 ⟍T1 文本框中输入厚度值 1.0, 选中 ☑ 反向(E) 复选框, 在 ☑ 折弯系数(A) 区域的下拉列表中选择 K 因子 选项, 把文本框 K 的因子系数值设为 0.5, 在 ☑ 自动切释放槽(T) 区域的下拉列表中选择 矩形 选项, 选中 ☑ 使用释放槽比例(A) 复选框, 在 比例(T): 文本框中输入比例系数值 0.5; 单击 ✔ 按钮, 完成基体-法兰 1 的创建。

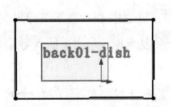

图 12.4.21 横断面草图 (草图 5)

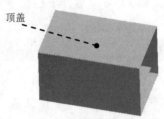

图 12.4.22 创建微波炉外壳顶盖

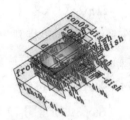

图 12.4.23 引入零件

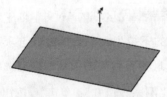

图 12.4.24 基体-法兰 1

图 12.4.25 横断面草图 (草图 6)

Step4. 返回到 MICROWAVE_OVEN_CASE。

12.5 微波炉外壳内部底盖的细节设计

Task1. 创建图 12.5.1 所示的模具 1

说明: 本案例中创建的所有模具都是为后面的钣金成形 (印贴) 而准备的实体模型。

Step1. 新建模型文件。选择下拉菜单 文件(F) ➡ 新建(N)...命令，在系统弹出的"新建 SolidWorks 文件"对话框中选择"零件"模块，单击 确定 按钮，进入建模环境。

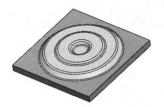

图 12.5.1　模具 1 模型

Step2. 创建图 12.5.2 所示的零件特征——凸台-拉伸 1。选择下拉菜单 插入(I) ➡ 凸台/基体(B) ➡ 拉伸(E)...命令。选取上视基准面作为草图基准面，绘制图 12.5.3 所示的横断面草图；在"凸台-拉伸"对话框 方向1 区域的下拉列表中选择 给定深度 选项，输入深度值 20.0。

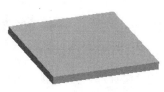

图 12.5.2　凸台-拉伸 1

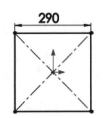

图 12.5.3　横断面草图（草图 1）

Step3. 创建图 12.5.4 所示的零件特征——旋转 1。选择下拉菜单 插入(I) ➡ 凸台/基体(B) ➡ 旋转(R)...命令。选取前视基准面作为草图基准面，绘制图 12.5.5 所示的横断面草图（包括旋转中心线）。采用草图中绘制的中心线作为旋转轴线，在 方向1 区域的 文本框中输入值 360.00。

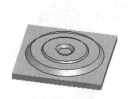

图 12.5.4　旋转 1

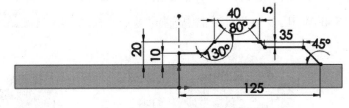

图 12.5.5　横断面草图（草图 2）

Step4. 创建图 12.5.6b 所示的圆角 1。选择图 12.5.6a 所示的边线为圆角对象，圆角半径值为 5.0。

Step5. 创建图 12.5.7b 所示的圆角 2。选择图 12.5.7a 所示的边线为圆角对象，圆角半径值为 8.0。

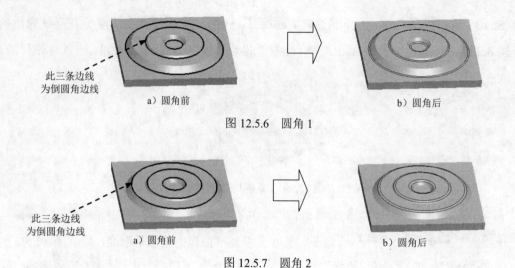

此三条边线
为倒圆角边线

a）圆角前   b）圆角后

图 12.5.6　圆角 1

此三条边线
为倒圆角边线

a）圆角前   b）圆角后

图 12.5.7　圆角 2

Step6. 创建图 12.5.8 所示的零件特征——成形工具 1。选择下拉菜单 插入(I) ➡

钣金(H) ➡ 🍄 成形工具 命令；激活"成形工具"对话框的 停止面 区域，选取图 12.5.8 所示的模型表面为成形工具的停止面；单击 ✔ 按钮，完成成形工具 1 的创建。

Step7. 至此，成形工具模型创建完毕。选择下拉菜单 文件(F) ➡ 🔲 另存为(A)... 命令，把模型保存于 D:\swal18\work\ch12.05 文件夹，并命名为 SM_DIE_01。

Step8. 将成形工具调入设计库。单击任务窗格中的"设计库"按钮 🗄，打开"设计库"对话框；在"设计库"对话框中单击"添加文件位置"按钮 📦，系统弹出"选取文件夹"对话框，在 查找范围(I): 下拉列表中找到 D:\swal18\work\ch12.05 文件夹后，单击 确定 按钮；此时在设计库中出现 ins43 节点，右击该节点，在系统弹出的快捷菜单中单击 成形工具文件夹 命令，完成成形工具调入设计库设置。

Task2. 创建图 12.5.9 所示的模具 2

Step1. 新建模型文件。选择下拉菜单 文件(F) ➡ 📄 新建(N)... 命令，在系统弹出的"新建 SolidWorks 文件"对话框中选择"零件"模块，单击 确定 按钮，进入建模环境。

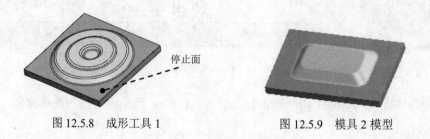

停止面

图 12.5.8　成形工具 1   图 12.5.9　模具 2 模型

Step2. 创建图 12.5.10 所示的零件特征——凸台-拉伸 1。选择下拉菜单 插入(I) ➡

凸台/基体(B) ➡ 🧊 拉伸(E)...命令。选取前视基准面作为草图基准面，绘制图 12.5.11 所示的横断面草图；在"凸台-拉伸"对话框 方向1 区域的下拉列表中选择 给定深度 选项，输入深度值 20.0。

Step3. 创建图 12.5.12 所示的基准面 1。选择下拉菜单 插入(I) ➡ 参考几何体(G) ➡ 📗 基准面(P)...命令。选取前视基准面为参考实体，采用系统默认的偏移方向，输入偏移距离值 40.0。单击 ✅ 按钮，完成基准面 1 的创建。

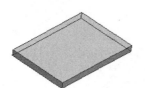

图 12.5.10　凸台-拉伸 1

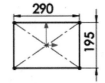

图 12.5.11　横断面草图（草图 1）

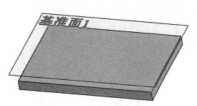

图 12.5.12　基准面 1

Step4. 创建图 12.5.13 所示的草图 2。选择下拉菜单 插入(I) ➡ ⬜ 草图绘制 命令。选取图 12.5.14 所示的模型表面为草图基准面，绘制图 12.5.13 所示的草图 2（显示原点）。

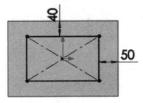

图 12.5.13　草图 2

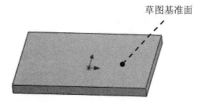

图 12.5.14　草图基准面

Step5. 创建图 12.5.15 所示的草图 3。选择下拉菜单 插入(I) ➡ ⬜ 草图绘制 命令。选取基准面 1 为草图基准面，绘制图 12.5.15 所示的草图 3（显示原点）。

Step6. 创建图 12.5.16 所示的放样 1。选择下拉菜单 插入(I) ➡ 凸台/基体(B) ➡ 🛎 放样(L)...命令，系统弹出"放样"对话框。依次选择草图 2 和草图 3 作为放样 1 的截面轮廓。

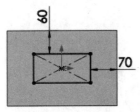

图 12.5.15　草图 3

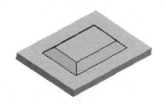

图 12.5.16　放样 1

Step7. 创建图 12.5.17b 所示的圆角 1。选择图 12.5.17a 所示的边线为圆角对象，圆角半径值为 30.0。

a）圆角前　　　　　　　　　　　b）圆角后

图 12.5.17　圆角 1

Step8. 创建图 12.5.18b 所示的圆角 2。选择图 12.5.18a 所示的边线为圆角对象，圆角半径值为 8.0。

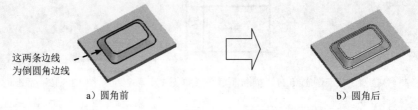

a）圆角前　　　　　　　　　　b）圆角后

图 12.5.18　圆角 2

Step9. 创建图 12.5.19 所示的零件特征——成形工具 1。选择下拉菜单 插入(I) ➡ 钣金(H) ➡ 成形工具 命令；选取图 12.5.19 所示的模型表面作为成形工具的停止面；单击 按钮，完成成形工具 1 的创建。

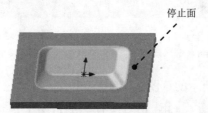

图 12.5.19　成形工具 1

Step10. 至此，成形工具模型创建完毕。选择下拉菜单 文件(F) ➡ 另存为(A)... 命令，把模型保存于 D:\swal18\work\ch12.05 文件夹，并命名为 SM_DIE_02。

Task3. 创建图 12.5.20 所示的模具 3

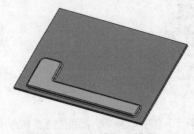

图 12.5.20　模具 3 模型

Step1. 新建模型文件。选择下拉菜单 文件(F) ➡ 新建(N)... 命令，在系统弹出的

"新建 SolidWorks 文件"对话框中选择"零件"模块，单击 确定 按钮，进入建模环境。

Step2. 创建图 12.5.21 所示的零件特征——凸台-拉伸 1。选择下拉菜单 插入(I) ➡

凸台/基体(B) ➡ 🔲 拉伸(E)…命令。选取前视基准面作为草图基准面，绘制图 12.5.22
所示的横断面草图；在"凸台-拉伸"对话框 方向1 区域的下拉列表中选择 给定深度 选项，
输入深度值 5.0。

图 12.5.21 凸台-拉伸 1

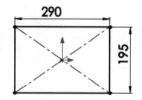

图 12.5.22 横断面草图（草图 1）

Step3. 创建图 12.5.23 所示的零件特征——凸台-拉伸 2。选择下拉菜单 插入(I) ➡

凸台/基体(B) ➡ 🔲 拉伸(E)…命令。选取图 12.5.23 所示的平面作为草图基准面，绘制
图 12.5.24 所示的横断面草图；在"凸台-拉伸"对话框 方向1 区域的下拉列表中选择 给定深度
选项，输入深度值 5.0。

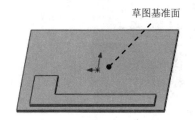

图 12.5.23 凸台-拉伸 2

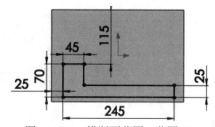

图 12.5.24 横断面草图（草图 2）

Step4. 创建图 12.5.25b 所示的圆角 1。选择图 12.5.25a 所示的边线为圆角对象，圆角
半径值为 5.0。

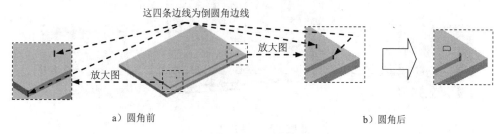

a）圆角前　　　　　　　　　　　　　　b）圆角后

图 12.5.25 圆角 1

Step5. 创建图 12.5.26 所示的圆角 2。选择图 12.5.26 所示的边线为圆角对象，圆角半
径值为 10.0。

Step6. 创建图 12.5.27 所示的零件特征——拔模 1。选择下拉菜单 插入(I) ➡

特征(E) ➡ 🔲 拔模(D)…命令，在"拔模"对话框 拔模类型(T) 区域中选中 ⊙ 中性面(E) 单

选项。单击以激活对话框的 中性面(N) 区域中的文本框，选取图 12.5.28 所示的模型表面作为拔模中性面；单击以激活对话框的 拔模面(F) 区域中的文本框，选取图 12.5.28 所示的模型表面作为拔模面。拔模方向如图 12.5.28 所示，在对话框的 拔模角度(G) 区域的 ⌐ 文本框中输入角度值 15。

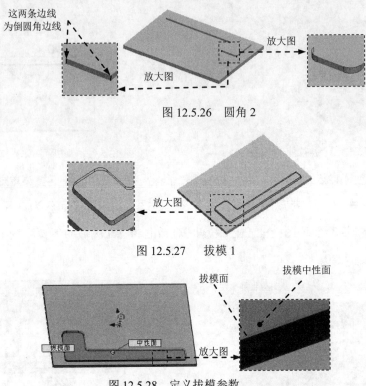

图 12.5.26　圆角 2

图 12.5.27　拔模 1

图 12.5.28　定义拔模参数

Step7. 创建图 12.5.29b 所示的圆角 3。选择图 12.5.29a 所示的边线为圆角对象，圆角半径值为 2.0。

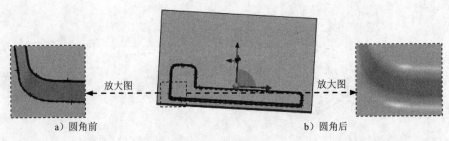

a) 圆角前　　　　　　　　　　　b) 圆角后

图 12.5.29　圆角 3

Step8. 创建图 12.5.30 所示的零件特征——成形工具 1。选择下拉菜单 插入(I) ➡ 钣金(H) ➡ 🍄 成形工具 命令；选取图 12.5.30 所示的模型表面作为成形工具的停止面；单击 ✔ 按钮，完成成形工具 1 的创建。

Step9. 至此，成形工具模型创建完毕。选择下拉菜单 文件(F) ➡ 📄 另存为(A)... 命令，把模型保存于 D:\swal18\work\ch12.05 文件夹，并命名为 SM_DIE_03。

图 12.5.30　成形工具 1

Task4. 创建图 12.5.31 所示的模具 4

图 12.5.31　模具 4 模型

Step1. 新建模型文件。选择下拉菜单 文件(F) ➡ 新建(N)... 命令，在系统弹出的 "新建 SolidWorks 文件" 对话框中选择 "零件" 模块，单击 确定 按钮，进入建模环境。

Step2. 创建图 12.5.32 所示的零件特征——凸台-拉伸 1。选择下拉菜单 插入(I) ➡ 凸台/基体(B) ➡ 拉伸(E)... 命令。选取前视基准面作为草图基准面，绘制图 12.5.33 所示的横断面草图；在 "凸台-拉伸" 对话框 方向1 区域的下拉列表中选择 给定深度 选项，输入深度值 5.0。

图 12.5.32　凸台-拉伸 1

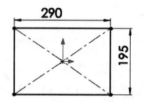

图 12.5.33　横断面草图（草图 1）

Step3. 创建图 12.5.34 所示的零件特征——凸台-拉伸 2。选择下拉菜单 插入(I) ➡ 凸台/基体(B) ➡ 拉伸(E)... 命令。选取图 12.5.34 所示的面作为草图基准面，绘制图 12.5.35 所示的横断面草图；在 "凸台-拉伸" 对话框 方向1 区域的下拉列表中选择 给定深度 选项，输入深度值 5.0。

Step4. 创建图 12.5.36 所示的圆角 1。选择图 12.5.36 所示的边线为圆角对象，圆角半径值为 10.0。

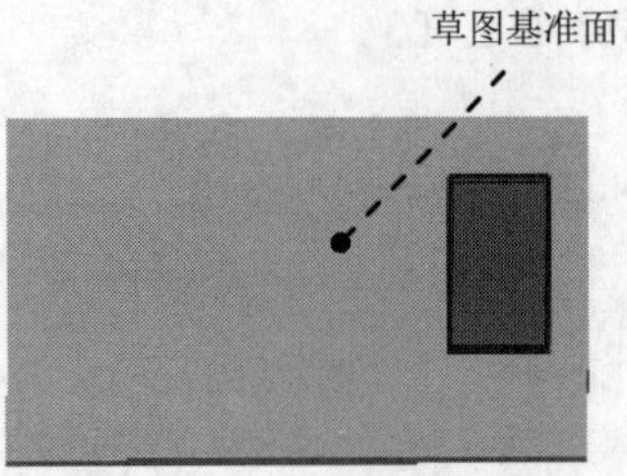

图 12.5.34 凸台-拉伸 2

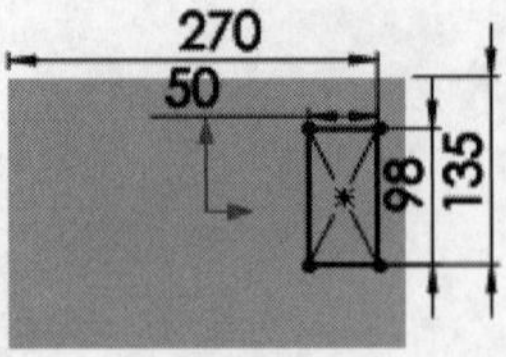

图 12.5.35 横断面草图（草图 2）

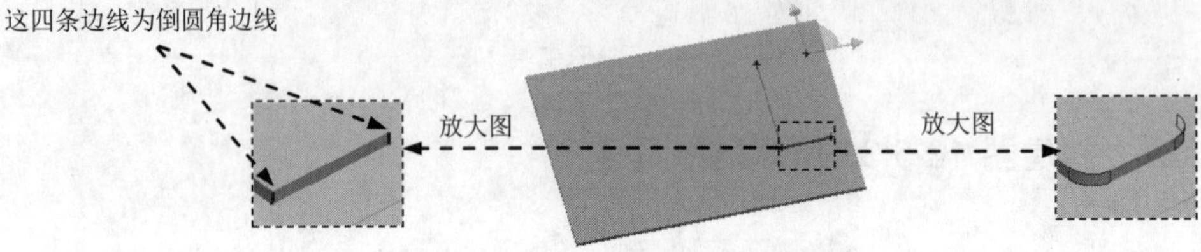

图 12.5.36 圆角 1

Step5. 创建图 12.5.37 所示的零件特征——拔模 1。选择下拉菜单 插入(I) → 特征(F) → 拔模(D)... 命令，在“拔模”对话框 拔模类型(T) 区域中选中 ⊙ 中性面(E) 单选项。单击以激活对话框的 中性面(N) 区域中的文本框，选取图 12.5.38 所示的模型表面 1 作为拔模中性面。单击以激活对话框的 拔模面(F) 区域中的文本框，选取图 12.5.38 所示的模型表面 2 作为拔模面。拔模方向如图 12.5.38 所示，在对话框的 拔模角度(G) 区域的文本框中输入角度值 15.0。

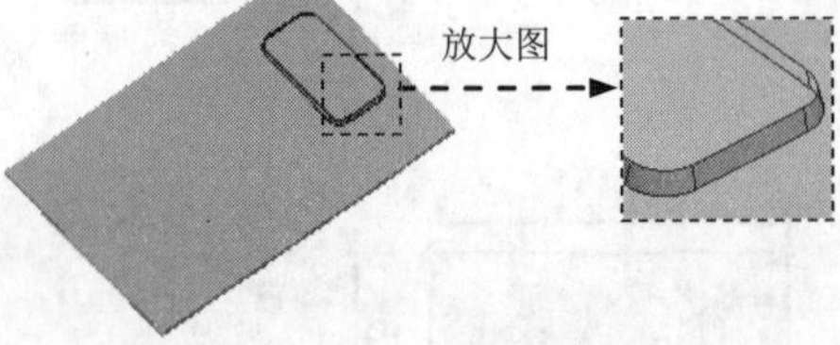

图 12.5.37 拔模 1

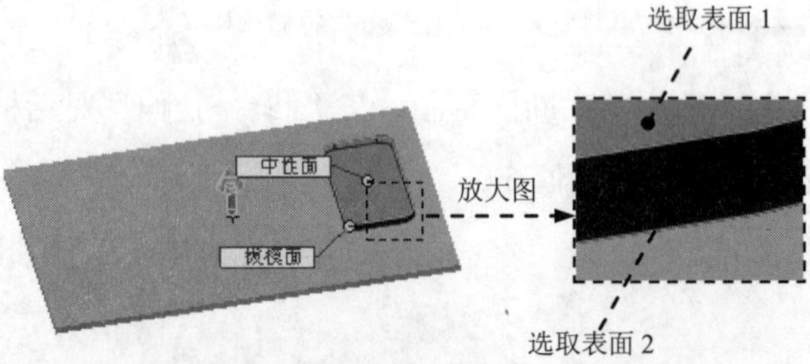

图 12.5.38 定义拔模参数

Step6. 创建图 12.5.39 所示的圆角 2。选择图 12.6.39 所示的边线为圆角对象，圆角半径值为 2.0。

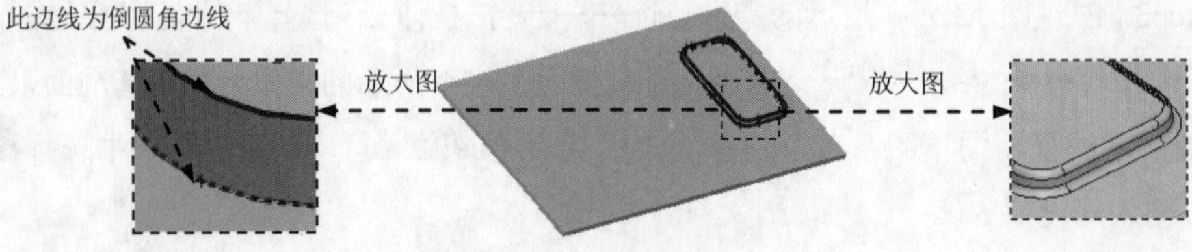

图 12.5.39 圆角 2

Step7. 创建图 12.5.40 所示的零件特征——成形工具 1。

（1）选择命令。选择下拉菜单 插入(I) ➡ 钣金(H) ➡ 🍄 成形工具 命令。

（2）定义停止面。激活"成形工具"对话框的 停止面 区域，选取图 12.5.40 所示的模型表面为成形工具的停止面。

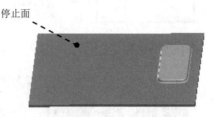

图 12.5.40　成形工具 1

（3）单击 ✅ 按钮，完成成形工具 1 的创建。

Step8. 至此，成形工具模型创建完毕。选择下拉菜单 文件(F) ➡ 🖫 另存为(A)... 命令，把模型保存于 D:\swal18\work\ch12.05 文件夹，并命名为 SM_DIE_04。

Task5.　创建图 12.5.41 所示的模具 5

图 12.5.41　模具 5 模型

Step1. 新建模型文件。选择下拉菜单 文件(F) ➡ 🗋 新建(N)... 命令，在系统弹出的"新建 SolidWorks 文件"对话框中选择"零件"模块，单击 确定 按钮，进入建模环境。

Step2. 创建图 12.5.42 所示的零件特征——凸台-拉伸 1。选择下拉菜单 插入(I) ➡ 凸台/基体(B) ➡ 🗐 拉伸(E)... 命令。选取前视基准面作为草图基准面，绘制图 12.5.43 所示的横断面草图；在"凸台-拉伸"对话框 方向1 区域的下拉列表中选择 给定深度 选项，输入深度值 5.0。

Step3. 创建图 12.5.44 所示的零件特征——凸台-拉伸 2。选择下拉菜单 插入(I) ➡ 凸台/基体(B) ➡ 🗐 拉伸(E)... 命令。选取图 12.5.44 所示的面作为草图基准面，绘制图 12.5.45 所示的横断面草图；在"凸台-拉伸"对话框 方向1 区域的下拉列表中选择 给定深度 选项，输入深度值 5.0。

Step4. 创建图 12.5.46 所示的圆角 1。选择图 12.5.46 所示的边线为圆角对象，圆角半径值为 15.0。

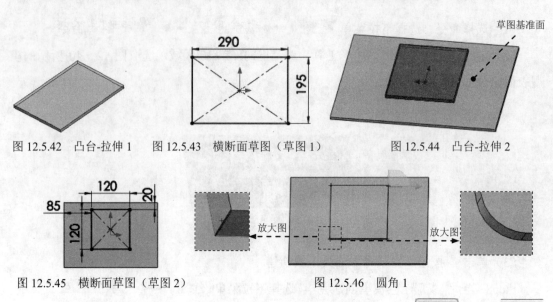

图 12.5.42　凸台-拉伸 1　　　图 12.5.43　横断面草图（草图 1）　　　图 12.5.44　凸台-拉伸 2

图 12.5.45　横断面草图（草图 2）　　　　　　图 12.5.46　圆角 1

Step5. 创建图 12.5.47 所示的零件特征——拔模 1。选择下拉菜单 插入(I) ➡ 特征(F) ➡ 拔模(D) ... 命令，在"拔模"对话框 拔模类型(T) 区域中选中 ⊙ 中性面(E) 单选项。单击以激活对话框的 中性面(N) 区域中的文本框，选取图 12.5.48 所示的模型表面作为拔模中性面。单击以激活对话框的 拔模面(F) 区域中的文本框，选取图 12.5.48 所示的模型表面作为拔模面。拔模方向如图 12.5.48 所示，在对话框的 拔模角度(G) 区域的 文本框中输入角度值 15.0。

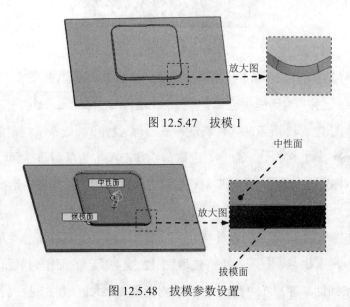

图 12.5.47　拔模 1

图 12.5.48　拔模参数设置

Step6. 创建图 12.5.49 所示的圆角 2。选择图 12.5.49 所示的边线为圆角对象，圆角半径值为 2.0。

Step7. 创建图 12.5.50 所示的零件特征——成形工具 1。选择下拉菜单 插入(I) ➡

钣金(H) ➡ 成形工具 命令；激活"成形工具"对话框的 停止面 区域，选取图 12.5.50 所示的模型表面为成形工具的停止面；单击 ✔ 按钮，完成成形工具 1 的创建。

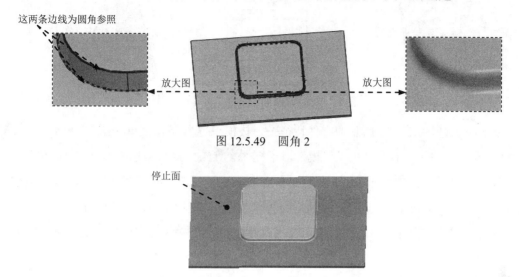

这两条边线为圆角参照

放大图

放大图

图 12.5.49 圆角 2

停止面

图 12.5.50 成形工具 1

Step8. 至此，成形工具模型创建完毕。选择下拉菜单 文件(F) ➡ 另存为(A)... 命令，把模型保存于 D:\swal18\work\ch12.05 文件夹，并命名为 SM_DIE_05。

Task6. 创建图 12.5.51 所示的模具 6

图 12.5.51 模具 6 模型

Step1. 新建模型文件。选择下拉菜单 文件(F) ➡ 新建(N)... 命令，在系统弹出的"新建 SolidWorks 文件"对话框中选择"零件"模块，单击 确定 按钮，进入建模环境。

Step2. 创建图 12.5.52 所示的零件特征——凸台-拉伸 1。选择下拉菜单 插入(I) ➡ 凸台/基体(B) ➡ 拉伸(E)... 命令。选取前视基准面作为草图基准面，绘制图 12.5.53 所示的横断面草图；在"凸台-拉伸"对话框 方向1 区域的下拉列表中选择 给定深度 选项，输入深度值 5.0。

Step3. 创建图 12.5.54 所示的零件特征——凸台-拉伸 2。选择下拉菜单 插入(I) ➡ 凸台/基体(B) ➡ 拉伸(E)... 命令。选取图 12.5.54 所示平面作为草图基准面，绘制图 12.5.55 所示的横断面草图；在"凸台-拉伸"对话框 方向1 区域的下拉列表中选择 给定深度选项，输入深度值 5.0。

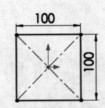

图 12.5.52　凸台-拉伸 1　　　　图 12.5.53　横断面草图（草图 1）　　　图 12.5.54　凸台-拉伸 2

Step4. 创建图 12.5.56 所示的零件特征——拔模 1。选择下拉菜单 插入(I) ➡ 特征(F) ➡ 🔷 拔模 (D) … 命令，在"拔模"对话框 拔模类型(T) 区域中选中 ⦿ 中性面(E) 单选项。单击以激活对话框的 中性面(N) 区域中的文本框，选取图 12.5.57 所示的模型表面作为拔模中性面。单击以激活对话框的 拔模面(F) 区域中的文本框，选取图 12.5.57 所示的模型表面作为拔模面。拔模方向如图 12.5.57 所示，在对话框的 拔模角度(G) 区域的 ⬠ 文本框中输入角度值 15.0。

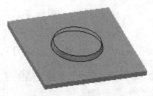

图 12.5.55　横断面草图（草图 2）　　　图 12.5.56　拔模 1　　　图 12.5.57　定义拔模参照

Step5. 创建图 12.5.58 所示的圆角 1。选择图 12.5.58 所示的边线为圆角对象，圆角半径值为 2.0。

这两条边线为倒圆角边线

图 12.5.58　圆角 1

Step6. 创建图 12.5.59 所示的零件特征——成形工具 1。选择下拉菜单 插入(I) ➡ 钣金 (H) ➡ 🍄 成形工具 命令；激活"成形工具"对话框的 停止面 区域，选取图 12.5.59 所示的模型表面为成形工具的停止面；单击 ✔ 按钮，完成成形工具 1 的创建。

Step7. 至此，成形工具模型创建完毕。选择下拉菜单 文件(F) ➡ 🖺 另存为 (A) … 命令，把模型保存于 D:\swal18\work\ch12.05 文件夹，并命名为 SM_DIE_06。

Task7. 进行图 12.5.60 所示的微波炉外壳内部底盖的细节设计

Step1. 在装配件中打开微波炉外壳内部底盖零件（INSIDE_COVER_01）。在设计树中

选择  (固定) INSIDE_COVER_01<1>，然后右击，在弹出的快捷菜单中选择 📎 命令。

图 12.5.59 成形工具 1

图 12.5.60 微波炉外壳内部底盖

Step2. 创建图 12.5.61 所示的钣金特征——边线-法兰 1。选择下拉菜单 插入(I) ➡️ 钣金(H) ➡️ 🔲 边线法兰(E)… 命令，系统弹出"边线-法兰"对话框；选取图 12.5.62 所示的模型边线为生成的边线法兰的边线；在 法兰参数(P) 区域中取消选中 ☐ 使用默认半径(U) 复选框，在 🔧 文本框中输入折弯半径值 0.7，在 角度(G) 区域的 ⬦ 文本框中输入角度值 90.0，在"边线-法兰"对话框 法兰长度(L) 区域的下拉列表中选择 给定深度 选项，在 法兰位置(N) 区域中单击"材料在内"按钮 🔲；单击 ✔ 按钮，完成边线-法兰 1 的初步创建；在设计树中的 🔲 边线-法兰1 上右击，在系统弹出的快捷菜单中单击 📝 命令，系统进入草图环境，绘制图 12.5.63 所示的横断面草图。退出草图环境，此时系统完成边线-法兰 1 的创建(此处将 🔷 top01-DISH 显示)。

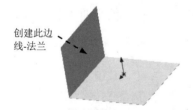

图 12.5.61 创建边线-法兰 1

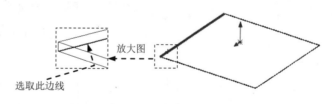

图 12.5.62 定义特征的边线

Step3. 用相同的方法创建另一侧的边线-法兰 2（图 12.5.64），详细操作步骤参见上一步。

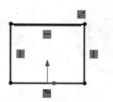

图 12.5.63 横断面草图（草图 1）

图 12.5.64 创建边线-法兰 2

Step4. 创建图 12.5.65 所示的边线-法兰 3。选择下拉菜单 插入(I) ➡️ 钣金(H) ➡️ 🔲 边线法兰(E)… 命令，系统弹出"边线-法兰"对话框；选取图 12.5.66 所示的模型边线为生成的边线法兰的边线；在 法兰参数(P) 区域中取消选中 ☐ 使用默认半径(U) 复选框，在文本框中输入折弯半径值为 0.7，在 **角度(G)** 区域的 文本框中输入角度值 90.0，在"边线-法兰"对话框 **法兰长度(L)** 区域的下拉列表中选择 **给定深度** 选项，在 文本框中输入深度值 10.0，在 **法兰位置(N)** 区域中单击"材料在内"按钮 ；单击 按钮，完成边线-法兰 3 的创建。

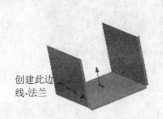

图 12.5.65　创建边线-法兰 3

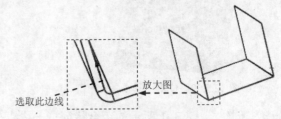

图 12.5.66　定义特征的边线

Step5. 创建图 12.5.67 所示的草图 12。选择下拉菜单 **插入(I)** ➡ **草图绘制** 命令。选取图 12.5.68 所示的基准面为草图基准面，绘制图 12.5.67 所示的草图 12（显示原点）。

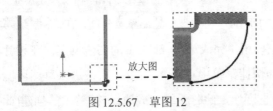

图 12.5.67　草图 12   图 12.5.68　草图基准面

Step6. 创建图 12.5.69 所示的放样 1。选择下拉菜单 **插入(I)** ➡ **凸台/基体(B)** ➡ **放样(L)...** 命令，系统弹出"放样"对话框。依次选择图 12.5.70 所示的平面 1 和平面 2 作为放样 1 特征的截面轮廓，选择草图 12 与边线 1 为放样引导线。取消选中 **合并结果(R)** 复选框。

Step7. 参照 Step 6 创建另外一侧的放样 2。结果如图 12.5.71 所示。

Step8. 创建图 12.5.72 所示的镜像 1。选择下拉菜单 **插入(I)** ➡ **阵列/镜向(E)** ➡ **镜向(M)...** 命令。选取右视基准面作为镜像基准面，选取边线-法兰 3 作为镜像 1 的对象。

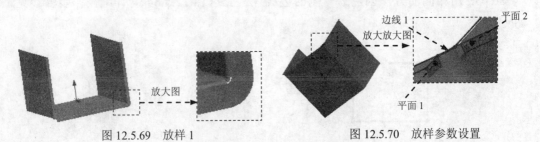

图 12.5.69　放样 1   图 12.5.70　放样参数设置

Step9. 创建图 12.5.73 所示的镜像 2。选择下拉菜单 **插入(I)** ➡ **阵列/镜像(E)** ➡ **镜向(M)...** 命令。选取右视基准面作为镜像基准面，选取放样 1 和放样 2 作为镜像 2 的对象。

图 12.5.71　放样 2

图 12.5.72　镜像 1

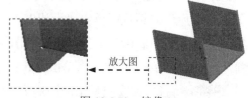
放大图
图 12.5.73　镜像 2

Step10. 创建图 12.5.74 所示的钣金特征——边线-法兰 4。选择下拉菜单 **插入(I)** ➡ **钣金 (H)** ➡ **边线法兰(E)...** 命令，系统弹出"边线-法兰"对话框；选取图 12.5.75 所示的模型边线为生成的边线法兰的边线；在 **法兰参数(P)** 区域中取消选中 □ **使用默认半径(U)** 复选框，在 文本框中输入折弯半径值为 0.7，在 **角度(G)** 区域的 文本框中输入角度值 90.0，在"边线-法兰"对话框 **法兰长度(L)** 区域的下拉列表中选择 **给定深度** 选项，在 **法兰位置(N)** 区域中单击"材料在内"按钮 ；单击 ✓ 按钮，完成边线-法兰 4 的初步创建；在设计树中的 ▶ **边线-法兰4** 上右击，在系统弹出的快捷菜单中单击 命令，系统进入草图环境，绘制图 12.5.76 所示的横断面草图。退出草图环境，此时系统完成边线-法兰 4 的创建。

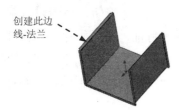
创建此边线-法兰
图 12.5.74　创建边线-法兰 4

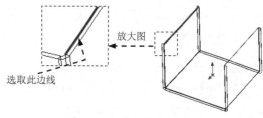
放大图
选取此边线
图 12.5.75　定义特征的边线

Step11. 用相同的方法创建另一侧的边线-法兰 5（图 12.5.77），详细操作步骤参见 Step10。

Step12. 创建图 12.5.78 所示的成形特征 1。单击任务窗格中的"设计库"按钮 ，打开"设计库"对话框；单击"设计库"对话框中的 **ins43** 节点，在设计库下部的列表框中选择"SM_DIE_01"文件并拖动到图 12.5.78 所示的平面，在系统弹出的"成形工具特征"对话框中单击 ✓ 按钮；单击设计树中 ⊞ **SM_DIE_011(默认) ->** 节点前的"+"号，右击 **草图34** 特征，在系统弹出的快捷菜单中单击 按钮，进入草图环境；编辑草图，如图 12.5.79 所示。退出草图环境，完成成形特征 1 的创建。

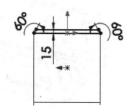
15
图 12.5.76　横断面草图（草图 13）

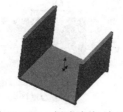
图 12.5.77　创建边线-法兰 5

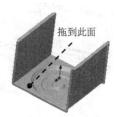
拖到此面
图 12.5.78　成形特征 1

Step13. 创建图 12.5.80 所示的成形特征 2。单击任务窗格中的"设计库"按钮 ⬚，打开"设计库"对话框；单击"设计库"对话框中的 ⬚ ins43 节点，在设计库下部的列表框中选择"SM_DIE_02"文件并拖动到图 12.5.80 所示的平面，在系统弹出的"成形工具特征"对话框中单击 ✓ 按钮；单击设计树中 ⊞ ⬚ SM_DIE_021 (默认) ->节点前的"+"号，右击 ⬚ 草图36 特征，在系统弹出的快捷菜单中单击 ⬚ 按钮，进入草图环境；编辑草图，如图 12.5.81 所示。退出草图环境，完成成形特征 2 的创建。

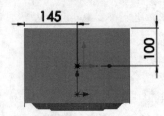

图 12.5.79　横断面草图（草图 14）　图 12.5.80　成形特征 2　图 12.5.81　横断面草图（草图 15）

Step14. 创建图 12.5.82 所示的成形特征 3。单击任务窗格中的"设计库"按钮 ⬚，打开"设计库"对话框；单击"设计库"对话框中的 ⬚ ins43 节点，在设计库下部的列表框中选择"SM_DIE_03"文件并拖动到图 12.5.82 所示的平面，在系统弹出的"成形工具特征"对话框 旋转角度(A) 区域的 ⬚ 文本框中输入值 180，单击 ✓ 按钮；单击设计树中 ⊞ ⬚ SM_DIE_031 (默认) ->节点前的"+"号，右击 ⬚ (-) 草图38 特征，在系统弹出的快捷菜单中单击 ⬚ 按钮，进入草图环境；编辑草图，如图 12.5.83 所示（注：若草图方向不对。可通过 工具(T) ➡ 草图工具(T) ▸ ➡ ⬚ 修改(Y)... 命令，在 旋转(R) 对话框中输入角度修改）。退出草图环境，完成成形特征 3 的创建。

Step15. 创建图 12.5.84 所示的成形特征 4。单击任务窗格中的"设计库"按钮 ⬚，打开"设计库"对话框；单击"设计库"对话框中的 ⬚ ins43 节点，在设计库下部的列表框中选择"SM_DIE_04"文件并拖动到图 12.5.84 所示的平面，在系统弹出的"成形工具特征"对话框 旋转角度(A) 区域的 ⬚ 文本框中输入值 180，单击 ✓ 按钮；单击设计树中 ⊞ ⬚ SM_DIE_041 (默认) ->节点前的"+"号，右击 ⬚ 草图40 特征，在系统弹出的快捷菜单中单击 ⬚ 按钮，进入草图环境；编辑草图，如图 12.5.85 所示（注：若草图方向不对。可通过 工具(T) ➡ 草图工具(T) ▸ ➡ ⬚ 修改(Y)... 命令，在 旋转(R) 对话框中输入角度修改）。退出草图环境，完成成形特征 4 的创建。

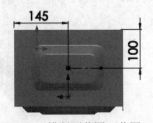

图 12.5.82　成形特征 3　图 12.5.83　横断面草图（草图 16）　图 12.5.84　成形特征 4

Step16. 创建图 12.5.86 所示的成形特征 5。单击任务窗格中的"设计库"按钮，打开"设计库"对话框；单击"设计库"对话框中的 ins43 节点，在设计库下部的列表框中选择"SM_DIE_05"文件并拖动到图 12.5.86 所示的平面，在系统弹出的"成形工具特征"对话框 旋转角度(A) 区域的 文本框中输入值 180，单击 按钮；单击设计树中 SM_DIE_051 (默认) -> 节点前的"+"号，右击 草图42 特征，在系统弹出的快捷菜单中单击 按钮，进入草图环境；编辑草图，如图 12.5.87 所示（注：若草图方向不对。可通过 工具(T) ➡ 草图工具(T) ➡ 修改(Y)... 命令，在 旋转(R) 对话框中输入角度修改）。退出草图环境，完成成形特征 5 的创建。

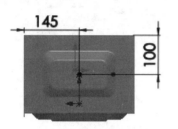

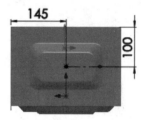

图 12.5.85　横截面草图（草图 17）　　图 12.5.86　成形特征 5　　图 12.5.87　横断面草图（草图 18）

Step17. 创建图 12.5.88 所示的成形特征 6。单击任务窗格中的"设计库"按钮，打开"设计库"对话框；单击"设计库"对话框中的 ins43 节点，在设计库下部的列表框中选择"SM_DIE_06"文件并拖动到图 12.5.88 所示的平面，在系统弹出的"成形工具特征"对话框中单击 按钮；单击设计树中 SM_DIE_061 (默认) -> 节点前的"+"号，右击 (-) 草图44 特征，在系统弹出的快捷菜单中单击 按钮，进入草图环境；编辑草图，如图 12.5.89 所示（注：若草图方向不对。可通过 工具(T) ➡ 草图工具(T) ➡ 修改(Y)... 命令，在 旋转(R) 对话框中输入角度修改）。退出草图环境，完成成形特征 6 的创建。

Step18. 创建图 12.5.90 所示的组合 1。选择下拉菜单 插入(I) ➡ 特征(F) ➡ 组合(B) 命令系统弹出"组合 1"对话框；在"组合 1"对话框的 操作类型(O) 区域中选中 ⊙ 添加(A) 单选项，选择所有实体作为要组合的实体；单击"组合 1"对话框中的 按钮，完成组合 1 的创建。

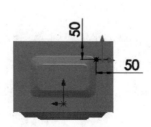
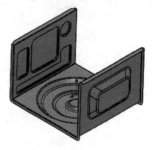

图 12.5.88　成形特征 6　　图 12.5.89　横断面草图（草图 19）　　图 12.5.90　组合 1

Step19. 创建图 12.5.91 所示的零件特征——切除-拉伸 1。选择下拉菜单 插入(I) ➡

切除(C) ➡ 📦 拉伸(E)...命令。选取右视基准面作为草图基准面，绘制图 12.5.92 所示的横断面草图。在"切除-拉伸"对话框 方向1 区域和 方向2 区域的下拉列表中选择 完全贯穿 选项。

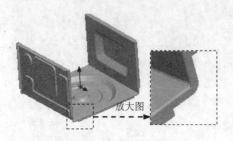

图 12.5.91　切除-拉伸 1

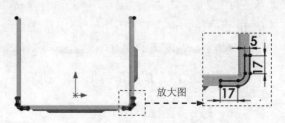

图 12.5.92　横断面草图（草图 20）

Step20. 创建图 12.5.93 所示的草图 21。选择下拉菜单 插入(I) ➡ ▢ 草图绘制 命令。选取图 12.5.94 所示平面为草图基准面，绘制图 12.5.93 所示的草图 21。

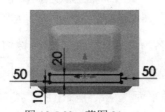

图 12.5.93　草图 21

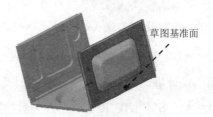

图 12.5.94　草图基准面

Step21. 创建图 12.5.95 所示的零件特征——切除-拉伸 2。选择下拉菜单 插入(I) ➡

切除(C) ➡ 📦 拉伸(E)...命令。选取图 12.5.94 所示平面作为草图基准面，绘制图 12.5.96 所示的横断面草图（此草图圆心与图 12.5.93 所示草图的左上点重合）。在"切除-拉伸"对话框 方向1 区域的下拉列表中选择 给定深度 选项，输入深度值 10.0。

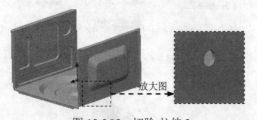

图 12.5.95　切除-拉伸 2

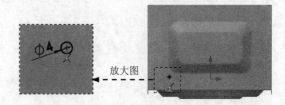

图 12.5.96　横断面草图（草图 22）

Step22. 创建图 12.5.97 所示的阵列（线性）1。选择下拉菜单 插入(I) ➡ 阵列/镜像(E)

➡ 🔠 线性阵列(L)...命令。选取切除-拉伸 2 作为要阵列的对象，在图形区选取图 12.5.98 所示的边线 1 为 方向1 的参考实体，在对话框中输入间距值 5.0，输入实例数值 39。在图形区选取图 12.5.98 所示的边线 2 为 方向2 的参考实体。在对话框中输入间距值 5.0，输入实例数值 5。

图 12.5.97 阵列（线性）1

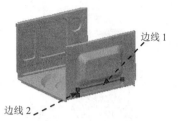

图 12.5.98 阵列参数设置

Step23. 创建图 12.5.99 所示的零件特征——切除-拉伸 3。选择下拉菜单 插入(I) ➡ 切除(C) ➡ 🗔 拉伸(E)... 命令。选取图 12.5.94 所示平面作为草图基准面，绘制图 12.5.100 所示的横断面草图。在"切除-拉伸"对话框 方向1 区域的下拉列表中选择 完全贯穿 选项。

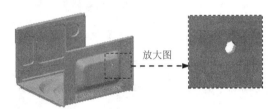

图 12.5.99 切除-拉伸 3

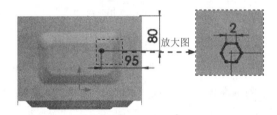

图 12.5.100 横断面草图（草图 23）

Step24. 创建图 12.5.101 所示的阵列（线性）2。选择下拉菜单 插入(I) ➡ 阵列/镜向(E) ➡ 🔡 线性阵列(L)... 命令。选取切除-拉伸 3 作为要阵列的对象，在图形区选取图 12.5.102 所示的边线 1 为 方向1 的参考实体，在对话框中输入间距值 5.0，输入实例数值 20。在图形区选取图 12.5.102 所示的边线 2 为 方向2 的参考实体，在对话框中输入间距值 6.0，输入实例数值 7。

图 12.5.101 阵列（线性）2

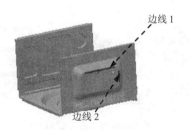

图 12.5.102 阵列参数设置

Step25. 创建图 12.5.103 所示的零件特征——切除-拉伸 4。选择下拉菜单 插入(I) ➡ 切除(C) ➡ 🗔 拉伸(E)... 命令。选取上视基准面作为草图基准面，绘制图 12.5.104 所示的横断面草图。在"切除-拉伸"对话框 方向1 区域的下拉列表中选择 完全贯穿 选项。

Step26. 创建图 12.5.105 所示的零件特征——切除-拉伸 5。选择下拉菜单 插入(I) ➡ 切除(C) ➡ 🗔 拉伸(E)... 命令。选取前视基准面作为草图基准面，绘制图 12.5.106 所示的横断面草图。在"切除-拉伸"对话框 方向1 区域的下拉列表中选择 完全贯穿 选项，并单击按钮。

图 12.5.103　切除-拉伸 4

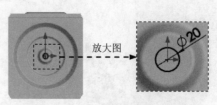

图 12.5.104　横断面草图（草图 24）

图 12.5.105　切除-拉伸 5

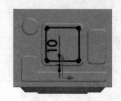

图 12.5.106　横断面草图（草图 25）

Step27. 创建图 12.5.107 所示的零件特征——切除-拉伸 6。选择下拉菜单 插入(I) ➡
切除(C) ➡ ⬚ 拉伸(E)...命令。选取前视基准面作为草图基准面，绘制图 12.5.108 所示的横断面草图。在"切除-拉伸"对话框 方向1 区域的下拉列表中选择 完全贯穿 选项，并单击 按钮。

Step28. 创建图 12.5.109 所示的阵列（线性）3。选择下拉菜单 插入(I) ➡ 阵列/镜向(E)
➡ 線性阵列(L)...命令。选取切除-拉伸 6 作为要阵列的对象，在图形区选取图 12.5.110 所示的边线 1 为 方向1 的参考实体，在对话框中输入间距值 5.0，输入实例数值 13。在图形区选取图 12.5.110 所示的边线 2 为 方向2 的参考实体，在对话框中输入间距值 5.0，输入实例数值 13。

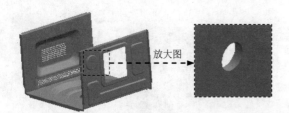

图 12.5.107　切除-拉伸 6

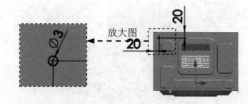

图 12.5.108　横断面草图（草图 26）

Step29. 创建图 12.5.111 所示的零件特征——切除-拉伸 7。选择下拉菜单 插入(I) ➡
切除(C) ➡ ⬚ 拉伸(E)...命令。选取图 12.5.111 所示的模型表面为草图基准面，绘制图 12.5.112 所示的横断面草图。在"切除-拉伸"对话框 方向1 区域的下拉列表中选择 给定深度 选项，输入深度值 10.0。

Step30. 创建图 12.5.113 所示的镜像 3。选择下拉菜单 插入(I) ➡ 阵列/镜向(E)
➡ 镜向(M)...命令。选取前视基准面作为镜像基准面，选取切除-拉伸 7 作为镜像 3

的对象。

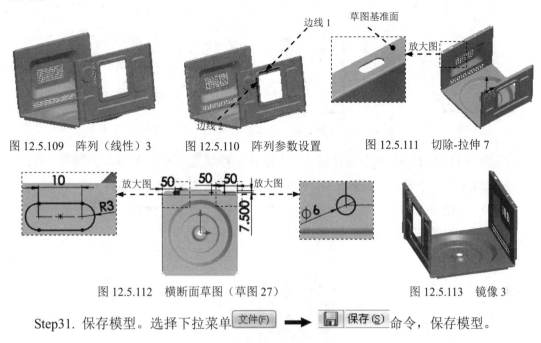

图 12.5.109　阵列（线性）3　　图 12.5.110　阵列参数设置　　图 12.5.111　切除-拉伸 7

图 12.5.112　横断面草图（草图 27）　　　　图 12.5.113　镜像 3

Step31. 保存模型。选择下拉菜单 文件(F) ➡️ 💾 保存(S) 命令，保存模型。

12.6　微波炉外壳内部顶盖的细节设计

Task1. 创建图 12.6.1 所示的模具 7

Step1. 新建模型文件。选择下拉菜单 文件(F) ➡️ 🗋 新建(N)... 命令，在系统弹出的"新建 SolidWorks 文件"对话框中选择"零件"模块，单击 确定 按钮，进入建模环境。

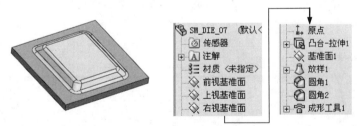

图 12.6.1　模具 7 模型及设计树

Step2. 创建图 12.6.2 所示的零件特征——凸台-拉伸 1。选择下拉菜单 插入(I) ➡️ 凸台/基体(B) ➡️ 🗔 拉伸(E)... 命令。选取上视基准面作为草图基准面，绘制图 12.6.3 所示的横断面草图；在"凸台-拉伸"对话框 方向 1 区域的下拉列表中选择 给定深度 选项，输入深度值 20.0。

Step3. 创建图 12.6.4 所示的基准面 1。选择下拉菜单 插入(I) ➡️ 参考几何体(G) ▸ ➡️ 🗋 基准面(P)... 命令。选取上视基准面为参考实体，采用系统默认的偏移方向，输入偏移距离值 40.0。单击 ✅ 按钮，完成基准面 1 的创建。

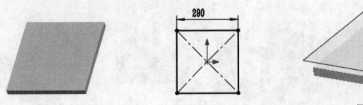

图 12.6.2　凸台-拉伸 1　　图 12.6.3　横断面草图（草图 1）　　图 12.6.4　基准面 1

Step4. 创建图 12.6.5 所示的草图 2。选择下拉菜单 插入(I) ➡ ⬜ 草图绘制 命令。选取图 12.6.6 所示平面为草图基准面，绘制图 12.6.5 所示的草图 2。

Step5. 创建图 12.6.7 所示的草图 3。选择下拉菜单 插入(I) ➡ ⬜ 草图绘制 命令。选取基准面 1 为草图基准面，绘制图 12.6.7 所示的草图 3。

图 12.6.5　草图 2　　　　图 12.6.6　草图基准面　　　　图 12.6.7　草图 3

Step6. 创建图 12.6.8 所示的放样 1。选择下拉菜单 插入(I) ➡ 凸台/基体 (B) ➡ 🔔 放样(L)... 命令，系统弹出"放样"对话框。依次选择草图 2 和草图 3 作为放样 1 特征的截面轮廓。

Step7. 创建圆角特征——圆角 1。选取图 12.6.9 所示的边线为圆角放置参照，圆角半径值为 25.0。

Step8. 创建圆角特征——圆角 2。选取图 12.6.10 所示的边线为圆角放置参照，圆角半径值为 15.0。

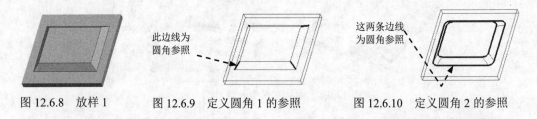

图 12.6.8　放样 1　　　图 12.6.9　定义圆角 1 的参照　　　图 12.6.10　定义圆角 2 的参照

Step9. 创建图 12.6.11 所示的零件特征——成形工具 1。选择下拉菜单 插入(I) ➡ 钣金 (H) ➡ 🍄 成形工具 命令；激活"成形工具"对话框的 停止面 区域，选取图 12.6.11 所示的模型表面作为成形工具的停止面；单击 ✅ 按钮，完成成形工具 1 的创建。

Step10. 至此，成形工具模型创建完毕。选择下拉菜单 文件(F) ➡ 💾 保存 (S) 命令，将模型保存于 D:\swal18\work\ch12.06 文件夹，并命名为 SM_DIE_07。

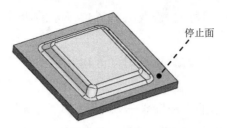

图 12.6.11　成形工具 1

Task2．创建图 12.6.12 所示的模具 8

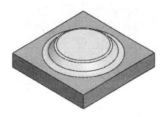

图 12.6.12　模具 8 模型

Step1．新建模型文件。选择下拉菜单 文件(F) ➡ 新建(N)... 命令，在系统弹出的"新建 SolidWorks 文件"对话框中选择"零件"模块，单击 确定 按钮，进入建模环境。

Step2．创建图 12.6.13 所示的零件特征——凸台-拉伸 1。选择下拉菜单 插入(I) ➡ 凸台/基体(B) ➡ 拉伸(E)... 命令。选取上视基准面作为草图基准面，绘制图 12.6.14 所示的横断面草图；在"凸台-拉伸"对话框 方向1 区域的下拉列表中选择 给定深度 选项，输入深度值 10.0。

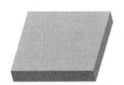

图 12.6.13　凸台-拉伸 1

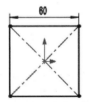

图 12.6.14　横断面草图（草图 1）

Step3．创建图 12.6.15 所示的零件特征——旋转 1。选择下拉菜单 插入(I) ➡ 凸台/基体(B) ➡ 旋转(R)... 命令。选取前视基准面作为草图基准面，绘制图 12.6.16 所示的横断面草图（包括旋转中心线）。采用草图中绘制的中心线作为旋转轴线，在 方向1 区域的 文本框中输入值 360.00。

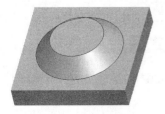

图 12.6.15　旋转 1

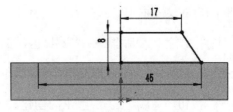

图 12.6.16　横断面草图（草图 2）

Step4. 添加圆角特征——圆角 1。选取图 12.6.17 所示的边线为圆角放置参照，圆角半径值为 5.0。

Step5. 添加圆角特征——圆角 2。选取图 12.6.18 所示的边线为圆角放置参照，圆角半径值为 2.0。

Step6. 创建图 12.6.19 所示的零件特征——成形工具 1。选择下拉菜单 插入(I) ➡ 钣金(H) ▶ ➡ 🍄 成形工具 命令；激活"成形工具"对话框的 停止面 区域，选取图 12.6.19 所示的模型表面作为成形工具的停止面；单击 ✔ 按钮，完成成形工具 1 的创建。

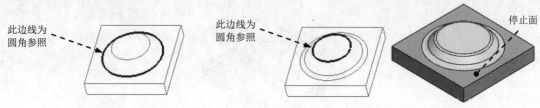

图 12.6.17　定义圆角 1 的参照　　图 12.6.18　定义圆角 2 的参照　　图 12.6.19　成形工具 1

Step7. 至此，成形工具模型创建完毕。选择下拉菜单 文件(F) ➡ 💾 保存(S) 命令，将模型保存于 D:\swal18\work\ch12.06 文件夹，并命名为 SM_DIE_08。

Task3. 进行图 12.6.20 所示的微波炉外壳内部顶盖的细节设计

Step1. 在装配件中打开微波炉外壳内部顶盖（INSIDE_COVER_02.SLDPRT）。在设计树中选择 ⊞ 🧲 (固定) INSIDE_COVER_02<1>，然后右击，在系统弹出的快捷菜单中单击 📄 按钮。

图 12.6.20　微波炉外壳内部顶盖模型

Step2. 创建图 12.6.21 所示的钣金特征——边线-法兰 1。选择下拉菜单 插入(I) ➡ 钣金(H) ▶ ➡ 🔖 边线法兰 (E)... 命令，系统弹出"边线-法兰"对话框；选取图 12.6.22 所示的模型边线为生成的边线法兰的边线；在 法兰参数(P) 区域中取消选中 ☐ 使用默认半径(U) 复选框，在 ⬏ 文本框中输入折弯半径值 0.7；在 角度(G) 区域的 ⬏ 文本框中输入角度值 90.0；在"边线-法兰"对话框 法兰长度(L) 区域的下拉列表中选择 给定深度 选项，输入深度值 10.0，在此区域中单击"内部虚拟交点"按钮 🔖；在 法兰位置(N) 区域中单击"材料在内"按钮 🔖；单击 ✔ 按钮，完成边线-法兰 1 的创建。

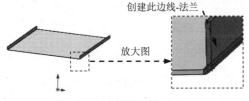

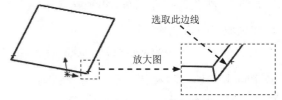

图 12.6.21 创建边线-法兰 1   图 12.6.22 定义特征的边线

Step3. 创建图 12.6.23 所示的成形特征 1。单击任务窗格中的"设计库"按钮 ▦，打开"设计库"对话框；单击"设计库"对话框中的 ▦ ins43 节点，在设计库下部的列表框中选择"SM_DIE_07"文件并拖动到图 12.6.23 所示的平面，在系统弹出的"成形工具特征"对话框 旋转角度(A) 区域的 ⬜ 文本框中输入值 0，单击 ✔ 按钮；单击设计树中 ⊞ ⚙ SM_DIE_071 (默认) -> 节点前的"+"号，右击 ✏ 草图9 特征，在系统弹出的快捷菜单中单击 ⬚ 按钮，进入草图环境；编辑草图，如图 12.6.24 所示（注：若草图方向不对，可通过 工具(T) ➡ 草图工具(T) ➡ ◇ 修改(Y)... 命令，在 旋转(R) 对话框中输入角度值修改）。退出草图环境，完成成形特征 1 的创建（注意此步骤的方向）。

Step4. 创建图 12.6.25 所示的钣金特征——薄片 1。选择下拉菜单 插入(I) ➡ 钣金 (H) ➡ ⬚ 基体法兰(A)... 命令；选取图 12.6.26 所示的模型表面作为草图基准面，绘制图 12.6.27 所示的横断面草图。

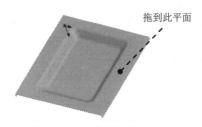

图 12.6.23 成形特征 1   图 12.6.24 横断面草图（草图 1）

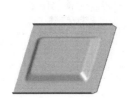

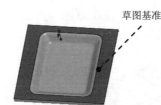

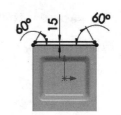

图 12.6.25 薄片 1   图 12.6.26 草图基准面   图 12.6.27 编辑草图

Step5. 创建图 12.6.28 所示的钣金特征——薄片 2。详细操作过程参见 Step4。

Step6. 创建图 12.6.29 所示的钣金特征——边线-法兰 2。选择下拉菜单 插入(I) ➡ 钣金 (H) ➡ ⬚ 边线法兰(E)... 命令，系统弹出"边线-法兰"对话框；选取图 12.6.30 所示的模型边线为生成的边线法兰的边线；在 法兰参数(P) 区域中取消选中 ☐ 使用默认半径(U) 复选框，在 ⬚ 文本框中输入折弯半径值 0.7；在 角度(G) 区域的 ⬚ 文本框中输入角度值 90.0；

在"边线-法兰"对话框 法兰长度(L) 区域的下拉列表中选择 给定深度 选项，输入深度值 10.0。在此区域中单击"内部虚拟交点"按钮 ；在 法兰位置(N) 区域中单击"材料在内"按钮 ；在"边线-法兰"对话框 ☑自定义释放槽类型(R) 区域的下拉列表中选择 撕裂形 选项，在此区域中单击"切口"按钮 ；单击 ✔ 按钮，完成边线-法兰 2 的初步创建；在设计树的 ▸ 🔷 边线-法兰2 上右击，在系统弹出的快捷菜单中单击 🖉 命令，系统进入草图环境，绘制图 12.6.31 所示的横断面草图。退出草图环境，此时系统完成边线-法兰 2 的创建。

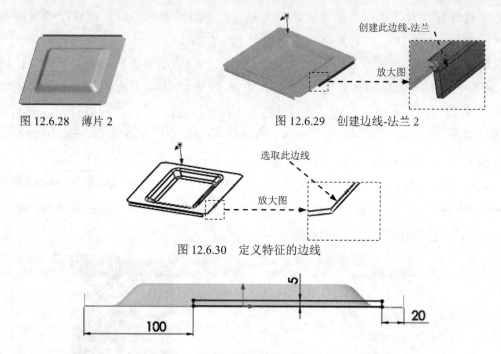

图 12.6.28 薄片 2

图 12.6.29 创建边线-法兰 2

图 12.6.30 定义特征的边线

图 12.6.31 横断面草图（草图 2）

Step7. 创建图 12.6.32 所示的零件特征——切除-拉伸 1。选择下拉菜单 插入(I) ➡ 切除(C) ➡ ▣ 拉伸(E)… 命令。选取图 12.6.33 所示平面作为草图基准面，绘制图 12.6.33 所示的横断面草图。在"切除-拉伸"对话框 方向1 区域的下拉列表中选择 完全贯穿 选项。

图 12.6.32 切除-拉伸 1

Step8. 创建图 12.6.34 所示的镜像 1。选择下拉菜单 插入(I) ➡ 阵列/镜像(E) ➡ ▣▣ 镜向(M)… 命令。选取前视基准面作为镜像基准面，选取切除-拉伸 1 作为镜像 1 的对象。

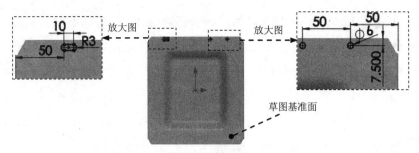

图 12.6.33　横断面草图（草图 3）

Step9. 创建图 12.6.35 所示的成形特征 2。单击任务窗格中的"设计库"按钮 ，打开"设计库"对话框；单击"设计库"对话框中的 ins43 节点，在设计库下部的列表框中选择"SM_DIE_08"文件并拖动到图 12.6.35 所示的平面，在系统弹出的"成形工具特征"对话框中单击 按钮；单击设计树中 SM_DIE_081 (默认) -> 节点前的"+"号，右击 (-) 草图15 特征，在系统弹出的快捷菜单中单击 按钮，进入草图环境；编辑草图，如图 12.6.36 所示（注：若草图方向不对，可通过 工具(T) → 草图工具(T) → 修改(Y) 命令，在 旋转(R) 对话框中输入角度值修改）。退出草图环境，完成成形特征 2 的创建。

Step10. 创建图 12.6.37 所示的成形特征 3。单击任务窗格中的"设计库"按钮 ，打开"设计库"对话框；单击"设计库"对话框中的 ins43 节点，在设计库下部的列表框中选择"SM_DIE_08"文件并拖动到图 12.6.37 所示的平面，在系统弹出的"成形工具特征"对话框中单击 按钮；单击设计树中 SM_DIE_082 (默认) -> 节点前的"+"号，右击 草图17 特征，在系统弹出的快捷菜单中单击 按钮，进入草图环境；编辑草图，如图 12.6.38 所示（注：若草图方向不对，可通过 工具(T) → 草图工具(T) → 修改(Y) 命令，在 旋转(R) 对话框中输入角度值修改）。退出草图环境，完成成形特征 3 的创建。

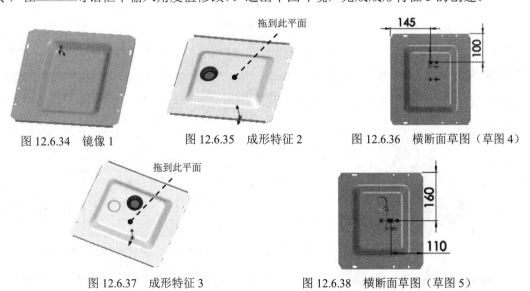

图 12.6.34　镜像 1　　　　图 12.6.35　成形特征 2　　　　图 12.6.36　横断面草图（草图 4）

图 12.6.37　成形特征 3　　　　图 12.6.38　横断面草图（草图 5）

Step11. 创建图 12.6.39 所示的零件特征——切除-拉伸 2。选择下拉菜单 插入(I) ➡ 切除(C) ➡ 🔲 拉伸(E)...命令。选取图 12.6.39 所示的面作为草图基准面，绘制图 12.6.40 所示的横断面草图。在"切除-拉伸"对话框 方向1 区域的下拉列表中选择 完全贯穿 选项，并单击 ↗ 按钮。

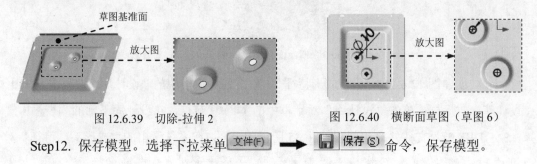

图 12.6.39　切除-拉伸 2　　　　　图 12.6.40　横断面草图（草图 6）

Step12. 保存模型。选择下拉菜单 文件(F) ➡ 💾 保存(S) 命令，保存模型。

12.7　微波炉外壳前盖的细节设计

Task1. 创建图 12.7.1 所示的模具 9

Step1. 新建模型文件。选择下拉菜单 文件(F) ➡ ☐ 新建(N)...命令，在系统弹出的"新建 SolidWorks 文件"对话框中选择"零件"模块，单击 确定 按钮，进入建模环境。

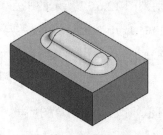

图 12.7.1　模具 9 模型

Step2. 创建图 12.7.2 所示的零件特征——凸台-拉伸 1。选择下拉菜单 插入(I) ➡ 凸台/基体(B) ➡ 🔲 拉伸(E)...命令。选取上视基准面作为草图基准面，绘制图 12.7.3 所示的横断面草图；在"凸台-拉伸"对话框 方向1 区域的下拉列表中选择 给定深度 选项，输入深度值 5.0。

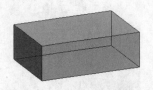

图 12.7.2　凸台-拉伸 1

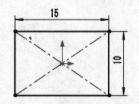

图 12.7.3　横断面草图（草图 1）

Step3. 创建图 12.7.4 所示的零件特征——旋转 1。选择下拉菜单 插入(I) ➡ 凸台/基体(B)

➡️ 🔄 旋转(R)... 命令。选取前视基准面作为草图基准面，绘制图 12.7.5 所示的横断面草图（包括旋转中心线）。采用草图中绘制的中心线作为旋转轴线，在 方向1 区域的 📐 文本框中输入值 360.00。

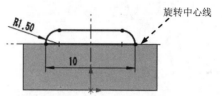

图 12.7.4 旋转 1

图 12.7.5 横断面草图（草图 2）

Step4. 创建图 12.7.6b 所示的圆角 1。选择图 12.7.6a 所示的边线为圆角对象，圆角半径值为 1.2。

Step5. 创建图 12.7.7 所示的零件特征——成形工具 1。选择下拉菜单 插入(I) ➡️ 钣金(H) ▶ ➡️ 🔧 成形工具 命令；激活"成形工具"对话框的 停止面 区域，选取图 12.7.7 所示的模型表面作为成形工具的停止面；单击 ✔️ 按钮，完成成形工具 1 的创建。

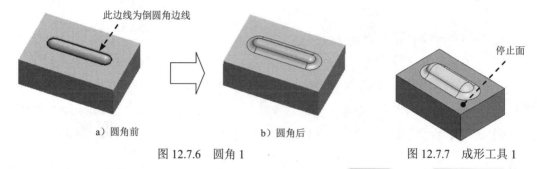

a）圆角前　　　　　　　b）圆角后

图 12.7.6 圆角 1

图 12.7.7 成形工具 1

Step6. 至此，成形工具模型创建完毕。选择下拉菜单 文件(F) ➡️ 💾 保存(S) 命令，把模型保存于 D:\swal18\work\ch12.07 文件夹，并命名为 SM_DIE_09。

Task2. 进行图 12.7.8 所示的微波炉外壳前盖的细节设计

图 12.7.8 微波炉外壳前盖模型

Step1. 在装配件中打开微波炉外壳前盖（FRONT_COVER）。在设计树中选择 ⊞ 🔩 (固定) FRONT_COVER<1> ，然后右击，在系统弹出的快捷菜单中单击 📄 按钮。

Step2. 创建图 12.7.9 所示的零件特征——切除-拉伸 1。选择下拉菜单 插入(I) ➡️

切除(C) ➡ 拉伸(E)...命令。选取右视基准面作为草图基准面，绘制图 12.7.10 所示的横断面草图。在"切除-拉伸"对话框 方向1 区域的下拉列表中选择 完全贯穿 选项（此时为了绘图方便，显示 left01-DISH、right01-DISH、top01-DISH 和 down01-DISH 基准面）。

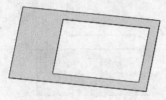

图 12.7.9　切除-拉伸 1

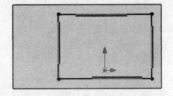

图 12.7.10　横断面草图（草图 1）

Step3. 创建图 12.7.11 所示的零件特征——切除-拉伸 2。选择下拉菜单 插入(I) ➡ 切除(C) ➡ 拉伸(E)...命令。选取右视基准面作为草图基准面，绘制图 12.7.12 所示的横断面草图。在"切除-拉伸"对话框 方向1 区域的下拉列表中选择 完全贯穿 选项。

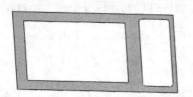

图 12.7.11　切除-拉伸 2

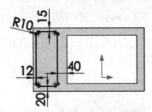

图 12.7.12　横断面草图（草图 2）

Step4. 创建图 12.7.13 所示的零件特征——切除-拉伸 3。选择下拉菜单 插入(I) ➡ 切除(C) ➡ 拉伸(E)...命令。选取右视基准面作为草图基准面，绘制图 12.7.14 所示的横断面草图。在"切除-拉伸"对话框 方向1 区域的下拉列表中选择 完全贯穿 选项。

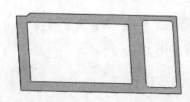

图 12.7.13　切除-拉伸 3

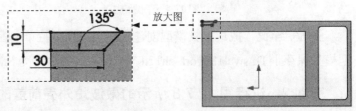

图 12.7.14　横断面草图（草图 3）

Step5. 创建图 12.7.15 所示的圆角 1。选择图 12.7.15 所示的边线为圆角对象，圆角半径值为 5.0。

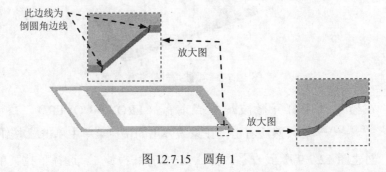

图 12.7.15　圆角 1

Step6. 创建图 12.7.16 所示的圆角 2。选择图 12.7.16 所示的边线为圆角对象，圆角半径值为 5.0。

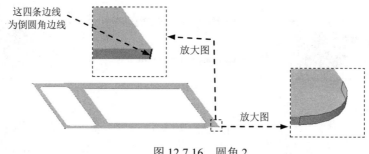

这四条边线为倒圆角边线

放大图

放大图

图 12.7.16　圆角 2

Step7. 创建图 12.7.17 所示的钣金特征——边线-法兰 1。选择下拉菜单 插入(I) ➡ 钣金(H) ▶ ➡ 🔲 边线法兰(E)... 命令，系统弹出"边线-法兰"对话框；选取图 12.7.18 所示的模型边线为生成的边线法兰的边线；在 法兰参数(P) 区域中取消选中 □ 使用默认半径(U) 复选框，在 ⌐ 文本框中输入折弯半径值 0.7，在 角度(G) 区域的 文本框中输入角度值 90.0，在"边线-法兰"对话框的 法兰长度(L) 区域的下拉列表中选择 给定深度 选项，输入深度值 15.0。在此区域中单击"内部虚拟交点"按钮 ，在 法兰位置(N) 区域中单击"折弯在内"按钮 。

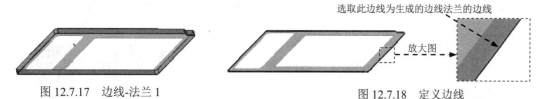

选取此边线为生成的边线法兰的边线

放大图

图 12.7.17　边线-法兰 1

图 12.7.18　定义边线

Step8. 创建图 12.7.19 所示的零件特征——切除-拉伸 4。选择下拉菜单 插入(I) ➡ 切除(C) ▶ ➡ 🔲 拉伸(E)... 命令。选取图 12.7.19 所示平面作为草图基准面，绘制图 12.7.20 所示的横断面草图。在"切除-拉伸"对话框 方向1 区域的下拉列表中选择 给定深度 选项，输入深度值 22.0。

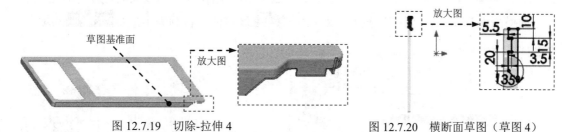

草图基准面

放大图

放大图

5.5　10

20　3.5　15

35

图 12.7.19　切除-拉伸 4

图 12.7.20　横断面草图（草图 4）

Step9. 创建图 12.7.21 所示的圆角 3。选择图 12.7.21 所示的边线为圆角对象，圆角半径值为 2.0。

Step10. 创建图 12.7.22 所示的零件特征——切除-拉伸 5。选择下拉菜单 插入(I) ➡ 切除(C) ▶ ➡ 🔲 拉伸(E)... 命令。选取图 12.7.22 所示平面作为草图基准面，绘制图 12.7.23

所示的横断面草图。在"切除-拉伸"对话框 方向1 区域的下拉列表中选择 给定深度 选项，输入深度值 20.0。

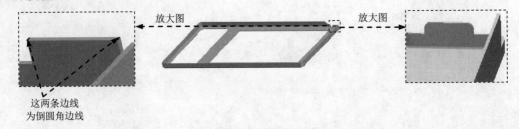

图 12.7.21　圆角 3

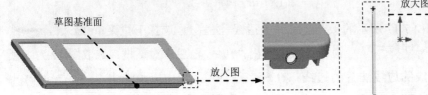

图 12.7.22　切除-拉伸 5

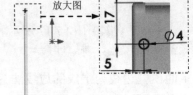

图 12.7.23　横断面草图（草图 5）

Step11. 创建图 12.7.24 所示的零件特征——切除-拉伸 6。选择下拉菜单 插入(I) ➡ 切除(C) ➡ 📦 拉伸(E)... 命令。选取图 12.7.24 所示平面作为草图基准面，绘制图 12.7.25 所示的横断面草图。在"切除-拉伸"对话框 方向1 区域的下拉列表中选择 给定深度 选项，输入深度值 20.0。

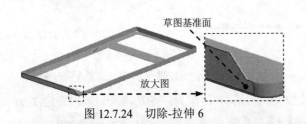

图 12.7.24　切除-拉伸 6

图 12.7.25　横断面草图（草图 6）

Step12. 创建图 12.7.26 所示的零件特征——切除-拉伸 7。选择下拉菜单 插入(I) ➡ 切除(C) ➡ 📦 拉伸(E)... 命令。选取图 12.7.26 所示平面作为草图基准面，绘制图 12.7.27 所示的横断面草图。在"切除-拉伸"对话框 方向1 区域的下拉列表中选择 给定深度 选项，输入深度值 20.0。

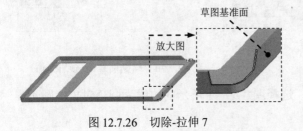

图 12.7.26　切除-拉伸 7

图 12.7.27　横断面草图（草图 7）

Step13. 创建图 12.7.28 所示的零件特征——切除-拉伸 8。选择下拉菜单 插入(I) ➡ 切除(C) ➡ 📦 拉伸(E)... 命令。选取图 12.7.28 所示平面作为草图基准面，绘制图 12.7.29

所示的横断面草图。在"切除-拉伸"对话框 方向1 区域的下拉列表中选择 给定深度 选项，输入深度值 20.0。

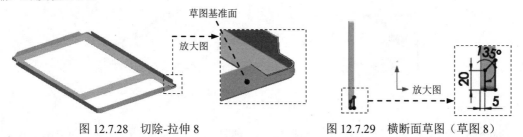

图 12.7.28　切除-拉伸 8　　　　　　图 12.7.29　横断面草图（草图 8）

Step14. 创建图 12.7.30 所示的零件特征——切除-拉伸 9。其详细创建方法参见切除-拉伸 8。

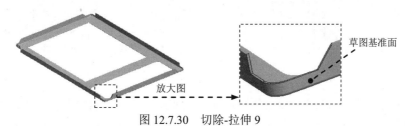

图 12.7.30　切除-拉伸 9

Step15. 创建图 12.7.31 所示的钣金特征——边线-法兰 2。选择下拉菜单 插入(I) ➡ 钣金(H) ➡ 边线法兰(E)... 命令，系统弹出"边线-法兰"对话框；选取图 12.7.32 所示的模型边线为生成的边线法兰的边线；在 角度(G) 区域的 文本框中输入角度值 75.0，在"边线法兰"对话框的 法兰长度(L) 区域的下拉列表中选择 给定深度 选项，输入深度值 5.0。在此区域中单击"内部虚拟交点"按钮，在 法兰位置(N) 区域中单击"材料在内"按钮；单击 按钮，完成边线-法兰 2 的创建。

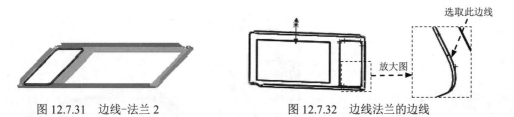

图 12.7.31　边线-法兰 2　　　　　　图 12.7.32　边线法兰的边线

Step16. 创建图 12.7.33 所示的钣金特征——薄片 1。选择下拉菜单 插入(I) ➡ 钣金(H) ➡ 基体法兰(A)... 命令；选取图 12.7.33 所示的模型表面作为草图基准面，绘制图 12.7.34 所示的横断面草图；退出草图基准面，此时系统自动生成薄片 1。

图 12.7.33　薄片 1　　　　　　图 12.7.34　横断面草图（草图 9）

Step17. 创建图 12.7.35 所示的钣金特征——薄片 2。详细创建方法参见 Step16。

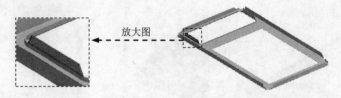

放大图

图 12.7.35　薄片 2

Step18. 创建图 12.7.36 所示的钣金特征——薄片 3。详细创建方法参见 Step16。

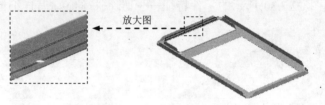

放大图

图 12.7.36　薄片 3

Step19. 创建图 12.7.37 所示的钣金特征——薄片 4。选择下拉菜单 插入(I) ➡ 钣金 (H) ➡ 基体法兰 (A)... 命令；选取图 12.7.37 所示的模型表面作为草图基准面，绘制图 12.7.38 所示的横断面草图；退出草图基准面，此时系统自动生成薄片 4。

Step20. 创建图 12.7.39 所示的零件特征——切除-拉伸 10。选择下拉菜单 插入(I) ➡ 切除(C) ➡ 拉伸 (E)... 命令。选取图 12.7.39 所示平面作为草图基准面，绘制图 12.7.40 所示的横断面草图。在"切除-拉伸"对话框 方向1 区域的下拉列表中选择 给定深度 选项，输入深度值 10.0，并单击 按钮 (显示 top01-DISH 基准面)。

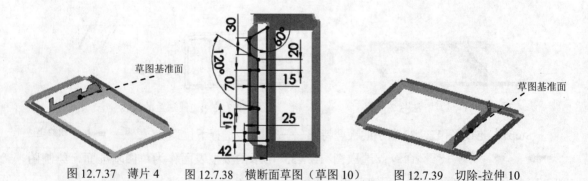

图 12.7.37　薄片 4　　图 12.7.38　横断面草图（草图 10）　　图 12.7.39　切除-拉伸 10

Step21. 创建图 12.7.41 所示的零件特征——切除-拉伸 11。选择下拉菜单 插入(I) ➡ 切除(C) ➡ 拉伸 (E)... 命令。选取图 12.7.41 所示平面作为草图基准面，绘制图 12.7.42 所示的横断面草图。在"切除-拉伸"对话框 方向1 区域的下拉列表中选择 给定深度 选项，输入深度值 10.0。

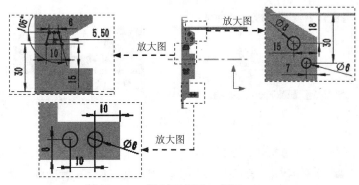

图 12.7.40 横断面草图（草图 11）

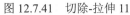

图 12.7.41 切除-拉伸 11

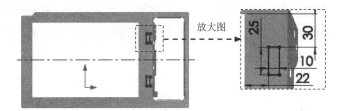

图 12.7.42 横断面草图（草图 12）

Step22. 创建图 12.7.43 所示的圆角 4。选择下拉菜单 插入(I) ➡ 特征(F) ➡
圆角(U)... 命令，选择图 12.7.43 所示的边线为圆角对象，圆角半径值为 2.0。

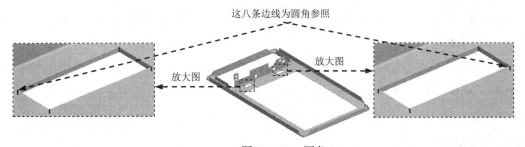

图 12.7.43 圆角 4

Step23. 创建图 12.7.44 所示的零件特征——切除-拉伸 12。选择下拉菜单 插入(I) ➡
切除(C) ➡ 拉伸(E)... 命令。选取图 12.7.44 所示平面作为草图基准面,绘制图 12.7.45
所示的横断面草图。在"切除-拉伸"对话框 方向1 区域的下拉列表中选择 给定深度 选项, 输
入深度值 10.0。

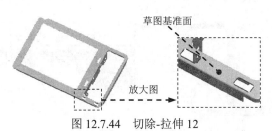

图 12.7.44 切除-拉伸 12

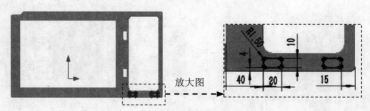

图 12.7.45　横断面草图（草图 13）

Step24. 创建图 12.7.46 所示的钣金特征——边线-法兰 3。选择下拉菜单 插入(I) ➡ 钣金(H) ➡ 边线法兰(E)... 命令，系统弹出"边线-法兰"对话框；选取图 12.7.47 所示的模型边线为生成的边线法兰的边线；在 法兰参数(P) 区域中取消选中 □ 使用默认半径(U) 复选框，在 文本框中输入折弯半径值为 0.7，在 角度(G) 区域的 文本框中输入角度值 90.0，在"边线-法兰"对话框的 法兰长度(L) 区域的下拉列表中选择 给定深度 选项，输入深度值 3.0。在此区域中单击"内部虚拟交点"按钮 ，在 法兰位置(N) 区域中单击"材料在内"按钮 ；单击 按钮，完成边线-法兰 3 的创建。

图 12.7.46　边线-法兰 3　　　　　　　　图 12.7.47　边线法兰的边线

Step25. 创建图 12.7.48 所示的钣金特征——边线-法兰 4。详细创建方法参见 Step24 的创建。

Step26. 创建图 12.7.49 所示的零件特征——切除-拉伸 13。选择下拉菜单 插入(I) ➡ 切除(C) ➡ 拉伸(E)... 命令。选取图 12.7.49 所示平面作为草图基准面，绘制图 12.7.50 所示的横断面草图。在"切除-拉伸"对话框 方向1 区域的下拉列表中选择 给定深度 选项，输入深度值 10.0。

图 12.7.48　边线-法兰 4　　　　　　　　图 12.7.49　切除-拉伸 13

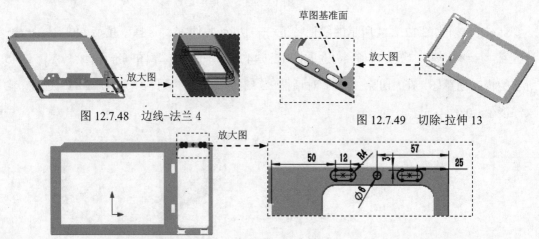

图 12.7.50　横断面草图（草图 14）

Step27. 创建图 12.7.51 所示的成形特征 1。单击任务窗格中的"设计库"按钮 🗑️，打开"设计库"对话框；单击"设计库"对话框中的 🗑️ ins43 节点，在设计库下部的列表框中选择"SM_DIE_09"文件并拖动到图 12.7.51 所示的平面，在系统弹出的"成形工具特征"对话框中单击 ✔️ 按钮；单击设计树中 🖃 🗑️ SM_DIE_091(默认) -> 节点前的"+"号，右击 📝 草图24 特征，在系统弹出的快捷菜单中单击 📝 按钮，进入草图环境；编辑草图，如图 12.7.52 所示（注：若草图方向不对，可通过 工具(T) ➡️ 草图工具(T) ▶ ➡️ ◇± 修改(Y)... 命令，在 旋转(R) 对话框中输入角度值修改）。退出草图环境，完成成形特征 1 的创建。

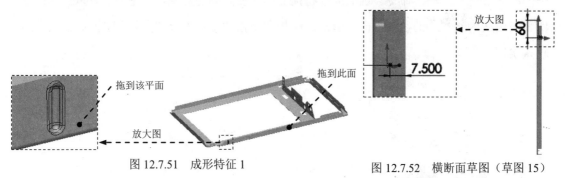

图 12.7.51　成形特征 1　　　　　图 12.7.52　横断面草图（草图 15）

Step28. 创建图 12.7.53 所示的阵列(线性)1。选择下拉菜单 插入(I) ➡️ 阵列/镜像(E) ➡️ 🔳 线性阵列(L)... 命令。选取成形特征 1 作为要阵列的对象，在图形区选取图 12.7.54 所示的边线为 方向1 的参考方向（单击边线如图所指的位置）。在对话框中输入间距值 85，输入实例数值 5。

图 12.7.53　阵列（线性）1　　　　　图 12.7.54　阵列参考方向边线

Step29. 创建图 12.7.55 所示的成形特征 2。单击任务窗格中的"设计库"按钮 🗑️，打开"设计库"对话框；单击"设计库"对话框中的 🗑️ ins43 节点，在设计库下部的列表框中选择"SM_DIE_09"文件并拖动到图 12.7.55 所示的平面，在系统弹出的"成形工具特征"对话框中单击 ✔️ 按钮；单击设计树中 🖃 🗑️ SM_DIE_092(默认) -> 节点前的"+"号，右击 📝 草图26 特征，在系统弹出的快捷菜单中单击 📝 按钮，进入草图环境；编辑草图，如图 12.7.56 所示（注：若草图方向不对，可通过 工具(T) ➡️ 草图工具(T) ▶ ➡️ ◇± 修改(Y)... 命令，在 旋转(R) 对话框中输入角度值修改）。退出草图环境，完成成形特征 2 的创建。

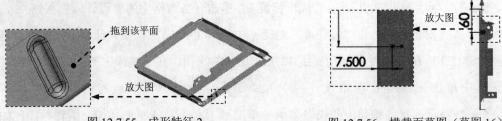

图 12.7.55　成形特征 2　　　　　　　　图 12.7.56　横截面草图（草图 16）

Step30. 创建图 12.7.57 所示的阵列(线性)2。选择下拉菜单 插入(I) ➡ 阵列/镜像(E)

➡ 🔧 线性阵列(L)... 命令。选取成形特征 2 作为要阵列的对象，在图形区选取图 12.7.58 所示的边线为 方向1 的参考方向（单击边线如图所指的位置）。在对话框中输入间距值 50，输入实例数值 4。

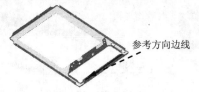

图 12.7.57　阵列（线性）2　　　　　　　　图 12.7.58　阵列参考方向边线

Step31. 创建图 12.7.59 所示的成形特征 3。单击任务窗格中的"设计库"按钮 🗑，打开"设计库"对话框；单击"设计库"对话框中的 🔧 ins43 节点，在设计库下部的列表框中选择"SM_DIE_09"文件并拖动到图 12.7.59 所示的平面，在系统弹出的"成形工具特征"对话框中单击 ✔ 按钮；单击设计树中 ⊞ 🔩 SM_DIE_093(默认) -> 节点前的"+"号，右击 ✎ 草图28 特征，在系统弹出的快捷菜单中单击 🗑 按钮，进入草图环境；编辑草图，如图 12.7.60 所示（注：若草图方向不对，可通过 工具(T) ➡ 草图工具(T) ➡ ◇₊ 修改(Y)... 命令，在 旋转(R) 对话框中输入角度值修改）。退出草图环境，完成成形特征 3 的创建。

图 12.7.59　成形特征 3　　　　　　　　图 12.7.60　横截面草图（草图 17）

Step32. 创建图 12.7.61 所示的阵列(线性)3。选择下拉菜单 插入(I) ➡ 阵列/镜向(E)

➡ 🔧 线性阵列(L)... 命令。选取成形特征 3 作为要阵列的对象，在图形区选取图 12.7.62 所示的边线为 方向1 的参考方向（单击边线如图所指的位置）。在对话框中输入间距值 85，输入实例数值 5。

图 12.7.61 阵列（线性）3

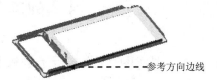

图 12.7.62 阵列参考方向边线

Step33. 创建图 12.7.63 所示的成形特征 4。单击任务窗格中的"设计库"按钮 🗔，打开"设计库"对话框；单击"设计库"对话框中的 🗔 ins43 节点，在设计库下部的列表框中选择"SM_DIE_09"文件并拖动到图 12.7.63 所示的平面，在系统弹出的"成形工具特征"对话框中单击 ✔ 按钮；单击设计树中 ⊞ 🗔 SM_DIE_094(默认) -> 节点前的"+"号，右击 🗔 草图30 特征，在系统弹出的快捷菜单中单击 🗹 按钮，进入草图环境；编辑草图，如图 12.7.64 所示（注：若草图方向不对，可通过 工具(T) ➡ 草图工具(T) ➡ ◇ 修改(Y)... 命令，在 旋转(R) 对话框中输入角度值修改）。退出草图环境，完成成形特征 4 的创建。

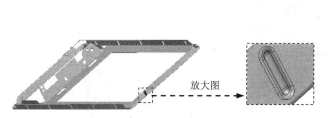

图 12.7.63 成形特征 4

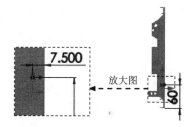

图 12.7.64 横断面草图（草图 18）

Step34. 创建图 12.7.65 所示的阵列(线性)4。选择下拉菜单 插入(I) ➡ 阵列/镜像(E) ➡ ▦▦ 线性阵列(L)... 命令。选取成形特征 4 作为要阵列的对象，在图形区选取图 12.7.66 所示的边线为 方向1 的参考方向（单击边线如图所指的位置）。在对话框中输入间距值 50，输入实例数值 4。

图 12.7.65 阵列（线性）4

图 12.7.66 阵列参考方向边线

Step35. 保存模型。选择下拉菜单 文件(F) ➡ 🖫 保存(S) 命令，保存模型。

12.8　创建微波炉外壳底盖

Task1. 创建图 12.8.1 所示的模具 10

Step1. 新建模型文件。选择下拉菜单 文件(F) ➡ 新建(N)... 命令，在系统弹出的
"新建 SolidWorks 文件"对话框中选择"零件"模块，单击 确定 按钮，进入建模环境。

Step2. 创建图 12.8.2 所示的零件特征——凸台-拉伸 1。选择下拉菜单 插入(I) ➡
凸台/基体(B) ➡ 拉伸(E)... 命令。选取上视基准面作为草图基准面，绘制图 12.8.3 所
示的横断面草图；在"凸台-拉伸"对话框 方向 1 区域的下拉列表中选择 给定深度 选项，输
入深度值 20.0。

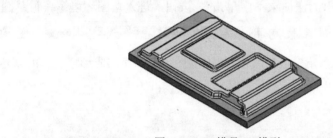

图 12.8.1　模具 10 模型

图 12.8.2　凸台-拉伸 1

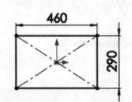

图 12.8.3　横断面草图（草图 1）

Step3. 创建图 12.8.4 所示的零件特征——凸台-拉伸 2。选择下拉菜单 插入(I) ➡
凸台/基体(B) ➡ 拉伸(E)... 命令。选取图 12.8.4 所示平面作为草图基准面，绘制图
12.8.5 所示的横断面草图；在"凸台-拉伸"对话框 方向 1 区域的下拉列表中选择 给定深度 选
项，输入深度值 15.0。

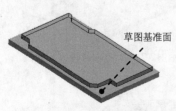

图 12.8.4　凸台-拉伸 2

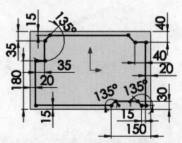

图 12.8.5　横断面草图（草图 2）

Step4. 创建图 12.8.6 所示的零件特征——凸台-拉伸 3。选择下拉菜单 插入(I) ➡ 凸台/基体(B) ➡ 🔲 拉伸(E)...命令。选取图 12.8.6 所示平面作为草图基准面，绘制图 12.8.7 所示的横断面草图；在"凸台-拉伸"对话框 方向1 区域的下拉列表中选择 给定深度 选项，输入深度值 10.0。

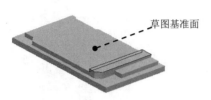

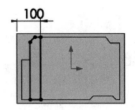

图 12.8.6 凸台-拉伸 3　　　　　图 12.8.7 横截面草图（草图 3）

Step5. 创建图 12.8.8 所示的零件特征——凸台-拉伸 4。选择下拉菜单 插入(I) ➡ 凸台/基体(B) ➡ 🔲 拉伸(E)...命令。选取图 12.8.8 所示平面作为草图基准面，绘制图 12.8.9 所示的横断面草图；在"凸台-拉伸"对话框 方向1 区域的下拉列表中选择 给定深度 选项，输入深度值 10.0。

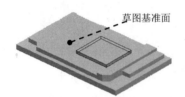

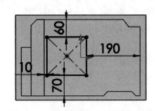

图 12.8.8 凸台-拉伸 4　　　　　图 12.8.9 横断面草图（草图 4）

Step6. 创建图 12.8.10 所示的零件特征——凸台-拉伸 5。选择下拉菜单 插入(I) ➡ 凸台/基体(B) ➡ 🔲 拉伸(E)...命令。选取图 12.8.10 所示平面作为草图基准面，绘制图 12.8.11 所示的横断面草图；在"凸台-拉伸"对话框 方向1 区域的下拉列表中选择 给定深度 选项，输入深度值 10.0。

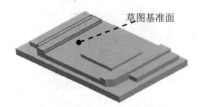

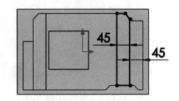

图 12.8.10 凸台-拉伸 5　　　　　图 12.8.11 横断面草图（草图 5）

Step7. 创建图 12.8.12 所示的零件特征——切除-拉伸 1。选择下拉菜单 插入(I) ➡ 切除(C) ➡ 🔲 拉伸(E)...命令。选取图 12.8.12 所示平面作为草图基准面，绘制图 12.8.13 所示的横断面草图。在"切除-拉伸"对话框 方向1 区域和 方向2 区域的下拉列表中选择 给定深度 选项，输入深度值 8.0。

Step8. 创建图 12.8.14 所示的零件特征——拔模 1。选择下拉菜单 插入(I) ➡ 特征(F)

➡️ 🔲 拔模(D) … 命令，在"拔模"对话框 拔模类型(T) 区域中选中 ⊙ 中性面(E) 单选项。
单击以激活对话框的 中性面(N) 区域中的文本框，选取图 12.8.15 所示的模型表面作为拔模中
性面。单击以激活对话框的 拔模面(F) 区域中的文本框，选取图 12.8.15 所示的模型表面作
为拔模面。拔模方向如图 12.8.15 所示，在对话框的 拔模角度(G) 区域的 📐 文本框中输入角
度值 20.0。

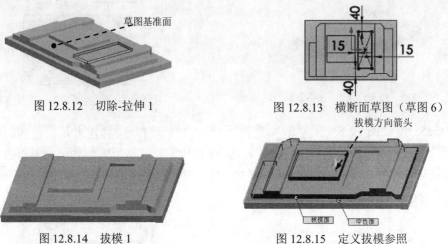

图 12.8.12　切除-拉伸 1　　　　图 12.8.13　横断面草图（草图 6）

图 12.8.14　拔模 1　　　　图 12.8.15　定义拔模参照

Step9. 创建图 12.8.16 所示的零件特征——拔模 2。选择下拉菜单 插入(I) ➡️ 特征(F)
➡️ 🔲 拔模(D) … 命令，在"拔模"对话框 拔模类型(T) 区域中选中 ⊙ 中性面(E) 单选项。
单击以激活对话框的 中性面(N) 区域中的文本框，选取图 12.8.17 所示的模型表面作为拔模中
性面。单击以激活对话框的 拔模面(F) 区域中的文本框，选取图 12.8.17 所示的模型表面作
为拔模面。拔模方向如图 12.8.17 所示，在对话框的 拔模角度(G) 区域的 📐 文本框中输入角
度值 20.0。

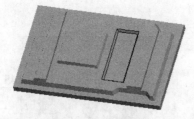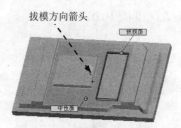

图 12.8.16　拔模 2　　　　图 12.8.17　定义拔模参照

Step10. 创建图 12.8.18b 所示的圆角 1。选择图 12.8.18a 所示的边线为圆角对象，圆角
半径值为 10。

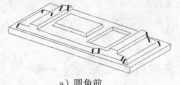

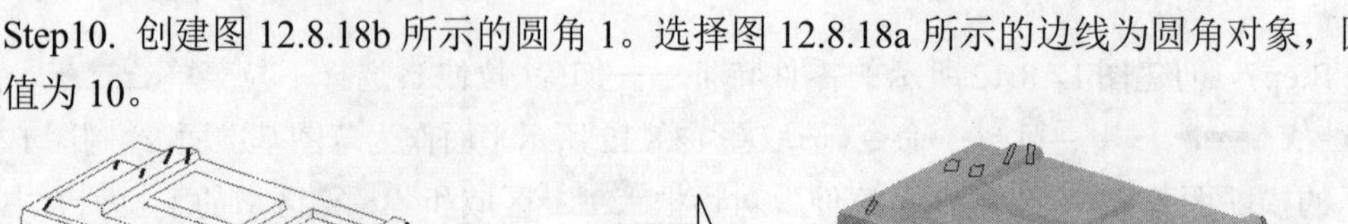

a）圆角前　　　　　　　　　　　b）圆角后

图 12.8.18　圆角 1

Step11. 创建图 12.8.19b 所示的圆角 2。选择图 12.8.19a 所示的边线为圆角对象，圆角半径值为 5。

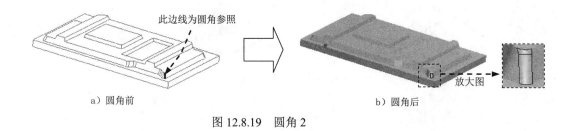

a）圆角前　　　　　　　　　　　　　　　b）圆角后

图 12.8.19　圆角 2

Step12. 创建图 12.8.20b 所示的圆角 3。选择图 12.8.20a 所示的边线为圆角对象，圆角半径值为 8.0。

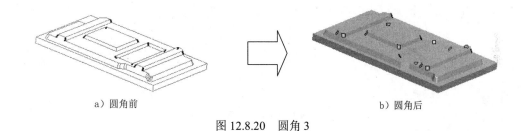

a）圆角前　　　　　　　　　　　　　　　b）圆角后

图 12.8.20　圆角 3

Step13. 创建图 12.8.21b 所示的圆角 4。选择图 12.8.21a 所示的边线为圆角对象，圆角半径值为 5.0。

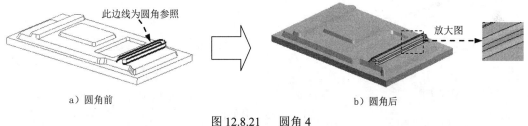

a）圆角前　　　　　　　　　　　　　　　b）圆角后

图 12.8.21　圆角 4

Step14. 创建图 12.8.22b 所示的圆角 5。选择图 12.8.22a 所示的边线为圆角对象，圆角半径值为 5.0。

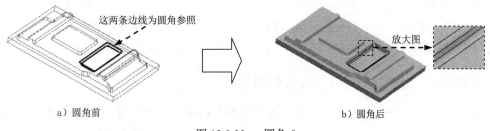

a）圆角前　　　　　　　　　　　　　　　b）圆角后

图 12.8.22　圆角 5

Step15. 创建图 12.8.23b 所示的圆角 6。选择图 12.8.23a 所示的边线为圆角对象，圆角半径值为 5.0。

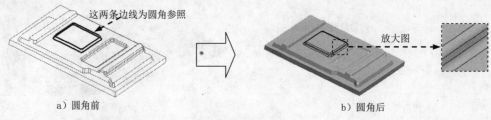

a）圆角前　　　　　　　　　　　　　　　　b）圆角后

图 12.8.23　圆角 6

Step16. 创建图 12.8.24b 所示的圆角 7。选择图 12.8.24a 所示的边线为圆角对象，圆角半径值为 5.0。

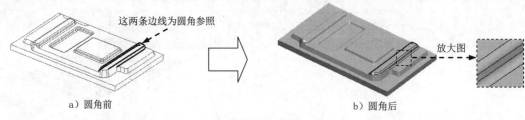

a）圆角前　　　　　　　　　　　　　　　　b）圆角后

图 12.8.24　圆角 7

Step17. 创建图 12.8.25b 所示的圆角 8。选择图 12.8.25a 所示的边线为圆角对象，圆角半径值为 5.0。

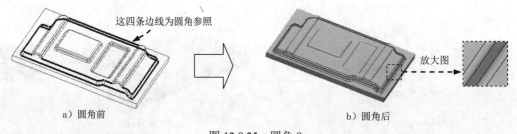

a）圆角前　　　　　　　　　　　　　　　　b）圆角后

图 12.8.25　圆角 8

Step18. 创建图 12.8.26 所示的零件特征——成形工具 1。选择下拉菜单 插入(I) ➡ 钣金(H) ➡ 🍄 成形工具 命令；激活"成形工具"对话框的 停止面 区域，选取图 12.8.26 所示的模型表面为成形工具的停止面；单击 ✔ 按钮，完成成形工具 1 的创建。

Step19. 至此，成形工具模型创建完毕。选择下拉菜单 文件(F) ➡ 🔚 另存为(A)... 命令，把模型保存于 D:\swal18\work\ch12.08 文件夹，并命名为 SM_DIE_10。

Task2. 创建图 12.8.27 所示的模具 11

Step1. 新建模型文件。选择下拉菜单 文件(F) ➡ 📄 新建(N)... 命令，在系统弹出的"新建 SolidWorks 文件"对话框中选择"零件"模块，单击 确定 按钮，进入建模环境。

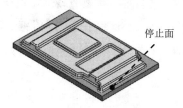

图 12.8.26　成形工具 1

图 12.8.27　模具 11 模型

Step2. 创建图 12.8.28 所示的零件特征——凸台-拉伸 1。选择下拉菜单 插入(I) ➡ 凸台/基体(B) ➡ 🔲 拉伸(E)... 命令。选取上视基准面作为草图基准面，绘制图 12.8.29 所示的横断面草图；在"凸台-拉伸"对话框 方向1 区域的下拉列表中选择 给定深度 选项，输入深度值 10.0。

图 12.8.28　凸台-拉伸 1

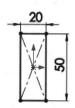

图 12.8.29　横断面草图（草图 1）

Step3. 创建图 12.8.30 所示的零件特征——旋转 1。选择下拉菜单 插入(I) ➡ 凸台/基体(B) ➡ 🌑 旋转(R)... 命令。选取图 12.8.30 所示的平面作为草图基准面，绘制图 12.8.31 所示的横断面草图（包括旋转中心线）。采用草图中绘制的中心线作为旋转轴线，在 方向1 区域的 🔿 文本框中输入值 90.00。

图 12.8.30　旋转 1

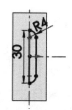

图 12.8.31　横断面草图（草图 2）

Step4. 创建图 12.8.32b 所示的圆角 1。选择图 12.8.32a 所示的边线为圆角对象，圆角半径值为 2.5。

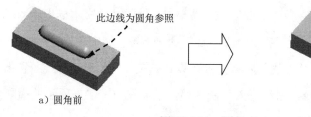

a）圆角前　　　　　　　　　　　　　　　b）圆角后

图 12.8.32　圆角 1

Step5. 创建图 12.8.33 所示的零件特征——成形工具 1。选择下拉菜单 插入(I) ➡

钣金 (H) ➡ 🍄 成形工具 命令；激活 "成形工具" 对话框的 停止面 区域，选取图 12.8.33 所示的模型表面作为成形工具的停止面，激活 "成形工具" 对话框的 要移除的面 区域，选取图 12.8.33 所示的模型表面作为成形工具的移除面；单击 ✔ 按钮，完成成形工具 1 的创建。

图 12.8.33　创建成形工具 1

Step6. 至此，成形工具模型创建完毕。选择下拉菜单 文件(F) ➡ 💾 保存(S) 命令，把模型保存于 D:\swal18\work\ch12.08 文件夹，并命名为 SM_DIE_11。

Task3．创建图 12.8.34 所示的微波炉外壳底盖

图 12.8.34　微波炉外壳底盖模型

Step1. 在装配件中打开微波炉外壳底盖零件（DOWN_COVER）。在设计树中选择 ⊞ 🐌 (固定) DOWN_COVER<1>，然后右击，在系统弹出的快捷菜单中单击 🖰 按钮。

Step2. 创建图 12.8.35 所示的钣金特征——边线-法兰 1。选择下拉菜单 插入(I) ➡ 钣金 (H) ➡ 🐌 边线法兰 (E)... 命令，系统弹出 "边线-法兰" 对话框；选取图 12.8.36 所示的模型边线为生成的边线法兰的边线；在 法兰参数(P) 区域中取消选中 ☐ 使用默认半径(U) 选项，在 ⦏ 文本框中输入折弯半径值 0.7，在 角度(G) 区域的 ↳ 文本框中输入角度值 90.0，在此区域中单击 "内部虚拟交点" 按钮 🗝；在 法兰位置(N) 区域中单击 "折弯在外" 按钮 🗍；单击 ✔ 按钮，完成边线-法兰 1 的初步创建；在设计树的 🐌 边线-法兰1 上右击，在系统弹出的快捷菜单上单击 🖼 命令，系统进入草图环境，绘制图 12.8.37 所示的横断面草图。退出草图环境，此时系统完成边线-法兰 1 的创建。

Step3. 创建图 12.8.38 所示的钣金特征——边线-法兰 2。详细操作过程参见 Step2。

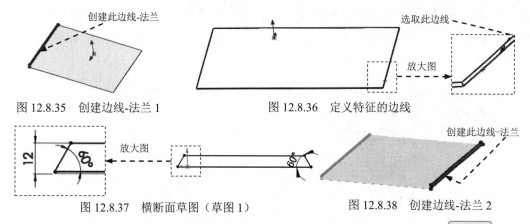

图 12.8.35　创建边线-法兰 1　　　　　　图 12.8.36　定义特征的边线

图 12.8.37　横断面草图（草图 1）　　　　　图 12.8.38　创建边线-法兰 2

Step4. 创建图 12.8.39 所示的钣金特征——边线-法兰 3。选择下拉菜单 插入(I) ➡
钣金(H) ➡ 🗟 边线法兰(E)... 命令，系统弹出"边线-法兰"对话框；选取图 12.8.40 所示的模型边线为生成的边线法兰的边线；在 法兰参数(P) 区域取消选中 □ 使用默认半径(U) 选项，在 ⼷ 文本框中输入折弯半径值 0.7，在 角度(G) 区域的 文本框中输入角度值 90.0；在 法兰长度(L) 区域的下拉列表中选择 给定深度 选项，输入深度值 20.0，在此区域中单击"内部虚拟交点"按钮 📎；在 法兰位置(N) 区域中单击"折弯在外"按钮 📐，并选中 ☑ 等距(F) 复选框，输入深度值 2.0；单击 ✔ 按钮，完成边线-法兰 3 的创建。

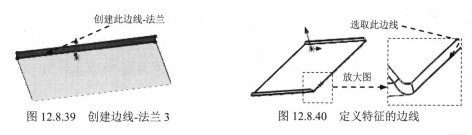

图 12.8.39　创建边线-法兰 3　　　　　　图 12.8.40　定义特征的边线

Step5. 创建图 12.8.41 所示的成形特征 1。单击任务窗格中的"设计库"按钮 🗄，打开"设计库"对话框；单击"设计库"对话框中的 🗊 ins43 节点，在设计库下部的列表框中选择"sm_diel0"文件，并拖动到图 12.8.41 所示的平面，在系统弹出的"成形工具特征"对话框 旋转角度(A) 区域的 文本框中输入值 270，单击 ✔ 按钮；单击设计树中 ⊞ ⬙ SM_DIE_101 (默认) -> 节点前的"+"号，右击 📂 草图6 特征，在系统弹出的快捷菜单中单击 📝 命令，进入草图基准面；编辑草图（注：若草图方向不对，可通过 工具(T) ➡ 草图工具(T) ➡ ◇± 修改(Y)... 命令，在 旋转(R) 对话框中输入角度值修改），如图 12.8.42 所示，退出草图基准面。

Step6. 创建图 12.8.43 所示的成形特征 2。单击任务窗格中的"设计库"按钮 🗄，打开"设计库"对话框；单击"设计库"对话框中的 🗊 ins43 节点，在设计库下部的列表框中选择"sm_diel1"文件，并拖动到图 12.8.43 所示的平面，然后按 Tab 键，在系统弹出的"成形工具特征"对话框 旋转角度(A) 区域的 文本框中输入值 90，单击 ✔ 按钮；单击设计树中

⊞ 🐌 SM_DIE_111 (默认) -> 节点前的 "+" 号，右击 🖋 (-) 草图8 特征，在系统弹出的快捷菜单中单击 📝 命令，进入草图基准面；编辑草图，如图 12.8.44 所示。退出草图基准面。

图 12.8.41 成形特征 1

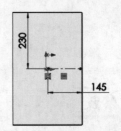

图 12.8.42 横断面草图（草图 2）

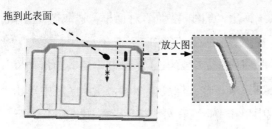

图 12.8.43 成形特征 2

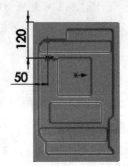

图 12.8.44 横断面草图（草图 3）

Step7. 创建图 12.8.45 所示的阵列（线性）1。选择下拉菜单 插入(I) ➡ 阵列/镜像(E) ➡ 🔡 线性阵列(L)... 命令。选取成形特征 2 作为要阵列的对象，在图形区选取图 12.8.46 所示的线为 方向1 的阵列方向，并确定 ⊿ 按钮被按下，在对话框中输入间距值 12.0，输入实例数值 10。

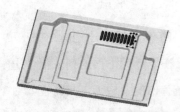

图 12.8.45 阵列（线性）1

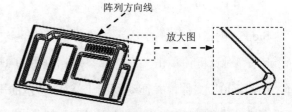

图 12.8.46 阵列方向边线设置

Step8. 创建图 12.8.47 所示的镜像 1。选择下拉菜单 插入(I) ➡ 阵列/镜像(E) ➡ ⊮⊮ 镜向(M)... 命令。选取右视基准面作为镜像基准面，选取阵列（线性）1 作为镜像 1 的对象。

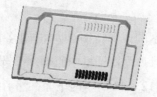

图 12.8.47 镜像 1

Step9. 创建图 12.8.48 所示的零件特征——切除-拉伸 1。选择下拉菜单 插入(I) ➡️ 切除(C) ➡️ 🔳 拉伸(E)... 命令。选取图 12.8.48 所示平面作为草图基准面,绘制图 12.8.49 所示的横断面草图。在"切除-拉伸"对话框 方向1 区域的下拉列表中选择 给定深度 选项,输入深度值 10.0。

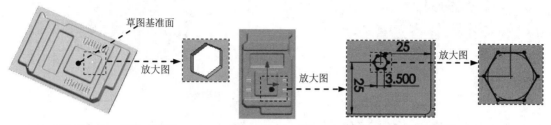

图 12.8.48　切除-拉伸 1　　　　　　图 12.8.49　横断面草图（草图 4）

Step10. 创建图 12.8.50 所示的阵列（线性）2。选择下拉菜单 插入(I) ➡️ 阵列/镜像(E) ➡️ 🔡 线性阵列(L)... 命令。选取切除-拉伸 1 作为要阵列的对象,在图形区选取图 12.8.51 所示的边线 1 为 方向1 的阵列方向,在对话框中输入间距值 10.0,输入实例数值 7。选取图 12.8.51 所示的边线 2 为 方向2 的阵列方向,在对话框中输入间距值 10.0,输入实例数值 6。

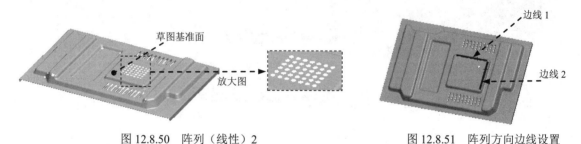

图 12.8.50　阵列（线性）2　　　　　　图 12.8.51　阵列方向边线设置

Step11. 创建图 12.8.52 所示的零件特征——切除-拉伸 2。选择下拉菜单 插入(I) ➡️ 切除(C) ➡️ 🔳 拉伸(E)... 命令。选取图 12.8.52 所示平面作为草图基准面,绘制图 12.8.53 所示的横断面草图。在"切除-拉伸"对话框 方向1 区域的下拉列表中选择 给定深度 选项,输入深度值 10.0。

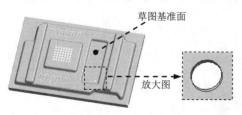 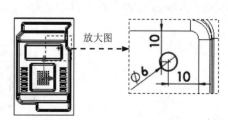

图 12.8.52　切除-拉伸 2　　　　　　图 12.8.53　横断面草图（草图 5）

Step12. 创建图 12.8.54 所示的阵列（线性）3。选择下拉菜单 插入(I) ➡️ 阵列/镜像(E) ➡️ 🔡 线性阵列(L)... 命令。选取切除-拉伸 2 作为要阵列的对象,在图形区选取图 12.8.55

所示的边线 1 为 方向1 的阵列方向，在对话框中输入间距值 8.0，输入实例数值 19。选取图 12.8.55 所示的边线 2 为 方向2 的阵列方向，并确定 按钮被按下。在对话框中输入间距值 9.0，输入实例数值 5。

图 12.8.54　阵列（线性）3

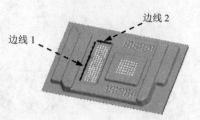

图 12.8.55　阵列方向边线设置

Step13. 创建图 12.8.56 所示的零件特征——切除-拉伸 3。选择下拉菜单 插入(I) ➡ 切除(C) ➡ 拉伸(E)...命令。选取图 12.8.56 所示平面作为草图基准面，绘制图 12.8.57 所示的横断面草图。在"切除-拉伸"对话框 方向1 区域的下拉列表中选择 给定深度 选项，输入深度值 10.0。

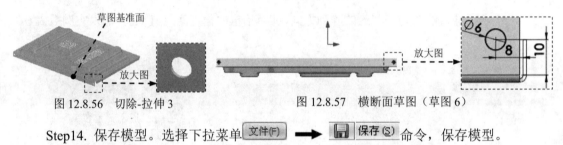

图 12.8.56　切除-拉伸 3　　　　图 12.8.57　横断面草图（草图 6）

Step14. 保存模型。选择下拉菜单 文件(F) ➡ 保存(S) 命令，保存模型。

12.9　微波炉外壳后盖的细节设计

Task1. 创建图 12.9.1 所示的模具 12

Step1. 新建模型文件。选择下拉菜单 文件(F) ➡ 新建(N)...命令，在系统弹出的"新建 SolidWorks 文件"对话框中选择"零件"模块，单击 确定 按钮，进入建模环境。

图 12.9.1　模具 12 模型

Step2. 创建图 12.9.2 所示的零件特征——凸台-拉伸 1。选择下拉菜单 插入(I) ➡ 凸台/基体(B) ➡ 拉伸(E)...命令。选取前视基准面作为草图基准面，绘制图 12.9.3 所示的横断面草图；在"凸台-拉伸"对话框 方向1 区域的下拉列表中选择 给定深度 选项，输入深度值 20.0。

图 12.9.2　凸台-拉伸 1

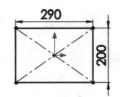

图 12.9.3　横断面草图（草图 1）

Step3. 创建图 12.9.4 所示的草图 2。选择下拉菜单 插入(I) ➡ □ 草图绘制 命令。选取图 12.9.5 所示的平面作为草图基准面，绘制图 12.9.4 所示的草图 2（显示原点）。

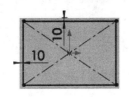

图 12.9.4　草图 2

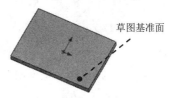

图 12.9.5　草图基准面

Step4. 创建图 12.9.6 所示的基准面 1。选择下拉菜单 插入(I) ➡ 参考几何体(G) ➡ □ 基准面(P)... 命令。选取图 12.9.5 所示的平面为参考，采用系统默认的偏移方向，输入偏移距离值 25.0。单击 ✓ 按钮，完成基准面 1 的创建。

Step5. 创建图 12.9.7 所示的草图 3。选择下拉菜单 插入(I) ➡ □ 草图绘制 命令。选取基准面 1 作为草图基准面，绘制图 12.9.7 所示的草图 3（显示原点）。

Step6. 创建图 12.9.8 所示的放样 1。选择下拉菜单 插入(I) ➡ 凸台/基体(B) ➡ ▲ 放样(L)... 命令，系统弹出"放样"对话框。依次选择草图 2 和草图 3 作为放样 1 特征的截面轮廓。

Step7. 创建图 12.9.9b 所示的圆角 1。选择图 12.9.9a 所示的边线为圆角对象，圆角半径值为 25.0。

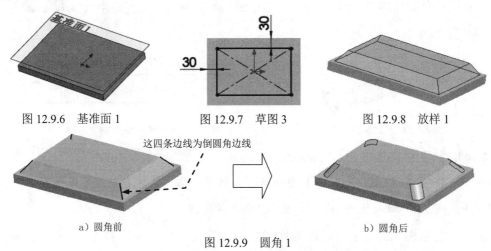

图 12.9.6　基准面 1　　　　图 12.9.7　草图 3　　　　图 12.9.8　放样 1

这四条边线为倒圆角边线

a）圆角前　　　　　　　　　　　　　　b）圆角后

图 12.9.9　圆角 1

Step8. 创建图 12.9.10b 所示的圆角 2。选择图 12.9.10a 所示的边线为圆角对象，圆角半径值为 8.0。

这两条边线为倒圆角边线

a）圆角前　　　　　　　　　　b）圆角后

图 12.9.10　圆角 2

Step9. 创建图 12.9.11 所示的零件特征——成形工具 1。选择下拉菜单 插入(I) ➡️ 钣金(H) ➡️ 🔧 成形工具 命令；激活"成形工具"对话框的 停止面 区域，选取图 12.9.11 所示的模型表面作为成形工具的停止面；单击 ✔️ 按钮，完成成形工具 1 的创建。

Step10. 至此，成形工具模型创建完毕。选择下拉菜单 文件(F) ➡️ 🖫 保存(S) 命令，把模型保存于 D:\swal18\work\ch12.09 文件夹，并命名为 SM_DIE_12。

Task2. 创建图 12.9.12 所示的模具 13

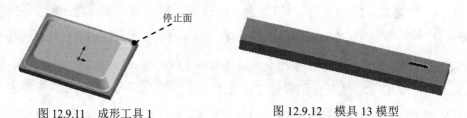

停止面

图 12.9.11　成形工具 1　　　　　　　　　图 12.9.12　模具 13 模型

Step1. 新建模型文件。选择下拉菜单 文件(F) ➡️ 🗋 新建(N)... 命令，在系统弹出的"新建 SolidWorks 文件"对话框中选择"零件"模块，单击 确定 按钮，进入建模环境。

Step2. 创建图 12.9.13 所示的零件特征——凸台-拉伸 1。选择下拉菜单 插入(I) ➡️ 凸台/基体(B) ➡️ 🗐 拉伸(E)... 命令。选取前视基准面作为草图基准面，绘制图 12.9.14 所示的横断面草图；在"凸台-拉伸"对话框 方向1 区域的下拉列表中选择 给定深度 选项，输入深度值 20.0。

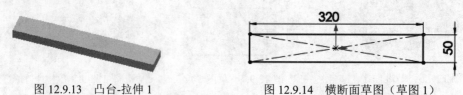

320
50

图 12.9.13　凸台-拉伸 1　　　　　　　图 12.9.14　横断面草图（草图 1）

Step3. 创建图 12.9.15 所示的基准面 1。选择下拉菜单 插入(I) ➡️ 参考几何体(G) ➡️ 📕 基准面(P)... 命令。选取上视基准面为参考实体，采用系统默认的偏移方向，输入偏移距离值 5.0。单击 ✔️ 按钮，完成基准面 1 的创建。

Step4. 创建图 12.9.16 所示的零件特征——旋转 1。选择下拉菜单 插入(I) ➡️

凸台/基体(B) ➡ 旋转(R)... 命令。选取基准面 1 作为草图基准面，绘制图 12.9.17 所示的横断面草图（包括旋转中心线）。选取图 12.9.17 所示的线为旋转轴，在 方向1 区域的 文本框中输入值 90.00。

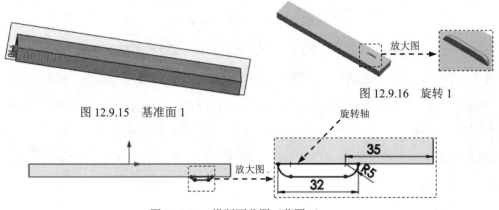

图 12.9.15 基准面 1

图 12.9.16 旋转 1

图 12.9.17 横断面草图（草图 2）

Step5. 创建图 12.9.18b 所示的圆角 1。选择图 12.9.18a 所示的边线为圆角对象，圆角半径值为 2.0。

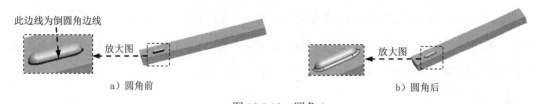

a）圆角前

b）圆角后

图 12.9.18 圆角 1

Step6. 创建图 12.9.19 所示的零件特征——成形工具 1。选择下拉菜单 插入(I) ➡ 钣金(H) ➡ 成形工具 命令；激活 "成形工具" 对话框的 停止面 区域，选取图 12.9.19 所示的模型表面作为成形工具的停止面，激活 "成形工具" 对话框的 要移除的面 区域，选取图 12.9.19 所示的模型表面作为成形工具的移除面；单击 ✔ 按钮，完成成形工具 1 的创建。

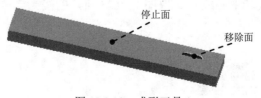

图 12.9.19 成形工具 1

Step7. 至此，成形工具模型创建完毕。选择下拉菜单 文件(F) ➡ 保存(S) 命令，把模型保存于 D:\swal18\work\ch12.09 文件夹，并命名为 SM_DIE_13。

Task3．创建图 12.9.20 所示的模具 14

图 12.9.20　模具 14 模型

Step1．新建模型文件。选择下拉菜单 文件(F) ➡ 新建(N)…命令，在系统弹出的 "新建 SolidWorks 文件" 对话框中选择 "零件" 模块，单击 确定 按钮，进入建模环境。

Step2．创建图 12.9.21 所示的零件特征——凸台-拉伸 1。选择下拉菜单 插入(I) ➡ 凸台/基体(B) ➡ 拉伸(E)…命令。选取前视基准面作为草图基准面，绘制图 12.9.22 所示的横断面草图；在 "凸台-拉伸" 对话框 方向1 区域的下拉列表中选择 给定深度 选项，输入深度值 20.0。

图 12.9.21　凸台-拉伸 1

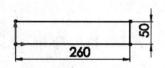

图 12.9.22　横断面草图（草图 1）

Step3．创建图 12.9.23 所示的基准面 1。选择下拉菜单 插入(I) ➡ 参考几何体(G) ➡ 基准面(P)…命令。选取上视基准面为参考实体，采用系统默认的偏移方向，输入偏移距离值 20.0。单击 ✔ 按钮，完成基准面 1 的创建。

图 12.9.23　基准面 1

Step4．创建图 12.9.24 所示的零件特征——旋转 1。选择下拉菜单 插入(I) ➡ 凸台/基体(B) ➡ 旋转(R)…命令。选取基准面 1 作为草图基准面，绘制图 12.9.25 所示的横断面草图（包括旋转中心线）。选取图 12.9.25 所示的线为旋转轴，在 方向1 区域的 文本框中输入值 90.00。

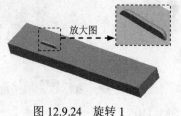

图 12.9.24　旋转 1

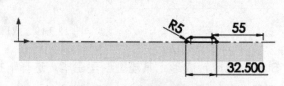

图 12.9.25　横断面草图（草图 2）

Step5. 创建图 12.9.26b 所示的圆角 1。选择图 12.9.26a 所示的边线为圆角对象，圆角半径值为 2.0。

Step6. 创建图 12.9.27 所示的零件特征——成形工具 1。选择下拉菜单 插入(I) ➡ 钣金(H) ➡ 🌂 成形工具 命令；激活"成形工具"对话框的 停止面 区域，选取图 12.9.27 所示的模型表面作为成形工具的停止面，激活"成形工具"对话框的 要移除的面 区域，选取图 12.9.27 所示的模型表面作为成形工具的移除面；单击 ✅ 按钮，完成成形工具 1 的创建。

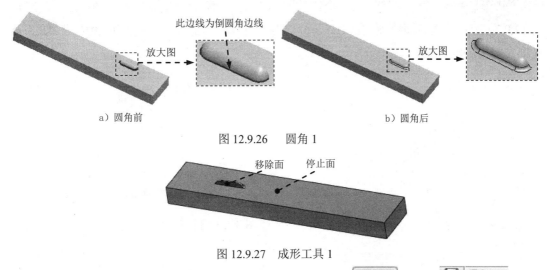

a）圆角前　　　　　　　　　　　　　b）圆角后

图 12.9.26　圆角 1

图 12.9.27　成形工具 1

Step7. 至此，成形工具模型创建完毕。选择下拉菜单 文件(F) ➡ 🖫 保存(S) 命令，把模型保存于 D:\swal18\work\ch12.09 文件夹，并命名为 SM_DIE_14。

Task4．创建图 12.9.28 所示的模具 15

图 12.9.28　模具 15 模型

Step1. 新建模型文件。选择下拉菜单 文件(F) ➡ 🗋 新建(N)... 命令，在系统弹出的"新建 SolidWorks 文件"对话框中选择"零件"模块，单击 确定 按钮，进入建模环境。

Step2. 创建图 12.9.29 所示的零件特征——凸台-拉伸 1。选择下拉菜单 插入(I) ➡ 凸台/基体(B) ➡ 🗊 拉伸(E)... 命令。选取前视基准面作为草图基准面，绘制图 12.9.30 所示的横断面草图；在"凸台-拉伸"对话框 方向1 区域的下拉列表中选择 给定深度 选项，输入深度值 20.0。

图 12.9.29　凸台-拉伸 1

图 12.9.30　横断面草图（草图 1）

Step3. 创建图 12.9.31 所示的零件特征——凸台-拉伸 2。选择下拉菜单 插入(I) ➡️ 凸台/基体(B) ➡️ 🔲 拉伸(E)... 命令。选取图 12.9.31 所示的平面作为草图基准面，绘制图 12.9.32 所示的横断面草图；在"凸台-拉伸"对话框 方向1 区域的下拉列表中选择 给定深度 选项，输入深度值 8.0。

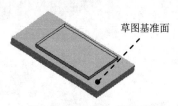

图 12.9.31　凸台-拉伸 2

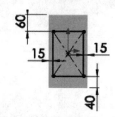

图 12.9.32　横断面草图（草图 2）

Step4. 创建图 12.9.33b 所示的圆角 1。选择图 12.9.33a 所示的边线为圆角对象，圆角半径值为 25.0。

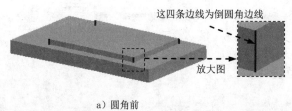

a）圆角前　　　　　　　　　　　　　　　　　b）圆角后

图 12.9.33　圆角 1

Step5. 创建图 12.9.34 所示的零件特征——拔模 1。选择下拉菜单 插入(I) ➡️ 特征(F) ➡️ 🔲 拔模(D)... 命令，在"拔模"对话框 拔模类型(T) 区域中选中 ⚪ 中性面(E) 单选项。单击以激活对话框的 中性面(N) 区域中的文本框，选取图 12.9.35 所示的模型表面作为拔模中性面。单击以激活对话框的 拔模面(F) 区域中的文本框，选取图 12.9.35 所示的模型表面作为拔模面。拔模方向如图 12.9.35 所示，在对话框的 拔模角度(G) 区域的 🔲 文本框中输入角度值 30.0。

Step6. 创建图 12.9.36b 所示的圆角 2。选择图 12.9.36a 所示的边线为圆角对象，圆角半径值为 10.0。

Step7. 创建图 12.9.37b 所示的圆角 3。选择图 12.9.37a 所示的边线为圆角对象，圆角半径值为 6.0。

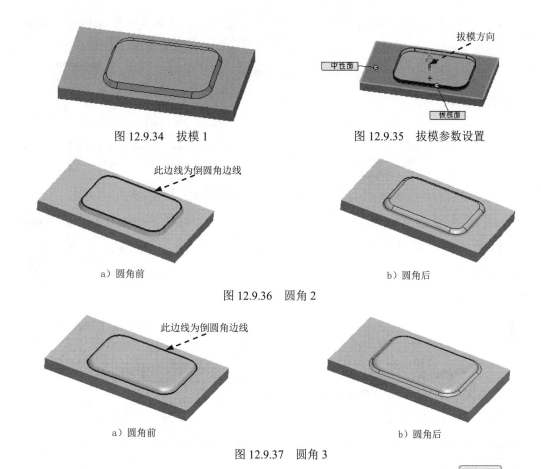

图 12.9.34 拔模 1

图 12.9.35 拔模参数设置

a）圆角前

b）圆角后

图 12.9.36 圆角 2

a）圆角前

b）圆角后

图 12.9.37 圆角 3

Step8. 创建图 12.9.38 所示的零件特征——成形工具 1。选择下拉菜单 插入(I) ➡ 钣金(H) ➡ 成形工具 命令；激活"成形工具"对话框的 停止面 区域，选取图 12.9.38 所示的模型表面作为成形工具的停止面；单击 ✓ 按钮，完成成形工具 1 的创建。

Step9. 至此，成形工具模型创建完毕。选择下拉菜单 文件(F) ➡ 保存(S) 命令，把模型保存于 D:\swal18\work\ch12.09 文件夹，并命名为 SM_DIE_15。

Task5. 创建图 12.9.39 所示的模具 16

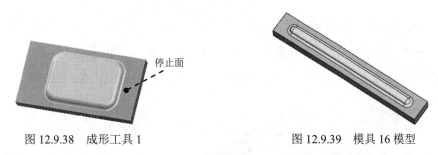

图 12.9.38 成形工具 1

图 12.9.39 模具 16 模型

Step1. 新建模型文件。选择下拉菜单 文件(F) ➡ 新建(N)... 命令，在系统弹出的"新建 SolidWorks 文件"对话框中选择"零件"模块，单击 确定 按钮，进入建模环境。

Step2. 创建图 12.9.40 所示的零件特征——凸台-拉伸 1。选择下拉菜单 插入(I) ➡️ 凸台/基体(B) ➡️ 🔲 拉伸(E)...命令。选取上视基准面作为草图基准面，绘制图 12.9.41 所示的横断面草图；在"凸台-拉伸"对话框 方向1 区域的下拉列表中选择 给定深度 选项，输入深度值 10.0。

图 12.9.40 凸台-拉伸 1

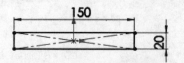

图 12.9.41 横断面草图（草图 1）

Step3. 创建图 12.9.42 所示的零件特征——旋转 1。选择下拉菜单 插入(I) ➡️ 凸台/基体(B) ➡️ 🌀 旋转(R)...命令。选取前视基准面作为草图基准面，绘制图 12.9.43 所示的横断面草图（包括旋转中心线）。采用草图中绘制的中心线作为旋转轴线，在 方向1 区域的 🔲 文本框中输入值 360.00。

图 12.9.42 旋转 1

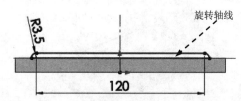

图 12.9.43 横断面草图（草图 2）

Step4. 创建图 12.9.44b 所示的圆角 1。选择图 12.9.44a 所示的边线为圆角对象，圆角半径值为 2.5。

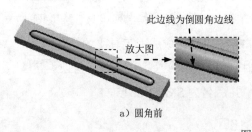

a）圆角前

b）圆角后

图 12.9.44 圆角 1

Step5. 创建图 12.9.45 所示的零件特征——成形工具 1。选择下拉菜单 插入(I) ➡️ 钣金(H) ▸ ➡️ 🔨 成形工具 命令；激活"成形工具"对话框的 停止面 区域，选取图 12.9.45 所示的模型表面作为成形工具的停止面；单击 ✓ 按钮，完成成形工具 1 的创建。

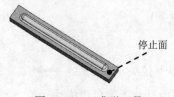

图 12.9.45 成形工具 1

Step6. 至此，成形工具模型创建完毕。选择下拉菜单 文件(F) ➡ 保存(S) 命令，把模型保存于 D:\swal18\work\ch12.09 文件夹，并命名为 SM_DIE_16。

Task6. 创建图 12.9.46 所示的模具 17

图 12.9.46　模具 17 模型

Step1. 新建模型文件。选择下拉菜单 文件(F) ➡ 新建(N)... 命令，在系统弹出的"新建 SolidWorks 文件"对话框中选择"零件"模块，单击 确定 按钮，进入建模环境。

Step2. 创建图 12.9.47 所示的零件特征——凸台-拉伸 1。选择下拉菜单 插入(I) ➡ 凸台/基体(B) ➡ 拉伸(E)... 命令。选取上视基准面作为草图基准面，绘制图 12.9.48 所示的横断面草图；在"凸台-拉伸"对话框 方向1 区域的下拉列表中选择 给定深度 选项，输入深度值 10.0。

图 12.9.47　凸台-拉伸 1

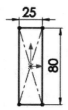

图 12.9.48　横断面草图（草图 1）

Step3. 创建图 12.9.49 所示的零件特征——凸台-拉伸 2。选择下拉菜单 插入(I) ➡ 凸台/基体(B) ➡ 拉伸(E)... 命令。选取图 12.9.49 所示的平面作为草图基准面，绘制图 12.9.50 所示的横断面草图；在"凸台-拉伸"对话框 方向1 区域的下拉列表中选择 给定深度 选项，输入深度值 5.0。

图 12.9.49　凸台-拉伸 2

图 12.9.50　横断面草图（草图 2）

Step4. 创建图 12.9.51 所示的零件特征——拔模 1。选择下拉菜单 插入(I) ➡ 特征(F) ➡ 拔模(D)... 命令，在"拔模"对话框 拔模类型(T) 区域中选中 ⊙ 中性面(E) 单选项。单击以激活对话框的 中性面(N) 区域中的文本框，选取图 12.9.52 所示的模型表面作为拔模中性面。单击以激活对话框的 拔模面(F) 区域中的文本框，选取图 12.9.52 所示的模型表面作为拔模面。拔模方向如图 12.9.52 所示，在对话框的 拔模角度(G) 区域的 文本框中输入角度值 30.0。

图 12.9.51　拔模 1

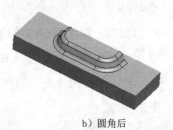

图 12.9.52　拔模参数设置

Step5. 创建图 12.9.53b 所示的圆角 1。选择图 12.9.53a 所示的边线为圆角对象，圆角半径值为 2.5。

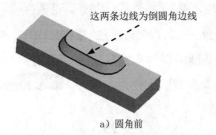

a）圆角前

b）圆角后

图 12.9.53　圆角 1

Step6. 创建图 12.9.54 所示的零件特征——成形工具 1。选择下拉菜单 插入(I) ➡ 钣金(H) ➡ 🍄 成形工具 命令；激活"成形工具"对话框的 停止面 区域，选取图 12.9.54 所示的模型表面作为成形工具的停止面，激活"成形工具"对话框的 要移除的面 区域，选取图 12.9.54 所示的模型表面作为成形工具的移除面；单击 ✅ 按钮，完成成形工具 1 的创建。

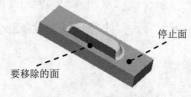

图 12.9.54　成形工具 1

Step7. 至此，成形工具模型创建完毕。选择下拉菜单 文件(F) ➡ 💾 保存(S) 命令，把模型保存于 D:\swal18\work\ch12.09 文件夹，并命名为 SM_DIE_17。

Task7. 进行图 12.9.55 所示的微波炉外壳后盖的细节设计

Step1. 在装配件中打开微波炉外壳后盖（BACK_COVER）。在设计树中选择 ⊞ 🐚 (固定) BACK_COVER 后右击，在系统弹出的快捷菜单中单击 📄 按钮。

Step2. 创建图 12.9.56b 所示的圆角 1。选择图 12.9.56a 所示的边线为圆角对象，圆角半径值为 8.0。

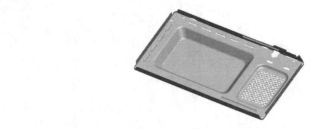

图 12.9.55 微波炉外壳后盖模型

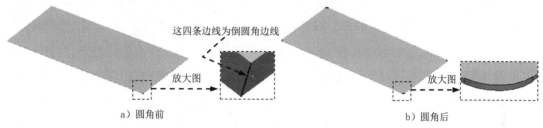

这四条边线为倒圆角边线

放大图

放大图

a）圆角前

b）圆角后

图 12.9.56 圆角 1

Step3. 创建图 12.9.57 所示的钣金特征——边线-法兰 1。选择下拉菜单 插入(I) ➡️ 钣金(H) ➡️ 📦 边线法兰(E)... 命令，系统弹出"边线-法兰"对话框；选取图 12.9.58 所示的模型边线为生成的边线法兰的边线；在 法兰参数(P) 区域中取消选中 ☐ 使用默认半径(U) 选项，在 📐 文本框中输入折弯半径值 0.7，在 角度(G) 区域的 📐 文本框中输入角度值 90.0；在 法兰长度(L) 区域的下拉列表中选择 给定深度 选项，输入深度值 20.0，在此区域中单击"内部虚拟交点"按钮 🖉 ；在 法兰位置(N) 区域中单击"材料在内"按钮 🖿 ；单击 ✅ 按钮，完成边线-法兰 1 的初步创建。

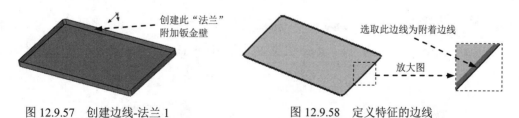

创建此"法兰"附加钣金壁

选取此边线为附着边线

放大图

图 12.9.57 创建边线-法兰 1

图 12.9.58 定义特征的边线

Step4. 创建图 12.9.59 所示的成形特征 1。单击任务窗格中的"设计库"按钮 📦 ，打开"设计库"对话框；单击"设计库"对话框中的 🏢 ins43 节点，在设计库下部的列表框中选择"SM_DIE_12"文件并拖动到图 12.9.59 所示的平面，在系统弹出的"成形工具特征"对话框中单击 ✅ 按钮；单击设计树中 🖿 ➤ SM_DIE_121（默认）-> 节点前的"+"号，右击 ✏️ 草图5 特征，在系统弹出的快捷菜单中选择 ☑ 命令，进入草图环境；编辑草图，如图 12.9.60 所示（注：若草图方向不对，可通过 工具(T) ➡️ 草图工具(T) ➡️ ◇₊ 修改(Y)...

命令，在 旋转(R) 对话框中输入角度值修改）。退出草图环境，完成成形特征 1 的创建。

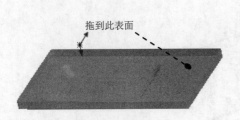

图 12.9.59 创建成形特征 1

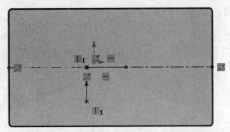

图 12.9.60 横截面草图（草图 1）

Step5. 创建图 12.9.61 所示的成形特征 2。单击任务窗格中的"设计库"按钮，打开 "设计库"对话框；单击"设计库"对话框中的 ins43 节点，在设计库下部的列表框中选择"SM_DIE_13"文件并拖动到图 12.9.61 所示的平面，在系统弹出的"成形工具特征"对话框 旋转角度(A) 区域的 文本框中输入值 180，单击 按钮；单击设计树中 SM_DIE_131(默认) 节点前的"+"号，右击 (-) 草图7 特征，在系统弹出的快捷菜单中选择 命令，进入草图环境；编辑草图，如图 12.9.62 所示。退出草图环境，完成成形特征 2 创建。

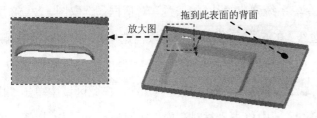

图 12.9.61 成形特征 2

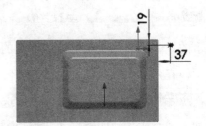

图 12.9.62 横断面草图（草图 2）

Step6. 创建图 12.9.63 所示的阵列（线性）1。选择下拉菜单 插入(I) → 阵列/镜像 (E) → 线性阵列(L)... 命令。选取成形特征 2 作为要阵列的对象，在图形区选取图 12.9.64 所示的边线为 方向1 的参考方向（单击边线如图所指的位置）。在对话框中输入间距值 50.0，输入实例数值 5。

图 12.9.63 阵列（线性）1

图 12.9.64 阵列参考方向边线

Step7. 创建图 12.9.65 所示的成形特征 3。单击任务窗格中的"设计库"按钮，打开 "设计库"对话框；单击"设计库"对话框中的 ins43 节点，在设计库下部的列表框中选择"SM_DIE_14"文件并拖动到图 12.9.65 所示的平面，在系统弹出的"成形工具特征"

对话框 旋转角度(A) 区域的 ⬆️文本框中输入值 270，单击 ✔ 按钮；单击设计树中 ⊞ SM_DIE_141 (默认) -> 节点前的 "+" 号，右击 草图9 特征，在系统弹出的快捷菜单中选择 📝命令，进入草图环境；编辑草图，如图 12.9.66 所示（注：若草图方向不对，可通过 工具(T) ➡ 草图工具(I) ➡ ◇± 修改(Y)... 命令，在 旋转(R) 对话框中输入角度值修改）。退出草图环境，完成成形特征 3 创建。

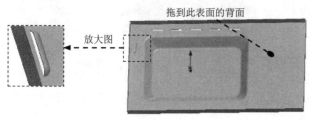

图 12.9.65　成形特征 3

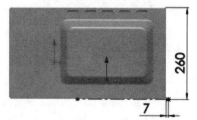

图 12.9.66　横断面草图（草图 3）

Step8. 创建图 12.9.67 所示的阵列（线性）2。选择下拉菜单 插入(I) ➡ 阵列/镜像(E) ➡ ▦ 线性阵列(L)... 命令。选取成形特征 3 作为要阵列的对象，在图形区选取图 12.9.68 所示的边线为 方向1 的参考方向（单击边线如图所指的位置）。在对话框中输入间距值 45.0，输入实例数值 4。

图 12.9.67　阵列（线性）2

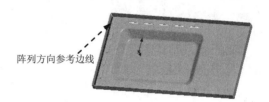

图 12.9.68　阵列参考方向边线

Step9. 创建图 12.9.69 所示的成形特征 4。单击任务窗格中的 "设计库" 按钮 🗄️，打开 "设计库" 对话框；单击 "设计库" 对话框中的 📁 ins43 节点，在设计库下部的列表框中选择 "SM_DIE_15" 文件并拖动到图 12.9.69 所示的平面，在系统弹出的 "成形工具特征" 对话框 旋转角度(A) 区域的 ⬆️文本框中输入值 180，单击 ✔ 按钮；单击设计树中 ⊞ SM_DIE_151 (默认) -> 节点前的 "+" 号，右击 草图11 特征，在系统弹出的快捷菜单中选择 📝命令，进入草图环境；编辑草图，如图 12.9.70 所示（注：若草图方向不对，可通过 工具(T) ➡ 草图工具(I) ➡ ◇± 修改(Y)... 命令，在 旋转(R) 对话框中输入角度值修改）。退出草图环境，完成成形特征 4 的创建。

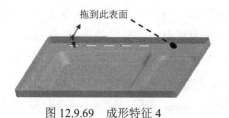

图 12.9.69　成形特征 4

图 12.9.70　横断面草图（草图 4）

Step10. 创建图 12.9.71 所示的零件特征——切除-拉伸 1。选择下拉菜单 插入(I) ➡
切除(C) ➡ ▣ 拉伸(E)…命令。选取图 12.9.71 所示平面作为草图基准面,绘制图 12.9.72
所示的横断面草图。在"切除-拉伸"对话框 方向1 区域的下拉列表中选择 完全贯穿 选项。

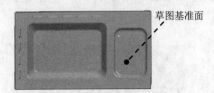

图 12.9.71　切除-拉伸 1

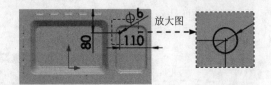

图 12.9.72　横断面草图(草图 5)

Step11. 创建图 12.9.73 所示的阵列(线性)3。选择下拉菜单 插入(I) ➡ 阵列/镜像 (E)
➡ ▦ 线性阵列(L)…命令。选取切除-拉伸 1 作为要阵列的对象,在图形区选取图 12.9.74
所示的边线为 方向1 的参考方向(单击边线如图所指的位置)。在对话框中输入间距值 8.0,
输入实例数值 11。在图形区选取图 12.9.74 所示的边线为 方向2 的参考方向(单击边线如
图所指的位置)。在对话框中输入间距值 10.0,输入实例数值 12。

图 12.9.73　阵列(线性)3

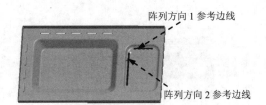

图 12.9.74　阵列参考方向边线

Step12. 创建图 12.9.75 所示的成形特征 5。单击任务窗格中的"设计库"按钮🗑,打
开"设计库"对话框;单击"设计库"对话框中的 🏛 ins43 节点,在设计库下部的列表框中
选择"SM_DIE_16"文件并拖动到图 12.9.75 所示的平面,在系统弹出的"成形工具特征"
对话框 旋转角度(A) 区域的 ⬚ 文本框中输入值 0,单击 ✔ 按钮;单击设计树中
⊞ 🍄 SM_DIE_161 (默认) -> 节点前的"+"号,右击 🖉 草图14 特征,在系统弹出的快捷菜单中
选择 🖉 命令,进入草图环境;编辑草图,如图 12.9.76 所示(注:若草图方向不对,可通
过 工具(T) ➡ 草图工具(T) ➡ ◈± 修改(Y)…命令,在 旋转(R) 对话框中输入角度值修
改)。退出草图环境,完成成形特征 5 的创建。

Step13. 创建图 12.9.77 所示的成形特征 6。单击任务窗格中的"设计库"按钮🗑,打
开"设计库"对话框;单击"设计库"对话框中的 🏛 ins43 节点,在设计库下部的列表框中
选择"SM_DIE_16"文件并拖动到图 12.9.77 所示的平面,在系统弹出的"成形工具特征"
对话框中单击 ✔ 按钮;单击设计树中 ⊞ 🍄 SM_DIE_161 (默认) -> 节点前的"+"号,右击
🖉 草图16 特征,在系统弹出的快捷菜单中选择 🖉 命令,进入草图环境;编辑草图,如图
12.9.78 所示(注:若草图方向不对,可通过 工具(T) ➡ 草图工具(T) ➡ ◈± 修改(Y)…

命令，在 旋转(R) 对话框中输入角度值修改）。退出草图环境，完成成形特征6的创建。

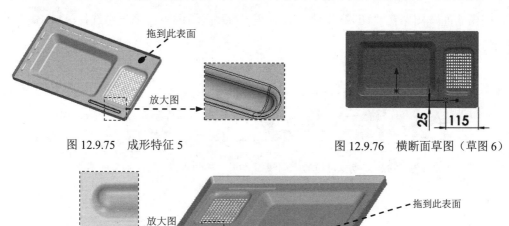

图 12.9.75　成形特征 5　　　　　　　　图 12.9.76　横断面草图（草图 6）

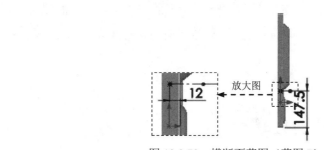

图 12.9.77　成形特征 6

Step14. 创建图 12.9.79 所示的钣金特征——薄片 1。选择下拉菜单 插入(I) ➡ 钣金 (H) ➡ ⋃ 基体法兰 (A)... 命令；选取图 12.9.79 所示的面作为草图基准面，绘制图 12.9.80 所示的横断面草图；退出草图基准面，此时系统自动生成薄片 1。

图 12.9.78　横断面草图（草图 7）

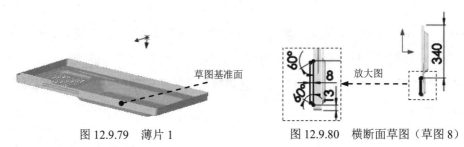

图 12.9.79　薄片 1　　　　　　　　图 12.9.80　横断面草图（草图 8）

Step15. 创建图 12.9.81 所示的特征——切除-拉伸 2。选择下拉菜单 插入(I) ➡ 切除 (C) ➡ 拉伸(E)... 命令。选取图 12.9.81 所示平面作为草图基准面，绘制图 12.9.82 所示的横断面草图。在"切除-拉伸"对话框 方向1 区域的下拉列表中选择 给定深度 选项，输入深度值 20.0。

Step16. 创建图 12.9.83 所示的特征——切除-拉伸 3。选择下拉菜单 插入(I) ➡

切除(C) ➡ 拉伸(E)…命令。选取图12.9.83所示平面作为草图基准面,绘制图12.9.84所示的横断面草图。在"切除-拉伸"对话框 方向1 区域的下拉列表中选择 给定深度 选项,输入深度值20.0。

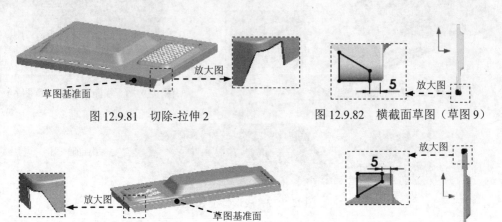

图12.9.81 切除-拉伸2　　图12.9.82 横截面草图(草图9)

图12.9.83 切除-拉伸3　　图12.9.84 横断面草图(草图10)

Step17. 创建图12.9.85所示的特征——切除-拉伸4。选择下拉菜单 插入(I) ➡ 切除(C) ➡ 拉伸(E)…命令。选取图12.9.85所示平面作为草图基准面,绘制图12.9.86所示的横断面草图。在"切除-拉伸"对话框 方向1 区域的下拉列表中选择 给定深度 选项,输入深度值20.0。

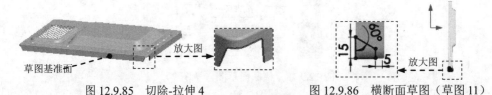

图12.9.85 切除-拉伸4　　图12.9.86 横断面草图(草图11)

Step18. 创建图12.9.87所示的特征——切除-拉伸5。选择下拉菜单 插入(I) ➡ 切除(C) ➡ 拉伸(E)…命令。选取图12.9.87所示平面作为草图基准面,绘制图12.9.88所示的横断面草图。在"切除-拉伸"对话框 方向1 区域的下拉列表中选择 给定深度 选项,输入深度值20.0。

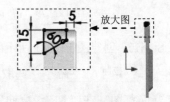

图12.9.87 切除-拉伸5　　图12.9.88 横断面草图(草图12)

Step19. 创建图12.9.89所示的成形特征7。单击任务窗格中的"设计库"按钮,打开"设计库"对话框;单击"设计库"对话框中的 ins43 节点,在设计库下部的列表框中选择"SM_DIE_17"文件并拖动到图 12.9.89 所示的平面，在系统弹出的"成形工具特征"对话框 旋转角度(A) 区域的 文本框中输入值 180，单击 按钮；单击设计树中 SM_DIE_171(默认) -> 节点前的"+"号，右击 (-) 草图23 特征，在系统弹出的快捷菜单中选择 命令，进入草图环境；编辑草图，如图 12.9.90 所示（注：若草图方向不对，可通过 工具(T) → 草图工具(T) → 修改(Y)... 命令，在 旋转(R) 对话框中输入角度值修改）。退出草图环境，完成成形特征 7 的创建。

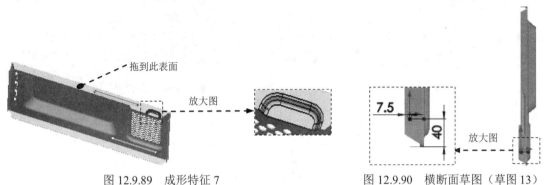

图 12.9.89　成形特征 7　　　　　　　图 12.9.90　横断面草图（草图 13）

Step20. 创建图 12.9.91 所示的特征——切除-拉伸 6。选择下拉菜单 插入(I) → 切除(C) → 拉伸(E)... 命令。选取图 12.9.91 所示平面作为草图基准面，绘制图 12.9.92 所示的横断面草图。在"切除-拉伸"对话框 方向1 区域的下拉列表中选择 给定深度 选项，输入深度值 3.0。

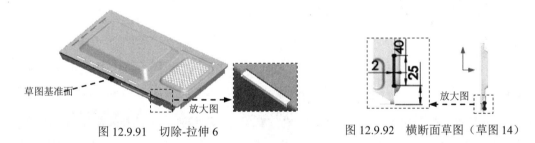

图 12.9.91　切除-拉伸 6　　　　　　　图 12.9.92　横断面草图（草图 14）

Step21. 创建图 12.9.93 所示的特征——切除-拉伸 7。选择下拉菜单 插入(I) → 切除(C) → 拉伸(E)... 命令。选取图 12.9.93 所示平面作为草图基准面，绘制图 12.9.94 所示的横断面草图。在"切除-拉伸"对话框 方向1 区域的下拉列表中选择 给定深度 选项，输入深度值 5.0。

图 12.9.93　切除-拉伸 7　　　　　　　图 12.9.94　横断面草图（草图 15）

Step22. 创建图 12.9.95 所示的特征——切除-拉伸 8。选择下拉菜单 插入(I) ➡ 切除(C) ➡ 🔲 拉伸(E)... 命令。选取图 12.9.95 所示平面作为草图基准面，绘制图 12.9.96 所示的横断面草图。在"切除-拉伸"对话框 方向1 区域的下拉列表中选择 给定深度 选项，输入深度值 3.0。

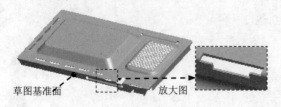

图 12.9.95　切除-拉伸 8

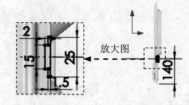

图 12.9.96　横断面草图（草图 16）

Step23. 创建图 12.9.97 所示的特征——切除-拉伸 9。选择下拉菜单 插入(I) ➡ 切除(C) ➡ 🔲 拉伸(E)... 命令。选取图 12.9.97 所示平面作为草图基准面，绘制图 12.9.98 所示的横断面草图。在"切除-拉伸"对话框 方向1 区域的下拉列表中选择 给定深度 选项，输入深度值 3.0。

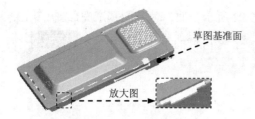

图 12.9.97　切除-拉伸 9

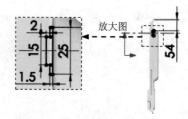

图 12.9.98　横断面草图（草图 17）

Step24. 创建图 12.9.99 所示的特征——切除-拉伸 10。选择下拉菜单 插入(I) ➡ 切除(C) ➡ 🔲 拉伸(E)... 命令。选取图 12.9.99 所示平面作为草图基准面，绘制图 12.9.100 所示的横断面草图。在"切除-拉伸"对话框 方向1 区域的下拉列表中选择 给定深度 选项，输入深度值 3.0。

图 12.9.99　切除-拉伸 10

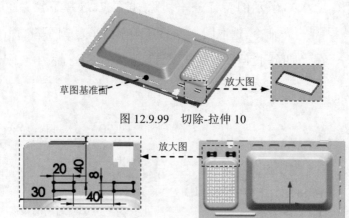

图 12.9.100　横断面草图（草图 18）

Step25. 创建图 12.9.101 所示的特征——切除-拉伸 11。选择下拉菜单 插入(I) ➡ 切除(C) ➡ 拉伸(E)...命令。选取图 12.9.101 所示平面作为草图基准面，绘制图 12.9.102 所示的横断面草图。在"切除-拉伸"对话框 方向1 区域的下拉列表中选择 给定深度 选项，输入深度值 3.0。

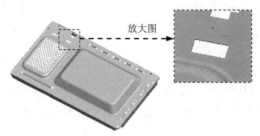

图 12.9.101 切除-拉伸 11

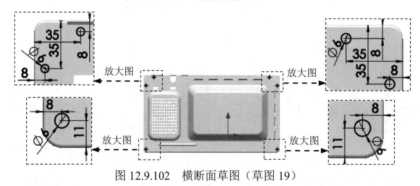

图 12.9.102 横断面草图（草图 19）

Step26. 保存模型。选择下拉菜单 文件(F) ➡ 保存(S)命令，保存模型。

12.10 创建微波炉外壳顶盖

Task1. 创建图 12.10.1 所示的模具 18

图 12.10.1 模具 18 模型

Step1. 新建模型文件。选择下拉菜单 文件(F) ➡ 新建(N)...命令，在系统弹出的"新建 SolidWorks 文件"对话框中选择"零件"模块，单击 确定 按钮，进入建模环境。

Step2. 创建图 12.10.2 所示的零件特征——凸台-拉伸 1。选择下拉菜单 插入(I) ➡ 凸台/基体(B) ➡ 拉伸(E)...命令。选取右视基准面作为草图基准面，绘制图 12.10.3

所示的横断面草图；在"凸台-拉伸"对话框 方向1 区域的下拉列表中选择 给定深度 选项，输入深度值 20.0。

图 12.10.2　凸台-拉伸 1

图 12.10.3　横断面草图（草图 1）

Step3. 创建图 12.10.4 所示的零件特征——旋转 1。选择下拉菜单 插入(I) ➡ 凸台/基体(B) ➡ 🍄 旋转(R)... 命令。选取图 12.10.4 所示平面作为草图基准面，绘制图 12.10.5 所示的横断面草图（包括旋转中心线）。采用草图中绘制的中心线作为旋转轴线，在 方向1 区域的 文本框中输入值 90.00。

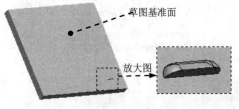

图 12.10.4　旋转 1

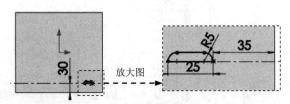

图 12.10.5　横断面草图（草图 2）

Step4. 创建图 12.10.6b 所示的圆角 1。选择图 12.10.6a 所示的边线为圆角对象，圆角半径值为 2.5。

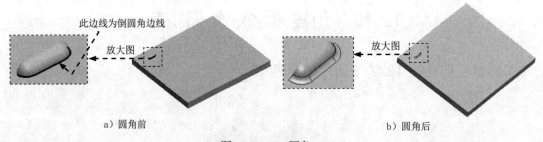

a）圆角前　　　　　　　　　　　　　　　　b）圆角后

图 12.10.6　圆角 1

Step5. 创建图 12.10.7 所示的零件特征——成形工具 1。选择下拉菜单 插入(I) ➡ 钣金(H) ➡ 🍄 成形工具 命令；激活"成形工具"对话框的 停止面 区域，选取图 12.10.7 所示的模型表面作为成形工具的停止面，激活"成形工具"对话框的 要移除的面 区域，选取图 12.10.7 所示的模型表面作为成形工具的移除面；单击 ✔ 按钮，完成成形工具 1 的创建。

Step6. 至此，成形工具模型创建完毕。选择下拉菜单 文件(F) ➡ 🖫 保存(S) 命令，把模型保存于 D:\swal18\work\ch12.10 文件夹，并命名为 SM_DIE_18。

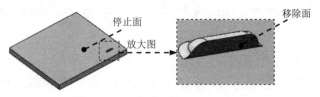

图 12.10.7　成形工具 1

Task2. 创建图 12.10.8 所示的模具 19

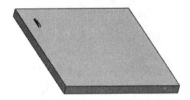

图 12.10.8　模具 19 模型

Step1. 新建模型文件。选择下拉菜单 文件(F) ➡ 新建(N)... 命令，在系统弹出的 "新建 SolidWorks 文件" 对话框中选择 "零件" 模块，单击 确定 按钮，进入建模环境。

Step2. 创建图 12.10.9 所示的零件特征——凸台-拉伸 1。选择下拉菜单 插入(I) ➡ 凸台/基体(B) ➡ 拉伸(E)... 命令。选取右视基准面作为草图基准面，绘制图 12.10.10 所示的横断面草图；在 "凸台-拉伸" 对话框 方向1 区域的下拉列表中选择 给定深度 选项，输入深度值 20.0。

图 12.10.9　凸台-拉伸 1

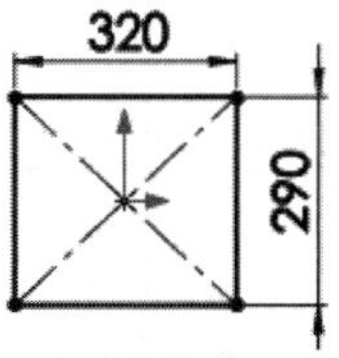

图 12.10.10　横断面草图（草图 1）

Step3. 创建图 12.10.11 所示的零件特征——旋转 1。选择下拉菜单 插入(I) ➡ 凸台/基体(B) ➡ 旋转(R)... 命令。选取图 12.10.11 所示平面作为草图基准面，绘制图 12.10.12 所示的横断面草图（包括旋转中心线）。采用草图中绘制的中心线作为旋转轴线，在 方向1 区域的 文本框中输入值 270.00。

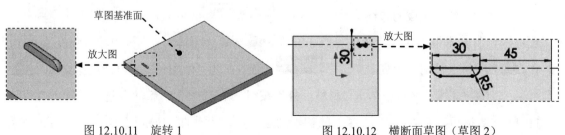

图 12.10.11　旋转 1

图 12.10.12　横断面草图（草图 2）

Step4. 创建图 12.10.13b 所示的圆角 1。选择图 12.10.13a 所示的边线为圆角对象，圆角半径值为 2.5。

Step5. 创建图 12.10.14 所示的零件特征——成形工具 1。选择下拉菜单 插入(I) ➡️ 钣金(H) ▶ ➡️ 🔒 成形工具 命令；激活"成形工具"对话框的 停止面 区域，选取图 12.10.14 所示的模型表面作为成形工具的停止面，激活"成形工具"对话框的 要移除的面 区域，选取图 12.10.14 所示的模型表面作为成形工具的移除面；单击 ✔ 按钮，完成成形工具 1 的创建。

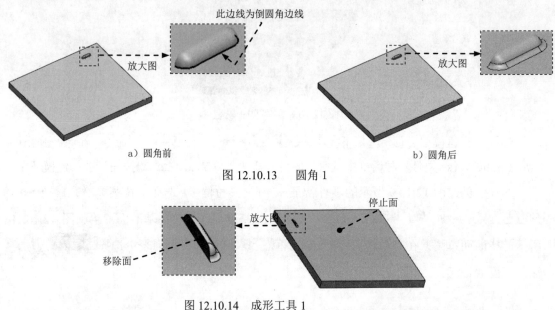

a）圆角前　　　　　　　　　　　　　　　　　b）圆角后

图 12.10.13　圆角 1

图 12.10.14　成形工具 1

Step6. 至此，成形工具模型创建完毕。选择下拉菜单 文件(F) ➡️ 🖫 保存(S) 命令，把模型保存于 D:\swal18\work\ch12.10 文件夹，并命名为 SM_DIE_19。

Task3. 创建图 12.10.15 所示的微波炉外壳顶盖

Step1. 在装配件中打开微波炉外壳顶盖零件（TOP_COVER）。在设计树中选择 ⊞ 🔩 (固定) TOP_COVER<1>，然后右击，在系统弹出的快捷菜单中单击 📂 按钮。

Step2. 创建图 12.10.16 所示的钣金特征——边线-法兰 1。选择下拉菜单 插入(I) ➡️ 钣金(H) ▶ ➡️ 🔩 边线法兰(E)... 命令，系统弹出"边线-法兰"对话框；选取图 12.10.17 所示的模型边线为生成的边线法兰的边线；在 法兰参数(P) 区域取消选中 ☐ 使用默认半径(U) 复选框，在 ⅄ 文本框中输入折弯半径值 8.0，在 角度(G) 区域的 🗔 文本框中输入角度值 90.0；在 法兰长度(L) 区域的下拉列表中选择 给定深度 选项，在此区域中单击"内部虚拟交点"按钮 ✍️；在 法兰位置(N) 区域中单击"材料在外"按钮 🔩，选中 ☑ 等距(F) 复选框。输入深度值 1；单击 ✔ 按钮，完成边线-法兰 1 的初步创建；在设计树的 ▸ 🔩 边线-法兰1 上右击，在系统弹出的快捷菜单上单击  命令，系统进入草图环境，绘制图 12.10.18 所示的横断面草图。退出草图环境，此时系统完成边线-法兰 1 的创建（注：为了绘图方便，可显示 down02-DISH 基准面）。

图 12.10.15 微波炉外壳顶盖模型

图 12.10.16 创建边线-法兰 1

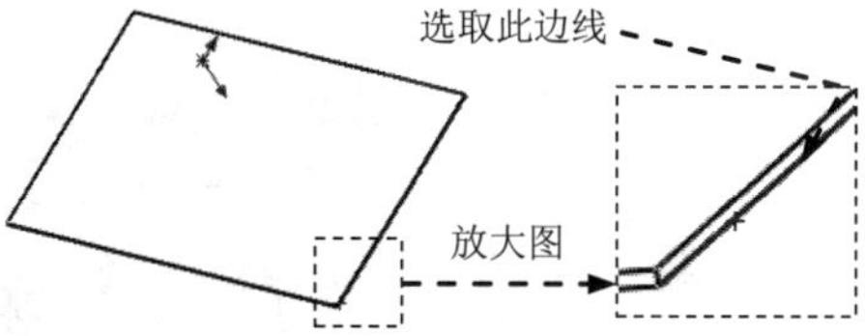

图 12.10.17 定义特征的边线

Step3. 创建图 12.10.19 所示的钣金特征——边线-法兰 2。详细操作步骤参照 Step2。

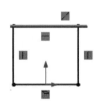

图 12.10.18 横断面草图（草图 1）

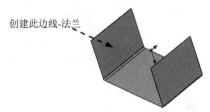

图 12.10.19 创建边线-法兰 2

Step4. 创建图 12.10.20 所示的褶边 1。选择下拉菜单 插入(I) ➡ 钣金(H) ➡

褶边(H)... 命令，系统弹出"褶边"对话框；选取图 12.10.21 所示的模型边线为生成褶边的边线，并选择折弯在外按钮 ；在 类型和大小(T) 区域中选择"闭合"选项 ，在 文本框中输入角度值 10.0；单击 按钮，完成褶边 1 的初步创建；单击设计树中 褶边1 节点前的"+"号，右击 草图5 特征，在系统弹出的快捷菜单中单击 命令，进入草图基准面，绘制图 12.10.22 所示的横断面草图。退出草图环境；绘制图 12.10.23 所示的横断面草图。

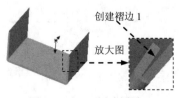

图 12.10.20 创建褶边 1

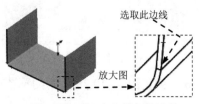

图 12.10.21 定义特征的边线

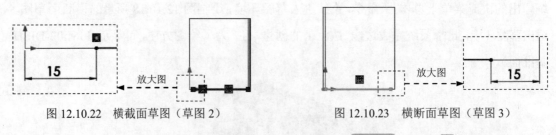

图 12.10.22　横截面草图（草图 2）　　　　　图 12.10.23　横断面草图（草图 3）

Step5. 创建图 12.10.24 所示的草图 3。选择下拉菜单 插入(I) ➡ ▭ 草图绘制 命令。选取图 12.10.25 所示的面为草图基准面，绘制图 12.10.24 所示的草图 3。

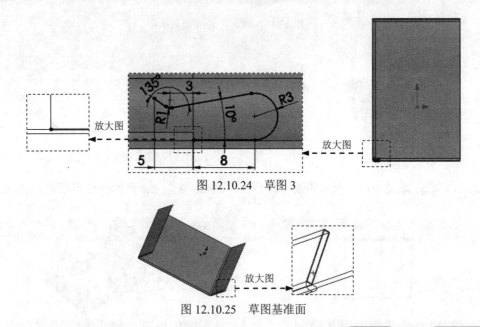

图 12.10.24　草图 3

图 12.10.25　草图基准面

Step6. 创建图 12.10.26 所示的扫描-法兰 1。选择下拉菜单 插入(I) ➡ 钣金 (H) ➡ 扫描法兰 (W)... 命令，系统弹出"扫描-法兰"对话框；在 轮廓和路径(P) 区域中单击 C° 后的文本框，在设计树中选择草图 3 作为轮廓线；单击 C° 后的文本框，在图形区选择图 12.10.27 所示的线作为路径；在 启始/结束处等距(O) 区域的 √D1 后输入开始等距距离值 20，在 √D2 后输入结束等距距离值 15；单击 ✓ 按钮，完成扫描-法兰 1 的创建。

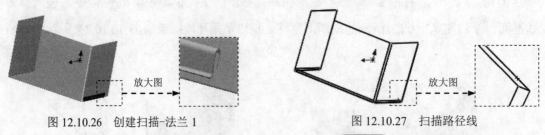

图 12.10.26　创建扫描-法兰 1　　　　　　图 12.10.27　扫描路径线

Step7. 创建图 12.10.28 所示的草图 4。选择下拉菜单 插入(I) ➡ ▭ 草图绘制 命令。选取图 12.10.29 所示的面为草图基准面，绘制图 12.10.28 所示的草图 4。

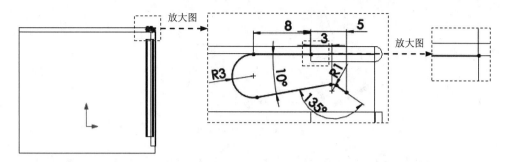

图 12.10.28　草图 4

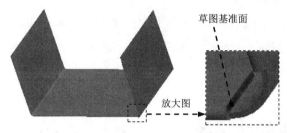

图 12.10.29　草图基准面

Step8. 创建图 12.10.30 所示的扫描-法兰 2。选择下拉菜单 插入(I) ➡ 钣金 (H)
➡ 扫描法兰 (W)... 命令，系统弹出"扫描-法兰"对话框；在 轮廓和路径(P) 区域中单击 ⊙ 后的文本框，在设计树中选择草图 10 作为轮廓线；单击 ⌒ 后的文本框，在图形区选择图 12.10.31 所示的线作为路径；在 启始/结束处等距(O) 区域的 ⟨D1 后输入开始等距距离值 15，在 ⟨D2 后输入结束等距距离值 15。

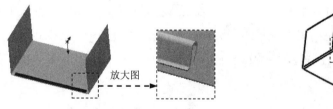

图 12.10.30　创建扫描-法兰 2

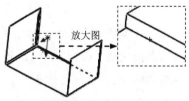

图 12.10.31　扫描路径线

Step9. 创建图 12.10.32 所示的草图 5。选择下拉菜单 插入(I) ➡ 草图绘制 命令。选取图 12.10.33 所示的面为草图基准面，绘制图 12.10.32 所示的草图 5。

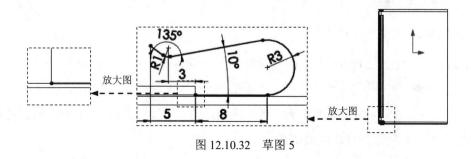

图 12.10.32　草图 5

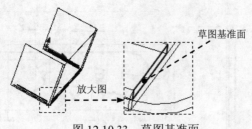

图 12.10.33　草图基准面

Step10. 创建图 12.10.34 所示的扫描-法兰 3。选择下拉菜单 插入(I) ➡ 钣金(H) ➡ 🗊 扫描法兰(W)... 命令，系统弹出"扫描-法兰"对话框；在 轮廓和路径(P) 区域中单击 🗀 后的文本框，在设计树中选择草图 5 作为轮廓线。单击 🗀 后的文本框，在图形区选择图 12.10.35 所示的线作为路径；在 启始/结束处等距(O) 区域的 🗗D1 后输入开始等距距离值 5。在 🗗D2 后输入结束等距距离值 20。

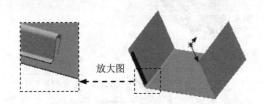

图 12.10.34　扫描-法兰 3

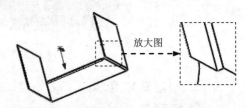

图 12.10.35　扫描路径线

Step11. 创建图 12.10.36 所示的钣金特征——边线-法兰 3。选择下拉菜单 插入(I) ➡ 钣金(H) ➡ 🪟 边线法兰(E)... 命令，系统弹出"边线-法兰"对话框；选取图 12.10.37 所示的模型边线为生成的边线法兰的边线；在 法兰参数(P) 区域中取消选中 ☐ 使用默认半径(U) 复选框，在 ⌐ 文本框中输入折弯半径值 1.0。在 角度(G) 区域的 ⬚ 文本框中输入角度值 90.0；在 法兰长度(L) 区域的下拉列表中选择 给定深度 选项，输入深度值 5.0，在此区域中单击"内部虚拟交点"按钮 ✎ ；在 法兰位置(N) 区域中单击"折弯在外"按钮 🔲 ；单击 ✔ 按钮，完成边线-法兰 3 的初步创建。

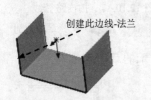

图 12.10.36　创建边线-法兰 3

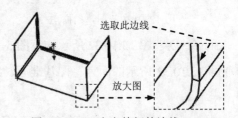

图 12.10.37　定义特征的边线

Step12. 创建图 12.10.38 所示的钣金特征——薄片 1。选择下拉菜单 插入(I) ➡ 钣金(H) ➡ ⋃ 基体法兰(A)... 命令（或单击"钣金"工具栏上的"基体法兰/薄片"按钮 ⋃ ）；选取图 12.10.38 所示的面作为草图基准面，绘制图 12.10.39 所示的横断面草图；退出草图基准面，此时系统自动生成薄片 1。

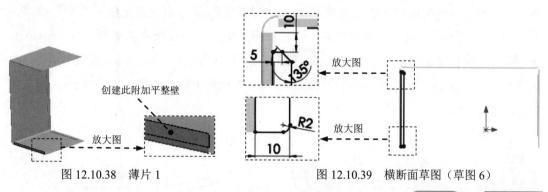

图 12.10.38　薄片 1　　　　　　　　　　图 12.10.39　横断面草图（草图 6）

Step13. 创建图 12.10.40 所示的钣金特征——薄片 2。选择下拉菜单 [插入(I)] ➡ [钣金(H)] ➡ ⌒ 基体法兰(A)... 命令（或单击"钣金"工具栏上的"基体法兰/薄片"按钮 ⌒ ）；选取图 12.10.40 所示的面作为草图基准面，绘制图 12.10.41 所示的横断面草图；退出草图基准面，此时系统自动生成薄片 2。

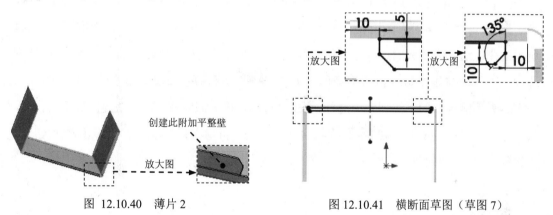

图 12.10.40　薄片 2　　　　　　　　　　图 12.10.41　横断面草图（草图 7）

Step14. 创建图 12.10.42 所示的钣金特征——薄片 3。选择下拉菜单 [插入(I)] ➡ [钣金(H)] ➡ ⌒ 基体法兰(A)... 命令（或单击"钣金"工具栏上的"基体法兰/薄片"按钮 ⌒ ）；选取图 12.10.42 所示的面作为草图基准面，绘制图 12.10.43 所示的横断面草图；退出草图基准面，此时系统自动生成薄片 3。

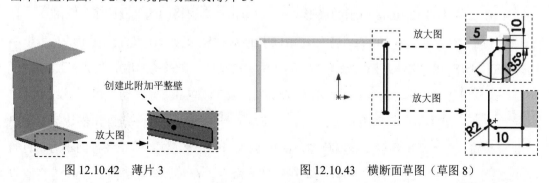

图 12.10.42　薄片 3　　　　　　　　　　图 12.10.43　横断面草图（草图 8）

Step15. 创建图 12.10.44 所示的钣金特征——边线-法兰 4。选择下拉菜单 [插入(I)] ➡ [钣金(H)] ➡ ◣ 边线法兰(E)... 命令，系统弹出"边线-法兰"对话框；选取图 12.10.45

所示的模型边线为生成的边线法兰的边线；在 法兰参数(P) 区域中取消选中 □ 使用默认半径(U) 选项，在 文本框中输入折弯半径值 1.0，在 角度(G) 区域的 文本框中输入角度值 90.0；在 法兰长度(L) 区域的下拉列表中选择 给定深度 选项，输入深度值 10.0，在此区域中单击"内部虚拟交点"按钮 ；在 法兰位置(N) 区域中单击"折弯在外"按钮 ；单击 按钮，完成边线-法兰 4 的创建。

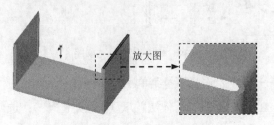

图 12.10.44　创建边线-法兰 4

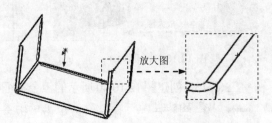

图 12.10.45　定义特征的边线

Step16. 创建图 12.10.46 所示的钣金特征——边线-法兰 5。选择下拉菜单 插入(I) ➡ 钣金(H) ➡ 边线法兰(E)... 命令，系统弹出"边线-法兰"对话框；选取图 12.10.47 所示的模型边线为生成的边线法兰的边线；在 法兰参数(P) 区域中取消选中 □ 使用默认半径(U) 选项，在 文本框中输入折弯半径值 1.0，在 角度(G) 区域的 文本框中输入角度值 90.0；在 法兰长度(L) 区域的下拉列表中选择 给定深度 选项，输入深度值 10.0，在此区域中单击"内部虚拟交点"按钮 ；在 法兰位置(N) 区域中单击"折弯在外"按钮 ；单击 按钮，完成边线-法兰 5 的创建。

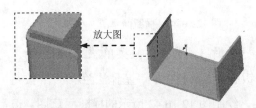

图 12.10.46　创建边线-法兰 5

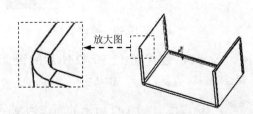

图 12.10.47　定义特征的边线

Step17. 创建图 12.10.48 所示的成形特征 1。单击任务窗格中的"设计库"按钮 ，打开"设计库"对话框；单击"设计库"对话框中的 ins43 节点，在设计库下部的列表框中选择"SM_DIE_18"文件并拖动到图 12.10.48 所示的平面，在系统弹出的"成形工具特征"对话框 旋转角度(A) 区域的 文本框中输入值 180，单击 按钮；单击设计树中 SM_DIE_181(默认) -> 节点前的"+"号，右击 草图22 特征，在系统弹出的快捷菜单中单击 按钮，进入草图环境；编辑草图，如图 12.10.49 所示（注：若草图方向不对，可通过 工具(T) ➡ 草图工具(T) ➡ 修改(Y)... 命令，在 旋转(R) 对话框中输入角度值修改）。退出草图环境，完成成形特征 1 的创建。

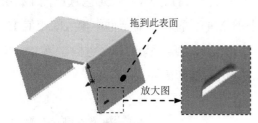

图 12.10.48　成形特征 1

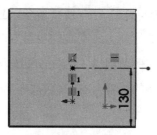

图 12.10.49　横断面草图（草图 9）

Step18. 创建图 12.10.50 所示的阵列（线性）1。选择下拉菜单 插入(I) ➡ 阵列/镜像(E) ➡ 🔳 线性阵列(L)... 命令。选取成形特征 1 作为要阵列的对象，在图形区选取图 12.10.51 所示的边线为 方向1 的参考方向（单击边线如图所指的位置）。在对话框中输入间距值 35.0，输入实例数值 4。在图形区选取图 12.10.51 所示的边线为 方向2 的参考方向（单击边线如图所指的位置）。在对话框中输入间距值 10.0，输入实例数值 8。

图 12.10.50　阵列（线性）1

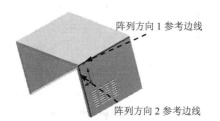

图 12.10.51　阵列参考方向边线

Step19. 创建图 12.10.52 所示的成形特征 2。单击任务窗格中的"设计库"按钮🗄，打开"设计库"对话框；单击"设计库"对话框中的 🗄 ins43 节点，在设计库下部的列表框中选择"SM_DIE_18"文件并拖动到图 12.10.52 所示的平面，在系统弹出的"成形工具特征"对话框 旋转角度(A) 区域的 🖉 文本框中输入值 90，单击 ✔ 按钮；单击设计树中 ⊞ 🔩 SM_DIE_191(默认) -> 节点前的"+"号，右击 🖉 草图24 特征，在系统弹出的快捷菜单中单击 🖉 按钮，进入草图环境；编辑草图，如图 12.10.53 所示（注：若草图方向不对，可通过 工具(T) ➡ 草图工具(T) ▸ ➡ ◇± 修改(Y)... 命令，在 旋转(R) 对话框中输入角度值修改）。退出草图环境，完成成形特征 2 的创建。

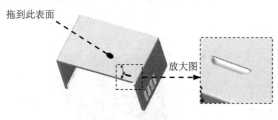

图 12.10.52　成形特征 2

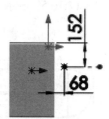

图 12.10.53　横断面草图（草图 10）

Step20. 创建图 12.10.54 所示的阵列（线性）2。选择下拉菜单 插入(I) ➡ 阵列/镜像(E)

🔲 线性阵列(L)... 命令。选取成形特征 2 作为要阵列的对象，在图形区选取图 12.10.55 所示的边线为 **方向1** 的参考方向（单击边线如图所指的位置）。在对话框中输入间距值 15.0，输入实例数值 3。在图形区选取图 12.10.55 所示的边线为 **方向2** 的参考方向（单击边线如图所指的位置）。在对话框中输入间距值 45.0，输入实例数值 6。

图 12.10.54　阵列（线性）2

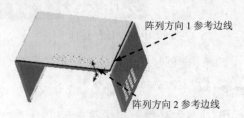

图 12.10.55　阵列参考方向边线

Step21. 创建图 12.10.56 所示的草图 11。选择下拉菜单 插入(I) ➡ 🔲 草图绘制 命令。选取图 12.10.57 所示平面为草图基准面，利用转换实体引用的方法绘制图 12.10.56 所示的草图 11。

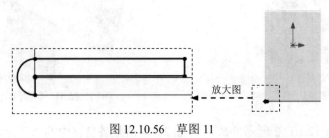

图 12.10.56　草图 11

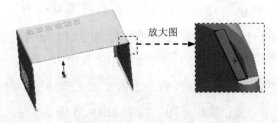

图 12.10.57　草图基准面

Step22. 创建图 12.10.58 所示的草图 12。选择下拉菜单 插入(I) ➡ 🔲 草图绘制 命令。选取图 12.10.59 所示平面为草图基准面，利用转换实体引用的方法绘制图 12.10.58 所示的草图 12。

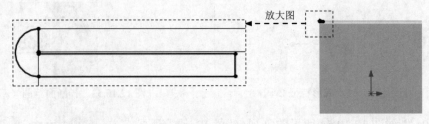

图 12.10.58　草图 12

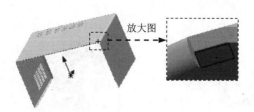

图 12.10.59 草图基准面

Step23. 创建图 12.10.60 所示的放样 1。选择下拉菜单 插入(I) ➡️ 凸台/基体(B) ➡️ 🛢️ 放样(L)... 命令，系统弹出"放样"对话框。依次选择草图 11 和草图 12 作为放样 1 特征的截面轮廓，采用图 12.10.61 所示的边线作为放样的引导线。

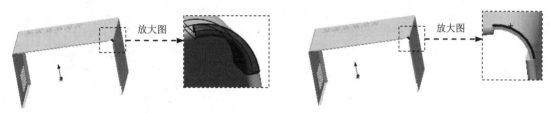

图 12.10.60 放样 1   图 12.10.61 放样引导线

Step24. 创建图 12.10.62 所示的放样 2。详细步骤参照 Step21～Step23。

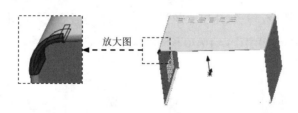

图 12.10.62 放样 2

Step25. 创建图 12.10.63 所示的草图 13。选择下拉菜单 插入(I) ➡️ ⬜ 草图绘制 命令；选取图 12.10.64 所示的面作为草图基准面，利用转换实体引用的方法绘制图 12.10.63 所示的草图 13。

Step26. 创建图 12.10.65 所示的草图 14。选择下拉菜单 插入(I) ➡️ ⬜ 草图绘制 命令；选取图 12.10.66 所示的面作为草图基准面，利用转换实体引用的方法绘制图 12.10.65 所示的草图 14。

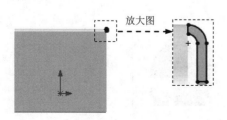

图 12.10.63 草图 13

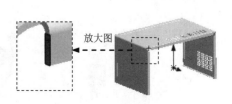

图 12.10.64 草图基准面

图 12.10.65　草图 14 　　　　　　　　　　　图 12.10.66　草图基准面

Step27. 创建图 12.10.67 所示的草图 15。选择下拉菜单 插入(I) ➡ ▢ 草图绘制 命令；选取图 12.10.68 所示的面作为草图基准面，利用转换实体引用的方法绘制图 12.10.67 所示的草图 15。

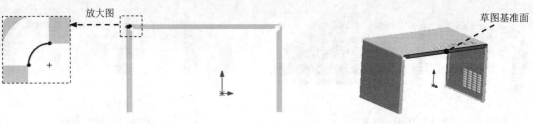

图 12.10.67　草图 15 　　　　　　　　　　图 12.10.68　草图基准面

Step28. 创建图 12.10.69 所示的放样 3。选择下拉菜单 插入(I) ➡ 凸台/基体(B) ➡ ⚱ 放样(L)... 命令，系统弹出"放样"对话框。依次选择草图 13 和草图 14 作为放样 3 特征的截面轮廓，采用图 12.10.70 所示线与草图 15 作为放样的引导线。

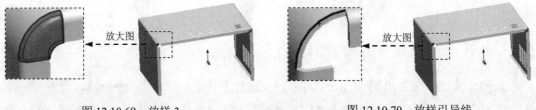

图 12.10.69　放样 3 　　　　　　　　　　图 12.10.70　放样引导线

Step29. 创建图 12.10.71 所示的放样 4。详细步骤参照 Step28。

Step30. 创建图 12.10.72 所示的零件特征——切除-拉伸 1。选择下拉菜单 插入(I) ➡ 切除(C) ➡ ▣ 拉伸(E)... 命令。选取图 12.10.73 所示平面作为草图基准面，绘制图 12.10.74 所示的横断面草图。在"切除-拉伸"对话框 方向1 区域的下拉列表中选择 给定深度 选项，输入深度值 10.0。

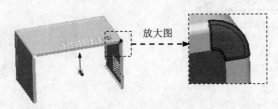

图 12.10.71　放样 4

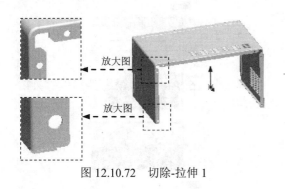

图 12.10.72　切除-拉伸 1

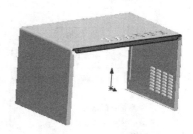

图 12.10.73　草图基准面

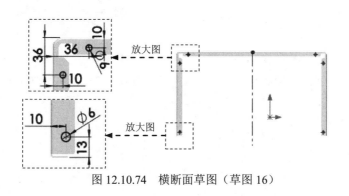

图 12.10.74　横断面草图（草图 16）

12.11　设置各元件的外观

为了便于区别各个元件，建议将各元件设置为不同的外观颜色，并具有一定的透明度。每个元件的设置方法基本相同，下面仅以设置微波炉内部底盖零件模型 inside_cover_01.sldprt 的外观为例，说明其一般操作过程。

Step1. 设置微波炉内部底盖零件模型 inside_cover_01.sldprt 的外观。在设计树的 `(固定) INSIDE_COVER_01<1>` 上右击，在系统弹出的快捷菜单中选择 ➡️ `INSIDE_COVE...` 命令，系统弹出图 12.11.1 所示的"颜色"对话框；参照图 12.11.1 所示的常用类型区域定义颜色参数；单击 `高级` 区域的 `照明度` 选项卡，在 `透明量(I):` 选项下的文本框中输入值 0.2；参照图 12.11.2 在"颜色"对话框中定义完成颜色和透明参数；单击 ✓ 按钮，此时完成模型外观的定义。

Step2. 参照 Step1 的操作步骤，设置其他各元件的外观。

图 12.11.1 "颜色"对话框 1

图 12.11.2 "颜色"对话框 2

学习拓展：扫码学习更多视频讲解。

讲解内容：产品自顶向下（Top-Down）设计方法。自顶向下设计方法是一种高级的装配设计方法，在电子电器、工程机械、工业机器人等产品设计中应用广泛。

第13章　自顶向下设计案例（三）：玩具风扇

13.1　设计思路

本案例详细介绍了一款玩具风扇的设计过程，该设计过程中采用了较为先进的设计方法——自顶向下设计（Top_Down Design）。采用此方法，不仅可以获得较好的整体造型，而且能够大大缩短产品的设计周期。许多家用电器（如计算机机箱、吹风机和计算机鼠标等）都可以采用这种方法进行设计。本例设计的产品成品模型如图 13.1.1 所示。

A向查看

图 13.1.1　玩具风扇模型

在使用自顶向下的设计方法进行设计时，我们先引入一个新的概念——控件，即控制元件，用于控制模型的外观及尺寸等，它在设计过程中起着承上启下的作用。最高级别的控件（通常称之为"一级控件"，是在整个设计开始时创建的原始结构模型）所承接的是整体模型与所有零件之间的位置及配合关系；一级控件之外的控件（二级控件或更低级别的控件）从上一级别控件得到外形和尺寸等，再把这种关系传递给下一级控件或零件。在整个设计过程中，一级控件的作用非常重要，它在创建之初就把整个模型的外观勾勒出来，后续工作都是对一级控件的分割与细化，在整个设计过程中创建的所有控件或零件都与一级控件存在着根本的联系。本例中的一级控件是一种特殊的零件模型，或者说它是一个装配体的 3D 布局。

下面介绍在 SolidWorks 2018 软件中自顶向下的设计思路及操作方法。

设计思路：首先创建产品的整体外形，然后将整体外形分割，从而得到各个零部件，再对零部件各结构进行细节设计。

操作方法：首先，在装配环境中通过选择下拉菜单 插入(I) ➡ 零部件(O) ➡ 新零件(N)... 命令，新建一个零件文件；然后在新建的零件文件中通过下拉菜单 插入(I) ➡ 零件(A)... 命令，插入所需控件；通过下拉菜单 插入(I) ➡ 切除(C) ➡

使用曲面⑩. 命令，分割控件；最后，对分割后的零部件进行细节设计得到所需要的零件模型。

本例中玩具风扇的设计流程如图 13.1.2 所示。

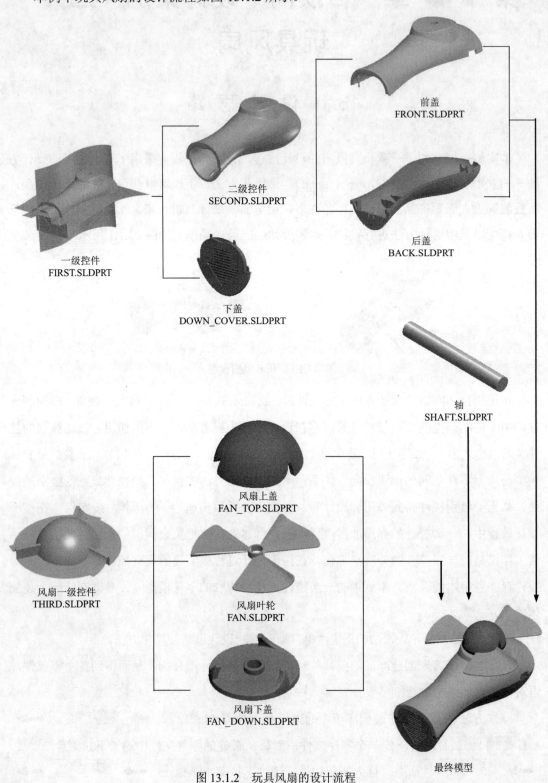

一级控件
FIRST.SLDPRT

二级控件
SECOND.SLDPRT

下盖
DOWN_COVER.SLDPRT

前盖
FRONT.SLDPRT

后盖
BACK.SLDPRT

轴
SHAFT.SLDPRT

风扇一级控件
THIRD.SLDPRT

风扇上盖
FAN_TOP.SLDPRT

风扇叶轮
FAN.SLDPRT

风扇下盖
FAN_DOWN.SLDPRT

最终模型

图 13.1.2　玩具风扇的设计流程

13.2　一级控件

下面讲解一级控件的创建过程。一级控件在整个设计过程中起着十分重要的作用，它不仅为二级控件提供原始模型，而且确定了产品的整体外观形状。零件模型如图 13.2.1 所示。

图 13.2.1　一级控件模型

Step1. 新建一个零件模型文件，进入建模环境。

Step2. 创建图 13.2.2 所示的草图 1。选择下拉菜单 插入(I) ➡️ ▢ 草图绘制 命令；选取前视基准面作为草图基准面，绘制图 13.2.2 所示的草图 1；选择下拉菜单 插入(I) ➡️ ▢ 退出草图 命令，退出草图绘制环境。

说明：图 13.2.2 所示草图 1 为两条构造线。

Step3. 选取前视基准面作为草图基准面，绘制图 13.2.3 所示的草图 2。

Step4. 选取前视基准面作为草图基准面，绘制图 13.2.4 所示的草图 3。

Step5. 创建图 13.2.5 所示的曲面-拉伸 1。选择下拉菜单 插入(I) ➡️ 曲面(S) ➡️ ✦ 拉伸曲面(E)... 命令；选取前视基准面作为草图基准面，绘制图 13.2.6 所示的横断面草图；在"曲面-拉伸"窗口 方向1 区域 ↗ 后的下拉列表中选择 两侧对称 选项，输入深度值 100.0；单击 ✅ 按钮，完成曲面-拉伸 1 的创建。

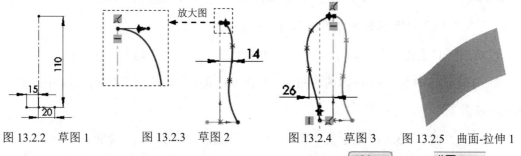

图 13.2.2　草图 1　　　　图 13.2.3　草图 2　　　　图 13.2.4　草图 3　　　　图 13.2.5　曲面-拉伸 1

Step6. 创建图 13.2.7 所示的曲面-拉伸 2。选择下拉菜单 插入(I) ➡️ 曲面(S) ➡️

🖳 拉伸曲面(E)...命令；选取右视基准面作为草图基准面，绘制图 13.2.8 所示的横断面草图；在"曲面-拉伸"窗口 方向1 区域 🡥 后的下拉列表中选择 两侧对称 选项，输入深度值 100.0；单击 ✅ 按钮，完成曲面-拉伸 2 的创建。

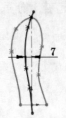

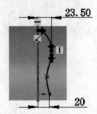

图 13.2.6　横断面草图（草图 4）　　图 13.2.7　曲面-拉伸 2　　图 13.2.8　横断面草图（草图 5）

Step7. 创建交叉曲线 1。选择下拉菜单 工具(T) ➡ 草图工具(T) ➡ 🗔 交叉曲线 命令，在图形区选取曲面-拉伸 1 和曲面-拉伸 2，单击两次"交叉曲线"窗口中的 ✅ 按钮，此时系统会自动生成图 13.2.9 所示的 3D 草图 1。在图形区单击 🗷 按钮，退出草图环境。

Step8. 创建图 13.2.10 所示的草图 6。选取上视基准面作为草图基准面，绘制图 13.2.11 所示的草图 6。

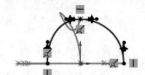

图 13.2.9　3D 草图 1　　　　图 13.2.10　草图 6（建模环境）　　图 13.2.11　草图 6（草图环境）

Step9. 创建图 13.2.12 所示的基准面 1。选择下拉菜单 插入(I) ➡ 参考几何体(G) ▸ ➡ 🗖 基准面(P)...命令；选取上视基准面作为参考实体，选取图 13.2.12 所示的点为参考点；单击窗口中的 ✅ 按钮，完成基准面 1 的创建。

Step10. 创建图 13.2.13 所示的基准面 2。选择下拉菜单 插入(I) ➡ 参考几何体(G) ▸ ➡ 🗖 基准面(P)...命令；选取上视基准面作为参考实体，选取图 13.2.13 所示的点为参考点；单击窗口中的 ✅ 按钮，完成基准面 2 的创建。

说明：图 13.2.12 和图 13.2.13 所示的点分别为图 13.2.3 所示的草图 2 上的点。

Step11. 创建图 13.2.14 所示的草图 7。选取基准面 1 作为草图基准面，绘制图 13.2.15 所示的草图 7。

Step12. 创建图 13.2.16 所示的草图 8。选取基准面 2 作为草图基准面，绘制图 13.2.17 所示的草图 8。

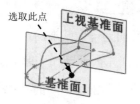

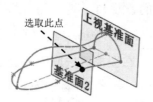

图 13.2.12　基准面 1　　　　图 13.2.13　基准面 2　　　　图 13.2.14　草图 7（建模环境）

Step13. 创建图 13.2.18 所示的基准面 3。选择下拉菜单 插入(I) ➡ 参考几何体(G) ▶

➡ 🚪 基准面(P)... 命令；选取上视基准面作为参考实体，选取图 13.2.18 所示的点为参

考点；单击窗口中的 ✔ 按钮，完成基准面 3 的创建。

说明： 图 13.2.18 所示的点为图 13.2.4 所示的草图 3 上的一点。

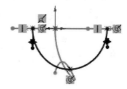

图 13.2.15　草图 7（草图环境）　　图 13.2.16　草图 8（建模环境）　　图 13.2.17　草图 8（草图环境）

Step14. 创建图 13.2.19 所示的草图 9。选取基准面 3 作为草图基准面，绘制图 13.2.20
所示的草图 9。

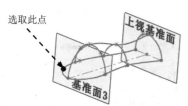

图 13.2.18　基准面 3　　　　图 13.2.19　草图 9（建模环境）　　图 13.2.20　草图 9（草图环境）

Step15. 创建图 13.2.21 所示的边界-曲面 1。选择下拉菜单 插入(I) ➡ 曲面(S) ➡

◈ 边界曲面(B)... 命令，系统弹出"边界-曲面"窗口；依次选取草图 2、3D 草图 1 和草图

3 作为 方向1 上的边界曲线，并设置草图 2 和草图 3 的相切类型均为 垂直于轮廓，采用系统

默认的相切长度值；依次选取草图 6、草图 8、草图 7 和草图 9 作为 方向2 上的边界曲线；

单击 ✔ 按钮，完成边界-曲面 1 的创建。

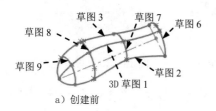

a）创建前

b）创建后

图 13.2.21　边界-曲面 1

Step16. 创建图 13.2.22b 所示的镜像 1。选择下拉菜单 插入(I) ➡ 阵列/镜像(E)
➡ ▶▶ 镜向(M)... 命令，系统弹出"镜像"窗口；选取前视基准面为镜像基准面；在"镜像"窗口 要镜向的实体(B) 区域中单击，在图形区选取图 13.2.22a 所示的曲面作为要镜像的实体，在 选项(O) 区域中选中 ☑ 缝合曲面(K) 和 ☑ 延伸视象属性(P) 复选框；单击窗口中的 ✔ 按钮，完成镜像 1 的创建。

Step17. 创建图 13.2.23 所示的曲面-拉伸 3。选择下拉菜单 插入(I) ➡ 曲面(S) ▶
➡ ◆ 拉伸曲面(E)... 命令；选取前视基准面作为草图基准面，选取草图 3，使用"等距实体"命令绘制图 13.2.24 所示的横断面草图；在"曲面-拉伸"窗口 方向1 区域的下拉列表中选择 两侧对称 选项，输入深度值40.0；单击 ✔ 按钮，完成曲面-拉伸 3 的创建。

Step18. 创建图 13.2.25 所示的基准面 4。选择下拉菜单 插入(I) ➡ 参考几何体(G) ▶
➡ ▯ 基准面(P)... 命令；选取右视基准面作为参考实体，在 ⯗ 后的文本框中输入等距距离值33.0，选中 ☑ 反转 复选框；单击窗口中的 ✔ 按钮，完成基准面 4 的创建。

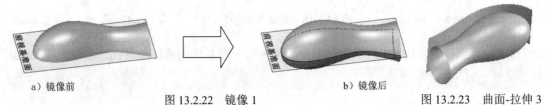

a) 镜像前　　　　　　　　　　　　　　　　b) 镜像后

图 13.2.22　镜像 1　　　　　　　　　　图 13.2.23　曲面-拉伸 3

Step19. 创建图 13.2.26 所示的曲面-拉伸 4。选择下拉菜单 插入(I) ➡ 曲面(S) ▶
➡ ◆ 拉伸曲面(E)... 命令；选取基准面 4 作为草图基准面，绘制图 13.2.27 所示的横断面草图；在"曲面-拉伸"窗口 方向1 区域的下拉列表中选择 成形到一面 选项，在绘图区选取图 13.2.26 所示的面为拉伸终止面；单击"拔模开/关"按钮 ▣ ，在其后的文本框中输入拔模值 20.0，并选中 ☑ 向外拔模(O) 复选框；单击 ✔ 按钮，完成曲面-拉伸 4 的创建。

说明：由于开始创建的曲面大小不能确定，此处拔模角度也是不确定的，可根据曲面的大小设定。

图 13.2.24　横断面草图（草图 10）　　　图 13.2.25　基准面 4　　　图 13.2.26　曲面-拉伸 4

Step20. 创建图 13.2.28 所示的曲面-剪裁 1。选择下拉菜单 插入(I) ➡ 曲面(S) ▶
➡ ◆ 剪裁曲面(T)... 命令，系统弹出"剪裁曲面"窗口；在窗口的 剪裁类型(T) 区域中选

中 <input>相互(M)</input> 单选项；在绘图区选取曲面-拉伸 3 和曲面-拉伸 4 为要剪裁的曲面，选中 <input>保留选择(K)</input> 单选项，然后选取图 13.2.29 所示的面 1 和面 2 为要保留部分；单击窗口中的 按钮，完成曲面-剪裁 1 的创建。

Step21. 创建曲面-剪裁 2。选择下拉菜单 <button>插入(I)</button> ➡ <button>曲面(S)</button> ➡ 剪裁曲面(T)... 命令，系统弹出"剪裁曲面"窗口；在窗口的 <input>剪裁类型(T)</input> 区域中选中 <input>标准(D)</input> 单选项；在设计树中选择 <button>曲面-剪裁1</button> 为剪裁工具，选中 <input>保留选择(K)</input> 单选项，然后选取图 13.2.30 所示的曲面为要保留部分；单击窗口中的 按钮，完成曲面-剪裁 2 的创建。

图 13.2.27　横断面草图（草图 11）

图 13.2.28　曲面-剪裁 1

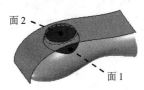

图 13.2.29　定义裁剪参数

Step22. 创建图 13.2.31 所示的曲面-基准面 1。选择下拉菜单 <button>插入(I)</button> ➡ <button>曲面(S)</button> ➡ <button>平面区域(P)...</button> 命令；选取图 13.2.32 所示的边线为平面区域；单击 按钮，完成曲面-基准面 1 的创建。

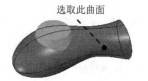

图 13.2.30　定义保留部分

图 13.2.31　曲面-基准面 1

图 13.2.32　定义平面区域

Step23. 创建曲面-缝合 1。选择下拉菜单 <button>插入(I)</button> ➡ <button>曲面(S)</button> ➡ 缝合曲面(K)... 命令，系统弹出"缝合曲面"窗口；在设计树中选取 <button>曲面-剪裁1</button>、<button>曲面-剪裁2</button> 和 <button>曲面-基准面1</button> 为缝合对象；单击窗口中的 按钮，完成曲面-缝合 1 的创建。

Step24. 创建图 13.2.33b 圆角 1。选取图 13.2.33a 所示的两条边线为倒圆角参照，其圆角半径值为 1.0。

a）圆角前

b）圆角后

图 13.2.33　圆角 1

Step25. 创建零件特征——加厚 1。选择下拉菜单 <button>插入(I)</button> ➡ <button>凸台/基体(B)</button> ➡ <button>加厚(T)...</button> 命令，系统弹出"加厚"窗口；在绘图区选取整个曲面作为要加厚的曲面；

在"加厚"窗口的 加厚参数(T) 区域中选择 按钮（加厚边侧2）；在"加厚"窗口的 加厚参数(T) 区域的 后的文本框中输入值2.0；单击窗口中的 按钮，完成加厚1的创建。

Step26. 创建草图12。选取右视基准面作为草图基准面，绘制图13.2.34所示的草图12。

Step27. 创建图13.2.35所示的分割线1。选择下拉菜单 插入(I) ➡ 曲线(U) ➡ 分割线(S)... 命令，系统弹出"分割线"窗口；在"分割线"窗口 分割类型 区域中选中 ⊙ 投影(P) 单选项；在绘图区选取图13.2.34所示的草图12作为要投影的草图；选取图13.2.36所示的模型表面为要分割的面，并选中 ☑ 单向(D) 和 ☑ 反向(R) 复选框，其他参数采用系统默认设置；单击窗口中的 按钮，完成分割线1的创建。

Step28. 创建草图13。选取右视基准面作为草图基准面，绘制图13.2.37所示的草图13。

说明：草图13是在草图环境下，使用"转换实体引用""镜像实体"命令将草图8镜像得到的。

图13.2.34　草图12　　　　图13.2.35　分割线1　　　　图13.2.36　定义分割面

Step29. 创建图13.2.38所示的分割线2。选择下拉菜单 插入(I) ➡ 曲线(U) ➡ 分割线(S)... 命令，系统弹出"分割线"窗口；在"分割线"窗口 分割类型 区域中选中 ⊙ 投影(P) 单选项；在绘图区选取图13.2.37所示的草图13作为要投影的草图；选取图13.2.39所示的模型表面为要分割的面，并选中 ☑ 单向(D) 和 ☑ 反向(R) 复选框，其他参数采用系统默认设置；单击窗口中的 按钮，完成分割线2的创建。

Step30. 创建草图14。选取右视基准面作为草图基准面，选取草图12，使用"等距实体"命令，向内偏距值为0.5，绘制图13.2.40所示的草图14。

图13.2.37　草图13　　　　图13.2.38　分割线2　　　　图13.2.39　定义分割面

Step31. 创建图13.2.41所示的分割线3。选择下拉菜单 插入(I) ➡ 曲线(U) ➡ 分割线(S)... 命令，系统弹出"分割线"窗口；在"分割线"窗口 分割类型 区域中选中

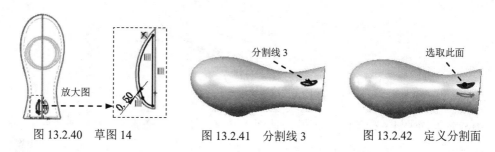

单选项；在绘图区选取图 13.2.40 所示的草图 14 作为要投影的草图；选取图 13.2.42 所示的模型表面为要分割的面，并选中 ☑单向(D) 和 ☑反向(R) 复选框，其他参数采用系统默认设置；单击窗口中的 ✅ 按钮，完成分割线 3 的创建。

Step32. 创建草图 15。选取右视基准面作为草图基准面，选取草图 13，使用"等距实体"命令，向内偏距值为 0.5，绘制图 13.2.43 所示的草图 15。

图 13.2.40　草图 14　　　图 13.2.41　分割线 3　　　图 13.2.42　定义分割面

Step33. 创建图 13.2.44 所示的分割线 4。选择下拉菜单 插入(I) ➡ 曲线(U) ➡ 命令，系统弹出"分割线"窗口；在"分割线"窗口 分割类型 区域中选中 ⊙投影(P) 单选项；在绘图区选取图 13.2.43 所示的草图 15 作为要投影的草图；选取图 13.2.45 所示的模型表面为要分割的面，并选中 ☑单向(D) 和 ☑反向(R) 复选框，其他参数采用系统默认设置；单击窗口中的 ✅ 按钮，完成分割线 4 的创建。

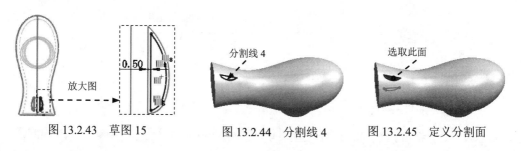

图 13.2.43　草图 15　　　图 13.2.44　分割线 4　　　图 13.2.45　定义分割面

Step34. 创建曲面-等距 1。选择下拉菜单 插入(I) ➡ 曲面(S) ➡ 🗐 等距曲面(0... 命令，系统弹出"等距曲面"窗口；在绘图区选取图 13.2.46 所示的面，输入值 0.5，采用系统默认方向；单击窗口中的 ✅ 按钮，完成曲面-等距 1 的创建。

Step35. 创建组合曲线 1。选择下拉菜单 插入(I) ➡ 曲线(U) ➡ 🗐 组合曲线(C)... 命令，系统弹出"组合曲线"窗口；在绘图区选取图 13.2.47 所示的曲线；单击窗口中的 ✅ 按钮，完成组合曲线 1 的创建。

Step36. 创建组合曲线 2。选择下拉菜单 插入(I) ➡ 曲线(U) ➡ 🗐 组合曲线(C)... 命令，系统弹出"组合曲线"窗口；在绘图区选取图 13.2.48 所示的曲线；单击窗口中的 ✅ 按钮，完成组合曲线 2 的创建。

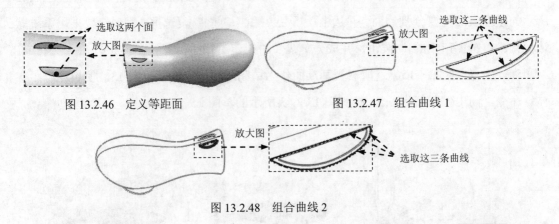

图 13.2.46 定义等距面   图 13.2.47 组合曲线 1

图 13.2.48 组合曲线 2

Step37. 创建图13.2.49所示的边界-曲面2。选择下拉菜单 插入(I) ➡ 曲面(S) ➡ ◈|边界曲面(B)... 命令，系统弹出"边界-曲面"窗口；在设计树中选取 组合曲线2 和 组合曲线1 作为方向 1 的边界曲线，其他参数采用系统默认设置值；单击窗口中的 ✓ 按钮，完成边界-曲面 2 的创建。

Step38. 创建组合曲线 3。选择下拉菜单 插入(I) ➡ 曲线(U) ➡ 组合曲线(C)... 命令，系统弹出"组合曲线"窗口；在绘图区选取图 13.2.50 所示的曲线；单击窗口中的 ✓ 按钮，完成组合曲线 3 的创建。

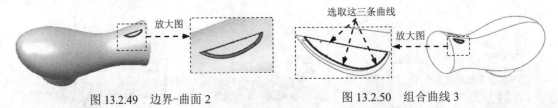

图 13.2.49 边界-曲面 2   图 13.2.50 组合曲线 3

Step39. 创建组合曲线 4。选择下拉菜单 插入(I) ➡ 曲线(U) ➡ 组合曲线(C)... 命令，系统弹出"组合曲线"窗口；在绘图区选取图 13.2.51 所示的曲线；单击窗口中的 ✓ 按钮，完成组合曲线 4 的创建。

Step40. 创建图 13.2.52 所示的边界-曲面 3。选择下拉菜单 插入(I) ➡ 曲面(S) ➡ ◈|边界曲面(B)... 命令，系统弹出"边界-曲面"窗口；在设计树中选取 组合曲线3 和 组合曲线4 作为方向 1 的边界曲线，其他参数采用系统默认设置；单击窗口中的 ✓ 按钮，完成边界-曲面 3 的创建。

图 13.2.51 组合曲线 4   图 13.2.52 边界-曲面 3

Step41. 创建曲面-缝合2。选择下拉菜单 插入(I) ➡️ 曲面(S) ➡️ 缝合曲面(K)... 命令，系统弹出"缝合曲面"窗口；选取图 13.2.53 所示的两个曲面为要缝合的曲面；单击窗口中的 ✅ 按钮，完成曲面-缝合 2 的创建。

说明：在选取曲面时可先将边界-曲面 2 和边界-曲面 3 隐藏。

Step42. 创建曲面-缝合3。选择下拉菜单 插入(I) ➡️ 曲面(S) ➡️ 缝合曲面(K)... 命令，系统弹出"缝合曲面"窗口；选取图 13.2.54 所示的两个曲面为要缝合的曲面；单击窗口中的 ✅ 按钮，完成曲面-缝合 3 的创建。

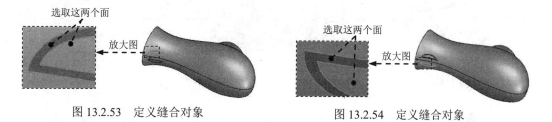

图 13.2.53 定义缝合对象　　图 13.2.54 定义缝合对象

Step43. 创建曲面-缝合 4。选择下拉菜单 插入(I) ➡️ 曲面(S) ➡️ 缝合曲面(K)...命令，在设计树中选取 曲面-缝合3 和 边界-曲面3 及在曲面-等距 1 中创建的在曲面-缝合 3 所在侧的曲面为缝合对象，并选中 ☑尝试形成实体(T) 复选框。

Step44. 创建曲面-缝合 5。选择下拉菜单 插入(I) ➡️ 曲面(S) ➡️ 缝合曲面(K)...命令，在设计树中选取 曲面-缝合2 、 边界-曲面2 及在曲面-等距 1 中创建的在曲面-缝合 2 所在侧的曲面为缝合对象，并选中 ☑尝试形成实体(T) 复选框。

Step45. 创建组合 1。选择下拉菜单 插入(I) ➡️ 特征(F) ➡️ 组合(B)... 命令，系统弹出"组合"窗口；在"组合"窗口 操作类型(O) 区域中选中 ⦿添加(A) 单选项；在图形区选择所有实体作为要组合的对象；单击窗口中的 ✅ 按钮，完成组合 1 的创建。

Step46. 创建图 13.2.55b 所示的圆角 2。选取图 13.2.55a 所示的四条边线为圆角参照，圆角半径值为 0.3。

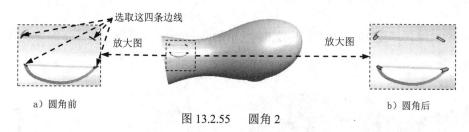

a）圆角前　　　　　图 13.2.55 圆角 2　　　　　b）圆角后

Step47. 创建图 13.2.56b 所示的圆角 3。选取图 13.2.56a 所示的两条边线为倒圆角参照，圆角半径值为 0.5。

Step48. 创建图 13.2.57b 所示的圆角 4。选取图 13.2.57a 所示的两条边线为倒圆角参照，圆角半径值为0.5。

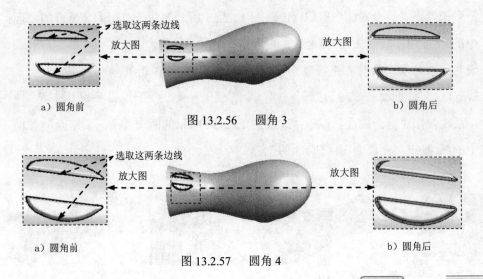

a）圆角前　　　　　　　　　　　　　　　　　　　　b）圆角后

图 13.2.56　　圆角 3

a）圆角前　　　　　　　　　　　　　　　　　　　　b）圆角后

图 13.2.57　　圆角 4

Step49. 创建图 13.2.58 所示的切除-拉伸 1。选择下拉菜单 插入(I) ➡ 切除(C) ▶ ➡ 拉伸(E)... 命令；选取右视基准面为草图基准面，绘制图 13.2.59 所示的横断面草图；在"切除-拉伸"窗口 方向1 区域的下拉列表中选择 完全贯穿 选项，并单击"反向"按钮 ；单击 按钮，完成切除-拉伸 1 的创建。

Step50. 创建草图 17。选择前视基准面作为草图基准面，绘制图 13.2.60 所示的草图 17。

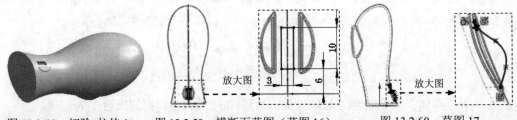

图 13.2.58　切除-拉伸 1　　图 13.2.59　横断面草图（草图 16）　　图 13.2.60　草图 17

说明：草图 17 中样条曲线的两个端点分别与图 13.2.58 所示的切除-拉伸 1 的外边线为穿透关系。

Step51. 创建草图 18。选取图 13.2.61 所示的模型表面为草图基准面，绘制图 13.2.62 所示的草图 18。

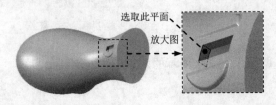

图 13.2.61　定义草图基准面

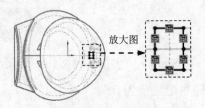

图 13.2.62　草图 18

Step52. 创建草图 19。选取图 13.2.63 所示的面作为草图基准面，绘制图 13.2.64 所示的草图 19。

图 13.2.63　定义草图基准面　　　　　　图 13.2.64　草图 19

Step53. 创建草图 20。选取前视基准面作为草图基准面，绘制图 13.2.65 所示的草图 20。

Step54. 创建图 13.2.66 所示的放样 1。选择下拉菜单 插入(I) ➡ 凸台/基体(B) ➡ 放样(L)... 命令，系统弹出"放样"窗口；在设计树中依次选取 草图18 和 草图19 作为放样 1 的轮廓；选取 (-)草图17 和 (-)草图20 为放样 1 的引导线，其他参数采用默认设置；单击窗口中的 ✔ 按钮，完成放样 1 的创建。

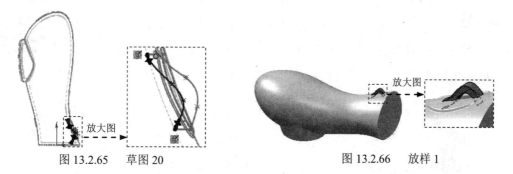

图 13.2.65　草图 20　　　　　　图 13.2.66　放样 1

Step55. 创建图 13.2.67b 所示的圆角 5。选取图 13.2.67a 所示的两条边线为倒圆角参照，圆角半径值为 0.5。

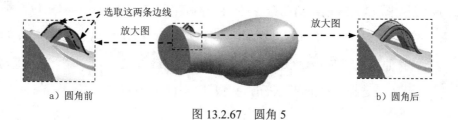

a）圆角前　　　　　　　　b）圆角后

图 13.2.67　圆角 5

Step56. 创建图 13.2.68b 所示的圆角 6。选取图 13.2.68a 所示的边线为倒圆角参照，圆角半径值为 0.3。

Step57. 创建图 13.2.69 所示的切除-拉伸 2。选择下拉菜单 插入(I) ➡ 切除(C) ➡ 拉伸(E)... 命令；选取右视基准面为草图基准面，绘制图 13.2.70 所示的横断面草图；在"切除-拉伸"窗口 方向1 区域的下拉列表中选择 完全贯穿 选项，采用系统默认方向；

单击 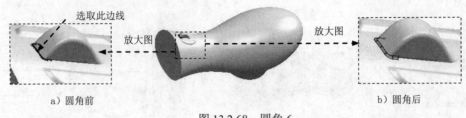 按钮，完成切除-拉伸 2 的创建。

选取此边线

放大图

放大图

a）圆角前   b）圆角后

图 13.2.68 圆角 6

图 13.2.69 切除-拉伸 2

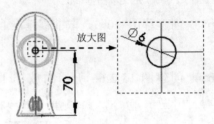

图 13.2.70 横断面草图（草图 21）

Step58. 创建图 13.2.71 所示的切除-拉伸 3。选择下拉菜单 插入(I) ➡ 切除(C) ➡ 拉伸(E)... 命令；选取上视基准面为草图基准面，绘制图 13.2.72 所示的横断面草图；在"切除-拉伸"窗口 方向1 区域单击 按钮，并在其后的下拉列表中选择 给定深度 选项，输入深度值 0.5；单击 按钮，完成切除-拉伸 3 的创建。

图 13.2.71 切除-拉伸 3

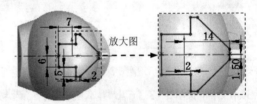

图 13.2.72 横断面草图（草图 22）

Step59. 创建图 13.2.73 所示的凸台-拉伸 1。选择下拉菜单 插入(I) ➡ 凸台/基体(B) ➡ 拉伸(E)... 命令；选取前视基准面为草图基准面，绘制图 13.2.74 所示的横断面草图；在"凸台-拉伸"窗口 方向1 区域的下拉列表中选择 两侧对称 选项，输入深度值 24，并选中 合并结果(M) 复选框；单击 按钮，完成凸台-拉伸 1 的创建。

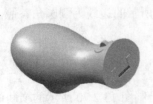

图 13.2.73 凸台-拉伸 1

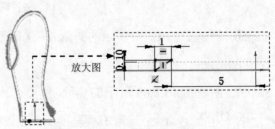

图 13.2.74 横断面草图（草图 23）

Step60. 创建图 13.2.75 所示的阵列（线性）1。选择下拉菜单 插入(I) ➡ 阵列/镜像(E) ➡ ⣿ 线性阵列(L)... 命令，系统弹出"线性阵列"窗口；选取图 13.2.76 所示的模型边线为参考方向，在 ⬚ 后的文本框中输入值 1.50，在 ⬚# 文本框中输入值 14；在设计树中选取 ⊞ ⬚ 凸台-拉伸1 作为要阵列的特征，在 选项(O) 区域中取消选中 □ 几何体阵列(G) 复选框；单击窗口中的 ✔ 按钮，完成阵列（线性）1 的创建。

说明：图 13.2.76 所示的直线为图 13.2.72 所示的横断面草图中的直线。

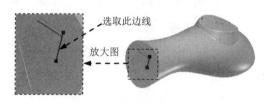

图 13.2.75 阵列（线性）1   图 13.2.76 定义参考方向

Step61. 创建图 13.2.77 所示的曲面-拉伸 5。选择下拉菜单 插入(I) ➡ 曲面(S) ➡ ⬚ 拉伸曲面(E)... 命令；选取右视基准面作为草图基准面，绘制图 13.2.78 所示的横断面草图；采用系统默认的拉伸方向，在 方向1 区域的下拉列表中选择 两侧对称 选项，输入深度值 50.0；单击 ✔ 按钮，完成曲面-拉伸 5 的创建。

Step62. 创建图 13.2.79 所示的曲面-拉伸 6。选择下拉菜单 插入(I) ➡ 曲面(S) ➡ ⬚ 拉伸曲面(E)... 命令；选取上视基准面作为草图基准面，绘制图 13.2.80 所示的横断面草图；采用系统默认的拉伸方向，在 方向1 区域的下拉列表中选择 两侧对称 选项，输入深度值 30.0；单击 ✔ 按钮，完成曲面-拉伸 6 的创建。

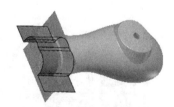

图 13.2.77 曲面-拉伸 5   图 13.2.78 横断面草图（草图 24）   图 13.2.79 曲面-拉伸 6

Step63. 创建曲面-剪裁 3。

（1）选择下拉菜单 插入(I) ➡ 曲面(S) ➡ ⬚ 剪裁曲面(T)... 命令，系统弹出"剪裁曲面"窗口。

（2）定义剪裁类型。在窗口的 剪裁类型(T) 区域中选中 ⦿ 相互(M) 单选项。

（3）定义剪裁对象。在绘图区选取曲面-拉伸 5 和曲面-拉伸 6 为要剪裁的曲面（图13.2.81），选中 ⦿ 保留选择(K) 单选项，然后选取图 13.2.82 所示的面 1 和面 2 为要保留部分。

（4）单击窗口中的 ✔ 按钮，完成曲面-剪裁 3 的创建。

图 13.2.80　横断面草图（草图 25）　　图 13.2.81　曲面-剪裁 3　　图 13.2.82　定义裁剪参数

Step64. 创建草图 26。选取前视基准面作为草图基准面，绘制图 13.2.83 所示的草图 26。

说明： 在绘制草图 26 前，在设计树中选取 ⊞ 🗐 **曲面-拉伸1** 特征并将其显示。

Step65. 创建草图 27。选取上视基准面作为草图基准面，绘制图 13.2.84 所示的草图 27。

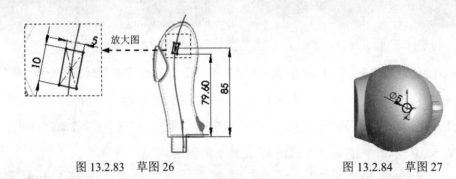

图 13.2.83　草图 26　　　　　　　　　　　图 13.2.84　草图 27

Step66. 创建草图 28。选取右视基准面作为草图基准面，绘制图 13.2.85 所示的草图 28（在左视的状态下）。

Step67. 至此，一级控件模型创建完毕。选择下拉菜单 文件(F) ➡️ 🖫 保存(S) 命令，命名为 first，即可保存零件模型。

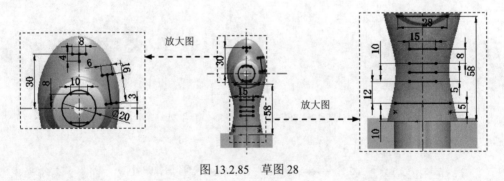

图 13.2.85　草图 28

13.3　二级控件

下面讲解二级控件的创建过程。二级控件是从一级控件中分割出来的，在创建前盖和后盖时，二级控件又会作为原始模型使用。二级控件零件模型如图 13.3.1 所示。

图 13.3.1　二级控件模型

Step1. 新建一个装配文件。选择下拉菜单 文件(F) ➡ 新建(N)... 命令，在系统弹出的"新建 SolidWorks 文件"对话框中选择"装配体"选项，单击 确定 按钮，打开新窗口，并进入装配体环境。

Step2. 引入一级控件零件模型。进入装配环境后，在系统弹出的"打开"对话框中选取 D:\swal18\work\ch13\first.SLDPRT，单击 打开 按钮；单击窗口中的 ✔ 按钮，将零件固定在原点位置。

Step3. 隐藏一级控件零件模型。在设计树中单击 🐾 (固定) first<1>，在系统弹出的快捷菜单中单击 🐾 按钮。

Step4. 插入新零件。选择下拉菜单 插入(I) ➡ 零部件(O) ➡ 🐾 新零件(N)... 命令。在系统 请选择放置新零件的面或基准面。 的提示下，在图形区任意位置单击，完成新零件的放置。

Step5. 打开新零件。在设计树中右击 ⊞ 🐾 (固定)[零件1^装配体1]<1>，在系统弹出的快捷菜单中单击 📂 按钮，打开新窗口，并进入建模环境。

Step6. 插入零件。选择下拉菜单 插入(I) ➡ 🐾 零件(A)... 命令，系统弹出"打开"对话框；选中 D:\swal18\work\ch13\first.SLDPRT 文件，单击 打开(O) 按钮，系统弹出"插入零件"窗口；在"插入零件"窗口 转移(T) 区域选中 ☑ 实体(D) 、☑ 曲面实体(S) 、☑ 基准轴(A) 、☑ 基准面(P) 、☑ 装饰螺纹线(C) 、☑ 吸收的草图(B) 和 ☑ 解除吸收的草图(U) 复选框，取消选中 ☐ 自定义属性(O) 和 ☐ 坐标系 复选框，并在 找出零件(L) 区域中取消选中 ☐ 以移动/复制特征找处零件(M) 复选框；单击"插入零件"窗口中的 ✔ 按钮，完成零件的插入，此时系统自动将零件放置在原点处。

Step7. 隐藏基准面、草图和曲面。在 视图(V) ➡ 隐藏/显示(H) 下拉菜单中分别取消选择 ☐ 草图(S) 和 📄 基准面(P) 命令，在设计树中单击 ⊞ 📄 曲面实体(3) 前的节点，选取 ◈ <first>-<曲面-拉伸1> 和 ◈ <first>-<曲面-拉伸2> 为要隐藏的曲面并右击，在系统弹出的快捷菜单中选择 ◈ 按钮，完成基准面、草图和曲面的隐藏，结果如图 13.3.2 所示。

Step8. 创建图 13.3.3 所示的特征——使用曲面切除 1。选择下拉菜单 插入(I) ➡ 切除(C) ➡ 📚 使用曲面(W)... 命令，系统弹出"使用曲面切除"窗口；在设计树中单击前的节点，单击其下的 ⊞ 🔲 曲面实体(3) 前的节点，选取 ◈ <first>-<曲面-剪裁3> 为剪裁曲面；在 曲面切除参数(P) 区域中单击 ⚡️ 按钮，反转切除方向；单击窗口中的 ✔️ 按钮，完成使用曲面切除 1 的创建。

Step9. 隐藏曲面实体。在设计树中右击 ◈ <first>-<曲面-剪裁3> ，在系统弹出的快捷菜单中选择 ◎ 命令，隐藏曲面实体，如图 13.3.4 所示。

图 13.3.2　插入零件并隐藏基准面　　　图 13.3.3　使用曲面切除 1　　　图 13.3.4　隐藏曲面实体

Step10. 创建图 13.3.5 所示的圆角 1。选取图 13.3.6 所示的边线为倒圆角参照，圆角半径值为 0.5。

Step11. 保存零件模型。选择下拉菜单 文件(F) ➡️ 📄 另存为 (A)... 命令，将零件模型命名为 second 保存，并关闭窗口，显示装配体窗口。

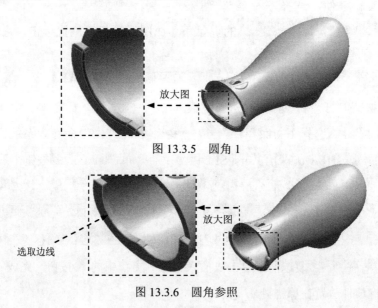

图 13.3.5　圆角 1

图 13.3.6　圆角参照

13.4　前　　盖

下面讲解前盖的创建过程。前盖零件模型是从二级控件中分割出来的，为了保证前盖和后盖模型在配合时更加完美，在创建前盖和后盖模型时使用同一草图作为参考。前盖的零件模型如图 13.4.1 所示。

从A向查看

A

图 13.4.1 前盖模型

Step1. 插入新零件。在上一节的装配环境中，选择下拉菜单 插入(I) ➡ 零部件(0) ➡ 新零件(N)... 命令。在 请选择放置新零件的面或基准面。 的提示下，在图形区任意位置单击，完成新零件的放置。

Step2. 打开新零件。在设计树中右击 ➕ 🔧 (固定) [零件2^装配体1] <1>，在系统弹出的快捷菜单中单击 🔧 按钮，打开新窗口，并进入建模环境。

Step3. 插入零件。选择下拉菜单 插入(I) ➡ 🔧 零件(A)... 命令，系统弹出"打开"对话框；选中 D:\swal18\work\ch13\second.SLDPRT 文件，单击 打开(0) 按钮，系统弹出"插入零件"窗口；在"插入零件"窗口 转移(T) 区域选中 ☑ 实体(D) 、 ☑ 曲面实体(S) 、 ☑ 基准轴(A) 、 ☑ 装饰螺蚊线(C) 、 ☑ 基准面(P) 、 ☑ 吸收的草图(B) 和 ☑ 解除吸收的草图(U) 复选框，取消选中 ☐ 自定义属性(0) 和 ☐ 坐标系 复选框，在 找出零件(L) 区域中取消选中 ☐ 以移动/复制特征找处零件(M) 复选框；单击"插入零件"窗口中的 ✔ 按钮，完成零件的插入，此时系统自动将零件放置在原点处。

Step4. 隐藏基准面、草图和曲面。在 视图(V) ➡ 隐藏/显示(H) 下拉菜单中分别取消选择 ☐ 草图(S) 和 ▯ 基准面(P) 命令，在设计树中单击 ➕ 🔧 曲面实体(3) 前的节点，然后在节点下选取并右击 🔧 <second>-<<first>-<曲面-拉伸2>> 和 🔧 <second>-<<first>-<曲面-剪栽3>> ，在系统弹出的快捷菜单中选择 🔧 命令，完成基准面、草图和曲面的隐藏，结果如图 13.4.2 所示。

Step5. 创建图 13.4.3 所示的特征——使用曲面切除 1。选择下拉菜单 插入(I) ➡ 切除(C) ➡ 🔧 使用曲面(W)... 命令，系统弹出"使用曲面切除"窗口；在绘图区选取图 13.4.4 所示的面为切除面，调整切除方向如图 13.4.4 所示；单击窗口中的 ✔ 按钮，完成使用曲面切除 1 的创建。

切除方向

选取此平面

图 13.4.2 插入零件并隐藏基准面 图 13.4.3 使用曲面切除 1 图 13.4.4 定义切除面

Step6. 参照 Step4 的方法，隐藏 🔧 <second>-<<first>-<曲面-拉伸1>> 。

Step7. 创建图 13.4.5 所示的拉伸-薄壁 1。选择下拉菜单 插入(I) ➡ 凸台/基体(B) ➡ 拉伸(E)...命令；选取右视基准面作为草图基准面，绘制图 13.4.6 所示的横断面草图；在"凸台-拉伸"窗口中选中 ☑ 薄壁特征(T) 复选框；在"凸台-拉伸"窗口 从(F) 区域的下拉列表中选择 等距 选项，输入等距值 20.0，并单击"反向"按钮 ；在 方向1 区域的下拉列表中选择 成形到一面 选项，选取图 13.4.7 所示的面为拉伸终止面，选中 ☑ 合并结果(M) 复选框；在 ☑ 薄壁特征(T) 区域的下拉列表中选择 两侧对称 选项，在 文本框中输入厚度值 1.0；单击 按钮，完成拉伸-薄壁 1 的创建。

说明：图 13.4.6 所示的横断面草图为一级控件中图 13.2.85 所示的草图 28 上的一部分。在绘制此横断面草图时，在 视图(V) ➡ 隐藏/显示(H) 下拉菜单中选取 草图(S) 命令，即可显示图 13.2.85 所示的草图。以下类似情况采用相同方法，故不再说明。

图 13.4.5 拉伸-薄壁 1

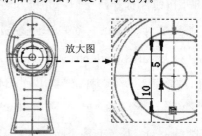

放大图

图 13.4.6 横断面草图（草图 1）

Step8. 创建图 13.4.8 所示的镜像 1。选择下拉菜单 插入(I) ➡ 阵列/镜像(E) ➡ 镜向(M)...命令；在设计树中选取 前视基准面 为镜像基准面；在设计树中选取 拉伸-薄壁1 作为要镜像的特征；在 选项(O) 区域中选中 ☑ 延伸视象属性(P) 复选框；单击窗口中的 按钮，完成镜像 1 的创建。

Step9. 创建图 13.4.9 所示的拉伸-薄壁 2。选择下拉菜单 插入(I) ➡ 凸台/基体(B) ➡ 拉伸(E)...命令；在绘图区选取图 13.4.10 所示的直线为横断面草图；在"凸台-拉伸"窗口中选中 ☑ 薄壁特征(T) 复选框；在"凸台-拉伸"窗口 从(F) 区域的下拉列表中选择 等距 选项，输入等距值 20.0，并单击"反向"按钮 ；在 方向1 区域的下拉列表中选择 成形到一面 选项，选取图 13.4.11 所示的面为拉伸终止面；在 ☑ 薄壁特征(T) 区域的下拉列表中选择 单向 选项，在 文本框中输入厚度值 1.0；单击 按钮，完成拉伸-薄壁 2 的创建。

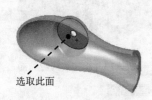

选取此面

图 13.4.7 定义拉伸终止面

图 13.4.8 镜像 1

图 13.4.9 拉伸-薄壁 2

Step10. 创建图 13.4.12 所示的拉伸-薄壁 3。选择下拉菜单 插入(I) ➡ 凸台/基体(B) ➡ 拉伸(E)...命令；在绘图区选取图 13.4.13 所示的直线为横断面草图；在"凸台-拉伸"窗口中选中 薄壁特征(T) 复选框；在"凸台-拉伸"窗口 从(F) 区域的下拉列表中选择 等距 选项，输入等距值 20.0，并单击"反向"按钮 ；在 方向1 区域的下拉列表中选择 成形到下一面 选项，并单击"反向"按钮 ；在 薄壁特征(T) 区域的下拉列表中选择 单向 选项，在 文本框中输入厚度值 1.0；单击 按钮，完成拉伸-薄壁 3 的创建。

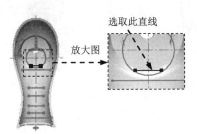
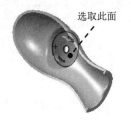

图 13.4.10 横断面草图（草图 2） 图 13.4.11 定义拉伸终止面 图 13.4.12 拉伸-薄壁 3

Step11. 创建图 13.4.14 所示的拉伸-薄壁 4。选择下拉菜单 插入(I) ➡ 凸台/基体(B) ➡ 拉伸(E)...命令；在绘图区选取图 13.4.15 所示的直线为横断面草图；在"凸台-拉伸"窗口中选中 薄壁特征(T) 复选框；在"凸台-拉伸"窗口 从(F) 区域的下拉列表中选择 等距 选项，输入等距值 7.0，并单击"反向"按钮 ；在 方向1 区域的下拉列表中选择 成形到下一面 选项，并单击"反向"按钮 ；在 薄壁特征(T) 区域的下拉列表中选择 单向 选项，在 文本框中输入厚度值 1.0；单击 按钮，完成拉伸-薄壁 4 的创建。

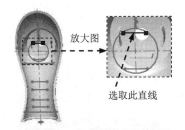

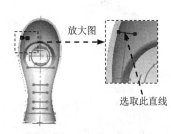

图 13.4.13 横断面草图（草图 3） 图 13.4.14 拉伸-薄壁 4 图 13.4.15 横断面草图（草图 4）

Step12. 创建图 13.4.16 所示的拉伸-薄壁 5。选择下拉菜单 插入(I) ➡ 凸台/基体(B) ➡ 拉伸(E)...命令；在绘图区选取图 13.4.17 所示的直线为横断面草图；在"凸台-拉伸"窗口中选中 薄壁特征(T) 复选框；在"凸台-拉伸"窗口 从(F) 区域的下拉列表中选择 等距 选项，输入等距值 10.0，并单击"反向"按钮 ；在 方向1 区域的下拉列表中选择 成形到下一面 选项，并单击"反向"按钮 ；在 薄壁特征(T) 区域的下拉列表中选择 单向 选项，在 文本框中输入厚度值 1.0；单击 按钮，完成拉伸-薄壁 5 的创建。

Step13. 创建图 13.4.18 所示的拉伸-薄壁 6。选择下拉菜单 插入(I) ➡ 凸台/基体(B)

➡️ 🔳 拉伸(E)...命令；在绘图区选取图 13.4.19 所示的直线为横断面草图；在"凸台-拉伸"窗口中选中 ☑ 薄壁特征(T) 复选框；在"凸台-拉伸"窗口 从(F) 区域的下拉列表中选择 等距 选项，输入等距值 9.0，并单击"反向"按钮 ↗；在 方向1 区域的下拉列表中选择 成形到下一面 选项，并单击"反向"按钮 ↗；在 ☑ 薄壁特征(T) 区域的下拉列表中选择 单向 选项，在 🖊T₁ 文本框中输入厚度值 1.0；单击 ✓ 按钮，完成拉伸-薄壁 6 的创建。

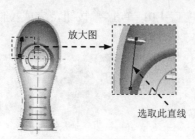

放大图

选取此直线

图 13.4.16　拉伸-薄壁 5　　　图 13.4.17　横断面草图（草图 5）　　　图 13.4.18　拉伸-薄壁 6

Step14. 创建图 13.4.20 所示的拉伸-薄壁 7。选择下拉菜单 插入(I) ➡️ 凸台/基体 (B) ▷

➡️ 🔳 拉伸(E)...命令；在绘图区选取图 13.4.21 所示的直线为横断面草图；在"凸台-拉伸"窗口中选中 ☑ 薄壁特征(T) 复选框；在"凸台-拉伸"窗口 从(F) 区域的下拉列表中选择 等距 选项，输入等距值 1.0，并单击"反向"按钮 ↗；在 方向1 区域的下拉列表中选择 成形到下一面 选项，并单击"反向"按钮 ↗；在 ☑ 薄壁特征(T) 区域的下拉列表中选择 单向 选项，在 🖊T₁ 文本框中输入厚度值 1.0；单击 ✓ 按钮，完成拉伸-薄壁 7 的创建。

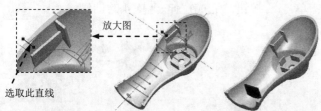

放大图

选取此直线

选取此直线

图 13.4.19　横断面草图（草图 6）　　　图 13.4.20　拉伸-薄壁 7　　　图 13.4.21　横断面草图（草图 7）

Step15. 创建图 13.4.22 所示的拉伸-薄壁 8。选择下拉菜单 插入(I) ➡️ 凸台/基体 (B) ▷

➡️ 🔳 拉伸(E)...命令；在绘图区选取图 13.4.23 所示的直线为横断面草图；在"凸台-拉伸"窗口中选中 ☑ 薄壁特征(T) 复选框；在"凸台-拉伸"窗口 方向1 区域的下拉列表中选择 成形到下一面 选项，并单击"反向"按钮 ↗；在 ☑ 薄壁特征(T) 区域的下拉列表中选择 单向 选项，在 🖊T₁ 文本框中输入厚度值 1.0；单击 ✓ 按钮，完成拉伸-薄壁 8 的创建。

Step16. 创建图 13.4.24 所示的拉伸-薄壁 9。选择下拉菜单 插入(I) ➡️ 凸台/基体 (B) ▷

➡️ 🔳 拉伸(E)...命令；在绘图区选取图 13.4.25 所示的直线为横断面草图；在"凸台-拉伸"窗口中选中 ☑ 薄壁特征(T) 复选框；在"凸台-拉伸"窗口 从(F) 区域的下拉列表中选择

等距 选项，输入等距值10.0，并单击"反向"按钮 ⬈；在 方向1 区域的下拉列表中选择
成形到下一面 选项，并单击"反向"按钮 ⬈；在 ☑ 薄壁特征(T) 区域的下拉列表中选择 单向 选
项，在 ⚒ 文本框中输入厚度值1.0；单击 ✔ 按钮，完成拉伸-薄壁9的创建。

图13.4.22　拉伸-薄壁8

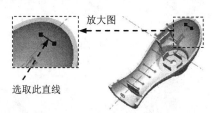

放大图

选取此直线

图13.4.23　横断面草图（草图8）

图13.4.24　拉伸-薄壁9

Step17. 创建图13.4.26所示的拉伸-薄壁10。选择下拉菜单 插入(I) ➡ 凸台/基体(B)
➡ 🗔 拉伸(E)... 命令；在绘图区选取图13.4.27所示的直线为横断面草图；在"凸台-
拉伸"窗口中选中 ☑ 薄壁特征(T) 复选框；在"凸台-拉伸"窗口 方向1 区域的下拉列表中
选择 成形到下一面 选项，并单击"反向"按钮 ⬈；在 ☑ 薄壁特征(T) 区域的下拉列表中选择 单向
选项，在 ⚒ 文本框中输入厚度值1.0；单击 ✔ 按钮，完成拉伸-薄壁10的创建。

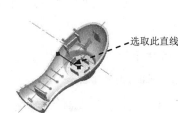

选取此直线

图13.4.25　横断面草图（草图9）

图13.4.26　拉伸-薄壁10

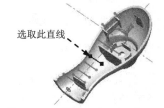

选取此直线

图13.4.27　横断面草图（草图10）

Step18. 创建图13.4.28所示的拉伸-薄壁11。选择下拉菜单 插入(I) ➡ 凸台/基体(B)
➡ 🗔 拉伸(E)... 命令；在绘图区选取图13.4.29所示的直线为横断面草图；在"凸台-
拉伸"窗口中选中 ☑ 薄壁特征(T) 复选框；在"凸台-拉伸"窗口 方向1 区域的下拉列表中
选择 成形到下一面 选项，并单击"反向"按钮 ⬈；在 ☑ 薄壁特征(T) 区域的下拉列表中选择 单向
选项，在 ⚒ 文本框中输入厚度值1.0；单击 ✔ 按钮，完成拉伸-薄壁11的创建。

Step19. 创建图13.4.30所示的拉伸-薄壁12。选择下拉菜单 插入(I) ➡ 凸台/基体(B)
➡ 🗔 拉伸(E)... 命令；选取右视基准面作为草图基准面，绘制图13.4.31所示的横断面
草图；在"凸台-拉伸"窗口中选中 ☑ 薄壁特征(T) 复选框；在"凸台-拉伸"窗口 从(F) 区
域的下拉列表中选择 等距 选项，输入等距值1.0；在 方向1 区域的下拉列表中选择
成形到一面 选项，选取图13.4.32所示的面为拉伸终止面；在 ☑ 薄壁特征(T) 区域的下拉列表
中选择 单向 选项，并单击"反向"按钮 ⬈，在 ⚒ 文本框中输入厚度值1.0；单击 ✔ 按钮，
完成拉伸-薄壁12的创建。

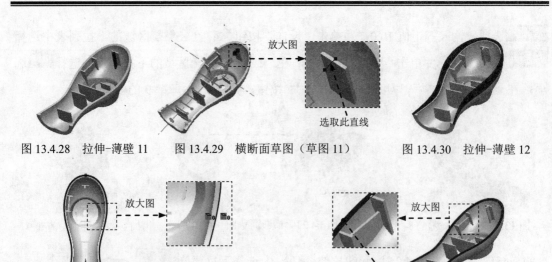

图 13.4.28 拉伸-薄壁 11   图 13.4.29 横断面草图（草图 11）   图 13.4.30 拉伸-薄壁 12

图 13.4.31 横断面草图（草图 12）   图 13.4.32 定义拉伸终止面

Step20. 创建图 13.4.33 所示的凸台-拉伸 1。选择下拉菜单 插入(I) ➡ 凸台/基体(B) ▶ ➡ 拉伸(E)... 命令；选取右视基准面作为草图基准面，绘制图 13.4.34 所示的横断面草图；在"凸台-拉伸"窗口 方向1 区域单击"反向"按钮 ↗，在其后的下拉列表中选择 成形到下一面 选项；单击 ✓ 按钮，完成凸台-拉伸 1 的创建。

说明：图 13.4.34 所示圆的圆心与一级控件中图 13.2.85 所示的草图 28 中的点重合。

Step21. 创建曲面-等距 1。选择下拉菜单 插入(I) ➡ 曲面(S) ▶ ➡ 等距曲面(O)... 命令，系统弹出"等距曲面"窗口；在设计树中单击 ⊞ 曲面实体(3) 前的节点，然后在节点下选取 <second>-<first>-<曲面-拉伸1>> 为要等距的曲面，输入等距值 1，并单击"反向"按钮 ↗；单击窗口中的 ✓ 按钮，完成曲面-等距 1 的创建。

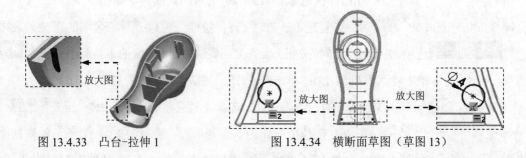

图 13.4.33 凸台-拉伸 1   图 13.4.34 横断面草图（草图 13）

Step22. 创建图 13.4.35b 所示的特征——使用曲面切除 2。选择下拉菜单 插入(I) ➡ 切除(C) ▶ ➡ 使用曲面(U)... 命令，系统弹出"使用曲面切除"窗口；在绘图区选取图 13.4.35a 所示的曲面为切除面，采用系统默认方向；单击窗口中的 ✓ 按钮，完成使用曲面切除 2 的创建。

选取此曲面

a）切除前

b）切除后

图 13.4.35　使用曲面切除 2

Step23. 创建使用曲面切除 3。选择下拉菜单 插入(I) ➞ 切除(C) ➞ 使用曲面(U) 命令，系统弹出"使用曲面切除"窗口；在设计树中单击 上视基准面 为要进行切除的面，采用系统默认方向；单击窗口中的 ✅ 按钮，完成使用曲面切除 3 的创建。

Step24. 创建图 13.4.36 所示的凸台-拉伸 2。选择下拉菜单 插入(I) ➞ 凸台/基体(B) ➞ 拉伸(E)... 命令；选取右视基准面作为草图基准面，绘制图 13.4.37 所示的横断面草图；在"凸台-拉伸"窗口 方向1 区域的下拉列表中选择 给定深度 选项，输入深度值 3；单击 ✅ 按钮，完成凸台-拉伸 2 的创建。

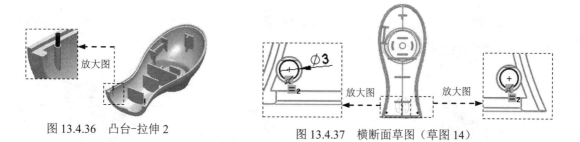

放大图

图 13.4.36　凸台-拉伸 2

Ø3

放大图　　放大图

图 13.4.37　横断面草图（草图 14）

Step25. 创建图 13.4.38b 所示的圆角 1。选取图 13.4.38a 所示的边线为倒圆角参照，圆角半径值为 1.0。

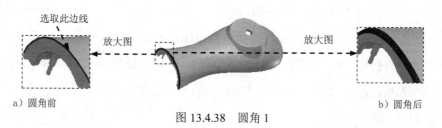

选取此边线

放大图　　放大图

a）圆角前

b）圆角后

图 13.4.38　圆角 1

Step26. 创建图 13.4.39 所示的切除-拉伸 1。选择下拉菜单 插入(I) ➞ 切除(C) ➞ 拉伸(E)... 命令；在绘图区选取图 13.4.40 所示的圆为横断面草图；在"切除-拉伸"窗口 从(F) 区域的下拉列表中选择 等距 选项，输入等距值 105.0；在 方向1 区域的下拉列表中选择 完全贯穿 选项，并单击"反向"按钮 ⤢；单击 ✅ 按钮，完成切除-拉伸 1 的创建。

Step27. 创建图 13.4.41b 所示的倒角 1。在"倒角"窗口中选中 ⊙ 距离-距离(D) 单选项，选取图 13.4.41a 所示的边线为倒角参照，输入距离值均为 1.0。

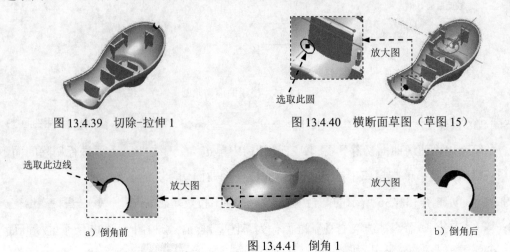

图 13.4.39　切除-拉伸 1　　　　　　　　图 13.4.40　横断面草图（草图 15）

选取此边线　　放大图　　　　　　　　　　　放大图

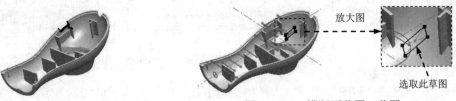

a）倒角前　　　　　　　　　　　　　　　　b）倒角后

图 13.4.41　倒角 1

Step28. 创建图 13.4.42 所示的切除-拉伸 2。选择下拉菜单 插入(I) ➡ 切除(C) ▸

➡ 拉伸(E)... 命令；在绘图区选取图 13.4.43 所示的草图为横断面草图；在"切除-拉伸"窗口 方向1 区域的下拉列表中选择 完全贯穿 选项，并单击"反向"按钮 ；单击

按钮，完成切除-拉伸 2 的创建。

放大图

选取此草图

图 13.4.42　切除-拉伸 2　　　　　　　图 13.4.43　横断面草图（草图 16）

Step29. 创建图 13.4.44 所示的切除-拉伸 3。选择下拉菜单 插入(I) ➡ 切除(C) ▸

➡ 拉伸(E)... 命令；选取上视基准面作为草图基准面，绘制图 13.4.45 所示的横断面
草图；在"切除-拉伸"窗口 方向1 区域的下拉列表中选择 给定深度 选项，输入深度值 45，
并单击"反向"按钮 ；单击 按钮，完成切除-拉伸 3 的创建。

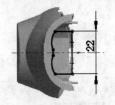

图 13.4.44　切除-拉伸 3　　　　　　　图 13.4.45　横断面草图（草图 17）

Step30. 保存零件模型。选择下拉菜单 文件(F) ➡ 另存为(A)... 命令，将零件模型
命名为 front 保存，并关闭窗口。

13.5 后 盖

下面讲解后盖的创建过程，其零件模型如图 13.5.1 所示。

Step1. 插入新零件。在上一节的装配环境中，选择下拉菜单 插入(I) ➡ 零部件(O) ▶ ➡ 新零件(N)... 命令。在 请选择放置新零件的面或基准面。 的提示下，在图形区任意位置单击，完成新零件的放置。

Step2. 打开新零件。在设计树中右击 固定 [零件3^装配体1]<1>，在系统弹出的快捷菜单中单击 按钮，打开新窗口，并进入建模环境。

Step3. 插入零件。选择下拉菜单 插入(I) ➡ 零件(A)... 命令，系统弹出"打开"对话框；选中 D:\swal18\work\ch13\second.SLDPRT 文件，单击 打开(O) 按钮，系统弹出"插入零件"窗口；在"插入零件"窗口 转移(T) 区域选中 ☑ 实体(D)、☑ 曲面实体(S)、☑ 基准轴(A)、☑ 基准面(P)、☑ 装饰螺蚊线(C)、☑ 吸收的草图(B) 和 ☑ 解除吸收的草图(U) 复选框，取消选中 ☐ 自定义属性(O) 和 ☐ 坐标系 复选框，在 找出零件(L) 区域中取消选中 ☐ 以移动/复制特征找处零件(M) 复选框；单击"插入零件"窗口中的 按钮，完成零件的插入，此时系统自动将零件放置在原点处。

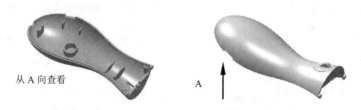

从A向查看

A

图 13.5.1 后盖模型

Step4. 隐藏基准面、草图和曲面。在 视图(V) ➡ 隐藏/显示(H) 下拉菜单中分别取消选择 草图(S) 和 基准面(P) 命令，在设计树中单击 曲面实体(3) 前的节点，然后在节点下选取 <second>-<<first>-<曲面-拉伸2>> 和 <second>-<<first>-<曲面-剪裁3>> 为要隐藏的曲面并右击，在系统弹出的快捷菜单中选取 选项，完成基准面、草图和曲面的隐藏。结果如图 13.5.2 所示。

Step5. 创建图 13.5.3 所示的特征——使用曲面切除 1。选择下拉菜单 插入(I) ➡ 切除(C) ▶ ➡ 使用曲面(W)... 命令，系统弹出"使用曲面切除"窗口；在绘图区选取图 13.5.4 所示的面为要进行切除的曲面；单击窗口中的 按钮，完成使用曲面切除 1 的创建；参照以上的方法隐藏 <second>-<<first>-<曲面-拉伸1>>。

图 13.5.2 插入零件并隐藏基准面　图 13.5.3 使用曲面切除 1　图 13.5.4 定义切除面

Step6. 创建图 13.5.5 所示的拉伸-薄壁 1。选择下拉菜单 插入(I) ➡️ 凸台/基体 (B)

➡️ 🗊 拉伸(E)... 命令；在绘图区选取图 13.5.6 所示的直线为横断面草图；在"凸台-拉伸"窗口中选中 ☑ 薄壁特征(T) 复选框；在"凸台-拉伸"窗口 方向 1 区域的下拉列表中选择 成形到下一面 选项；在 ☑ 薄壁特征(T) 区域的下拉列表中选择 单向 选项，并单击"反向"按钮 ⤴️，在 ⟋T₁ 文本框中输入厚度值 1.0；单击 ✅ 按钮，完成拉伸-薄壁 1 的创建。

说明：图 13.5.6 所示的横断面草图为一级控件中图 13.2.85 所示的草图 28 上的一部分。在绘制此横断面草图时，在 视图(V) ➡️ 隐藏/显示 (H) 下拉菜单中选取 ▢ 草图(S) 命令，即可将图 13.2.85 所示的草图显示出来。以下类似情况采用相同方法，故不再说明。

图 13.5.5 拉伸-薄壁 1

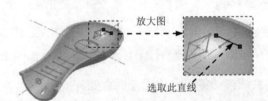

图 13.5.6 横断面草图（草图 1）

Step7. 创建图 13.5.7 所示的拉伸-薄壁 2。选择下拉菜单 插入(I) ➡️ 凸台/基体 (B)

➡️ 🗊 拉伸(E)... 命令；在绘图区选取图 13.5.8 所示的直线为横断面草图；在"凸台-拉伸"窗口中选中 ☑ 薄壁特征(T) 复选框；在"凸台-拉伸"窗口 方向 1 区域的下拉列表中选择 成形到下一面 选项；在 ☑ 薄壁特征(T) 区域的下拉列表中选择 单向 选项，在 ⟋T₁ 文本框中输入厚度值 1.0；单击 ✅ 按钮，完成拉伸-薄壁 2 的创建。

图 13.5.7 拉伸-薄壁 2

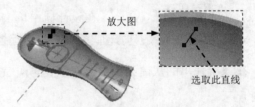

图 13.5.8 横断面草图（草图 2）

Step8. 创建图 13.5.9 所示的拉伸-薄壁 3。选择下拉菜单 插入(I) ➡️ 凸台/基体 (B)

➡️ 🗊 拉伸(E)... 命令；在绘图区选取图 13.5.10 所示的直线为横断面草图；在"凸台-拉伸"窗口中选中 ☑ 薄壁特征(T) 复选框；在"凸台-拉伸"窗口 方向 1 区域的下拉列表中选择 成形到下一面 选项；在 ☑ 薄壁特征(T) 区域的下拉列表中选择 单向 选项，在 ⟋T₁ 文本框中输入厚度值 1.0；单击 ✔ 按钮，完成拉伸-薄壁 3 的创建。

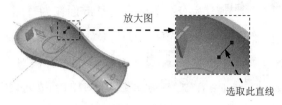

放大图

选取此直线

图 13.5.9　拉伸-薄壁 3　　　　　图 13.5.10　横断面草图（草图 3）

Step9. 创建图 13.5.11 所示的拉伸-薄壁 4。选择下拉菜单 插入(I) ➡ 凸台/基体(B)
➡ 🗔 拉伸(E)...命令；选取右视基准面作为草图基准面，绘制图 13.5.12 所示的横断面
草图；在"凸台-拉伸"窗口中选中 ☑ 薄壁特征(T) 复选框；在"凸台-拉伸"窗口 从(F) 区
域的下拉列表中选择 等距 选项，输入等距值 5.0；在 方向1 区域的下拉列表中选择
成形到下一面 选项；在 ☑ 薄壁特征(T) 区域的下拉列表中选择 单向 选项，在 🗈T1 文本框中输入
厚度值 1.0；单击 ✔ 按钮，完成拉伸-薄壁 4 的创建。

Step10. 创建图 13.5.13 所示的拉伸-薄壁 5。选择下拉菜单 插入(I) ➡ 凸台/基体(B)
➡ 🗔 拉伸(E)...命令；在绘图区选取图 13.5.14 所示的直线为横断面草图；在"凸台-
拉伸"窗口中选中 ☑ 薄壁特征(T) 复选框；在"凸台-拉伸"窗口 方向1 区域的下拉列表中
选择 成形到下一面 选项；在 ☑ 薄壁特征(T) 区域的下拉列表中选择 单向 选项，在 🗈T1 文本框中
输入厚度值 1.0；单击 ✔ 按钮，完成拉伸-薄壁 5 的创建。

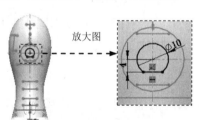

放大图

图 13.5.11　拉伸-薄壁 4　　　图 13.5.12　横断面草图（草图 4）　　图 13.5.13　拉伸-薄壁 5

Step11. 创建图 13.5.15 所示的拉伸-薄壁 6。选择下拉菜单 插入(I) ➡ 凸台/基体(B)
➡ 🗔 拉伸(E)...命令；在绘图区选取图 13.5.16 所示的直线为横断面草图；在"凸台-
拉伸"窗口中选中 ☑ 薄壁特征(T) 复选框；在"凸台-拉伸"窗口 方向1 区域的下拉列表中
选择 成形到下一面 选项；在 ☑ 薄壁特征(T) 区域的下拉列表中选择 单向 选项，在 🗈T1 文本框中
输入厚度值 1.0；单击 ✔ 按钮，完成拉伸-薄壁 6 的创建。

选取此直线　　　　　　　　　　　　　　　　　选取此直线

图 13.5.14　横断面草图（草图 5）　　图 13.5.15　拉伸-薄壁 6　　图 13.5.16　横断面草图（草图 6）

Step12. 创建图 13.5.17 所示的拉伸-薄壁 7。选择下拉菜单 插入(I) ➤ 凸台/基体(B) ▸ ➤ ⬚ 拉伸(E)... 命令；选取右视基准面作为草图基准面，绘制图 13.5.18 所示的横断面草图；在"凸台-拉伸"窗口中选中 ☑ 薄壁特征(T) 复选框；在"凸台-拉伸"窗口 从(F) 区域的下拉列表中选择 等距 选项，输入等距值 1.0；在 方向1 区域的下拉列表中选择 成形到下一面 选项；在 ☑ 薄壁特征(T) 区域的下拉列表中选择 两侧对称 选项，在 文本框中输入厚度值 1.0；单击 ✔ 按钮，完成拉伸-薄壁 7 的创建。

说明：图 13.5.18 所示圆的圆心与一级控件中图 13.2.85 所示的草图 28 中的点重合。

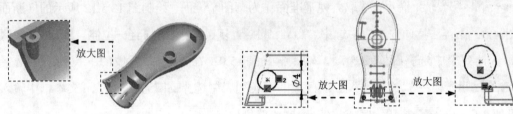

图 13.5.17　拉伸-薄壁 7　　　　　　图 13.5.18　横断面草图（草图 7）

Step13. 创建图 13.5.19 所示的曲面-拉伸 1。选择下拉菜单 插入(I) ➤ 曲面(S) ▸ ➤ ⬙ 拉伸曲面(E)... 命令；选取右视基准面作为草图基准面，绘制图 13.5.20 所示的横断面草图；在"曲面-拉伸"窗口 方向1 区域的下拉列表中选择 两侧对称 选项，输入深度值 45.0；单击 ✔ 按钮，完成曲面-拉伸 1 的创建。

Step14. 创建曲面-等距 1。选择下拉菜单 插入(I) ➤ 曲面(S) ▸ ➤ ⬚ 等距曲面(O)... 命令，系统弹出"等距曲面"窗口；在设计树中单击 ⊞ ◈ 曲面实体(4) 前的节点，然后在节点下选取 ◈ <second>-<<first>-<曲面-拉伸1>> 为要等距的曲面，输入等距值 1，并单击"反向"按钮 ↗；单击窗口中的 ✔ 按钮，完成曲面-等距 1 的创建。

Step15. 创建图 13.5.21 所示的曲面-剪裁 1。选择下拉菜单 插入(I) ➤ 曲面(S) ▸ ➤ ⬙ 剪裁曲面(T)... 命令，系统弹出"剪裁曲面"窗口；在窗口的 剪裁类型(T) 区域中选中 ⊙ 相互(M) 单选项；在绘图区选取曲面-拉伸 1 和曲面-等距 1 为要剪裁的曲面，选中 ⊙ 保留选择(K) 单选项，然后选取图 13.5.22 所示的面 1 和面 2 为要保留的部分；单击窗口中的 ✔ 按钮，完成曲面-剪裁 1 的创建。

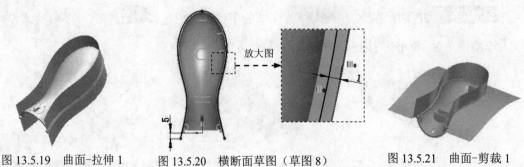

图 13.5.19　曲面-拉伸 1　　　　图 13.5.20　横断面草图（草图 8）　　　　图 13.5.21　曲面-剪裁 1

Step16. 创建使用曲面切除 2。选择下拉菜单 插入(I) ➡ 切除(C) ➡ 🔲 使用曲面(U) 命令，系统弹出"使用曲面切除"窗口；在设计树中选取 🔷 曲面-剪裁1 为切除面，并单击 "反向"按钮；单击窗口中的 ✅ 按钮，完成使用曲面切除 2 的创建。

Step17. 创建图 13.5.23b 所示的圆角 1。选取图 13.5.23a 所示的两条边线为倒圆角参照， 圆角半径值为 1.0。

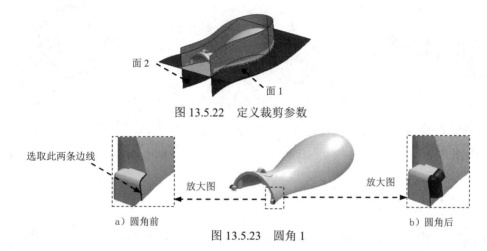

图 13.5.22 定义裁剪参数

a）圆角前　　　　　　　　　　b）圆角后

图 13.5.23 圆角 1

Step18. 创建图 13.5.24 所示的切除-拉伸 1。选择下拉菜单 插入(I) ➡ 切除(C) ➡ 🔲 拉伸(E)… 命令；在绘图区选取图 13.5.25 所示的草图为横断面草图；在"切除- 拉伸"窗口 从(F) 区域的下拉列表中选择 等距 选项，输入等距值 90.0；在 方向1 区域的下 拉列表中选择 完全贯穿 选项，并单击"反向"按钮 🡅；单击 ✅ 按钮，完成切除-拉伸 1 的 创建。

Step19. 创建图 13.5.26b 所示的倒角 1。在"倒角"窗口中选中 ⊙ 角度距离(A) 单选项， 选取图 13.5.26a 所示的边线为倒斜角参照，输入距离值 1.0 和角度值 45。

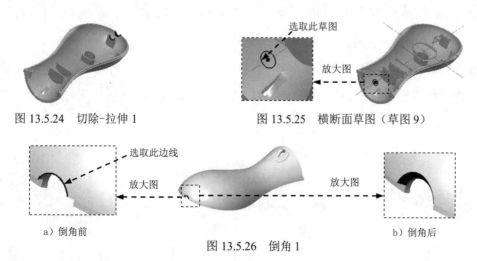

图 13.5.24 切除-拉伸 1　　　　　　图 13.5.25 横断面草图（草图 9）

a）倒角前　　　　　　　　　　b）倒角后

图 13.5.26 倒角 1

Step20. 创建图 13.5.27 所示的凸台-拉伸 1。选择下拉菜单 插入(I) ➡ 凸台/基体(B) ▶ ➡ 🗔 拉伸(E)... 命令；选取图 13.5.28 所示的面作为草图基准面，绘制图 13.5.29 所示的横断面草图；在"凸台-拉伸"窗口 方向1 区域的下拉列表中选择 给定深度 选项，输入深度值 1.0，并单击"反向"按钮 ↗；单击 ✓ 按钮，完成凸台-拉伸 1 的创建。

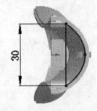

图 13.5.27　凸台-拉伸 1　　　图 13.5.28　定义草图基准面　　　图 13.5.29　横断面草图（草图 10）

Step21. 创建图 13.5.30 所示的切除-拉伸 2。选择下拉菜单 插入(I) ➡ 切除(C) ▶ ➡ 🗔 拉伸(E)... 命令；在绘图区选取图 13.5.31 所示的草图为横断面草图；在"切除-拉伸"窗口 方向1 区域的下拉列表中选择 完全贯穿 选项，并单击"反向"按钮 ↗；单击 ✓ 按钮，完成切除-拉伸 2 的创建。

Step22. 创建图 13.5.32 所示的切除-拉伸 3。选择下拉菜单 插入(I) ➡ 切除(C) ▶ ➡ 🗔 拉伸(E)... 命令；选取上视基准面作为草图基准面，绘制图 13.5.33 所示的横断面草图；在"切除-拉伸"窗口 从(F) 区域的下拉列表中选择 等距 选项，输入等距值 20.0；在 方向1 区域的下拉列表中选择 给定深度 选项，输入深度值 22.0，并单击"反向"按钮 ↗；单击 ✓ 按钮，完成切除-拉伸 3 的创建。

说明：

① 在创建此横断面草图时，在设计树中单击 ⊞ 🖐 second -> 前的节点，然后单击 ⊞ 🖉 草图(29) 前的节点，选取 🌙 (-) 草图25-first-second 将其显示出来。

② 选中 🌙 (-) 草图25-first-second，单击"草图（K）"工具栏中的"转换实体引用"按钮 🗔，将其转换实体引用，并将其转换为构造线。

③ 单击"草图（K）"工具栏中的"镜像实体"按钮 ⚠，将所绘制的构造线绕过原点的竖直中心线镜像，如图 13.5.33 所示。再单击"等距实体"按钮 ⤵，反向偏距值为 7，从而得到图 13.5.33 所示的横断面草图。

图 13.5.30　切除-拉伸 2　　　图 13.5.31　横断面草图（草图 11）　　　图 13.5.32　切除-拉伸 3

Step23. 创建图 13.5.34 所示的切除-拉伸 4。选择下拉菜单 插入(I) ➡️ 切除(C) ➡️ 🔲 拉伸(E)... 命令；选取上视基准面作为草图基准面，绘制图 13.5.35 所示的横断面草图；在"切除-拉伸"窗口 方向1 区域的下拉列表中选择 成形到下一面 选项，并单击"反向"按钮 🔀；单击 ✔️ 按钮，完成切除-拉伸 4 的创建。

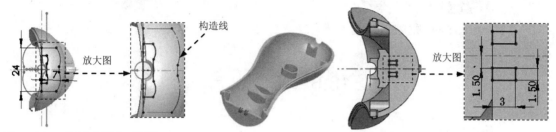

图 13.5.33 横断面草图（草图12）　　图 13.5.34 切除-拉伸 4　　图 13.5.35 横断面草图（草图13）

Step24. 创建图 13.5.36 所示的凸台-拉伸 2。选择下拉菜单 插入(I) ➡️ 凸台/基体(B) ➡️ 🗔 拉伸(E)... 命令；选取图 13.5.37 所示的面作为草图基准面，绘制图 13.5.38 所示的横断面草图；在"凸台-拉伸"窗口 方向1 区域的下拉列表中选择 给定深度 选项，输入深度值 0.5；单击 ✔️ 按钮，完成凸台-拉伸 2 的创建。

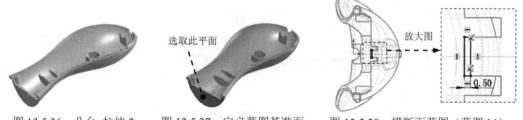

图 13.5.36 凸台-拉伸 2　　图 13.5.37 定义草图基准面　　图 13.5.38 横断面草图（草图14）

Step25. 创建图 13.5.39 所示的圆角 2。选择下拉菜单 插入(I) ➡️ 特征(F) ➡️ 🗔 圆角(U)... 命令；在"圆角"窗口 圆角类型(Y) 区域中单击 🗔 单选项；在绘图区选取图 13.5.40 所示的面为边侧面组 1，选取图 13.5.41 所示的面 1 为中央面组，选取面 2 为边侧面组 2；单击 ✔️ 按钮，完成圆角 2 的创建。

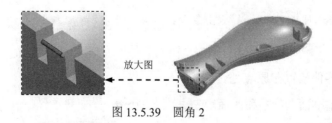

图 13.5.39 圆角 2

Step26. 保存零件模型。选择下拉菜单 文件(F) ➡️ 🖫 另存为(A)... 命令，将零件模型命名为 back 保存，并关闭窗口。

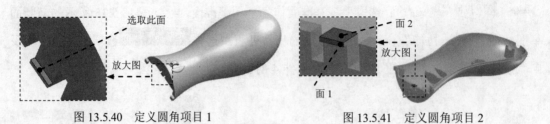

图 13.5.40　定义圆角项目 1　　　　　图 13.5.41　定义圆角项目 2

13.6　下　　盖

下面讲解下盖的创建过程。下盖零件是从一级控件中分割出来的，其零件模型如图 13.6.1 所示。

图 13.6.1　下盖模型

Step1. 插入新零件。在上一节的装配环境中，选择下拉菜单 插入(I) ➡ 零部件(Q) ➡ 新零件(N)... 命令。在 请选择放置新零件的面或基准面。 的提示下，在图形区任意位置单击，完成新零件的放置。

Step2. 打开新零件。在设计树中右击 (固定)[零件4^装配体1]<1> ，在系统弹出的快捷菜单中单击 按钮，打开新窗口，并进入建模环境。

Step3. 插入零件。选择下拉菜单 插入(I) ➡ 零件(A)... 命令，系统弹出"打开"对话框；选中 D:\swal18\work\ch13\first.SLDPRT 文件，单击 打开(O) 按钮，系统弹出"插入零件"窗口；在"插入零件"窗口 转移(T) 区域选中 ☑ 实体(D) 、 ☑ 曲面实体(S) 、 ☑ 基准轴(A) 、 ☑ 基准面(P) 、 ☑ 装饰螺蚊线(C) 、 ☑ 吸收的草图(B) 和 ☑ 解除吸收的草图(U) 复选框，取消选中 ☐ 自定义属性(O) 和 ☐ 坐标系 复选框，在 找出零件(L) 区域中取消选中 ☐ 以移动/复制特征找处零件(M) 复选框；单击"插入零件"窗口中的 按钮，完成零件的插入，此时系统自动将零件放置在原点处。

Step4. 隐藏基准面、草图和曲面。在 视图(V) ➡ 隐藏/显示(H) 下拉菜单中分别取消选择 ☐ 草图(S) 和 基准面(P) 命令，在设计树中单击 曲面实体(3) 前的节点，然后在节点下选取并右击 <second>-<<first>-曲面-拉伸1>> 和 <second>-<<first>-曲面-拉伸2>> ，在系统弹出的快捷菜单中选择  命令，完成基准面、草图和曲面的隐藏，结果如图 13.6.2 所示。

Step5. 创建图 13.6.3 所示的特征——使用曲面切除 1。选择下拉菜单 插入(I) ➡️

切除(C) ➡️ 📄 使用曲面(U)… 命令，系统弹出"使用曲面切除"窗口；在设计树中选取

◇ <second>-<<first>-<曲面-剪裁3>> 为要进行切除的曲面；调整切除方向，单击窗口中的 ✔ 按

钮，完成使用曲面切除 1 的创建；参照以上的方法隐藏 ◇ <second>-<<first>-<曲面-剪裁3>> 。

图 13.6.2 插入零件并隐藏基准面　　　　图 13.6.3 使用曲面切除 1

Step6. 创建图 13.6.4 所示的凸台-拉伸 1。选择下拉菜单 插入(I) ➡️ 凸台/基体(B) ▸

➡️ 🗍 拉伸(E)… 命令；选取图 13.6.5 所示的面作为草图基准面，绘制图 13.6.6 所示的横

断面草图；在"凸台-拉伸"窗口 方向1 区域的下拉列表中选择 给定深度 选项，输入深度值

0.5，并单击"反向"按钮 ↗；单击 ✔ 按钮，完成凸台-拉伸 1 的创建。

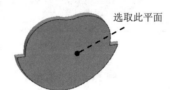
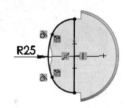

图 13.6.4 凸台-拉伸 1　　　图 13.6.5 定义草图平面　　　图 13.6.6 横断面草图（草图 1）

Step7. 创建图 13.6.7 所示的凸台-拉伸 2。选择下拉菜单 插入(I) ➡️ 凸台/基体(B) ▸

➡️ 🗍 拉伸(E)… 命令；选取图 13.6.8 所示的面作为草图基准面，绘制图 13.6.9 所示的横

断面草图；在"凸台-拉伸"窗口 方向1 区域的下拉列表中选择 给定深度 选项，输入深度值

0.5，并单击"反向"按钮 ↗；单击 ✔ 按钮，完成凸台-拉伸 2 的创建。

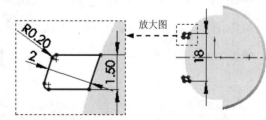

图 13.6.7 凸台-拉伸 2　　图 13.6.8 定义草图基准面　　　图 13.6.9 横断面草图（草图 2）

Step8. 创建图 13.6.10 所示的凸台-拉伸 3。选择下拉菜单 插入(I) ➡️ 凸台/基体(B) ▸

➡️ 🗍 拉伸(E)… 命令；选取图 13.6.11 所示的面作为草图基准面，绘制图 13.6.12 所示

的横断面草图；在"凸台-拉伸"窗口 **方向1** 区域的下拉列表中选择 **给定深度** 选项，输入深度值 0.5，并单击"反向"按钮 📐 ；单击 ✅ 按钮，完成凸台-拉伸 3 的创建。

图 13.6.10　凸台-拉伸 3

图 13.6.11　定义草图基准面

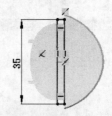

图 13.6.12　横断面草图（草图 3）

Step9. 创建图 13.6.13b 所示的圆角 1。选取图 13.6.13a 所示的两条边线为倒圆角参照，圆角半径值为 1.0。

Step10. 创建图 13.6.14b 所示的圆角 2。选取图 13.6.14a 所示的边线为倒圆角参照，圆角半径值为 1.0。

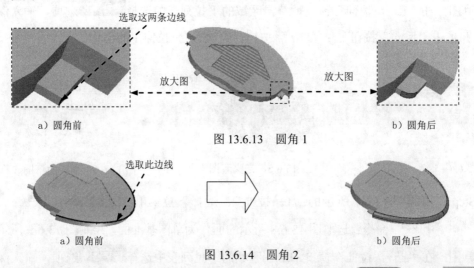

a）圆角前　　　　　　　　　　　　　　　　　　　　　　　　b）圆角后

图 13.6.13　圆角 1

a）圆角前　　　　　　　　　　　　　　　　　　　　　　　　b）圆角后

图 13.6.14　圆角 2

Step11. 创建图 13.6.15 所示的切除-拉伸 1。选择下拉菜单 插入(I) ➡ 切除(C) ➡ 🗔 拉伸(E)... 命令；选取图 13.6.16 所示的面作为草图基准面，绘制图 13.6.17 所示的横断面草图；在"切除-拉伸"窗口 **方向1** 区域的下拉列表中选择 **给定深度** 选项，输入深度值 0.5；单击 ✅ 按钮，完成切除-拉伸 1 的创建。

图 13.6.15　切除-拉伸 1

图 13.6.16　定义草图基准面

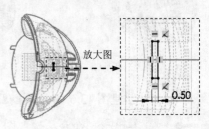

图 13.6.17　横断面草图（草图 4）

说明：在创建此特征时，先将窗口切换至装配体窗口，然后再创建此拉伸特征。由于装配图中的零件较多，不太方便绘制此横断面草图，可以将除 ⊞ 🐚 固定 back<1> -> 之外的其他零件隐藏起来。

Step12. 保存零件模型。先将窗口切换至零件模型窗口，选择下拉菜单 文件(F) ➡ 🖫 另存为(A)... 命令，将零件模型命名为 down_cover 保存，关闭零件窗口，显示装配体窗口。

13.7 轴

下面讲解轴的创建过程。此轴是在装配环境中创建的，由于简化装配内部结构，此轴在装配体模型中处于"悬空"状态。其零件模型如图 13.7.1 所示。

图 13.7.1 轴零件模型

Step1. 插入新零件。在上一节的装配环境中，选择下拉菜单 插入(I) ➡ 零部件(O) ➡ 🐚 新零件(N)... 命令。在 请选择放置新零件的面或基准面。 的提示下，在图形区任意位置单击，完成新零件的放置。

Step2. 打开新零件。在设计树中右击 ⊞ 🐚 固定 [零件5^装配体1]<1> ，在系统弹出的快捷菜单中单击 🖉 按钮，打开新窗口，并进入建模环境。

Step3. 创建图 13.7.2 所示的零件特征——凸台-拉伸 1。将窗口切换至装配窗口，单击 ⊞ 🐚 固定 [零件5^装配体1]<1> ，从系统弹出的快捷菜单中单击"编辑"按钮 🐚 ；选择下拉菜单 插入(I) ➡ 凸台/基体(B) ➡ 拉伸(E)... 命令；在设计树中单击 ⊟ 🐚 固定 first<1> (默认<默认>显示状态 1) 前的节点，选取 🔷 基准面4 为草图基准面，绘制图 13.7.3 所示的横断面草图；在"凸台-拉伸"窗口 方向1 区域的下拉列表中选择 给定深度 选项，输入深度值 20；选中 ☑ 方向2 复选框，并在其下的下拉列表中选择 给定深度 选项，输入深度值 5；单击 ✔ 按钮，完成凸台-拉伸 1 的创建。

Step4. 保存零件模型。先将窗口切换至零件模型窗口，选择下拉菜单 文件(F) ➡ 🖫 另存为(A)... 命令，将零件模型命名为 shaft 保存，并关闭窗口。

图 13.7.2 凸台-拉伸 1

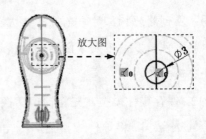

图 13.7.3 横断面草图（草图 1）

13.8 风扇一级控件

下面讲解风扇一级控件的创建过程，该模型是在装配体中创建的，并将被用作风扇上盖、风扇叶轮和风扇下盖的原始模型。其零件模型如图 13.8.1 所示。

图 13.8.1 风扇一级控件零件模型

Step1. 插入新零件。在上一节的装配环境中，选择下拉菜单 插入(I) ➡ 零部件(O) ➡ 新零件(N)... 命令，在 请选择放置新零件的面或基准面。 的提示下，在图形区任意位置单击，完成新零件的放置。

Step2. 打开新零件。在设计树中右击 固定[零件6^装配体1]<1> ，在系统弹出的快捷菜单中单击 按钮，打开零件窗口。

Step3. 创建图 13.8.2 所示的零件特征——旋转-薄壁 1。将窗口切换至装配窗口，单击 固定[零件6^装配体1]<1> 节点，在系统弹出的快捷菜单中单击 按钮；选择下拉菜单 插入(I) ➡ 凸台/基体(B) ➡ 旋转(R)... 命令；选取前视基准面作为草图基准面，绘制图 13.8.3 所示横断面草图（包括旋转中心线）；采用草图中绘制的中心线作为旋转轴线；在"旋转"窗口中选中 ☑ 薄壁特征(T) 复选框；在"旋转"窗口 旋转参数(R) 区域的下拉列表中选择 单向 选项，采用系统默认的旋转方向，在 文本框中输入值 360.0；在 ☑ 薄壁特征(T) 区域的下拉列表中选择 单向 选项，在 文本框中输入厚度值 2.0，并单击"反向"按钮 ；单击窗口中的 按钮，完成旋转-薄壁 1 的创建。

说明：由于此横断面草图是开放的，在退出草图环境时，系统会弹出"SolidWorks"对话框，单击此对话框中的 否(N) 按钮即可。

Step4. 创建图 13.8.4 所示的曲面-拉伸 1。选择下拉菜单 插入(I) ➡ 曲面(S) ➡

　拉伸曲面(E)…命令；选取前视基准面作为草图基准面，绘制图 13.8.5 所示的横断面草图；在"曲面-拉伸"窗口 从(F) 区域的下拉列表中选择 等距 选项，输入等距值 5.0；在 方向 1 区域的下拉列表中选择 给定深度 选项，输入深度值 20；单击 ✔ 按钮，完成曲面-拉伸 1 的创建。

图 13.8.2　旋转-薄壁 1

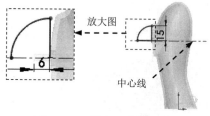

图 13.8.3　横断面草图（草图 1）

图 13.8.4　曲面-拉伸 1

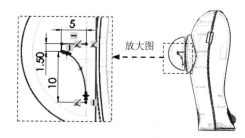

图 13.8.5　横断面草图（草图 2）

Step5. 创建图 13.8.6b 所示的阵列（圆周）1。将窗口切换至零件窗口，选择下拉菜单 插入(I) ➔ 阵列/镜像(E) ➔ 圆周阵列(C)…命令，系统弹出"圆周阵列"窗口；单击以激活 ☑ 特征和面(F) 选项组 区域中的文本框，选取图 13.8.6a 所示的曲面实体特征作为阵列的源特征；选择下拉菜单 视图(V) ➔ 隐藏/显示(H) ➔ 临时轴(X)命令，图形中即显示临时轴，选取图 13.8.6a 所示的临时轴作为圆周阵列轴，在 参数(P) 区域的 按钮后的文本框中输入值 120.0，在 参数(P) 区域的 按钮后的文本框中输入值 3，取消选中 ☐ 等间距(E) 复选框；单击窗口中的 ✔ 按钮，完成阵列（圆周）1 的创建。

Step6. 创建图 13.8.7 所示的基准面 1。选择下拉菜单 插入(I) ➔ 参考几何体(G) ➔ 基准面(P)…命令；选取图 13.8.8 所示的面作为基准面的参考实体，输入距离值 2.0，选中 ☑ 反转 复选框；单击窗口中的 ✔ 按钮，完成基准面 1 的创建。

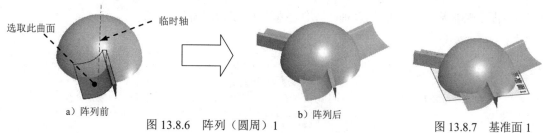

图 13.8.6　阵列（圆周）1　　　　　　　图 13.8.7　基准面 1

Step7. 创建图 13.8.9 所示的草图 3。选择下拉菜单 插入(I) ➡ ▢ 草图绘制 命令；选取基准面 1 作为草图基准面，绘制图 13.8.9 所示的草图 3；选择下拉菜单 插入(I) ➡ ▢ 退出草图 命令，退出草图绘制环境。

Step8. 创建图 13.8.10 所示的曲面填充 1。选择下拉菜单 插入(I) ➡ 曲面(S) ➡ ◈ 填充(I)... 命令，系统弹出"填充曲面"窗口；在设计树中选取 ▨ 草图3 为曲面的修补边界；单击窗口中的 ✔ 按钮，完成曲面填充 1 的创建。

选取此平面

图 13.8.8　定义基准面参照

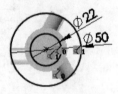

图 13.8.9　草图 3

图 13.8.10　曲面填充 1

Step9. 创建图 13.8.11b 所示的曲面-剪裁 1。选择下拉菜单 插入(I) ➡ 曲面(S) ➡ ◈ 剪裁曲面(T)... 命令，系统弹出"剪裁曲面"窗口；在窗口的 剪裁类型(T) 区域中选中 ◉ 相互(M) 单选项；在设计树中选取 ⊞◈曲面填充1、⊞◈曲面-拉伸1 -> 和 ◈ 阵列(圆周)1 为要剪裁的曲面，选中 ◉ 保留选择(K) 单选项，然后分别选取图 13.8.12 所示的面为要保留部分；单击窗口中的 ✔ 按钮，完成曲面-剪裁 1 的创建。

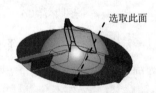

选取此面

a）剪裁前　　　　　　　　　　　　b）剪裁后

图 13.8.11　曲面-剪裁 1　　　　　　图 13.8.12　定义保留对象

Step10. 保存零件模型。先将窗口切换至零件模型窗口，选择下拉菜单 文件(F) ➡ ▦ 另存为(A)... 命令，将零件模型命名为 third 保存，并关闭窗口。

13.9　风 扇 下 盖

下面讲解风扇下盖的创建过程。零件模型如图 13.9.1 所示。

图 13.9.1　风扇下盖零件模型

Step1. 插入新零件。在上一节的装配环境中，选择下拉菜单 插入(I) ➡ 零部件(O) ➡ 新零件(N)... 命令。在 请选择放置新零件的面或基准面。 的提示下，在图形区任意位置单击，完成新零件的放置。

Step2. 打开新零件。在设计树中右击 ⊞ 🕏 (固定)[零件7^装配体1]<1> ，在系统弹出的快捷菜单中单击 🖼 按钮，打开新窗口，并进入建模环境。

Step3. 插入零件。选择下拉菜单 插入(I) ➡ 🕏 零件(A)... 命令，系统弹出"打开"对话框；选中 D:\swa18\work\ch13\third.SLDPRT 文件，单击 打开(O) 按钮，系统弹出"插入零件"窗口；在"插入零件"窗口 转移(T) 区域选中 ☑ 实体(D)、☑ 曲面实体(S)、☑ 基准轴(A)、☑ 基准面(P)、☑ 装饰螺蚊线(C)、☑ 吸收的草图(B) 和 ☑ 解除吸收的草图(U) 复选框，取消选中 ☐ 自定义属性(O) 和 ☐ 坐标系 复选框，在 找出零件(L) 区域中取消选中 ☐ 以移动/复制特征找处零件(M) 复选框；单击"插入零件"窗口中的 ✓ 按钮，完成零件的插入，此时系统自动将零件放置在原点处。

Step4. 隐藏基准面和草图。在 视图(V) ➡ 隐藏/显示(H) 下拉菜单中分别取消选择 ☐ 草图(S) 和 🔲 基准面(P) 命令，完成基准面和草图的隐藏。结果如图 13.9.2 所示。

Step5. 创建图 13.9.3 所示的特征——使用曲面切除 1（曲面已隐藏）。选择下拉菜单 插入(I) ➡ 切除(C) ➡ 🍧 使用曲面(W)... 命令，系统弹出"使用曲面切除"窗口；在设计树中单击 ⊞ 🕏 third-> 前的节点，展开 ⊞ 🖼 曲面实体(1)，选取 ◇ <third>-<曲面-剪裁1> 为要进行切除的所选曲面，并单击"反向"按钮 ⤵ ；单击窗口中的 ✓ 按钮，完成使用曲面切除 1 的创建。

Step6. 创建图 13.9.4 所示的特征——凸台-拉伸 1。选择下拉菜单 插入(I) ➡ 凸台/基体(B) ➡ 🔲 拉伸(E)... 命令；选取图 13.9.5 所示的面为草图基准面，绘制图 13.9.6 所示的横断面草图；在"凸台-拉伸"窗口 方向1 区域的下拉列表中选择 给定深度 选项，输入深度值 2.0；单击 ✓ 按钮，完成凸台-拉伸 1 的创建。

图 13.9.2　插入零件并隐藏基准面　　　图 13.9.3　使用曲面切除 1　　　图 13.9.4　凸台-拉伸 1

Step7. 创建图 13.9.7 所示的切除-拉伸 1。选择下拉菜单 插入(I) ➡ 切除(C) ➡ 🔲 拉伸(E)... 命令；选取图 13.9.8 所示的面为草图基准面，绘制图 13.9.9 所示的横断面草图；在"切除-拉伸"窗口 方向1 区域的下拉列表中选择 完全贯穿 选项；单击 ✓ 按钮，完成切除-拉伸 1 的创建。

图 13.9.5　定义草图基准面

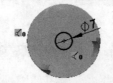
图 13.9.6　横断面草图（草图 1）

图 13.9.7　切除-拉伸 1

图 13.9.8　草图基准面

图 13.9.9　横断面草图（草图 2）

Step8. 创建图 13.9.10b 所示的圆角 1。选取图 13.9.10a 所示的六条边线为倒圆角参照，圆角半径值为 0.5。

a）圆角前

b）圆角后

图 13.9.10　圆角 1

Step9. 创建图 13.9.11b 所示的圆角 2。选取图 13.9.11a 所示的六条边线为倒圆角参照，圆角半径值为 0.5。

a）圆角前

b）圆角后

图 13.9.11　圆角 2

Step10. 创建图 13.9.12b 所示的圆角 3。选取图 13.9.12a 所示的三条边线为倒圆角参照，圆角半径值为 0.5。

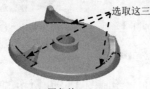
a）圆角前

b）圆角后

图 13.9.12　圆角 3

Step11. 创建图 13.9.13b 所示的圆角 4。选取图 13.9.13a 所示边线为倒圆角参照，圆角半径值为 0.5。

Step12. 保存零件模型。将零件模型命名为 fan_down 并保存，关闭此零件窗口。

a）圆角前　　　　　　　　　　　　　　　　　　　　　　b）圆角后

图 13.9.13　圆角 4

13.10　风扇上盖

下面讲解风扇上盖的创建过程，其零件模型如图 13.10.1 所示。

图 13.10.1　风扇上盖零件模型

Step1. 插入新零件。在上一节的装配环境中，选择下拉菜单 插入(I) ➡ 零部件(Q) ➡ 新零件(N)... 命令。在 请选择放置新零件的面或基准面。 的提示下，在图形区任意位置单击，完成新零件的放置。

Step2. 打开新零件。在设计树中右击 (固定)[零件8^装配体1]<1>，在系统弹出的快捷菜单中单击 按钮，打开新窗口，并进入建模环境。

Step3. 插入零件。选择下拉菜单 插入(I) ➡ 零件(A)... 命令，系统弹出"打开"对话框；选中 D:\swal18\work\ch13\third.SLDPRT 文件，单击 打开(Q) 按钮，系统弹出"插入零件"窗口；在"插入零件"窗口 转移(T) 区域选中 ☑ 实体(D)、☑ 曲面实体(S)、☑ 基准轴(A)、☑ 基准面(P)、☑ 装饰螺纹线(C)、☑ 吸收的草图(B) 和 ☑ 解除吸收的草图(U) 复选框，取消选中 ☐ 自定义属性(O) 和 ☐ 坐标系 复选框，在 找出零件(L) 区域中取消选中 ☐ 以移动/复制特征找处零件(M) 复选框；单击"插入零件"窗口中的 ☑ 按钮，完成零件的插入，此时系统自动将零件放置在原点处。

Step4. 隐藏基准面和草图。在 视图(V) ➡ 隐藏/显示(H) 下拉菜单中分别取消选择 ☐ 草图(S) 和 ☐ 基准面(P) 命令，完成基准面和草图的隐藏。结果如图 13.10.2 所示。

Step5. 创建图 13.10.3 所示的特征——使用曲面切除 1（曲面已隐藏）。选择下拉菜单 [插入(I)] → [切除(C)] → [使用曲面(W)...] 命令，系统弹出"使用曲面切除"窗口；在设计树中单击 [⊞ third ->] 前的节点，展开 [⊞ 曲面实体(1)]，选取 [<third>-<曲面-剪裁1>] 为切除面；单击窗口中的 ✔ 按钮，完成使用曲面切除 1 的创建。

Step6. 创建图 13.10.4 所示的拉伸-薄壁 1。选择下拉菜单 [插入(I)] → [凸台/基体(B)] → [拉伸(E)...] 命令；在设计树中单击 [⊞ third ->] 前的节点，展开 [⊞ 基准面(4)]，选取 [基准面1-third] 基准面作为草图基准面，绘制图 13.10.5 所示的横断面草图；在"凸台-拉伸"窗口中选中 [✔ 薄壁特征(T)] 复选框；采用系统默认的拉伸方向，在"凸台-拉伸"窗口 [方向1] 区域单击"反向"按钮 [↗]，并在其后的下拉列表中选择 [成形到下一面] 选项；选中 [✔ 方向2] 复选框，并在其下的下拉列表中选择 [给定深度] 选项，输入深度值 2.0；在 [✔ 薄壁特征(T)] 区域的下拉列表中选择 [单向] 选项，在 [↗↑] 文本框中输入厚度值 1.0，并单击"反向"按钮 [↗]；单击窗口中的 ✔ 按钮，完成拉伸-薄壁 1 的创建。

图 13.10.2　插入零件并隐藏基准面

图 13.10.3　使用曲面切除 1

图 13.10.4　拉伸-薄壁 1

Step7. 创建图 13.10.6b 所示的圆角 1。选取图 13.10.6a 所示的六条边线为倒圆角参照，圆角半径值为 0.5。

图 13.10.5　横断面草图（草图 1）

a）圆角前

b）圆角后

图 13.10.6　圆角 1

Step8. 创建图 13.10.7b 所示的圆角 2。选取图 13.10.7a 所示的三条边线为倒圆角参照，圆角半径值为 0.5。

a）圆角前　　　　　　　　　　　　　　　　　b）圆角后

图 13.10.7　圆角 2

Step9. 创建图 13.10.8b 所示的圆角 3。选取图 13.10.8a 所示的边线为倒圆角参照，圆角半径值为 0.5。

a）圆角前　　　　　　　　　　　　　　　　　　b）圆角后

图 13.10.8　圆角 3

Step10. 创建图 13.10.9b 所示的圆角 4。选取图 13.10.9a 所示的边线为倒圆角参照，圆角半径值为 0.5。

a）圆角前　　　　　　　　　　　　　　　　　　b）圆角后

图 13.10.9　圆角 4

Step11. 保存零件模型。选择下拉菜单 文件(F) ➡ 另存为(A)... 命令，将零件模型命名为 fan_top 保存，并关闭窗口。

13.11　风　扇　叶　轮

下面讲解风扇叶轮的创建过程，该模型不是直接从三级控件中分割出来的，而是参考三级控件创建的。风扇叶轮的零件模型如图 13.11.1 所示。

Step1. 插入新零件。在上一节的装配环境中，选择下拉菜单 插入(I) ➡ 零部件(O) ➡ 新零件(N)... 命令。在 请选择放置新零件的面或基准面。 的提示下，在图形区任意位置单击，完成新零件的放置。

图 13.11.1　风扇叶轮零件模型

Step2. 打开新零件。在设计树中右击 ⊞ 🔧【固定】[零件9^装配体1]<1>，在系统弹出的快

捷菜单中单击 ![按钮] 按钮，打开新窗口，并进入建模环境。

Step3. 创建图 13.11.2 所示的曲面－拉伸 1 。在设计树中右击 ![固定][零件9^装配体1]<1> 节点，在系统弹出的快捷菜单中单击 ![按钮] 按钮，选择下拉菜单 插入(I) ➡ 曲面(S) ➡ ![拉伸曲面] 拉伸曲面(E)... 命令；在设计树中单击 ![third ->] 前的节点，展开 ![third ->] ，选取 ![基准面1] 作为草图基准面，绘制图 13.11.3 所示的横断面草图；在"曲面-拉伸"窗口 方向 1 区域的下拉列表中选择 两侧对称 选项，输入深度值 10.0；单击 ![按钮] 按钮，完成曲面-拉伸 1 的创建。

Step4. 创建图 13.11.4 所示的基准面 1。选择下拉菜单 插入(I) ➡ 参考几何体(G) ➡ ![基准面] 基准面(P)... 命令；选择下拉菜单 视图(V) ➡ 隐藏/显示(H) ➡ ![临时轴] 临时轴(X) 命令，图形中即显示临时轴，选取临时基准轴和上视基准面作为参考实体，单击 ![按钮] 按钮，并在其后的文本框中输入值 10.0；单击窗口中的 ![按钮] 按钮，完成基准面 1 的创建。

图 13.11.2　曲面-拉伸 1　　图 13.11.3　横断面草图（草图 1）　　图 13.11.4　基准面 1

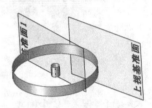

Step5. 创建图 13.11.5 所示的基准面 2。选择下拉菜单 插入(I) ➡ 参考几何体(G) ➡ ![基准面] 基准面(P)... 命令；选取临时基准轴和基准面 1 作为参考实体，单击 ![按钮] 按钮，并在其后的文本框中输入值 60.0；单击窗口中的 ![按钮] 按钮，完成基准面 2 的创建。

Step6. 创建图 13.11.6 所示的基准面 3。选择下拉菜单 插入(I) ➡ 参考几何体(G) ➡ ![基准面] 基准面(P)... 命令；选取临时基准轴和前视基准面作为参考实体，单击 ![按钮] 按钮，并在其后的文本框中输入值 150.0，选中 ![反转] 复选框；单击窗口中的 ![按钮] 按钮，完成基准面 3 的创建。

Step7. 创建图 13.11.7 所示的分割线 1。选择下拉菜单 插入(I) ➡ 曲线(U) ➡ ![分割线] 分割线(S)... 命令，系统弹出"分割线"窗口；在"分割线"窗口 分割类型 区域中选中 ⊙ 轮廓(S) 单选项；在设计树中选取 ![基准面1] 为拔模方向，在绘图区选取图 13.11.8 所示的面为要分割的面，其他参数采用系统默认设置值；单击窗口中的 ![按钮] 按钮，完成分割线 1 的创建。

Step8. 创建图 13.11.9 所示的分割线 2。选择下拉菜单 插入(I) ➡ 曲线(U) ➡ ![分割线] 分割线(S)... 命令，系统弹出"分割线"窗口；在"分割线"窗口 分割类型 区域中选中 ⊙ 轮廓(S) 单选项；在设计树中选取 ![基准面2] 为拔模方向，在绘图区选取图 13.11.10 所示的面为要分割的面，其他参数采用系统默认设置值；单击窗口中的 ✅ 按钮，完成分割线 2 的创建。

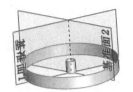

图 13.11.5　基准面 2

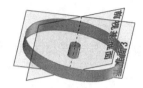

图 13.11.6　基准面 3

图 13.11.7　分割线 1

图 13.11.8　定义要分割的面

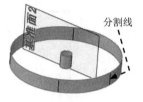

图 13.11.9　分割线 2（草图环境）

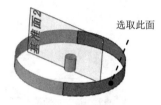

图 13.11.10　定义要分割的面

Step9. 创建图 13.11.11 所示的分割线 3。选择下拉菜单 插入(I) ➡ 曲线(U) ➡

🖼 分割线(S)... 命令，系统弹出"分割线"窗口；在"分割线"窗口 分割类型 区域中选中

⊙ 轮廓(S) 单选项；在设计树中选取 ◆ 基准面1 为拔模方向，在绘图区选取图 13.11.12 所示的面为要分割的面，其他参数采用系统默认设置值；单击窗口中的 ✅ 按钮，完成分割线 3 的创建。

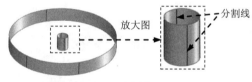

图 13.11.11　分割线 3

图 13.11.12　定义分割面

Step10. 创建图 13.11.13 所示的分割线 4。选择下拉菜单 插入(I) ➡ 曲线(U) ➡

🖼 分割线(S)... 命令，系统弹出"分割线"窗口；在"分割线"窗口 分割类型 区域中选中

⊙ 轮廓(S) 单选项；在设计树中选取 ◆ 基准面2 为拔模方向，在绘图区选取图 13.11.14 所示的面为要分割的面，其他参数采用系统默认设置值；单击窗口中的 ✅ 按钮，完成分割线 4 的创建。

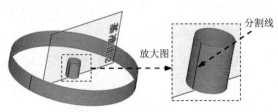

图 13.11.13　分割线 4

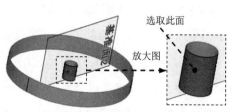

图 13.11.14　定义分割面

Step11. 创建图 13.11.15 所示的草图 2。选择下拉菜单 插入(I) ➡️ 🔲 草图绘制 命令；选取基准面 3 作为草图基准面，绘制图 13.11.16 所示的草图 2；选择下拉菜单 插入(I) ➡️ 🔲 退出草图 命令，退出草图绘制环境。

Step12. 创建图 13.11.17 所示的草图 3。选取基准面 3 作为草图基准面，绘制图 13.11.17 所示的草图 3。

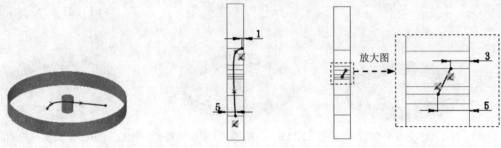

图 13.11.15　草图 2（建模环境）　　图 13.11.16　草图 2（草绘环境）　　图 13.11.17　草图 3

Step13. 创建图 13.11.18 所示的投影曲线 1。选择下拉菜单 插入(I) ➡️ 曲线(U) ▶ ➡️ 🔲 投影曲线(P)... 命令；在"投影曲线"窗口 选择(S) 区域下的 投影类型: 区域中选中 ⊙ 面上草图(K) 单选项；在绘图区选取草图 2 为要投影的草图，选取图 13.11.19 所示的面为投影面；单击窗口中的 ✅ 按钮，完成投影曲线 1 的创建。

图 13.11.18　投影曲线 1　　　　　　　图 13.11.19　定义投影面

Step14. 创建投影曲线 2。选择下拉菜单 插入(I) ➡️ 曲线(U) ▶ ➡️ 🔲 投影曲线(P)... 命令；在"投影曲线"窗口 选择(S) 区域下的 投影类型: 区域中选中 ⊙ 面上草图(K) 单选项；在绘图区选取草图 3 为要投影的草图，选取图 13.11.20 所示的面为投影面；单击窗口中的 ✅ 按钮，完成投影曲线 2 的创建。

Step15. 创建图 13.11.21 所示的草图 4。选取基准面 1 作为草图基准面，绘制图 13.11.21 所示的草图 4（草图中直线的两个端点分别与两投影曲线的端点重合）。

Step16. 创建图 13.11.22 所示的草图 5。选取基准面 2 作为草图基准面，绘制图 13.11.23 所示的草图 5。

说明：草图 4 和草图 5 也可在 3D 草图中绘制。

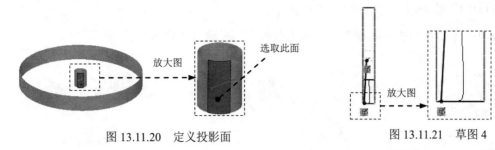

图 13.11.20　定义投影面　　　　　　　　　图 13.11.21　草图 4

Step17. 创建图 13.11.24 所示的边界-曲面 1。选择下拉菜单 插入(I) ➡️ 曲面(S) ▶ ➡️ ◈ 边界曲面(B)... 命令，系统弹出"边界-曲面"窗口；在设计树中选取 ⊞ 🔲 曲线1 和 ⊞ 🔲 曲线2 作为 方向1 上的边界曲线；在绘图区依次选取草图 4 和草图 5 作为 方向2 上的边界曲线；单击 ✔ 按钮，完成边界-曲面 1 的创建。

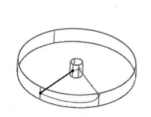
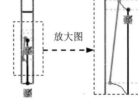

图 13.11.22　草图 5（建模环境）　　　图 13.11.23　草图 5（草绘环境）　　　图 13.11.24　边界-曲面 1

Step18. 创建图 13.11.25b 所示的阵列(圆周)1。选择下拉菜单 插入(I) ➡️ 阵列/镜像(E) ▶ ➡️ 🔅 圆周阵列(C)... 命令，系统弹出"圆周阵列"窗口；单击以激活 ☑ 特征和面(F) 选项组 🔲 区域中的文本框，选取图 13.11.25a 所示的曲面实体特征作为阵列的源特征；选择下拉菜单 视图(V) ➡️ 隐藏/显示(H) ➡️ 临时轴(X) 命令，图形中即显示临时轴，选取图 13.11.25a 所示的临时轴作为圆周阵列轴，在 参数(P) 区域的 📐 按钮后的文本框中输入值 120.0，在 参数(P) 区域的 🔅 按钮后的文本框中输入值 3，取消选中 □ 等间距(E) 复选框；单击窗口中的 ✔ 按钮，完成阵列（圆周）1 的创建。

a）阵列前　　　　　　　　　　　　　　　　b）阵列后

图 13.11.25　阵列（圆周）1

Step19. 创建图 13.11.26 所示的加厚 1（曲面-拉伸 1 已隐藏）。选择下拉菜单 插入(I) ➡️ 凸台/基体(B) ▶ ➡️ 🔳 加厚(T)... 命令，系统弹出"加厚"窗口；在绘图区选取图 13.11.27 所示的曲面作为要加厚的曲面；在"加厚"窗口的 加厚参数(T) 区域中选择"加厚两侧"按钮 ☰；在"加厚"窗口的 加厚参数(T) 区域的 ⟋ₜₗ 后的文本框中输入值 0.5；

单击窗口中的 ✅ 按钮，完成加厚 1 的创建。

　　说明：若此步不能一次将 3 个曲面进行加厚，可通过 3 次来完成。

图 13.11.26　加厚 1　　　　　　　　　　图 13.11.27　定义加厚曲面

Step20. 创建图 13.11.28 所示的基准轴 1。选择下拉菜单 插入(I) ➡ 参考几何体(G)

➡ 基准轴(A)... 命令；选取基准面 1 和基准面 2 为基准轴的参考实体；单击窗口中的

✅ 按钮，完成基准轴 1 的创建。

Step21. 创建图 13.11.29 所示的旋转 1。选择下拉菜单 插入(I) ➡ 凸台/基体(B)

➡ 旋转(R)... 命令；选取基准面 1 作为草图基准面，绘制图 13.11.30 所示横断面草图；在设计树中选取 基准轴1 为旋转轴线；在"旋转"窗口 旋转参数(R) 区域的下拉列表中选择 给定深度 选项，采用系统默认的旋转方向，在 文本框中输入值 360.0；单击窗口中的 ✅ 按钮，完成旋转 1 的创建。

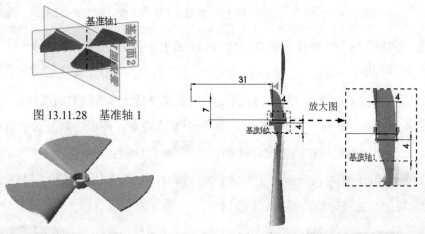

图 13.11.28　基准轴 1　　　　　　　　　图 13.11.30　横断面草图（草图 6）

图 13.11.29　旋转 1

Step22. 创建图 13.11.31b 所示的圆角 1。选取图 13.11.31a 所示的 6 条边线为倒圆角参照，圆角半径值为 2。

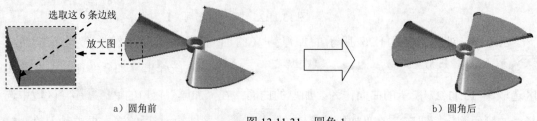

a）圆角前　　　　　　　　　　　　　　　　　　b）圆角后

图 13.11.31　圆角 1

Step23. 创建图 13.11.32b 所示的圆角 2。选取图 13.11.32a 所示的 6 条边线为倒圆角参照，圆角半径值为 0.2。

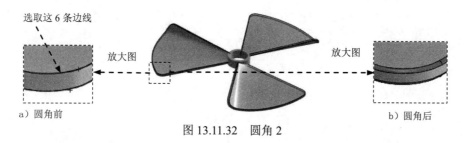

图 13.11.32　圆角 2

Step24. 保存零件模型。另存此零件模型并命名为 fan，关闭零件模型窗口。

Step25. 保存装配体模型。在装配环境的设计树中同时选取 👆 固定)first<1>、👆 固定)second<1>-> 和 👆 固定)third<1>->? 节点，右击，在系统弹出的快捷菜单中单击"隐藏零部件"按钮，隐藏控件，然后另存此装配体模型，并命名为 toy_fan。

学习拓展：扫码学习更多视频讲解。

讲解内容：主要包含产品设计基础，曲面设计的基本概念，常用的曲面设计方法及流程，曲面转实体的常用方法，典型曲面设计案例等。特别是对曲线与曲面的阶次、连续性及曲面分析这些背景知识进行了系统讲解。

学习拓展：扫码学习更多视频讲解。

讲解内容：曲面设计实例精选。本部分首先对常用的曲面设计思路和方法进行了系统的总结，然后讲解了数十个典型曲面产品设计的全过程，并对每个产品的设计要点都进行了深入剖析。